G. Carter · W. A. Grant · Ionenimplantation in der Halbleitertechnik

G. Carter · W. A. Grant

Ionenimplantation in der Halbleitertechnik

Die deutsche Ausgabe besorgte
Prof. Dr.-Ing. Hans Günther Wagemann
mit Dr. Wolfgang Fahrner und
Dr. Gert Ruprecht

Mit 117 Abbildungen

Carl Hanser Verlag München Wien

Titel der Originalausgabe:
Ion Implantation of Semiconductors

Erstveröffentlichung 1976 bei
Edward Arnold (Publishers) Ltd.
25 Hill Street, London W1X 8LL

Die deutsche Ausgabe besorgte

Prof. Dr.-Ing. Hans Günther Wagemann, Technische Universität Berlin,
Institut für Werkstoffe der Elektrotechnik

Dr. Wolfgang Fahrner, Hahn-Meitner-Institut für Kernforschung, Berlin,
Bereich Datenverarbeitung und Elektronik

Dr. Gert Ruprecht, Robert Bosch GmbH, Forschungsinstitut Berlin

CIP-Kurztitelaufnahme der Deutschen Bibliothek

Carter, George:
Ionenimplantation in der Halbleitertechnik /
Carter, G. ; Grant, W. A. – München ; Wien :
Hanser, 1981.
Einheitssacht.: Ion implantation of semiconductors ⟨dt.⟩
ISBN 3-446-12553-1

NE: Grant, William A.:

Umschlagentwurf: Carl-Alfred Loipersberger
Satz: Satz + Repro Falkner GmbH, 8084 Inning
Druck und buchbinderische Verarbeitung: Georg Wagner, 8860 Nördlingen
Printed in Germany

Vorwort

Wenn man Ionen mit einer großen Potentialdifferenz beschleunigt und auf die Oberfläche eines Festkörpers auftreffen läßt, hat dieses eine Vielfalt von Effekten zur Folge. Das Ion kann zum Beispiel eindringen und in den Festkörper eingebaut werden, wodurch sich die chemische Zusammensetzung ändert. Dadurch, daß das energiereiche Ion Atome aus ihren normalen Positionen herausschlägt, ändert es den Aufbau und die physikalischen Eigenschaften des Festkörpers. Einer der wichtigeren physikalischen Effekte, den die Änderung der chemischen Zusammensetzung eines Festkörpers bewirken kann, ist die Wandlung der elektrischen Leitfähigkeit eines Halbleiters. Während der vergangenen zehn Jahre wurde die Verwendung energiereicher Ionenstrahlen, mit denen elektrisch dotierende Atome implantiert werden, zu einem Gebiet intensiver Forschung und beträchtlich fortgeschrittener technologischer Anwendung. Damit man bei Halbleiterschaltkreisen h hohe Zuverlässigkeit bei zunehmendem Verkleinerungsmaßstab erreicht, steht man einer Situation gegenüber, wo die ganze Herstellung der Schaltkreise in einer streng überwachten Umgebung verläuft und Laserstrahlen, Elektronen- und Ionenstrahlen die hauptsächlichen technologischen Werkzeuge darstellen. Über die grundsätzliche Art, in der ein energiereiches Ion mit einem Halbleiter reagiert und die Weise, mit der diese Wechselwirkung nutzbar gemacht werden kann, ist in zunehmendem Maße beim Elektro- und Elektronikingenieur Wissen erforderlich. Die Anwendungen der Ionenimplantation weiten sich auf anderen Gebieten ebenfalls schnell aus, da kontrollierte chemische und physikalische Änderungen in einer großen Vielfalt von Festkörpern erfolgen können. So sollte dieses Buch, das hauptsächlich für Elektroingenieure gedacht ist, auch in vielen anderen Fachrichtungen für Studenten, die sich mit der Erforschung und Technologie von Materie beschäftigen, wichtig sein.

Der Zweck des Buches ist es, eine Einführung in den Vorgang der Ionenimplantation anzubieten, wobei etwas genauer der Wechselwirkungsmechanismus zwischen einem schnell bewegten Ion und den Atomen in einem Festkörper behandelt wird, ferner zu zeigen, wie ein Verstehen dieses Mechanismus notwendig und wertvoll für die Herstellung weiter entwickelter elektronischer Halbleiterstrukturen ist. Wir haben viele Stunden damit verbracht, diesen Stoff auf Anfänger- und Fortgeschrittenenebene zu lehren und haben aus objektivem und kritischem Rat vieler Kollegen und Freunde Nutzen gezogen; wir zollen all ihren nützlichen Hinweisen Anerkennung.

Vorwort zur deutschen Ausgabe

Die Ionenimplantation ist für die Herstellung von Halbleiterbauelementen über einen Zeitraum von 15 Jahren zu einer bewährten Technik geworden. Ionenimplantationseinrichtungen zählen seit einiger Zeit nicht nur zu den Geräten der Forschungsinstitute, sondern inzwischen ebenso zur Standard-Ausrüstung von Fertigungsstätten der Industrie. Die Erfahrungen mit der Ionenimplantationstechnik haben dabei nicht nur bekannte Halbleiterbauelemente verbessert, sondern einige neuartige Entwicklungen überhaupt erst eingeleitet.

Für die Ausbildung der Studierenden der Technischen Fachrichtungen der Universitäten, Hochschulen und Fachhochschulen auf dem Gebiet der Ionenimplantation, aber auch für den Praktiker, bildet die vorliegende deutschsprachige Bearbeitung des englischen Buches von Carter – Grant eine knapp-gefaßte Einführung. Im Vergleich zu anderen deutschsprachigen Darstellungen des Gebietes verfolgt der Carter – Grant eine stärker didaktischorientierte Darstellung und ist deshalb auch für das Selbststudium geeignet. In der englischen Fassung liegt der Schwerpunkt bei der Behandlung der theoretischen Zusammenhänge. In der deutschen Fassung wurde dieser Aufbau beibehalten und um ein Kapitel erweitert, das die technische Durchführung der Ionenimplantation behandelt, den gegenwärtigen Stand der Ionenimplantationstechnik für Halbleiterbauelemente erörtert und schließlich mit einem Ausblick auf Bauelementtechnologien schließt, die ohne Ionenimplantation nicht realisierbar sind.

Die deutschen Bearbeiter bedanken sich bei den Herren G. Carter und W. A. Grant für ihre Zustimmung zur Neufassung einiger Abschnitte und zur Erweiterung der deutschsprachigen Fassung. Sie bedanken sich weiterhin für Diskussionen und Durchsicht von Manuskripten bei ihren Kollegen im Hahn-Meitner-Institut für Kernforschung Berlin GmbH und im Forschungsinstitut Berlin der Robert Bosch GmbH, insbesondere bei den Herren D. Bräunig, R. Ferretti, B. Müller und S. Peuser.

Berlin, im Herbst 1979

W. Fahrner
G. Ruprecht
H. G. Wagemann

Inhalt

Vorwort 5
Vorwort der deutschen Ausgabe 6

1 *Einleitung* 11

1.1 Historisches 11
1.2 Grundlegende Vorstellungen 12
1.3 Anwendungen 14
1.4 Kristallstruktur 16
1.5 Dotierung von Halbleitern 18
Literaturhinweise zu Kapitel 1 21

2 *Stöße zwischen Atomen* 22

2.1 Einleitung 22
2.2 Elastische Stöße 23
2.2.1 Stöße zwischen Punktmassen und harten Kugeln 23
2.2.2 Stöße mit realem zwischenatomarem Kraftgesetz 32
2.3 Inelastische Stöße 48
Literaturhinweise zu Kapitel 2 53

3 *Ionenreichweiten* 54

3.1 Einführung 54
3.2 Konzepte für Reichweiten 56
3.3 Reichweitenberechnungen 60
3.4 Zusammenfassung der LSS-Theorie 65
3.5 Computerrechnungen und -simulationen 70
3.6 Meßmethoden 72
3.7 Experimentelle Ergebnisse 74
Literaturhinweise zu Kapitel 3 80

4 *Channelling* 81

4.1 Das Channelling-Phänomen 81
4.1.1 Einführung 81
4.1.2 Kanalpotentiale und -bahnen 86
4.2 Rutherfordstreuung und Channelling 95
4.2.1 Einführung 95
4.2.2 Spektren und Tiefenskalen 97
4.2.3 Strahlungsschaden 101

4.2.4 Die Lage der Atome 106
4.3 Flußmaxima 111
4.3.1 Einleitung 111
4.3.2 Theoretische Vorhersagen 112
Literaturhinweise zu Kapitel 4 123

5 *Erzeugung von Schäden* 124

5.1 Einführung 124
5.2 Punkt-Defekte in Festkörpern 125
5.2.1 Leerstellen 125
5.2.2 Zwischengitterplätze 127
5.2.3 Verunreinigungen 128
5.3 Ausgedehnte Fehlstellen in Festkörpern 129
5.3.1 Versetzungen 129
5.3.2 Der amorphe Zustand 131
5.4 Fehlstellenerzeugung durch Ionenimplantation 133
5.4.1 Die Stoßkaskade – ein qualitatives Modell 133
5.4.2 Die Anzahl versetzter Atome in einem strukturlosen Target 141
5.5 Ausmaße der Kaskade 146
5.6 Fehlordnungserzeugung in kristallinen Festkörpern 154
5.6.1 Channelling 155
5.6.2 Fokussierung 158
5.7 Fehlstellenwanderung und Ausheilung 164
Literaturhinweise zu Kapitel 5 169

6 *Messung des Strahlenschadens* 171

6.1 Einleitung 171
6.2 Direkte Methoden der Strahlenschadenbeobachtung 171
6.2.1 Feldionenmikroskopie 171
6.2.2 Reflexions-Elektronenbeugung 172
6.2.3 Transmissionselektronenbeugung und Elektronenmikroskopie 175
6.2.4 Rutherford-Rückstreuung und Kanalführung 175
6.3 Indirekte Beobachtungsmethoden von Schäden 179
6.3.1 Optische Eigenschaften 179
6.3.2 Elektronische Eigenschaften 179
6.3.3 Mechanische Eigenschaften 180
6.4 Experimente 181
6.4.1 Einführung 181
6.4.2 Die Natur der Fehlordnung 181
6.4.3 Die Dichte der Fehlordnung 184
6.4.4 Die räumliche Ausdehnung der Fehlordnung 193
6.4.5 Thermische (und andere) Ausheilung von Fehlordnung 194
6.5 Die Beständigkeit der Fehlordnung 197
Literaturhinweise zu Kapitel 6 200

7 *Anwendungen auf Bauelemente* 203

7.1 Einführung 203
7.2 Elektrische Eigenschaften von implantierten Schichten 204
7.3 Planare Diffusionstechnologie 211
7.4 Eigenschaften von implantierten pn-Übergängen 214
7.5 Anwendung auf spezielle Anordnungen 218
7.5.1 Der Metall-Oxid-Halbleiter-Transistor 218
7.5.2 Varaktordioden 221
7.5.3 Diodenanordnung für Bildtelephon 222
7.5.4 Widerstände 224
7.5.5 Schottky-Dioden 226
7.5.6 Durch Strahlung erhöhte Diffusion 227
Literaturhinweise zu Kapitel 7 229

8 *Weitere Anwendungsaspekte* 231

8.1 Beschreibung eines Ionenimplanters 231
8.1.1 Grundsätzlicher Aufbau 231
8.1.2 Hochspannungserzeugung 231
8.1.3 Ionenquellen 231
8.1.4 Extraktions- und Fokussiersystem, Beschleunigungsteil 233
8.1.5 Separiermagnet 234
8.1.6 Blenden, Quadrupole, Suppressoren 235
8.1.7 Scanner und Deflektor 235
8.1.8 Targetkammer 235
8.1.9 Steuerung 236
8.1.10 Spezielle Bauformen von Implantern 236
8.2 Praktische Ausführung einer Implantation 239
8.2.1 Vorbereitung der Proben 239
8.2.2 Vorbereitung des Implanters 239
8.2.3 Dosis und Einschußenergie 240
8.2.4 Homogenität 240
8.2.5 Nachbehandlung 241
8.2.6 Wichtige Energie-Reichweite-Beziehungen für Si und SiO_2 241
8.3 Allgemeines zum Betrieb einer Ionenimplantationsanlage 242
8.3.1 Vorkenntnisse 242
8.3.2 Genehmigungen und Verordnungen 242
8.3.3 Sicherheitsfragen 242
8.3.4 Wartung 242
8.3.5 Versorgung, Zusatzgeräte 243
8.3.6 Kosten 243
8.4 Anwendungen der Ionenimplantation 243
8.4.1 Dotierungsanwendungen 243
8.4.1.1 MOS-Technologie 244
8.4.1.2 CCD-Schaltkreise 246

8.4.2 Grundlagenuntersuchungen 248
8.4.2.1 Tiefe Energieniveaus 249
8.4.2.2 Ionen- und Schädigungsprofile 250
8.5 Anwendung der Ionenimplantation bei ultraschnellen VLSI-Schaltkreisen mit n-GaAs-MESFET-Bauelementen 251
8.6 Anwendung der Ionenimplantation bei der Herstellung von preiswerten Silizium-Solarzellen hoher Leistung 255
Literaturhinweise zu Kapitel 8 261
Stichwortverzeichnis 262

1 Einleitung

1.1 Historisches

Der Gebrauch von Ionenstrahlen zur Veränderung der Eigenschaften von Festkörperoberflächen ist eine relativ junge Erfindung. Der hauptsächliche Antrieb und neuerdings die hauptsächliche Anwendung lag in der Herstellung von elektronischen Festkörperbauelementen. Der erste Transistor wurde 1948 entwickelt; und schon 1956 wurden die Möglichkeiten erkannt, mit Ionenimplantation die elektrisch aktiven Dotierstoffe kontrolliert einzubringen, und dazu eine Reihe von Patenten angemeldet. Die erste Anwendung lag in der Herstellung von Detektoren für Kernteilchen.[1] Diese großflächigen flachen Dioden sind geeignet für die neue Methode, da der dotierende Ionenstrahl leicht über große Flächen gewedelt und die Eindringtiefe mittels der Ionenenergie gesteuert werden kann. Der relativ langsame Einsatz der Ionenimplantation nahm um 1966 herum so schnell zu, daß in den frühen siebziger Jahren die meisten größeren Firmen, die elektronische Bauelemente herstellten, die neue Methode benützten. In vielen Fällen wird Ionenimplantation nur als Forschungsmittel in der Bauelementeentwicklung benützt, aber sie ist auch schon dabei, wesentlicher Bestandteil in der Großserienherstellung zu werden.

Die Tatsache, daß die Eigenschaften von Festkörpern durch Bestrahlung geändert werden können, war natürlich lange vor den erst kurz zurückliegenden Anwendungen für Halbleiterdotierungen erkannt worden. Die Untersuchung von Strahlungsschäden in Festkörpern war 35 Jahre vorher durch die Entwicklung von Kernreaktoren angeregt worden. Atome innerhalb der Reaktormaterialien können einen Rückstoß mit kV-Energien nach vorausgegangenem Neutronenstoß erleiden, und auch Spaltprodukte haben beträchtliche kinetische Energie. Wenn diese Projektile in Stößen mit anderen Atomen Energie verlieren, verursachen sie erhebliche Strahlungsschäden. Ionenstrahlen sind benützt worden, um Ereignisse zu simulieren, die sich innerhalb des Reaktormaterials abspielen. Viele Jahre des Reaktorbetriebs können so durch möglicherweise in nur ein paar Stunden Ionenimplantation gut simuliert werden.

Die Entwicklung von Maschinen, die fähig sind, energiereiche und fokussierte Ionenstrahlen zu liefern, ist eng verbunden mit der Entwicklung der Ionenimplantation und mit Strahlenschadenuntersuchungen. Beträchtliche Entwicklungsarbeit wird rund um die Welt für Maschinen mit Isotopentrennung von Elementen aufgewandt. Manche der gebräuchlichen Ionenimplantationsmaschinen lassen sich direkt zu diesen Trennmaschinen zurückverfolgen. Eine der frühesten Konferenzsitzungen über Ionenimplantation fand während einer Tagung statt, die im wesentlichen Isotopentrennmaschinen gewidmet war. Der Bereich der heutigen Implantationsmaschinen variiert von der ausgeklügelten Forschungsapparatur – mit der Möglichkeit, über einen weiten Bereich Strahlen der reinen Isotope herzustellen – bis zu einfachen Fabrikationsmaschinen, die eine oder zwei Ionensorten liefern für die Routineimplantation von integrierten Schaltkreisen.

Die Erscheinung des „channelling" (Einschuß in eine niederindizierte Kristallrichtung) wurde in den frühen sechziger Jahren entdeckt und rief zahlreiche Forschungsarbeiten hervor. Über rechnersimulierte Bewegung von Schwerionen im Einkristall fand man heraus, daß gewisse Bahnen dazu führen sollten, daß Ionen große Entfernungen durchlaufen können, bevor sie an Atomketten oder -ebenen des Targets eingefangen werden. Die experimentelle Verwirklichung folgte bald, und das Auftreten des Channelling-Effektes wurde seitdem theoretisch wie auch experimentell umfassend untersucht. Der Channelling-Effekt hat sich als ein äußerst nützliches Mittel bei Untersuchung vieler Eigenschaften ionenimplantierter Festkörper herausgestellt.

Innerhalb der letzten paar Jahre hat offensichtlich die Ionenimplantation einen festen Platz in der Herstellung elektronischer Schaltkreise gefunden. Dieses Gebiet hat anfänglich die Weiterentwicklung der Methode in vielem vorangetrieben. Das Interesse für die Ausnutzung der Ionenimplantation ist auch in anderen Bereichen gewachsen, da viele Eigenschaften von Festkörpern – nicht nur das elektrische Verhalten – durch Hinzufügen von Verunreinigungen oder auch Strahlenschäden verändert werden können.

1.2 Grundlegende Vorstellungen

Ein energiereicher Ionenstrahl kann angewandt werden, um Dotierstoffe in die Oberflächenschichten von Festkörpern einzubringen, ein Prozeß, der Ionenimplantation genannt wird. Zur Erläuterung und Beschreibung dieses Prozesses ist es notwendig, einzelne Begriffe und Erscheinungen, die zum umfassenden Bild beitragen, zu betrachten. Hierzu gehören die folgenden:

1. *Binäre Stöße.* Obwohl die Ionenimplantation auf einem Strahl von vielen Ionen basiert, welcher einen aus vielen Atomen bestehenden Festkörper beeinflußt, ist der Stoß zwischen einem einzelnen Ion und Targetatom von grundlegender Bedeutung. In vielen Fällen kann der Vorgang des Eindringend eines Ions in einen Festkörper als eine Folge von Zweierstößen behandelt werden, bei denen das Ion ein bestimmtes Targetatom nur einmal beeinflußt oder stößt. Infolgedessen ist die Betrachtung des Ablaufs von binären Stößen wesentlich für jede Betrachtungsart der Ionenimplantation.

2. *Interatomares Potential.* Der Stoß zweier Atome hängt nur von dem interatomaren Potential $V(r)$ ab. Die Kräfte, die auf beide Teilchen und daher auf deren Bahnen wirken, leiten sich von $V(r)$ ab, so daß die Kenntnis des interatomaren Potentials wichtig ist. Wir halten es deshalb für notwendig, die verschiedenen Näherungen zu diskutieren, die man zum Erhalten befriedigender Ausdrücke für $V(r)$ entwickelt hat.

3. *Energieverlust.* Wenn ein Ion einen Festkörper durchdringt, verliert es in einer Folge von Stößen mit den Targetatomen Energie, bis es schließlich zum Stillstand kommt. Der Betrag des Energieverlustes bei jedem Stoß ist maßgeblich für die totale Weglänge oder Reichweite des Ions. Man nimmt an, daß sowohl durch elastische wie auch unelastische

Vorgänge Energieverlust eintritt. Im ersten Fall bleibt die kinetische Energie erhalten und im zweiten wird sie in eine andere Form durch Anregung atomarer Elektronen umgewandelt.

4. *Ionenreichweiten.* In einem Einkristall sind die Gitteratome periodisch im Raum angeordnet, und für bestimmte Richtungen hat die Struktur offene Kanäle, begrenzt durch dichtgepackte Wände. Die meisten Ionen, die in diese Richtungen eintreten, machen nicht, wie in einem amorphen Material, eine Zufallsfolge von Stößen, sondern werden stattdessen in einer Folge korrelierter Wechselwirkungen mit den Atomen der Kanalwände eingefädelt. Dieses hat einen grundlegenden Einfluß in vielen Bereichen der Ionenimplantation.

5. *Kanalführung (Channelling).* In einem Einkristall sind die Gitteratome periodisch im Raum angeordnet, und für bestimmte Richtungen hat die Struktur offene Kanäle, begrenzt von dicht gepackten Wänden. Ionen, die in diese Richtung eintreten, erleiden häufig keine Folge von Zufallsstößen wie in amorpher Materie, sondern werden stattdessen in einer Folge korrelierter Wechselwirkungen mit den Atomen in die Kanalwände eingefädelt. Dieses hat eine grundlegende Wirkung auf viele Aspekte der Ionenimplantation.

6. *Strahlenschäden.* Bei der Abbremsung wird Energie von den Projektilen auf die Targetatome übertragen. Ein Atom, das genügend kinetische Energie erhält, wird aus seinem Gitterplatz versetzt. Das Target erleidet Strahlenschädigung. Da die Energie für einen Platzwechselvorgang typisch ≈ 25 eV ist, verursachen schwere Ionen mit wenigen kV erhebliche Schädigung. Ein Rückstoßatom des Targets kann selbst genügend Energie erhalten, um als Sekundärprojektil zu wirken, das nun seinerseits weitere Atome versetzt und eine Kaskade von Versetzungsstößen hervorruft.

7. *Tempern.* Atome, die während der Implantation versetzt wurden, können in einem späteren Zeitpunkt zu ihren Ausgangspositionen zurückkehren. Diese Temperung kann über einen kurzen Zeitraum erfolgen (z.B. während die Kaskadenstöße durch das Gitter laufen) oder über viel längere Zeiträume im Anschluß an die beendete Implantation. Die Temperung wird oft durch von außen zur Verfügung gestellte Wärmeenergie unterstützt. Strahlenschaden ist oft das unvermeidliche Ergebnis der Ionenimplantation und kann die gewünschten Dotierwirkungen überdecken. Die Mechanismen des Strahlenschadens und der Temperung sind folglich von größter Wichtigkeit.

8. *Dotierung.* Die chemischen und physikalischen Eigenschaften der meisten Materialien können durch die Zugabe von Verunreinigungen oder Dotierstoffen geändert werden. Diese Änderungen sollten von denen unterschieden werden, die durch Strahlenschaden verursacht werden. Die vielleicht dramatischsten Wirkungen sieht man in Halbleitern, wo Zugabe von wenigen Prozent an Verunreinigungen elektronische Leitungsprozesse bestimmt und die Grundlage der Festkörperbauelemente bildet. Dotierung durch Ionenimplantation soll mit anderen Methoden verglichen und dagegen abgegrenzt werden, hauptsächlich mit der thermisch aktivierten Diffusion. Bei dieser zweiten Methode wird der Dotierungsstoff auf die Substratoberfläche aufgebracht und mit einer Hochtemperatur-Temperung eingetrieben. Dabei hängt das Dotierungsprofil von den thermischen Gleichgewichtsbedingungen für eine spezielle Dotierung/Substrat-Kombination ab. Ionenimplantation ist im Gegensatz dazu ein Nichtgleichgewichtsvorgang. Die Dotierungsatome werden dabei in den Festkörper unter Ausnützung ihrer überschüssigen

Bewegungsenergie eingetrieben. Auf diese Art können Zusammensetzungen hergestellt werden, die mit üblicheren Methoden nicht erreichbar sind.

Noch andere Effekte und Begriffe erscheinen zusätzlich zu den oben genannten im Zusammenhang mit Ionenimplantation. Diese werden in späteren Kapiteln diskutiert. Es kann z.B. vorkommen, daß Ionen nicht ins Target eindringen, sondern durch Stöße mit den äußersten Atomlagen *reflektiert* werden. Dieser Effekt wird wichtig, wenn die Dotierungskonzentration vorausgesagt werden soll, da reflektierte Ionen während eines Stoßes neutralisiert werden können und so fehlerhaft zur gemessenen Dosis von implantierten Ionen beitragen. Ein zweiter Effekt, der ebenfalls zu falscher Ionendosis-Messung führt, ist die Freisetzung von Sekundärelektronen aus einem Target unter Bestrahlung mit Schwerionen. Ein eintreffendes positiv geladenes Ion kann die Freisetzung von einem oder mehreren Targetelektronen verursachen. Diese müssen unterdrückt (d.h. zurückgebracht oder innerhalb des Targets aufgefangen) werden, damit man den genauen Ionenstrom mißt. Targetatome, die genügend Energie erhalten und in geeignete Richtungen laufen, können aus dem Target herausgeschleudert werden, ein Prozeß, der *Sputtern* genannt wird. Oberflächenerosion durch Sputtern verändert die Dotierungsverteilung, weil vorher eingefangene Ionen wieder freigelassen werden, wenn die Targetoberfläche abgetragen wird. In den meisten Ionenimplantationsexperimenten, in denen Halbleiter benützt werden, ist die Ionendosis gewöhnlich $< 10^{18}$ Ionen/m^2. Da der Sputterkoeffizient (d.h. die Zahl der Targetatome, die pro einfallendem Ion freigesetzt werden) typisch < 5 für kV-Schwerionenprojektile ist, kann Targeterosion vernachlässigt werden (Ein Festkörpertarget enthält 10^{19} Ionen/m^2 auf seiner Oberfläche). Bei Experimenten mit hohen Dosen kann das Sputtern die maximal erreichbare Dosierungskonzentration begrenzen.

1.3 Anwendungen

Wir wollen uns hauptsächlich auf die Diskussion jener Begriffe und Vorgänge, wie sie oben in (1) bis (8) beschrieben wurden, beschränken. Insbesondere wollen wir uns mit der Dotierung von Halbleitern mittels Ionenimplantation befassen. Das Verfahren kann jedoch zur Veränderung einer großen Zahl physikalischer und chemischer Eigenschaften angewendet werden. Auf einige hiervon soll aufmerksam gemacht werden.

Die *Korrosion von Metallen* ist ein Oberflächenphänomen und ist infolgedessen für die Erforschung ionenimplantierter Oberflächen bedeutsam. Die Eigenschaften von Edelstahl zum Beispiel werden durch die Anwesenheit geringer Konzentrationen von Dotierstoffen wie Chrom beeinflußt, welches unter vielen Umgebungsbedingungen Schutzoxide bildet. Abb. 1.1 zeigt Ergebnisse[5] von Wasserkorrosionsmessungen an Eisen, das mit Chrom und Tantal implantiert wurde. Bei diesen Versuchen wurde die Probe in eine definierte wässerige Lösung eingetaucht. Dann wurden verschiedene Potentiale angelegt und die entsprechenden Ströme gemessen. Der maximale oder kritische Stromfluß I_c kurz vor Bildung eines Schutzoxides und Passivierung der Oberfläche kann als Maß für die Korrosion verwendet werden.

Man sieht I_c aufgetragen gegen den Prozentsatz von Chrom für übliche durchgehende Fe/Cr-Legierungen, womit dargestellt wird, daß ein höherer Prozentsatz von Cr zu einer geringeren Lösungsrate vor der Passivierung führt. Daten von ionenimplantierten Substanzen sind ebenfalls in Abb. 1.1 aufgeführt und zeigen deutlich, daß ionenimplantierte Fe/Cr-Oberflächenlegierungen sich ähnlich wie Masselegierungen verhalten, und daß sich eine Dosis von 5 x 10^{20} Ionen/m^2 von 20 keV Cr wie eine ≈ 4,2%ige konventionelle Legierung verhält. Die chemischen Dotierungseffekte sind offensichtlich irgendwelchen schädlichen Wirkungen – z.B. Strahlenschäden – überlegen. Zusätzlich wurde

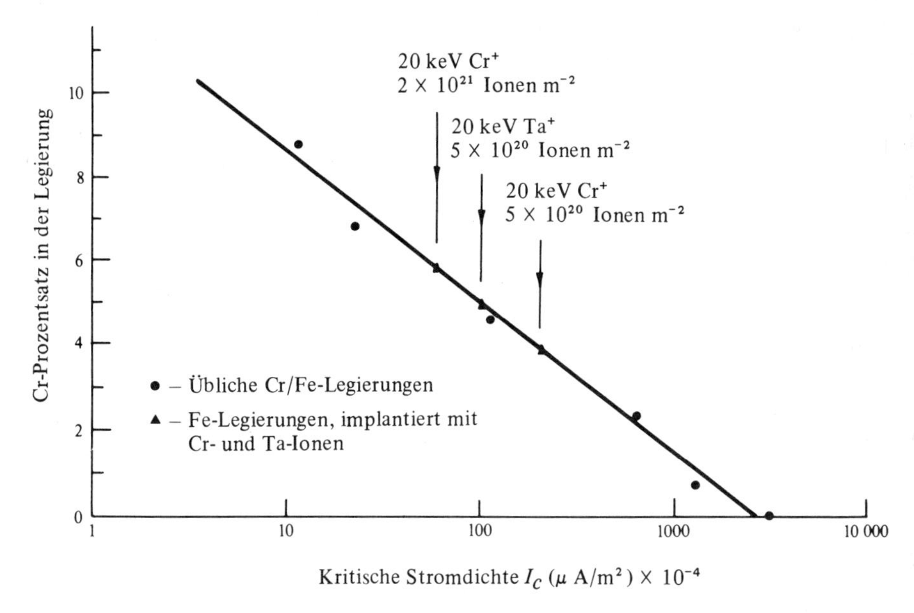

Abb. 1.1 Kritische Stromdichte I_c für die Passivierung als Funktion des Prozentanteiles von Cr in einer Cr-Fe-Legierung

eine Fe/Ta-Oberflächenlegierung untersucht, die mit Ionenimplantation hergestellt worden war. Diese Verbindung, die nicht mit üblichen Methoden hergestellt werden kann, würde einer Chromlegierung überlegen erscheinen, wenigstens unter diesen Versuchsbedingungen. Ionenimplantation sollte eine bedeutende Methode zur Untersuchung vieler Aspekte der Metallkorrosion sein.

Die *optischen Eigenschaften* von Oberflächenschichten vieler Materialien sollten Veränderungen durch Ionenimplantation unterworfen sein. Durch Veränderung des Brechungsindex sollte es z.B. möglich sein, Wellenleiter für optische integrierte Schaltkreise herzustellen[6]. Änderungen des Brechungsindex sind durch Ionenimplantation hergestellt worden, obwohl es zur Zeit nicht klar ist, ob in erster Linie chemische Dotierung oder Strahlenschaden für optische Wirkungen verantwortlich ist. Magnetische Blasen in dünnen magnetischen Granatfilmen werden gegenwärtig untersucht[7], da sie große Möglichkeiten als Speichersysteme bieten. Man fand heraus, daß Ionenimplantation die Eigenschaften solcher Filme und der darin enthaltenen Blasen verändern kann. Die Wirkungsweise für diese Veränderungen ist nicht bekannt; sie kann entweder auf chemischer Dotierung oder auf Gitterschaden in der Form von Verspannung beruhen.

Viele andere in der Entwicklung befindliche oder mögliche Anwendungen kann man ins Auge fassen, darunter (a) die Untersuchung supraleitender Metalle und Legierungen[8,9], (b) Herstellung von Metalloberflächen geringer Reibung und hoher Abriebfestigkeit[10], (c) Simulation von Solarwind[11], (d) Umwandlung von Oberflächenschichten zu Oxiden und Nitriden[12] und (e) Einführung von Katalysatoren in Oberflächenschichten[12]. Ein sehr wichtiges Feld für Ionenimplantation lag in der Simulation vom Strahlungsschaden, der in Reaktorwandungen auftritt[13].

1.4 Kristallstruktur

Bei vielen Gelegenheiten befassen wir uns in diesem Buch mit der Wechselwirkung von energiereichen Ionen und Einkristallen. So ist es angemessen, hier kurz Gittergeometrie zu diskutieren. Eine grundlegende Vorstellung bei der Beschreibung von Kristallstrukturen ist die des *Raumgitters.* Drei nicht parallele Ebenenscharen (wobei die Ebenen innerhalb jeder Schar parallel und äquidistant sein sollen) schneiden sich und bilden eine Schar von Punkten (jeder davon als Schnitt von drei Ebenen), die ein regelmäßiges Muster oder Raumgitter bilden. Jeder Schnitt oder Gitterpunkt hat gleiche Umgebung. Falls Atome (oder Atomgruppen) bei jedem Schnittpunkt gelegen sind, dann erhält man eine Kristallstruktur. Folglich können wir einen beliebigen Kristall durch den Gittertyp (d.h. Abstand und Winkel zwischen den drei Ebenen) und der Anordnung der Atome an jedem Gitterpunkt charakterisieren. Man kann zeigen, daß es insgesamt die 14 Fundamental-Raumgitter nach Bravais gibt. Abb. 1.2 stellt die Einheitszellen von zwei Beispielen vor; nämlich das trikline und das einfache orthorhombische. Im ersten Fall sind alle Winkel (α, β und γ) zwischen den Ebenen ungleich und von 90° verschieden; auch die Einheitslängen a, b und c (entlang der Achsen OX, OY und OZ gemessen) zwischen den Gitterpunkten sind ungleich. Im zweiten Beispiel ist $\alpha = \beta = \gamma = 90^\circ$, aber $a \neq b \neq c$. Man kann sich leicht dazu ähnliche Raumgitter vorstellen, besonders das einfach kubische Gitter mit $\alpha = \beta = \gamma = 90^\circ$ und $a = b = c$.

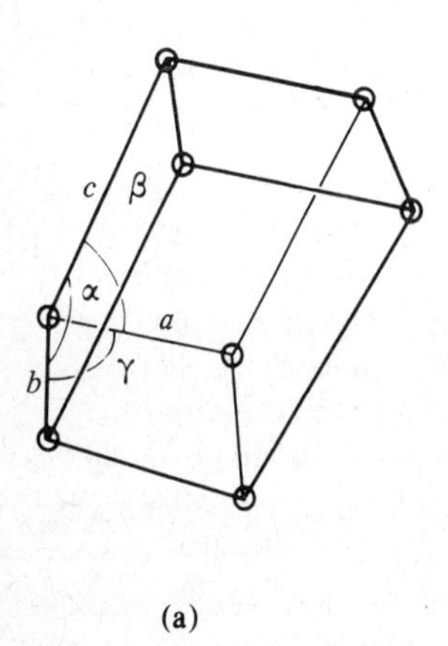

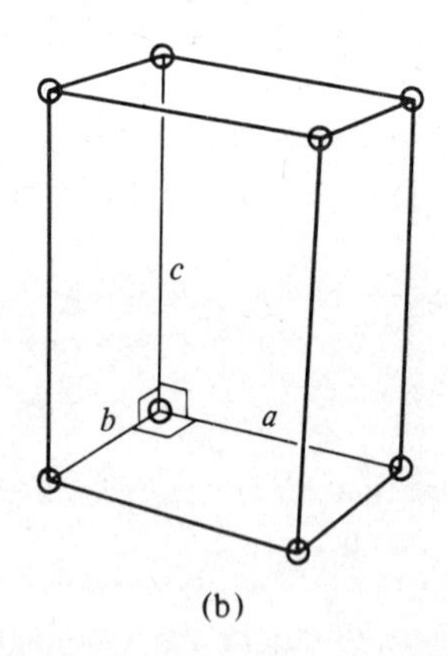

Abb. 1.2 Einheitszellen von (a) triklinen und (b) orthorombisch primitiven Raumgittern.

Oft ist es notwendig, sich auf eine besondere Richtung oder eine besondere Ebene in einem Einzelkristall zu beziehen. Das wird üblich mittels der sogenannten Miller'schen Indizes gemacht, wie in Abb. 1.3 (a) dargestellt.

Eine Ebene ist festgelegt durch (i) Angabe der Abschnitte auf den drei Kristallachsen (entlang den Kanten der Einheitszelle gezeichnet) in Einheiten der Einheitsabschnitte *a, b* und *c* und (ii) Bezeichnung der Kehrwerte dieser Entfernungen, vereinfacht auf die geringst möglichen ganzen Zahlen, die in Klammern gesetzt werden. Die gezeigte Ebene teilt OX, OY und OZ in Einheitszellenentfernungen von 1 bzw. 1 bzw. 1/2, so daß der Millersche Index (112) ist. Weitere Beispiele sind in Abb. 1.3 (b) angegeben. Im kubischen System, welches einen hohen Grad an Symmetrie aufweist, ist die (100)-Ebene genau äquivalent den Ebenen (101), (011), $(1\bar{1}0)$, $(10\bar{1})$, und $(01\bar{1})$. Der Strich über einer Zahl deutet an, daß die Ebene die negative Achse, beginnend im willkürlichen Ursprung, schneidet. Um einen solchen Satz von Ebenen, die einen Typ festlegen, zu charakterisieren, setzt man die Indizes in geschweifte Klammern wie {110}.

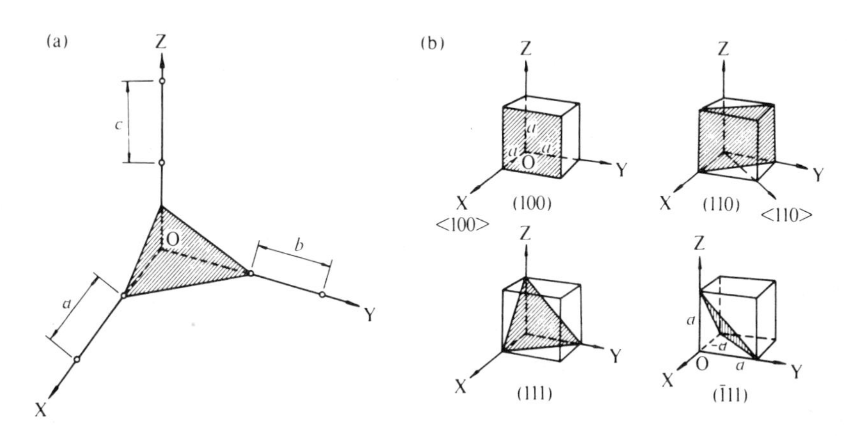

Abb. 1.3 Das Millersche Indexsystem
(a) Die (112)-Ebene schneidet die drei Achsen bei 1, 1 und 1/2 Einheitsentfernungen
(b) Beispiele für Millersche Indizes von Ebenen und Richtungen des kubischen Systems.

Eine Richtung innerhalb eines Kristalls kann festgelegt werden durch Angabe der Koordinaten eines Vektors, der vom Ursprung aus in jene Richtung zeigt. Die OX-Achse ist daher durch [100] und die negative OZ-Achse durch $[00\bar{1}]$ gekennzeichnet. Die Koordinaten sind in Werten des Tripels kleinster ganzer Zahlen, die einen auf dem Vektor liegenden Punkt charakterisieren, ausgedrückt. In einigen symmetrischen Systemen sind gewisse Richtungen äquivalent. Im kubischen System z.B. sind [111], $[11\bar{1}]$, $[1,\bar{1},1]$ und $[\bar{1},1,1]$ identisch und werden alle als <111> charakterisiert. Verschiedentliche Kristallrichtungen sind in Abb. 1.3 (b) gezeigt. Wir halten fest, daß nur im kubischen System die [hkl] Richtung senkrecht zur (hkl) Ebene ist.

Elemente nehmen Kristallstrukturen mit einem hohen Grad von Symmetrie an. Mehr als die Hälfte aller Elemente haben entweder flächenzentrierte kubische (in der englischen Literatur: fcc), raumzentrierte kubische (bcc) oder hexagonal dicht gepackte (hcp) Anordnung.

Wir untersuchen kurz die fcc- und Diamantstrukturen. Abb. 1.4 (a) stellt die fcc-Einheitszelle dar, in der sich ein Atom an jedem Gitterpunkt befindet. Die Atome in den Flächenmittelpunkten der Einheitszelle haben identische Umgebung, wie das in der vergrößerten Struktur zu sehen ist, die ebenfalls gezeigt wird. Die {111}-Ebenen haben die dichteste Atompackung pro Einheitsfläche. In den <110>-Richtungen liegt die dichteste Atompackung pro Einheitslänge. Folglich werden diese (zusammen mit anderen niederindizierten Ebenen und Richtungen) als die *dicht gepackten* Ebenen und Richtungen bezeichnet. Dieser Begriff ist bei der Betrachtung der Erscheinung des Channelling in Kap. 4 nützlich.

Silizium und Germanium haben beide Diamant-Struktur, die in Abb. 1.4 (b) gezeigt wird und eine der kristallinen Formen des Kohlenstoffs ist. Das Gitter kann als Zusammensetzung zweier ineinandergeschachtelter fcc-Gitter betrachtet werden. Jedes Atom ist kovalent mit vier nächsten Nachbarn gebunden, so daß ein reguläres Tetraeder entsteht.

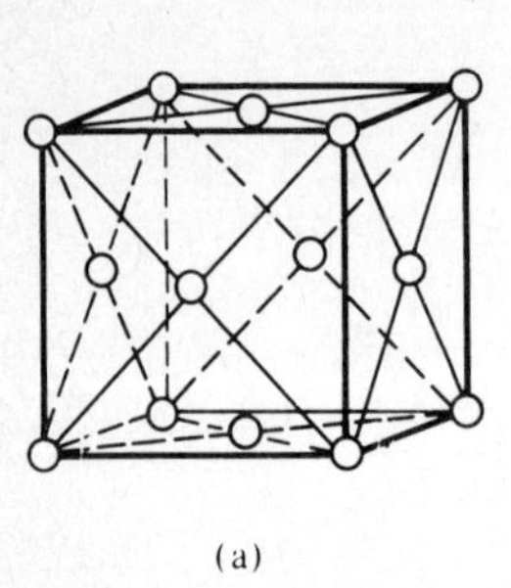

(a)

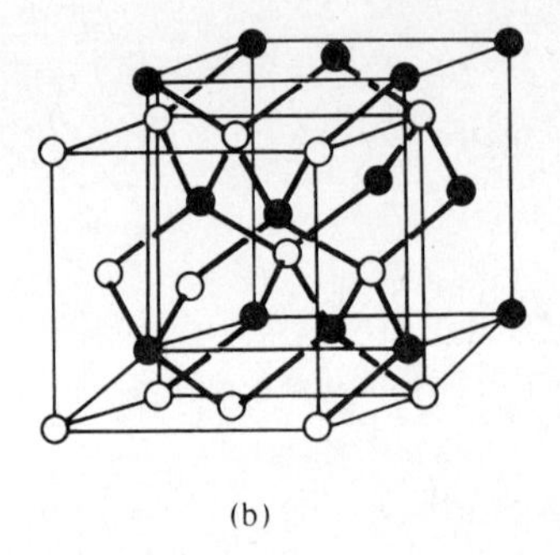

(b)

Abb. 1.4 (a) Flächenzentrierte kubische Einheitszelle.
(b) Elementarwürfel zweier ineinandergeschachtelter flächenzentrierter kubischer Gitter.

1.5 Dotierung von Halbleitern

Die hauptsächliche Absicht der Ionenimplantation, die in diesem Buch diskutiert wird, ist die Einbringung von Dotierstoffen in Halbleitern. So ist es gerechtfertigt, einige ihrer elektronischen Eigenschaften vorzustellen. Atome der Gruppe (IV), Silizium und Germanium, haben Strukturen der Außenelektronen, die dem Kohlenstoff mit vier Elektronen in jeder der äußeren M- bzw. N-Schale ähnlich sind. Silizium, Germanium und Kohlenstoff kristallisieren im Diamant-Typ, wie oben diskutiert, mit vier kovalenten Bindungen pro Atom. Wenn sie in kristalliner Form gebunden werden, spalten die Energieniveaus der Einzelatome auf in die wohlbekannte Bandstruktur, dargestellt in Abb. 1.5. Das obere Leitungsband entspricht den Energien der Elektronen, die sich frei in dem Kristall bewegen können. Das untere Valenzband entspricht den Energien der Elektronen in den kovalenten Bindungen. Es gibt gerade genügend Valenzelektronen zum Füllen des unteren Bandes.

Die Energielücke zwischen Leitungs- und Valenzbändern ist 5,3 eV für Kohlenstoff, 1,1 eV für Silizium und 0,67 für Germanium. Bei 0 K würden alle Elektronen Plätze im

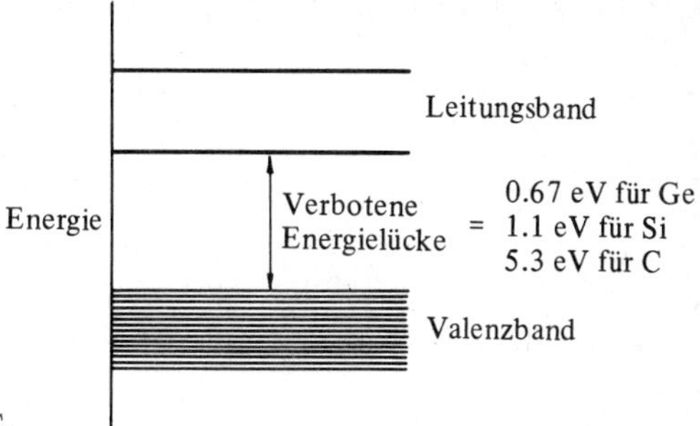

Abb. 1.5 Energie-Bandstruktur für Ge, Si und C.

Valenzband besetzen, das Leitungsband wäre leer und der Kristall ein Isolator. Bei höheren Temperaturen erreichen einige Elektronen im Silizium und Germanium genügend thermische Energie, um über die Bandlücke in das Leitungsband zu gelangen, wo sie sich nun frei von Platz zu Platz als Leitungselektronen bewegen können.

Bei normalen Temperaturen hat Kohlenstoff einen zu großen Bandabstand für Elektronen, als daß er durch thermische Anregungen überwunden werden kann, so daß er in dieser kristallinen Form einen Isolator darstellt. Wenn ein Elektron bis zum Leitungsband angehoben wird, hinterläßt es einen leeren Platz oder ein *Loch* im Valenzband. Das Loch, als positiv geladen angenommen, kann von einem Elektron besetzt werden, das von einem Nachbarplatz überspringt. Daher können sich sowohl Leitungselektronen wie auch Valenzbandlöcher bewegen und zur Kristalleitfähigkeit beitragen.

Die Halbleiter Silizium und Germanium können in ihren elektronischen Eigenschaften durch Zufügen geringer Verunreinigungen verändert werden. Das Element Phosphor der Gruppe V ist fünfwertig und kann, dem Silizium zugefügt, Gitterplätze besetzen. Vier der Valenzelektronen werden an benachbarte Siliziumatome gebunden, und das fünfte ist im Überschuß vorhanden. Dieses fünfte Elektron bleibt in der Nachbarschaft des Phosphor-Verunreinigungsatoms und besitzt einen Energiezustand etwas unterhalb des Leitungsbandes (Abb. 1.6). Das Energieniveau des nicht angeregten Zusatzelektrons wird Donatorniveau genannt und existiert nur in der Nachbarschaft des Donator-Verunreinigungsatoms, d.h., es besteht aus einem lokalisierten Zustand. Bei Raumtemperatur sind die meisten Donatorenelektronen von diesen lokalisierten Zuständen aus durch thermische Energie in das Leitungsband angehoben und bilden dann einen extrinsischen n-Typ-Halbleiter. Wenn ein dreiwertiger Dotierstoff wie Bor verwendet wird, ist jedes

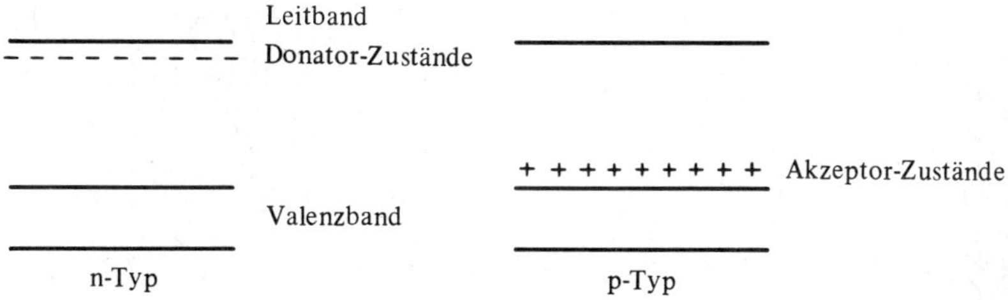

Leitband
Donator-Zustände
Akzeptor-Zustände
Valenzband
n-Typ
p-Typ

Abb. 1.6 Lokalisierte Energie-Zustände von Verunreinigungen in n- und p-Typ Halbleitern.

Boratom um ein Valenzelektron bemüht, um die vier kovalenten Bindungen mit seinen benachbarten Siliziumatomen zu vervollständigen.

Diese Bindung kann durch Einfang eines in der Nähe befindlichen Elektrons abgesättigt werden. Dieses hinterläßt aber ein Loch im Valenzband. Dotierungen wie Bor werden als Akzeptoren bezeichnet und schaffen extrinsische Halbleiter vom p-Typ. Die Energieniveaus in der Nähe der Akzeptordotierung liegen knapp über dem Valenzband (Abb. 1.6), so daß nur ein kleiner thermischer Energiebetrag erforderlich ist, daß ein Valenzelektron einen Akzeptorplatz besetzen und ein Loch im Valenzband hinterlassen kann. Diese Löcher sorgen für den Leitungsmechanismus in p-Typ-Halbleitern. Wenn ein Halbleiter sowohl Donator- als auch Akzeptorverunreinigungen enthält, dann entscheidet die überschüssige, ob sich p- oder n-Typ einstellt.

Die wichtigsten Elemente zur Dotierung von Silizium und Germanium sind die Donatoren der Gruppe V, Phosphor, Arsen und Antimon, und die Akzeptoren der Gruppe III, Bor, Aluminium, Gallium und Indium. Die Energien der lokalisierten Donator- und Akzeptorzustände in einem gegebenen Wirtssubstrat variieren leicht von Dotierung zu Dotierung. Es können auch andere Elemente als Dotierstoffe benützt werden, wie Zink und Kupfer, die zwei bzw. drei Elektronen aufnehmen können. Deshalb ruft Zink zwei, Kupfer drei lokalisierte Zustände hervor. Wegen ihrer unterschiedlichen Kernladungen sind die Energieniveaus viel tiefer im verbotenen Band zwischen Valenz- und Leitbändern (Abb. 1.7). Diese tiefen Niveaus sorgen für Einfangs- und Rekombinationszentren und können die Lebensdauer von Minoritätsträgern drastisch verkürzen.

Dotierungen werden gewöhnlich über thermische Diffusion eingebracht. Ionenimplantation bietet jedoch eine alternative Methode an. Bei der Dotierung durch Implantation kann aber der Kristall ernsthaft geschädigt werden und thermische Temperung erfordern, damit das Gitter sich wieder ordnet und die Dotierung an die elektrisch aktiven Plätze gebracht wird.

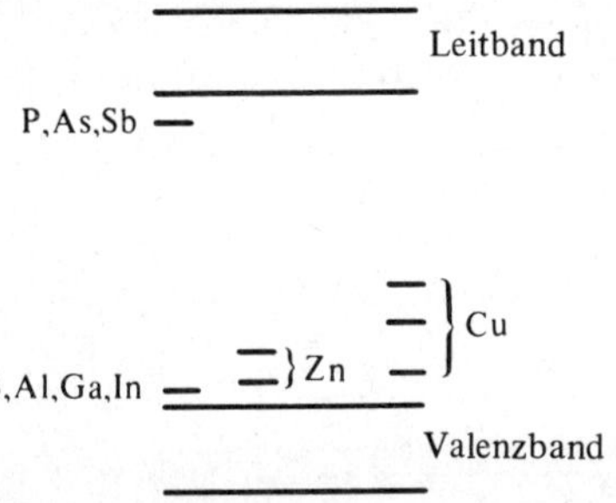

Leitband
P,As,Sb
Cu
B,Al,Ga,In
Zn
Valenzband

Abb. 1.7 Lokalisierte Energieniveaus, hervorgerufen durch Dotierung von Germanium mit verschiedenen Verunreinigungen.

Der durch Implantation verursachte Strahlenschaden hat oft größere Leitfähigkeitsänderungen zur Folge, als wie durch Zufügen von Dotierionen zu erwarten ist. Durch Ausheizen wird gewöhnlich die Mehrheit der Defekt-Energiezustände und Haftzentren zurückgebildet, obwohl manche Zustände bestehen bleiben können.

Literaturhinweise zu Kapitel 1

1. Alvager, T. und Hansen, N.J., *Rev. scient. Instrum,* **33** (1962), 567.
2. Dearnaley, G., Freeman, J.H. Nelson, R.S. und Stephen, J., *Ion Implantation* (North-Holland, 1973), Kapitel 4.
3. *Proceedings of the International Conference on Ion Implantation, Yorktown Heights, USA (1972)* (Plenum Publishing Corp., 1973).
4. *Proceedings of the International Conference on the Application of Ion Beams to Metals, Albuquerque, USA (1973)* (Plenum Publishing Corp. 1974).
5. *Proceedings of the International Conference on Ion Implantation, Osaka, Japan (1974).* Wird veröffentlicht.
6. Brown, W.L., *Proceedings of the International Conference on Ion Implantation in Semiconductors, Garmisch, Germany (1971).*
7. Wolfe, R. und North, J.C., *Bell Syst. tech. J.,* **51** (1972), 1436.
8. Chang, C.C. und Rose-Innes, A.C., *Proceedings of the XII International Conference on Low Temperature Physics, Kyoto, Japan (1970).*
9. Buckel, W. und Stritzker, B., siehe Hinweis 4.
10. Hartley, N.E. und Dearnaley, G., *Proceedings of the III International Conference on Ion Implantation, Yorktown Heights, USA (1972)* (Plenum Publishing Corp., 1973)
11. Pillinger, C.T., Cadogan, P.H., Eglinton, G., Maxwell, J.R., Mays, B.J., Grant, W.A. und Nobes, M.J., *Nature,* **235**, no. 58 (1972), 108.
12. Grenness, M., Thompson, M.W. und Cahn, R.W., *J. appl. Electrochem.,* **4** (1974), 211.
13. Nelson, R.S., Mazey, D.J. und Hudson, J.A., *J. nucl. Mater.,* **41** (1971), 257.

2 Stöße zwischen Atomen

2.1 Einleitung

Der Prozeß der Ionenimplantation beruht auf der Möglichkeit, energiereiche Ionen relativ tief in einen Festkörper einzubringen. Wenn diese große Eindringtiefe erreicht wird, erleiden die Ionen Wechselwirkungen und stoßen – einzeln oder im Kollektiv – mit den Atomen der Festkörpermatrix. Während dieser Stöße wird Energie zwischen dem bewegten Ion und den anfänglich ruhenden Gitteratomen bei gleichzeitigem Energieverlust für die Ionen und Energiegewinn für die Atome ausgetauscht. Der Energieverlust bringt die Ionen zur Abbremsung und schließlich zur Ruhe im Gitter; der Energiegewinn der Atome führt zur Bildung von Defekten oder Störung im Gitter. Zusätzlich zum Energieverlust erleidet das injizierte Ion bei jedem Einzel- oder Mehrfachstoß Ablenkungen. Die Folge dieser Ablenkungen bestimmt im einzelnen seine Bahn im Festkörper. Ähnlich dazu ist die Bahn der Gitteratome, die genügend Energie für einen Platzwechselvorgang gewinnen, durch die Folge ihres Energieaustausches und Ablenkungen vorgeschrieben. Deshalb hängt das Gesamtbild der Gitterstörung von den einzelnen Stoßvorgängen ab. Da die Ionen- und Gitterstöße der Reihe nach erfolgen und von einander getrennt werden dürfen, ist deshalb das Kernproblem bei der Voraussage von Ioneneindringtiefe und Gitterstörung das Verständnis der Stoßdynamik zwischen einem bewegten Ion und einem anfänglich ruhenden Atom. Das ist das Thema, das wir nun behandeln.

In einem klassischen Atombild ist der positiv geladene Kern (der Ladung $+Ze$, wobei Z die Ordnungszahl des Atoms und e die Elementarladung angibt) von Schalenelektronen umgeben (Z an der Zahl). Ionisation führt zur Entfernung einer oder mehrerer dieser Hüllenelektronen und läßt das Atom positiv geladen zurück. Es kann somit in einem elektrostatischen Feld beschleunigt und in diesem oder einem magnetischen Feld umgelenkt werden. In einem Stoß zwischen einem bewegten Ion (oder Atom) und einem ruhenden Atom findet man deshalb, daß es anziehende Kräfte zwischen Kernen und Elektronen gibt und abstoßende Kräfte zwischen Kernen untereinander und Elektronen untereinander. Die gesamte zwischenatomare Kraft ist die Summe der verschiedenen Kräfte zwischen den Teilchen. Das räumliche Integral über die Gesamtkraft definiert ein Wechselwirkungspotential zwischen den bewegten und ruhenden Atomen. Man beschreibt deshalb gerne im Sinn der klassischen Mechanik die Wechselwirkung zwischen zwei Stoßatomen als die eines Stoßes zweier Punktmassen (M_1 für das ankommende oder bewegte Ion bzw. Atom, M_2 für das Streuatom) und stellt die Gleichungen der klassischen Bewegungsgleichungen unter Zentralkraft samt Lösungen auf. In einem solchen System wird die Bahn der bewegten Teilchen von der (räumlichen) Abhängigkeit des Zentralkraftgesetzes abhängen. Da aber diese Kraft über den gesamten Teilchenabstand wirkt, wird das Streu- (oder Target-) Atom ebenfalls gezwungen, sich zu bewegen, und zwar mit einer Bahn, die von derselben Zentralkraft bestimmt wird. In einem solchen konservativen System ohne äußere Nebenbedingung wird die Gesamtenergie beibehalten; es gibt nur einen Austausch zwischen kinetischer und potentieller Energie. Solch ein Stoßvorgang wird als elastisch bezeichnet. Gegen Stoßende (bei infinitesimaler Teilchenentfernung) ist alle Energie, die das einfallende Teilchen verloren hat, von dem gestoßenen Teilchen aufgenommen worden. Da durch die zwischenatomare Kraft die Bahn des Einschußteilchens geändert wurde, spricht man von einem Streuvorgang.

Solch eine klassische Beschreibung berücksichtigt die elektronische Struktur der sich beeinflussenden Teilchen nicht im Detail. Sie geht von der Annahme aus, daß diese sich bei der Zusammensetzung der gesamten Kraft ausmittelt und die Potentialfunktion auf diejenige punktförmiger Atome reduzierbar ist. In Wirklichkeit erfährt jedes einzelne Elektron beim Stoß eine Störung, und dieses kann und wird zu einer elektronischen Anregung innerhalb jedes teilnehmenden Atoms führen; in einigen Fällen wird es Ionisation geben. Der anschließende Rücksprung angeregter Teilchen verursacht Photonenemission und in einigen Fällen auch noch Elektronenemission. Die bei diesen Anregungsprozessen absorbierte Energie wird der kinetischen und zwischenatomaren potentiellen Energie des Systems gewöhnlich nicht wieder zugeführt. Es ergibt sich eine Inelastizität beim Stoß, wobei die innere Energie in den Atomen verändert wird. Da die Anregungsvorgänge beim Stoß Energie verbrauchen, müssen sie bis zu einem gewissen Grade die Bahnen und kinetische Energien verändern, d.h. es muß eine Beziehung geben zwischen dem elastischen, die Streuung verursachenden Anteil der Wechselwirkung und dem Anteil mit Energieverlust. Im Großen und Ganzen ist jedoch der Grad der Abhängigkeit gering, und man nimmt üblicherweise an, daß die unelastischen Stöße zwar zu einem allgemeinen Energieverlust des Systems führen, aber den Streuvorgang nicht besonders beeinflussen. Daher werden die elastischen und unelastischen Stöße getrennt behandelt und sind in erster Näherung unkorreliert. In der folgenden Untersuchung atomarer Stöße nehmen wir diese Trennbarkeit an und behandeln elastische und unelastische Stöße einzeln.

Da wir uns mit atomarer Wechselwirkung beschäftigen, wäre letzten Endes das richtige Modell das zweier sich beeinflussender wellenmechanischer Systeme. Tatsächlich ist jedoch für die große Mehrheit atomarer Stoßvorgänge, die für die Ionenimplantation von Interesse sind, die oben erörterte klassisch-mechanische Vereinfachung eine völlig angemessene Darstellung eines Stoßes. Die Berechtigung dieser Anmerkung wird später nachgewiesen.

2.2 Elastische Stöße

2.2.1 Stöße zwischen Punktmassen und harten Kugeln

In der obigen Diskussion sahen wir, daß eine bequeme Vereinfachung des Stoßprozesses darin besteht, über die Ladungsverteilung jedes Stoßpartners zu mitteln und die Teilchen als Punktmassen zu behandeln, zwischen denen eine Kraft und ein Wechselwirkungspotential besteht. Die Art dieser Kraft- (und Potential-) Änderung als Funktion des zwischenatomaren Abstandes wird Gegenstand einer späteren genaueren Erörterung sein. Wenn wir jedoch gegenwärtig annehmen, daß die Elektronen nur dazu dienen, die positiven Kernladungen bei einem atomaren Stoß voneinander abzuschirmen, wobei die Kernladungen der stoßenden und gestoßenen Atome von $Z_1 e$ bzw. $Z_2 e$ auf die Effektivwerte $Z_{1,eff}\, e$ bzw. $Z_{2,eff} e$ verringert werden, ist das zwischenatomare Kraftgesetz repulsiver Art und vom Coulombtyp

$$F(r) = \frac{Z_{1,eff} Z_{2,eff}\, e^2}{4\pi\, \epsilon_0 r^2} \qquad 2.1a$$

und das Wechselwirkungspotential das Raumintegral hierzu:

$$V(r) = \frac{Z_{1,eff}\, Z_{2,eff}\, e^2}{4\pi\, \epsilon_0 r} \qquad 2.2.a$$

In diesen Gleichungen sind die Einheiten natürlich im rationalen MKS-System geschrieben. Es ist aber in der Physik atomarer Stoßprozesse üblicher, die CGS-Einheiten zu benützen, womit die entsprechenden Gleichungen sich ändern:

$$F(r) = \frac{Z_{1,eff}\, Z_{2,eff}\, e^2}{r^2} \qquad 2.1b$$

und

$$V(r) = \frac{Z_{1,eff}\, Z_{2,eff}\, e^2}{r} \qquad 2.2b$$

Damit der Leser schnell der umfangreichen Literatur über die Physik atomarer Stoßprozesse folgen kann, wird hier die zweitgenannte CGS-Schreibweise zum Vergleich angegeben.

Eine unmittelbare Folgerung aus den Gleichungen 2.1 und 2.2 ist der rasche Abfall der Kraft und des Potentials mit zunehmendem Atomabstand. Abb. 2.1 zeigt dieses Verhalten für die Potentialfunktion *V(r)*.

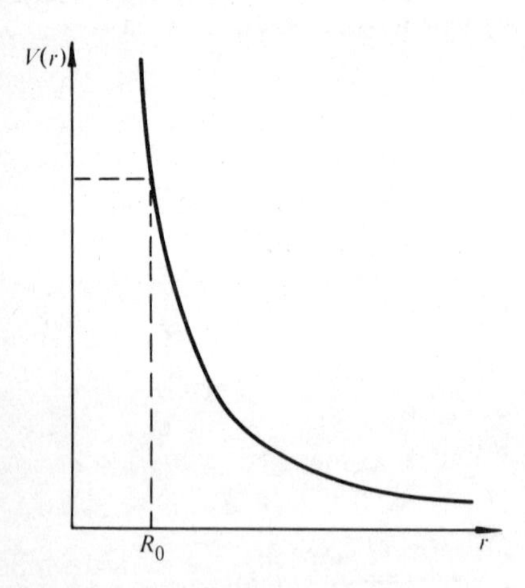

Abb. 2.1 Schematische Darstellung des zwischenatomaren Potentials $V(r)$ und die Näherung harter Kugeln mit Radius R_0.

Bei der Ionenimplantation ereignen sich die Stöße zwischen einem Ion und einem Targetatom selbst für maximalen Stoßparameter in einem Abstand, der nicht größer ist als etwa ein halber Gitterabstand in einem kristallinen Target (d.h. zwischen 1 Å und 3 Å, wobei 1 Å = 10^{-10}m). Dagegen ereignen sich die engsten Annäherungen für einen zentralen Stoß. Selbst für die größte kinetische Energie, die bei der Ionenimplantation noch von Interesse ist, bewegt sich das beschossene Atom während der Wechselwirkungszeit vom einfallenden Ion weg, da einfallende und beschossene Teilchen eine gegenseitig abstoßende Kraft erfahren. So ist der geringste Abstand bei engster Annäherung nie kleiner als 10^{-11} m. Weil der Wechselwirkungsbereich somit ziemlich eng ist und das Potential steil mit zunehmendem Abstand abfällt, ist eine erste Näherung an das Potential von Abb. 2.1 die, $V(r)$ = const von $r = 0$ an bis zu einem bestimmten $r = R_0$ und einen Abfall in Form einer Stufenfunktion nach $V(r) = 0$ für $r \geqslant R_0$ anzunehmen. Die Bedeutung dieser Näherung, die auch in Abb. 2.1 gezeigt wird, besteht darin, daß jedes Atom wie eine vollkommen elastisch harte oder starre Kugel mit dem Radius R_0 behandelt wird, so daß ein Stoß nur beim Abstand $r = R_0$ stattfindet und keine Wechselwirkung bei $r > R_0$ auftritt. Trotz seiner offensichtlich recht drastischen Vereinfachung stellt dieses Harte-Kugel-Modell eine vertretbar angemessene Näherung für nahe Frontalbegegnungen dar, wo die Werte für die Abstände in einem begrenzten Bereich liegen. Gleichzeitig gestaltet es eine ziemlich simple Einführung in die Behandlung einiger Begriffe, die bei allen Stoßvorgängen von allgemeiner Wichtigkeit sind.

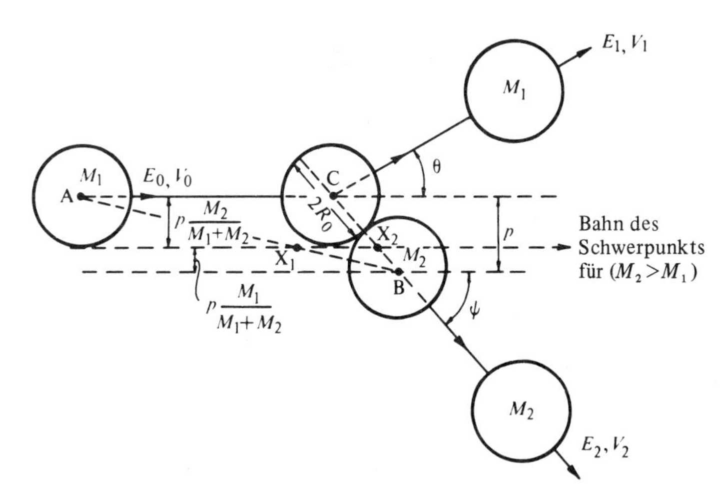

Abb. 2.2 Die Geometrie des Stoßes für zwei harte elastische Kugeln. Der Schwerpunkt bewegt sich von X_1 nach X_2 während des Zeitabschnittes bis zum Stoß. Daher scheint sich M_1 von links nach rechts relativ zum Schwerpunkt zu bewegen, während sich M_2 von rechts nach links relativ zum Schwerpunkt zu bewegen scheint.

Betrachten wir einmal, wie in Abb. 2.2 dargestellt, den Stoß zweier harter Kugeln, jede mit dem Radius R_0, wobei die einfallende Kugel die Masse M_1 und Energie E_0 und die gestoßene die Masse M_2 bei anfänglicher Ruhestellung haben sollen. In dieser Abbildung nähert sich beim Zusammentreffen die Mitte des einfallenden Ions der Mitte des gestoßenen Atoms nur bis zu einer Entfernung von $2R_0$. Jedoch ist die senkrechte Entfernung zwischen der ursprünglichen Bewegungsrichtung des einfallenden Ions und der parallelen Linie durch die Anfangsposition des Zentrums des gestoßenen Atoms kleiner als $2R_0$, in Abb. 2.2 als p angegeben; p ist als Stoßparameter des Stoßes bekannt. Da die Kugeln starr und vollkommen elastisch sind, bleibt die kritische Energie beim Stoß erhalten, und der Impuls wird beim Auftreffen nur in Richtung der Verbindungslinie der Teilchenmittelpunkte übertragen. Folglich bewegt sich das gestoßene Atom in einem Winkel ψ gegenüber der Ursprungsrichtung der Teilchenbewegung und parallel zur Mittelpunkts-Verbindungslinie beim Stoß. Wenn vor dem Stoß die Geschwindigkeit des einfallenden Teilchens V_0 ist und nach dem Stoß V_1, und wenn es sich in einem Winkel θ gegenüber der ursprünglichen Bewegungsrichtung bewegt, während das gestoßene Atom einen Geschwindigkeitszuwachs von Null auf V_2 erfährt, können wir unmittelbar die Energie- und Impulserhaltungsgleichungen schreiben als

Totale Energie $\tfrac{1}{2}M_1 V_0{}^2 = E_0 = \tfrac{1}{2}M_1 V_1{}^2 + \tfrac{1}{2}M_2 V_2{}^2 = E_1 + E_2$ 2.3a

wobei $E_1 = \tfrac{1}{2}M_1 V_1{}^2$ and $E_2 = \tfrac{1}{2}M_2 V_2{}^2$ und

Der Impuls parallel zur Mittelpunktsverbindung ist

$$M_1 V_0 \cos\psi = M_1 V_1 \cos(\psi + \theta) + M_2 V_2 \qquad 2.3b$$

Der Impuls senkrecht zur Mittelpunktsverbindung ist

$$M_1 V_0 \sin\psi = M_1 V_1 \sin(\psi + \theta) \qquad 2.3c$$

Diese Beziehungen können leicht so umgeformt werden, daß man zeigen kann:

$$V_1{}^2 = V_0{}^2 \left\{\frac{M_1 \cos\theta + (M_2{}^2 - M_1{}^2 \sin^2\theta)^{\frac{1}{2}}}{M_1 + M_2}\right\} \qquad 2.4a$$

und

$$\cos\theta = \tfrac{1}{2}\left\{\left(1 + \frac{M_2}{M_1}\right)\left(\frac{E_2}{E_0}\right)^{\frac{1}{2}} + \left(1 - \frac{M_2}{M_1}\right)\left(\frac{E_0}{E_2}\right)^{\frac{1}{2}}\right\} \qquad 2.4b$$

Aus der Stoßgeometrie heraus gilt offenbar, daß

$$\sin\psi = \frac{p}{2R_0} \qquad 2.5$$

Nun wollen wir uns nicht nur ein einzelnes Ion vorstellen, sondern einen einheitlichen und parallelen Ionenstrom, der senkrecht zur Bewegungsrichtung unendlich ausgedehnt ist und auf ein ruhendes Atom auftrifft. Dann können vom uniformen Fluß nur die Ionen mit einem Stoßparameter $p \leqslant 2R_0$ mit dem Atom zusammenstoßen. Deshalb definiert eine Fläche $\pi \cdot (2R_0)^2$ einen totalen Wirkungsquerschnitt für Stöße. Für $p = 0$ ist der Stoß zentral. Da wir räumliche Symmetrie voraussetzen, wird das Ion in Abb. 2.2, das in der Papierebene eintrifft, ebenfalls gestreut, wenn das Atom getroffen wird, und zwar wieder nur innerhalb der Papierebene. Ähnlich wird ein Ion, das in einer beliebigen Ebene eintrifft, ebenfalls nur in dieser Ebene gestreut. Folglich werden bei einem unendlich ausgedehnten Ionenfluß alle Ionen mit dem Stoßparameter p innerhalb eines Winkels θ in einem Kegel ausgehend vom Mittelpunkt des Streuatoms und mit Halbwinkel θ abgelenkt. Ähnlich werden Ionen, die mit einem Stoßparameter $p + dp$ eintreffen, einheitlich in einen Kegel vom Halbwinkel $\theta + \delta\theta$ abgelenkt. Die ebene Fläche, die durch die Radien p und $p + \delta p$ definiert wird, bestimmt daher die Ionen, welche zwischen den Winkeln θ und $\theta + \delta\theta$ gestreut werden. Die Fläche

$$\pi\{(p + \delta p^2\} = \mathrm{d}(\pi p^2) = 2\pi p \delta p$$

ist als differentieller Streuquerschnitt für die Streuung zwischen Stoßparametergrenzen p und $p + \delta p$ und Streuwinkeln θ und $\theta + \delta\theta$ bekannt und wird $d\sigma$ geschrieben, wie in Abb. 2.3 gezeigt.

Gleichung 2.4 stellt die enge Beziehung zwischen dem Energieübertrag $T\,(= E_2)$ oder Energierest E, und dem Streuwinkel θ dar. Da T bei einem gegebenen Wert von θ bestimmt wird, so macht man das auch für den Energieübertrag $T + \delta T$ bei einem Streuwinkel $\theta + \delta\theta$.

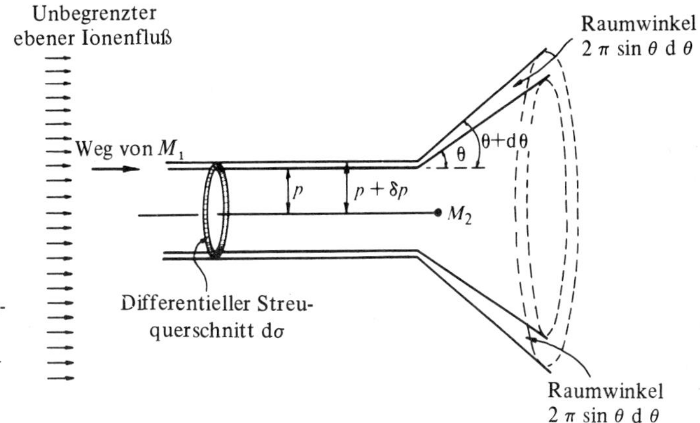

Abb. 2.3 Bahnen einfallender Ionen mit Stoßparametern p und $p + \delta p$ und Definition des differentiellen Streuquerschnitts $\mathrm{d}\sigma$.

Der differentielle Wirkungsquerschnitt $d\sigma$ bestimmt also den differentiellen Wirkungsquerschnitt für den Energietransport im Bereich zwischen T und $T + \delta T$.

Da der totale Wirkungsquerschnitt $\pi\,(2\,R_0)^2$ ist, ist die Wahrscheinlichkeit für Ionentrennung zwischen θ und $\theta + \delta\theta$ infolgedessen

$$\frac{\mathrm{d}(\pi p^2)}{\pi(2R_0)^2}$$

Ionen können jedoch symmetrisch in den Raumwinkel, der von den Kegeln der Halbwinkel θ und $\theta + \delta\theta$ eingeschlossen wird, gestreut werden, d.h. in einen Raumwinkel $d\Omega = 2\pi \sin\theta\,\delta\theta$. Daher wird der differentielle Streuquerschnitt im Einheitsraumwinkel zu

$$\frac{\mathrm{d}\sigma}{\mathrm{d}\Omega} = \frac{p\delta p}{\sin\theta\,\delta\theta}$$

Bisher haben wir die Bewegung von Teilchen beim Stoß so betrachtet, wie sie von einem außenstehenden stationären Beobachter gesehen würde; dieses wird als *Laborsystem* bezeichnet. Meistens ist es bequemer, mit einem anderen System zu arbeiten, bekannt als das *Schwerpunktsystem (S.P.-System),* in dem die Teilchenbewegungen relativ zu einem Beobachter, der sich mit dem Schwerpunkt des Systems bewegt, betrachtet werden. Es gibt dabei keinen äußeren Einfluß auf die Stoßpartner, und der Schwerpunkt wird beim Zusammenstoß nicht verschoben. In Abb. 2.2 bewegt sich der Schwerpunkt entlang einer Linie parallel zur Bahn des einfallenden Ions in einem senkrechten Abstand

$$p\left\{\frac{M_2}{M_1 + M_2}\right\}$$

zu dieser Linie. Der Impuls des Schwerpunktes ist durch $(M_1 + M_2)\,V$ gegeben, wobei V die Geschwindigkeit des Schwerpunktsystems ist und die Energie des Schwerpunktes durch $1/2\,(M_1 + M_2)\,V^2$ gegeben ist. Da der Schwerpunkt immer auf der Verbindungslinie zwischen den Mittelpunkten der zusammenstoßenden Teilchen liegen muß, veranschaulicht das Dreieck AX_1BX_2C in Abb. 2.2, daß die Schwerpunktgeschwindigkeit V durch

$$\frac{V}{V_0} = \frac{\left\{\frac{M_1}{M_1 + M_2}\right\} p}{p} = \frac{M_1}{M_1 + M_2}$$

gegeben ist, d.h.

$$V = \left\{\frac{M_1}{M_1 + M_2}\right\} V_0 \tag{2.6}$$

Die Geschwindigkeit des bewegten Ions bezüglich des Schwerpunkts ist folglich:

$$V_a = V_0 - \left\{\frac{M_1}{M_1 + M_2}\right\} V_0 = \left\{\frac{M_2}{M_1 + M_2}\right\} V_0 \tag{2.7a}$$

so daß das Ion auf den Schwerpunkt zuläuft, von links in Abb. 2.2. Die Geschwindigkeit des ruhenden Atoms bezüglich des Schwerpunkts ist

$$V_b = 0 - \left(\frac{M_1}{M_1 + M_2}\right) V_0 = \left(\frac{-M_1 V_0}{M_1 + M_2}\right) \tag{2.7b}$$

so daß im Schwerpunktssystem das ruhende Atom auf den Schwerpunkt zuzulaufen scheint, aber jetzt von rechts nach links in Abb. 2.2.

Wenn auf den Stoß hin das einlaufende Ion in einen Winkel ϕ bezüglich der Schwerpunktsbewegung gestreut wird, dann muß – da die Richtung der Schwerpunktsbewegung sich nicht ändert – das Streuatom sich in einem Winkel von $\pi - \phi$ bezüglich der Schwerpunktsbahn bewegen, wie in Abb. 2.4 dargestellt.

Ferner müssen zur Beibehaltung der linearen Schwerpunktbewegung die vor dem Stoß vorhandenen relativen Geschwindigkeiten des sich bewegenden und des gestoßenen Teilchen erhalten bleiben, obwohl sich ihre Richtungen geändert haben.

Die absolute Geschwindigkeit nach dem Stoß kann jetzt leicht durch Vektoraddition der relativen Geschwindigkeiten der jeweiligen Teilchen in bezug auf die Schwerpunktgeschwindigkeit abgeleitet werden, z.B.

$$V_1^2 = V_0^2 \left\{\left(\frac{M_2 \sin\phi}{M_1 + M_2}\right)^2 + \left(\frac{M_1 + M_2 \cos\phi}{M_1 + M_2}\right)^2\right\} \tag{2.8a}$$

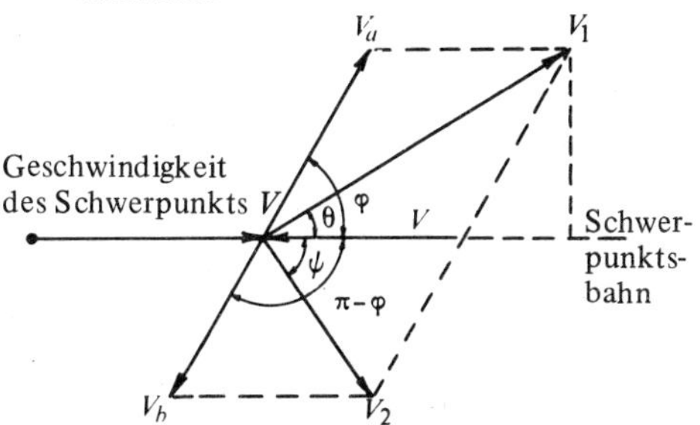

$$V_a = \frac{M_2}{M_1+M_2} V_0 ; \quad V_b = -\frac{M_1 V_0}{M_1+M_2} ; \quad V = \frac{M_1 V_0}{M_1+M_2}$$

Da $V_1 \sin\theta = V_a \sin\varphi$
und $V_1 \cos\theta = V + V_a \cos\varphi$

$$\therefore \tan\theta = \frac{M_2 \sin\varphi}{M_1+M_2} \Big/ \frac{M_1+M_2 \cos\varphi}{M_1+M_2}$$

Abb. 2.4 Die Beziehung zwischen Teilchengeschwindigkeiten und Streuwinkeln im Schwerpunkts(SP)- und Labor(Lab)-system.

Dieser Ausdruck kann leicht erweitert werden zu

$$V_1{}^2 = V_0{}^2 \left\{1 - \frac{4M_1M_2}{(M_1+M_2)^2} \sin^2 \phi/2\right\}$$

Somit ist die beim einfallenden Teilchen verbliebene Energie gegeben durch

$$E_1 = \tfrac{1}{2} M_1 V_1{}^2 = E_0 \left\{1 - \frac{4M_1M_2}{(M_1+M_2)^2} \sin^2 \phi/2\right\} \qquad 2.8b$$

Diese Gleichung macht auf die wichtige Beziehung aufmerksam, daß für einen festgehaltenen Streuwinkel ϕ im Schwerpunktsystem die beim einfallenden Teilchen verbliebene Energie nur eine Funktion der Einschußenergie und der Massen M_1 und M_2 der Teilchen ist. Die Energie des gestoßenen Atoms E_2 ist lediglich

$$E_0 - E_1 = E_0 \left\{\frac{4M_1M_2}{(M_1+M_2)^2} \sin^2 \phi/2\right\} \qquad 2.8c$$

Gleichung 2.8b zeigt deutlich, daß beim Anwachsen des Schwerpunkt-Streuwinkels von 0 auf π die beim Ion verbleibende Energie von E_0 auf

$$E_0 \left\{1 - \frac{4M_1M_2}{(M_1+M_2)^2}\right\}$$

abfällt und daß die gleichzeitig auf das gestoßene Atom übertragene Energie $(T = E_2)$ von Null auf

$$\left\{\frac{4M_1M_2}{(M_1+M_2)^2}\right\} E_0$$

die beim Stoß maximale Energieübertragung T_m, anwächst.

In Schwerpunktkoordinaten entspricht $\phi = \pi$ der direkten Rückstreuung des einfallenden Ions, und es tritt unter dieser Bedingung maximale Energieübertragung auf. Es ist also von Abb. 2.4 her einleuchtend, daß

$$\tan\theta = \frac{\left[\dfrac{M_2 \sin\phi}{M_1 + M_2}\right]}{\left[\dfrac{M_1 + M_2 \cos\phi}{M_1 + M_2}\right]} \qquad 2.9a$$

Setzt man das Massenverhältnis $M_2/M_1 = A$, so ermittelt man schnell eine einfache Beziehung zwischen dem Labor- und dem Schwerpunktssystem, z.B.

$$\tan\theta = \frac{A \sin\phi}{1 + A\cos\phi} \qquad 2.9b$$

Wenn $\phi = 0$, folgt $\theta = 0$, und wenn $\phi = \pi$, folgt $\theta = 0$ oder $\theta = \pi$, je nachdem, ob $A < 1$ oder $A > 1$. Für ein Massenverhältnis $A < 1$ wird das einfallende Ion, das schwerer ist als das Streuatom, im Laborsystem immer vorwärts gestreut, d.h. $0 \leqslant \theta \leqslant \pi/2$. Dagegen findet für $A > 1$ (d.h. leichte Ionen, die auf schwerere Atome auftreffen) Streuung über den gesamten Bereich $0 \leqslant \theta \leqslant \pi$ statt, so daß auch Rückstreuung auftreten kann (definiert über die Winkel $\pi/2 < \theta \leqslant \pi$).

Bezeichnenderweise tritt für $\theta = 0$ und $\phi = 0$ geringster Energieübertrag auf, für $\theta = 0$ oder π und $\phi = \pi$ ergibt sich dagegen maximaler Energieübertrag.

Zieht man die Gleichungen 2.8a und 2.9b zusammen, so kann eine Beziehung zwischen der Restenergie des einlaufenden Ions und dem Laborstreuwinkel abgeleitet werden, nämlich

$$E_1 = E_0 \left\{\frac{M_1 \cos\theta \pm (M_2^2 - M_1^2 \sin^2\theta)^{\frac{1}{2}}}{(M_1 + M_2)}\right\}^2 \qquad 2.10a$$

Wieder sieht man, daß für einen festen Streuwinkel im Laborsystem E_1 nur von E_0 und den Teilchenmassen abhängt; Gleichung 2.10a kann für festen Winkel dann als

$$E_1 = k^2 E_0 \qquad 2.10b$$

geschrieben werden. In Gleichung 2.10a gelten sowohl +- als auch —-Zeichen in der Klammer für $A > 1$; dagegen ist nur das +-Zeichen für $A < 1$ statthaft, wobei Rückstreuung verboten ist. Wenn im Laborsystem der Streuwinkel $\theta = \pi/2$ ist, finden wir das interessante Ergebnis bei $A > 1$ $(M_1 < M_2)$, daß

$$E_1 = E_0 \left(\frac{M_2 - M_1}{M_2 + M_1}\right) \qquad 2.10c$$

Somit ist für diesen besonderen Streuwinkel die Restenergie eine besonders einfache Funktion von E_0 und den Teilchenmassen. Aus Abb. 2.4 ist es ebenfalls augenscheinlich, daß die Bewegungsrichtung des Streuatoms im Laborsystem mit einem Winkel ψ zur Ortslinie des Schwerpunkts durch

$$\tan\psi = \frac{M_1 V_0 \sin(\pi - \phi)}{\dfrac{M_1 V_0}{(M_1 + M_2)} + \dfrac{M_1 V_0}{(M_1 + M_2)} \cos(\pi - \phi)}$$

gegeben ist. Das führt zur Identität

$$\tan \psi = \tan \frac{\pi - \phi}{2}$$

oder: 2.11a

$$\psi = \frac{\pi}{2} - \frac{\phi}{2}$$

Hier wird das wichtige Ergebnis sichtbar, daß der Streuwinkel ψ des gestoßenen Atoms nur – da ϕ nur Werte $0 \leqslant \phi \leqslant \pi$ für $A \gtrless 1$ annehmen kann – im Bereich $0 \leqslant \psi \leqslant \pi/2$ für $A \gtrless 1$ liegen kann. Dieses bedeutet, daß das gestoßene Atom nur vorwärts gestreut werden kann.

Da nach Gleichung 2.11a $\sin \psi = p/2\, R_0$ ist, ist es einleuchtend, daß

$$\cos \frac{\phi}{2} = \frac{p}{2R_0} \qquad 2.11b$$

ist.

Folglich bedeutet $\phi = \pi$ für einen Stoßparameter Null ($p = 0$), daß die Schwerpunktsystem-Geschwindigkeit dem einfallenden Teilchen bei einem zentralen Stoß entgegen gerichtet ist. Für $A > 1$ ergibt sich aus Gleichung 2.9b offensichtlich, daß im Laborsystem Geschwindigkeitsumkehr beim zentralen Stoß stattfindet, wogegen $\theta = 0$ für $A < 1$ bedeutet, daß das angekommene schwere Teilchen seine anfängliche Richtung beibehält, jedoch mit verminderter Geschwindigkeit.

Für $p = 2\, R_0$ folgt aus Gleichung 2.11b, daß $\phi = 0$ ist. Damit ist auch $\theta = 0$, und die Bewegung des einfallenden Teilchens bleibt unter dieser Bedingung, daß sich Kugelflächen streifen, ungestört. Bei p-Werten zwischen 0 und $2R_0$ hängt θ vom speziellen Massenverhältnis A ab. Für $A > 1$ tritt anfänglich Rückstreuung des einfallenden Teilchens bei $p > 0$ bis zum Erreichen der Grenze $\theta = \pi/2$ auf; dieses findet man unter Verwendung der Gleichungen 2.9b und 2.11b, wenn

$$p^2 = 2R_0^2 \; \frac{A - 1}{A}$$

ist. Danach tritt bei größeren Weiten von p Vorwärtsstreuung auf. Bei $A > 1$ gibt es jedoch für ein einfallendes Teilchen während aller Stöße nur Vorwärtsstreuung.

Die in Gleichung 2.8c angegebene Energieübertragung $T = E_2$ kann nun mit Hilfe von Gleichung 2.11b in Einheiten des Stoßparameters p durch Elimination von ϕ ermittelt werden. Hieraus ergibt sich die Identität

$$p^2 = 4R_0^2 \left(1 - \frac{T}{T_m}\right) \qquad 2.12$$

Der früher durch $2\pi p \mathrm{d}p$ definierte differentielle Streuquerschnitt ist nach Gleichung 2.11b offensichtlich gleich $-2\pi \sin \phi \; \mathrm{d}\phi$, während aus Gleichung 2.12

$$2\pi p \mathrm{d}p = \pi \frac{4R_0^2}{T_m} \mathrm{d}T \qquad 2.13a$$

folgt. Letzteres ist ein wichtiges Ergebnis, das erkennen läßt, daß bei Harte-Kugel-Stößen der differentielle Streuquerschnitt der Energieübertragung zwischen T und

$T + \delta T$ nur vom Energiebereich δT abhängt und nicht von der übertragenen Energie selbst. Entsprechend ist die Wahrscheinlichkeit für einen Stoß mit Stoßparameter zwischen p und $p + \delta p$ gerade

$$\frac{2\pi p \mathrm{d}p}{4\pi R_0^2} = \frac{\mathrm{d}T}{T_m} \qquad 2.13\mathrm{b}$$

Dieser Ausdruck ist unabhängig vom Energieübertrag T und deshalb nach Gleichungen 2.12 und 2.8 unabhängig vom Stoßparameter p und dem Streuwinkel ϕ im Schwerpunktsystem. Die Folgerung aus diesem Ergebnis ist, daß im „Harte-Kugel"-Fall jeder Energieübertrag von 0 bis T_m und alle Streuwinkel gleichwahrscheinlich sind und die Streuung isotrop ist.

Wenn das Massenverhältnis A sehr groß ist, so daß leichte Ionen auf schwere Atome treffen, dann zeigt Gleichung 2.9b, daß $\theta \approx \phi$, so daß unter diesen Bedingungen die Streuung auch im Laborsystem fast isotrop ist.

2.2.2 Stöße mit realem zwischenatomarem Kraftgesetz

In der vorangegangenen Erörterung haben wir gesehen, wie die atomaren Punktmassen in Näherung als harte Kugeln gesehen werden können, indem man das wirkliche zwischenatomare Kraft- und Potentialgesetz durch eine Stufenfunktion ersetzt, die von Null am Radius der harten Kugel ansteigt. Die Abb. 2.1 zeigt jedoch, daß die wirkliche Kraft (und das Potential) sich bis ins Unendliche erstreckt, so daß der atomare Stoß über alle Werte des zwischenatomaren Abstandes r erfolgt und nicht nur bei $r = 2\,R_0$. Wegen der unendlichen Ausdehnung des Potentials wird das streuende oder ursprünglich ruhende Atom gezwungen, sich zu bewegen, sobald das einlaufende Teilchen auf es zukommt. Folglich bewegen sich sowohl einlaufende als auch Streuatome auf ständig wechselnden Bahnen und nicht, wie in Abb. 2.2 und 2.4 suggeriert, nur mit geradlinigen Bewegungen. Da die Kraft zwischen den Teilchen immer entlang der jeweiligen Mittelpunktsgeraden gerichtet ist, wird die Kraft als Zentralkraft bezeichnet. Die Beschreibung der Teilchenbahn wird eine einfache Übung der klassischen Mechanik, wo Punktmassen einer Zentralkraft unterworfen sind, wie in der Planetenbewegung. Obwohl das Aufsetzen und die formale Lösung der Impuls- und Energieerhaltungsgleichung eine einfache mathematische Übung ist, wie wir gleich sehen werden, kommt heraus, daß die quantitative Bestimmung der Streuwinkel bei gegebenen Anfangsbedingungen (wie Energie und Stoßparameter) nur möglich ist, wenn die Form des Kraft- und Potentialgesetzes analytisch bekannt ist; sogar dann kann man nur in einigen wenigen Sonderfällen des angenommenen Potentials eine exakte analytische Lösung erhalten. Im Hinblick auf die Bedeutung des zwischenatomaren Potentials bei der Bestimmung von atomaren Streuvorgängen ist es zu diesem Zeitpunkt wichtig, die physikalische Grundlage und den mathematischen Formalismus für realistische Potentiale zu erörtern.

Das zwischenatomare Potential. Man betrachte ursprünglich die Situation, wo sich zwei Atome so sehr genähert haben, daß die Kerne keine Elektronen zwischen sich haben und gegenseitig ihre engst benachbarten Ladungen sind. Unter diesen Umständen ist die Wechselwirkungskraft offenbar die Coulombkraft zwischen gleichnamigen Ladungen, gänzlich abstoßend und das Wechselwirkungspotential folglich von der Gestalt

$$V(r) = \frac{Z_1 Z_2 e^2}{4\pi\epsilon_0 r} \tag{2.14a}$$

Wenn a_B der Radius der ersten Bohrschen Schale in Wasserstoff (= $0{,}53 \cdot 10^{-10}$ m) ist, dann ist ein Maß für die Entfernung, über der das Coulomb-Potential für alle Atompaare wirksam ist, $0 < r \leqslant a_B$. Für $r \gg a_B$ sind Elektronen jedes Atoms zwischen den Kernen eingeschlossen und üben einen abschirmenden Einfluß auf die Kernabstoßung aus. Jedes Atom möchte seine atomaren Elektronenbahnen beibehalten. Beim Aneinanderbringen der Atome werden die Elektronen jedes Atoms nach Möglichkeit versuchen, sich die Bahnen mit denen des anderen Atoms zu teilen. Das Paulische Ausschließungsprinzip verbietet jedoch die Möglichkeit von mehr als einer begrenzten Bahnbesetzungszahl, so daß die atomaren Elektronen ihre Bahnen und damit ihre Energie ändern müssen. Alle inneren Schalenbahnen sind automatisch in jedem Atom aufgefüllt. Deshalb können die Elektronen nur auf äußere Bahnen mit mehr Energie angehoben werden, wofür Prozeßenergie aufgewendet werden muß. Dieses bedeutet, daß wiederum Kraft und Potential zwischen den Atomen abstoßend sein müssen. Die Berechnung der Größe von $V(r)$ für $r \gg a_B$ ist keine einfache Sache, jedoch nach einer Methode, ursprünglich entwickelt von Born und Mayer[3] für zwischenatomare Kräfte in Alkalihalogeniden, kann jedes Atom als eine geschlossene elektronische Schalenstruktur behandelt werden, die die Kerne teilweise abschirmt. Diese Methode scheint ziemlich universell anwendbar zu sein.

Diese Berechnungen ergeben über einen weiten Entfernungsbereich von $r > a_B$ ein Potential der Form

$$V(r) = A \exp\left(\frac{-r}{a}\right) \tag{2.14b}$$

wobei A und a Konstanten sind.

Im Gebiet $r > a_B$ bilden die Elektronen einen Abschirmungseffekt für die positiven Kernladungen. Es ist möglich, die radialen Verteilungen der Elektronenladungen unter Benutzung eines Thomas-Fermi-Modells[4] der Atome abzuschätzen und danach die Kräfte und Potentiale zwischen den Ladungssystemen abzuleiten. So nehmen Bohr[5], Firsov[6] und Abrahamson[7] ein abgeschirmtes Coulomb-Potential für den Bereich $r > a_B$ als

$$\tilde{V}(r) = \frac{Z_1 Z_2 \exp \frac{-r}{a'}}{4\pi\epsilon_0 r} \tag{2.14c}$$

an, wobei a' ein konstanter Faktor der Größe

$$\frac{a_B}{(Z_1 Z_2)^{1/6}}$$

ist.

Man sieht den engen Zusammenhang mit dem Coulomb-Potential für $r < a_B$ und dem Born-Mayer-Potential für $r > a'$, wo der Exponentialterm bestimmend ist.

Die Thomas-Fermi-Methode zur Bestimmung der Ladungsdichten berücksichtigt nicht die Wechselwirkungen zwischen den Elektronen, die ja bei $r > a_B$ wichtig sein müssen, jedoch wandte Abrahamson[7,8] Fermi-Dirac-Statistiken an, um Elektronenwolken in sich beeinflussenden Inertgas-Atomsystemen zu behandeln. Als ein Ergebnis wurde ein zusammengesetztes Potential berechnet, das sowohl einen Term vom abgeschirmten Coulomb-Typ wie auch einen Term vom Born-Mayer-Typ enthält, wobei das abgeschirmte Coulomb-Term für $r \approx a_B$ bestimmend ist und der Born-Mayer-Term für $r > a_B$.

Lindhard[10] und andere[11,12] haben ziemlich erfolgreich ein halbquantitatives umgekehrtes Potenzpotential über einen weiten Bereich atomarer Entfernungen angewendet. Dieses Potential nimmt die Form

$$V(r) = \frac{C}{r^s} \tag{2.14d}$$

an, wobei C – eine Konstante – gegeben ist über

$$C = \frac{Z_1 Z_2 e^2 a_s^{s-1}}{4\pi\epsilon_0 s}$$

und $a_s = 0{,}8843\, a_0\, Z^{-1/3}$. s ist ein geeigneter Exponent im Bereich von ungefähr 1 bis 4. Da dieses Potential zwei Konstanten enthält, C und s, ist es möglich, dieses Potential an eine genauere Form (wie an das Coulomb-, zusammengesetzte oder Born-Mayer-Potential) bei irgendeinem zwischenatomaren Abstand anzupassen. Dies erfolgt durch Gleichsetzen des genauen Potentials mit dem Potenzgesetzpotential und der ersten Ableitungen dieser Potentiale bezüglich des Abstands und der anschließenden Bestimmung der Werte von C und s für diesen Abstand.

Die allgemeine Form des abstoßenden Anteils des Potentials kann somit geschrieben werden als

$$V(r) = \frac{Z_1 Z_2 e^2}{r} f(Z_1 Z_2 r) \tag{2.14e}$$

wobei $f(Z_1, Z_2, r)$ eine Abschirmfunktion ist, die vom benützten Modell und dem Abstand z abhängt.

Als Faustregel ist es gewöhnlich statthaft, das Born-Mayer-Potential für Stöße zwischen schweren Atomen im Niederenergiebereich von ungefähr 0,1 bis 10^3 eV zu benützen, ein kombiniertes Coulomb- und Born-Mayer-Potential oder „inverses Potenz"-Potential (einen Exponenten um 2 herum findet man als ziemlich gute Anpassung für dieses zusammengesetzte Potential) für kinetische Energien im Bereich 10^3 bis 10^5 eV, während für leichte, hochenergetische ($\gtrsim$1 MeV) Ionen das Coulomb-Potential angemessen ist.

In einem Festkörper sind die Gitteratome durch anziehende zwischenatomare Kräfte verbunden, die bei Gleichgewichtsabständen des Gitters gerade die abstoßenden Kräfte in der Waage halten. Die Gestalt dieser Kräfte ändert sich von Festkörper zu Festkörper. In einem kondensierten Inertgas ist ihre Natur vom van der Waals-Typ, was von gegenseitig induzierten Dipolen hervorrührt. Dagegen sind in einem Alkalihalogenid die Kräfte von der Art, wie sie von benachbarten gegensätzlich geladenen Ionen hervorgerufen werden. Diese anziehenden Kräfte nehmen gewöhnlich weniger rasch mit abnehmendem zwischenatomaren Abstand zu als die abstoßenden Kräfte, so daß mit zwischenatomarem Abstand der Größenordnung des halben Minimumsgitterabstands der abstoßende Anteil gewöhnlich vollkommen überwiegt. In einer regelmäßigen Atomanordnung ist der maximale atomare Stoßparameter gleich dem halben Gitterabstand, so daß wir bei allen Stoßproblemen den anziehenden Anteil des Potentials vernachlässigen können. Da jedoch gerade der anziehende Teil die Gitteratome an ihre Gleichgewichtsplätze bindet, wird dieser Anteil wichtig für die Versetzungsmöglichkeit von Atomen aus Gitterpositionen während eines Stoßes. Im allgemeinen wird der anziehende Anteil des Potentials in einer inversen Potenzform

$$V(r) = -\frac{B}{r^m} \tag{2.14f}$$

ausgedrückt, wobei m zwischen 1 und 7 läuft, je nach der Art des Festkörpers.

Im Gleichgewichtsabstand des Gitters sind anziehende und abstoßende Kräfte gleich, jedoch ist das anziehende Potential höher als das abstoßende, so daß ein Potentialtopf entsteht, in dem die Atome in Gleichgewichtslage verharren und mit der Gitternormalfrequenz vibrieren.

Stoßkinematik. Wenn man die Bewegung beider Teilchen beim Stoß unter dem Einfluß ihrer gegenseitigen Wechselwirkungspotentiale betrachtet, arbeitet man üblicherweise im Schwerpunktsystem und geht am Ende der Rechnungen auf das Laborsystem zurück.

Ein wichtiger Parameter im SP-System ist die Summe der kinetischen Energien vom einfallenden und gestoßenen Teilchen relativ zum Schwerpunkt am Beginn und Ende der Wechselwirkung, d.h. bei $r = \infty$ und $V(r) = 0$. Diese Größe ist durch die Gleichungen 2.7a und 2.7b gegeben als

$$E_R = \tfrac{1}{2}M_1\left(\frac{M_2}{M_1+M_2}\right)^2 V_0^2 + \tfrac{1}{2}M_2\left(\frac{-M_1}{M_1+M_2}\right)^2 V_0^2 \tag{2.15}$$

$$\therefore E_R = \tfrac{1}{2}\left(\frac{M_1 M_2}{M_1+M_2}\right) V_0^2$$

oder

$$E_R = \left(\frac{M_2}{M_1+M_2}\right)E_0 = \left(\frac{A}{1+A}\right)E_0$$

Die Addition der kinetischen Energie des Schwerpunktsystems

$$\tfrac{1}{2}(M_1+M_2)\left(\frac{M_1}{M_1+M_2}\right)^2 V_0^2 = \tfrac{1}{2}\left(\frac{M_1^2\, V_0^2}{M_1+M_2}\right) = \frac{1}{1+A}\, E_0$$

zu E_R zeigt, daß die gesamte kinetische Energie des Systems gerade E_0 ist, nämlich, wie erforderlich, die Anfangsenergie des einfallenden Teilchens.

Es sei jetzt der in Abb. 2.5 dargestellte Stoß der Teilchenmassen M_1 und M_2 in dem Moment betrachtet, wo deren Abstände vom Schwerpunkt G als r_1 bzw. r_2 gegeben sind und α als der Winkel definiert ist, der in Abb. 2.5 von der Linie M_1GM_2 und einer Linie senkrecht zu M_1GM_2, jedoch im Augenblick des geringsten Teilchenabstandes, gebildet wird. Die Radius- und Transversalgeschwindigkeiten sind $\dot{r}_1$ bzw. $r_1\dot{\alpha}$. Für die Geschwindigkeiten von M_2 muß der Index 1 durch 2 ersetzt werden. Bei Abwesenheit äußerer Einflüsse bleibt die Gesamtenergie im SP-System erhalten, so daß wir unmittelbar schreiben können (mit $V(r) = V(r_1 + r_2) = 0$, wenn $(r_1 + r_2) = \pm\infty$)

$$\frac{M_2E_0}{M_1+M_2} = V(r_1+r_2) + \tfrac{1}{2}M_1(\dot{r}_1^{\,2} + r_1^{\,2}\dot{\alpha}^2) + \tfrac{1}{2}M_2(\dot{r}_2^{\,2} + r_2^{\,2}\dot{\alpha}^2)$$

Durch Substitution von

$$r_1 = \left(\frac{M_2}{M_1+M_2}\right)r, \qquad r_2 = \left(\frac{M_1}{M_1+M_2}\right)r$$

und den resultierenden Ausdrücken der zeitlichen Ableitungen von $\dot{r}_1$ und $\dot{r}_2$ erhalten wir

$$\frac{M_2E_0}{M_1+M_2} = V(r) + \tfrac{1}{2}\left(\frac{M_1M_2}{M_1+M_2}\right)(\dot{r}^2 + r^2\dot{\alpha}^2) \qquad 2.16a$$

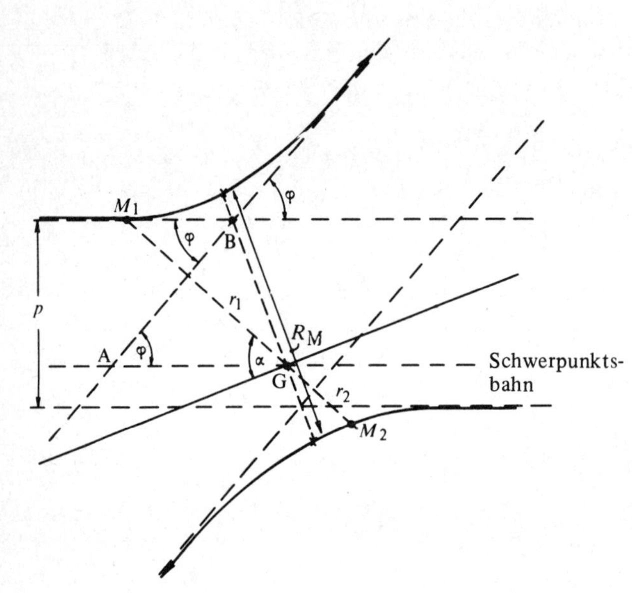

Abb. 2.5 Die Bahnen des einlaufenden und Streuatoms in Schwerpunktskoordinaten. $M_1G = r_1$, $M_2G = r_2$. R_M ist der kürzeste Abstand, wobei $\alpha = \pi/2$. Im Dreieck ABG: $\sphericalangle$ BAG $= \phi$, $\sphericalangle$ ABG $= \pi/2 - \phi/2$ und $\sphericalangle$ AGB $= \pi/2 - \phi/2$. Deshalb gilt für $r_1 \to \infty$, $\alpha \to \pi/2$: $\sphericalangle$ AGB $\to \phi/2$.

Da das Drehmoment während des Stoßes ebenfalls erhalten bleiben muß, sind die asymptotischen und momentanen Werte dieser Größe gleich.

Deshalb gilt unter Benützung der Geschwindigkeit von M_1 im Schwerpunktsystem, wie in Gleichung 2.7a abgeleitet wurde,

und auch

$$\frac{M_1M_2V_0p}{M_1+M_2} = M_1r_1^{\,2}\dot{\alpha} + M_2r_2^{\,2}\dot{\alpha}$$

$$\dot{\alpha} = \frac{pV_0}{r^2} \qquad 2.16b$$

Nun ist $\dot{r} = \frac{dr}{d\alpha}\frac{d\alpha}{dt} = \dot{\alpha}\frac{dr}{d\alpha}$, so daß nach Einsetzen von $\dot{\alpha}$ aus Gleichung 2.16b in Gleichung 2.16a und zusätzlicher Substitution $u = 1/2$ aus Gleichung 2.16a wird:

$$\frac{du}{d\alpha} = \left\{\frac{1}{p^2}\left[1 - \frac{V(u)}{E_0}\frac{M_1 + M_2}{M_2}\right] - u^2\right\}^{\frac{1}{2}}$$

oder

$$\frac{du}{d\alpha} = \left\{\frac{1}{p^2}\left[1 - \frac{V(u)}{E_R}\right] - u^2\right\}^{\frac{1}{2}} \qquad 2.17$$

Der momentane Streuwinkel α ergibt sich aus der Integration zu

$$\int_{\phi/2}^{\alpha} d\alpha = \int_{u=0}^{u} \frac{p\,du}{\left[1 - \frac{V(u)}{E_R} - p^2u^2\right]^{\frac{1}{2}}}$$

oder

$$\int_{\phi/2}^{\alpha} d\alpha = -\int_{r=\infty}^{r} \frac{p\,dr}{r^2\left[1 - \frac{V(r)}{E_R} - \frac{p^2}{r^2}\right]^{\frac{1}{2}}} \qquad 2.18a$$

Da die Wechselwirkungskräfte für gleiche Abstandswerte r vor und nach Erreichen des Minimalabstandes gleich sind, ist es klar, daß, wie in Abb. 2.5 gezeigt, der halbe totale Streuwinkel vor der dichtesten Annäherung, wo $\alpha = \pi/2$ ist, erreicht wird und die andere Hälfte nach der dichtesten Annäherung, wodurch die untere Grenze $\alpha = \phi/2$ in Gleichung 2.18a zustande kommt.

Ist der Minimalabstand R_M, dann ist die Gleichung 2.18 in den Grenzen $\alpha = \phi/2$ bis $\pi/2$ und $r = -\infty$ bis R_M integrierbar. Daraus folgt

$$\int_{\phi/2}^{\pi/2} d\alpha = \tfrac{1}{2}(\pi - \phi) = -\int_{-\infty}^{R_M} \frac{p\,dr}{r^2\left\{1 - \frac{V(r)}{E_R} - \frac{p^2}{r^2}\right\}^{\frac{1}{2}}}$$

und

$$\phi = \pi - 2p\int_{-\infty}^{R_M} \frac{dr}{r^2\left\{1 - \frac{V(r)}{E_R} - \frac{p^2}{r^2}\right\}^{\frac{1}{2}}}$$

Beim geringsten Abstand R_M ist $\frac{dr}{d\alpha} = 0$ und folglich $\frac{du}{d\alpha} = 0$, so daß aus Gleichung 2.17

$$\frac{V(R_M)}{1 - p^2/R_M{}^2} = \frac{A}{1 + A} E_0 \qquad 2.19a$$

folgt.

Folglich kann bei Kenntnis der Form von $V(r)$ die Gleichung 2.19a für R_M gelöst werden, und der resultierende Wert erlaubt, eingesetzt in 2.18b, die Herleitung von ϕ. Da $\frac{dr}{d\alpha} = 0$ bei R_M ist und infolgedessen $r\alpha = 0$ und $r = 0$ sind, wird gezeigt, daß an diesem Punkt alle kinetische Energie des Systems aufgebraucht ist und die potentielle Energie ihr Maximum hat.

Beim direkten oder zentralen Stoß mit $p = 0$ wird Gleichung 2.19a zu

$$V(R_M) = \frac{A}{1 + A} E_0 \qquad 2.19b$$

woraus für den Fall gleicher Massen

$$V(R_M) = \frac{E_0}{2} \qquad 2.19c$$

wird.

Da wir für den Stoß ein konservatives System vorausgesetzt haben, ist der Energieübertrag für einen gegebenen Streuwinkel unabhängig von der Form des Wechselwirkungspotentials; die asymptotischen Endwerte der Geschwindigkeiten und Ernergien werden diejenigen sein, die aus dem Kurzzeitstoß von harten Kugeln schon früher erörtert und berechnet wurden. Somit beschreiben die Gleichungen 2.8b und 2.8c die Energieübertrag-zu-Streuwinkel-Beziehungen; Gleichung 2.9 beschreibt die Laborsystem-zu-Schwerpunktsystem-Beziehung für einen Stoß mit vom Ort abhängigem Wechselwirkungspotential. In ähnlicher Weise ist der differentielle Streuquerschnitt über $2\pi\, p\, dp$ gegeben.

Gleichungen 2.8c und 2.11b und der differentielle Streuquerschnitt zeigen alle die Abhängigkeit $T(\phi)$ und $T(p)$, während Gleichung 2.18b die enge Beziehung zwischen ϕ und p erhellt. Damit man Energieüberträge und differentielle Wirkungsquerschnitte für einen gegebenen Energieübertrag berechnen kann, ist es somit nötig, Gleichung 2.18b vollständig zu lösen. Das erfordert offensichtlich die Kenntnis von $V(r)$. Unglücklicherweise ist die genaue Lösung von Gleichung 2.18b nur für eine beschränkte Klasse von Potentialfunktionen möglich, wo $V(r) = C/r^s$ und besonders, wo $s = 1$ oder 2 und $s = 0$ für $r \leqslant R_M$ und $s = \infty$ für $r > R_M$. Eine Computerlösung ist für alle anderen Potentiale möglich, und numerische oder graphische Daten können beschafft werden, aber für physikalisch interessierende Potentiale wie das Born-Mayer- oder zusammengesetzte Potential sind keine geschlossene analytische Darstellungen möglich. Jedoch sind gerade diese $1/r^s$-Potentiale besonders wichtig, wie vorher gezeigt, da $s = 1$ das Coulomb-Potential, $s = 2$ eine vernünftige Näherung an das zusammengesetzt Potential und $s = 0$ für $r = R_M$, $s = \infty$ für $\pi > R_M$ die harte Kugel-Näherung darstellen. In diesen Fällen führt die Weiterentwicklung von 2.18b und anschließende Bestimmung von $d\sigma = 2\pi\, dp$ zu den Identitäten:

$$s = 1,\ V(r) = \frac{Z_1 Z_2 e^2}{4\pi\epsilon_0 r};\ d\sigma = \left\{\frac{Z_1 Z_2 e^2}{E_0 . 4\pi\epsilon_0}\right\}^2 \frac{\pi}{4} \frac{(M_1 + M_2)^2}{M_2} \frac{\cos\phi/2\ d\phi}{\sin^3 \phi/2} \qquad 2.20a$$

$$= \frac{\pi\,(Z_1 Z_2 e^2)^2}{16\pi^2 \epsilon_0{}^2 A E_0} \frac{dT}{T^2} \qquad 2.20b$$

$$s = 2,\ V(r) = C/r^2;\ d\sigma = \frac{C(M_1 + M_2)^3}{M_1 M_2^2} \frac{1}{E_0^2} \frac{1}{(1 - 4\alpha^2)^2\ \sqrt{x(1 - x)}}\, dT$$

wobei

$$x = \frac{(M_1 + M_2)^2}{4M_1 M_2} \frac{T}{E_0} \quad \text{and} \quad \pi\alpha = \cos^{-1}\sqrt{x}$$

$$\left.\begin{array}{l} s = 0,\ R = R_M \\ s = \infty, R > R_M \end{array}\right\} \quad d\sigma = (M_1 M_2)^2 \frac{\pi R_M{}^2\, dT}{4M_1 M_2 E_0} \qquad 2.20c$$

Der Vergleich von Gleichungen 2.20a, 2.20b und 2.20c führt den Blick auf das wichtige Ergebnis, daß in den ersten Fällen die differentiellen Wirkungsquerschnitte für den Energieübertrag mit abnehmendem Energieübertrag T zunehmen, während im harten-Kugel-Fall der differentielle Wirkungsquerschnitt unabhängig von diesem Energieübertrag ist. Dieses Ergebnis kann für wahre Potentiale vorweggenommen werden, da Gleichung 2.18b angibt, daß der Streuwinkel mit zunehmendem Stoßparameter abnimmt. Dasselbe gilt somit nach Gleichung 2.8c für den Energieübertrag (d.h. weiter entfernte Stöße führen zu geringerem Energieübertrag). Da der differentielle Wirkungsquerschnitt $2\pi\, p\, dp$ mit wachsendem Stoßparameter zunimmt, folgt, daß dieser Wirkungsquerschnitt mit abnehmendem Stoßparameter anwächst. Daher erfolgt die Streuung vorzugsweise in der Vorwärtsrichtung. Es muß jedoch bedacht werden, daß für reale Potentiale (s = 1 und 2) ein Zusammenstoß erfolgt, und daß es für alle Stoßparameter von $p = 0$ bis $p = \infty$ eine Ablenkung und Energieübertragung gibt, ein Hinweis dafür, daß der totale Wirkungsquerschnitt $\int_{p=0}^{p=\infty} d\sigma$ unbegrenzt ist, während bei der Harte-Kugel-Näherung ein Stoß nur für Stoßparameter von $p = 0$ bis $p = R_M$ (oder $2\,R_0$) erfolgt. Daher ist im Fall der harten Kugel der totale Stoßquerschnitt eingegrenzt und gleich πR_M^2. Stöße mit $p > R_M$ entsprechen einer vollkommenen Verfehlung, bei der keine Streuung auftritt. Dieses Ergebnis, zu der die Harte-Kugel-Näherung führt, stellt eine zu große Vereinfachung dar, jedoch ist eine solche Handhabung mit begrenztem totalem Wirkungsquerschnitt tatsächlich von Vorteil bei vielen Stoßproblemen. Wir sollten bemerken, daß Gleichung 2.20a in späteren Kapiteln dieses Buches ziemliche Bedeutung erlangen wird, da sie genau den Streuvorgang zwischen einem leichten hochenergetischen Primärion (H^+ oder He^+) und schweren Targetatomen widerspiegelt. Bezeichnenderweise wurde diese Gleichung zuerst von Rutherford[12] zur Beschreibung der Streuung von α-Teilchen beim Durchgang durch dünne Filme in seinen berühmten Experimenten zum Studium der Atomstruktur abgeleitet. Obwohl analytische Ausdrücke für die Zusammenhänge von Streuwinkel und differentiellem Wirkungsquerschnitt nur für die genannten Potentiale hingeschrieben werden können, sind Computerberechnungen für andere Formen möglich. Der Leser wird wegen weiterer Einzelheiten auf die Tabellendarstellungen mehrerer Autoren[13] hingewiesen. Oft ist es möglich, das Streuproblem gleichzeitig mit mehreren Methoden anzunähern, wobei jede Methode für begrenzte Bereiche anwendbar ist. Wir werden kurz drei dieser Näherungen erläutern.

Die Impulsnäherung. Wenn der Stoßparameter p groß (d.h. die stoßenden Teilchen in weitem Abstand bleiben) oder wenn E_0 (und E_R) groß ist, dann ist der Streuwinkel ϕ

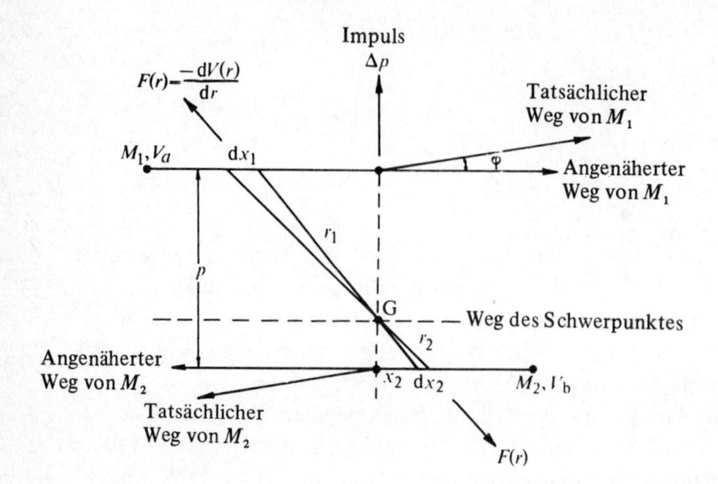

Abb. 2.6 Darstellung der Impulsnäherung

klein. Wir können damit annehmen, daß die Geschwindigkeitsänderung von beiden Teilchen während des Stoßes klein ist, so daß die Bahnen von einlaufendem und Streuteilchen im Schwerpunktssystem näherungsweise Geraden mit Abstand p sind, wie in Abb. 2.6 gezeigt. Die augenblickliche Kraft zwischen den Teilchen beim Abstand r ist somit $-\mathrm{d}V/\mathrm{d}r$. Wenn das mit der Geschwindigkeit V_a einlaufende Teilchen in einer Zeit Δt einen Weg $\mathrm{d}x_1$ auf seiner Geradenbahn läuft und das Streuteilchen einen Weg $\mathrm{d}x_2$ mit einer Geschwindigkeit V_b in derselben Zeit, dann gilt für den Kraftstoß:

$$F(r)\,\mathrm{d}t = -\frac{\mathrm{d}V}{\mathrm{d}r}\frac{\mathrm{d}x_1}{V_a}$$

und

$$\mathrm{d}t = \frac{\mathrm{d}x_1}{V_a} = \frac{\mathrm{d}x_2}{V_\mathrm{b}}$$

Der Impuls kann parallel und senkrecht zur Geradenbahn zerlegt werden. Weil auf jeder Seite der Minimalentfernung die Kräfte vom gleichen Betrag, aber entgegengesetzt gerichtet sind, ist der totale, der Bewegungsrichtung entlang aufintegrierte Impuls Null. Nach Abb. 2.6 ist die Kraft senkrecht zur Bewegungsrichtung

$$-\frac{\mathrm{d}V}{\mathrm{d}r}\frac{\sqrt{r_1{}^2 - x_1{}^2}}{r_1}$$

so daß der Gesamtimpuls in dieser Richtung

$$-2\int_p^\infty \frac{\mathrm{d}V}{\mathrm{d}r}\frac{\sqrt{r_1{}^2 - x_1{}^2}}{r_1}\frac{\mathrm{d}x_1}{V_a} \qquad \text{ist.}$$

Nun ist

$$\frac{\sqrt{r_1{}^2 - x_1{}^2}}{r_1} = \frac{\sqrt{(r_1 + r_2)^2 - (x_1 + x_2)^2}}{(r_1 + r_2)} = \frac{\sqrt{r^2 - (x_1 + x_2)^2}}{r} = \frac{p}{r}$$

und da

$$r^2 - (x_1 + x_2)^2 = r^2 - x_1^2\left(1 + \frac{V_b}{V_a}\right)^2 = p^2$$

gilt

$$dx_1 = \frac{rdr}{\sqrt{r^2 - p^2}} \frac{1}{\left(1 + \frac{V_b}{V_a}\right)}$$

und für den Gesamtimpuls

$$\Delta P = -\frac{2}{V_0}\int_p^\infty \frac{dV}{dr}\frac{pdr}{\sqrt{r^2 - p^2}} \qquad 2.21a$$

da ja $V_a + V_b = V_0$ ist, nämlich die Geschwindigkeit des einlaufenden Teilchens im Laborsystem. Infolgedessen ist der Schwerpunkt-Streuwinkel der Teilchen der Anteil der senkrechten Impulsübertragung am Anfangsimpuls entlang der angenommenen ungestörten Bewegungsrichtung, d.h.

$$\tan\phi \approx \phi = \frac{\Delta P}{M_1 V_a} = \frac{\Delta P}{M_2 V_b} \qquad 2.21b$$

Die Energieübertragung T ist durch $T = \frac{1}{2}\frac{(\Delta P)^2}{M_2}$ gegeben, und daher ist das Integral in Gleichung 2.21b eine Funktion von p allein. Die Energieübertragung hängt offensichtlich direkt von V_0^{-2} oder E_0^{-1} und die Proportionalitätskonstante von der genauen Form des in Gleichung 2.21a verwendeten Potentials ab. Dieses ist ein charakteristisches Resultat der Impuls- (oder Momenten-)Näherung. Es zeigt, daß die Energieübertragung stets mit zunehmender Primärionenenergie abnimmt.

Bei gegebenem Potential kann der Streuwinkel aus Gleichung 2.21a und 2.21b und damit der Streuquerschnitt hergeleitet werden. Ein anschauliches Beispiel für die Nützlichkeit des Verfahrens soll unter der Annahme einer Streuung in einem Coulomb-Potential

$$V(r) = \frac{Z_1 Z_2 e^2}{4\pi\epsilon_0 r}$$

geliefert werden. Differentiation dieses Potentials, Einsetzen in 2.21a und Integration führt zu dem Ergebnis

$$\phi = \frac{M_1 + M_2}{M_2}\frac{Z_1 Z_2 e^2}{4\pi\epsilon_0 E_0}\frac{1}{p} \qquad 2.22a$$

und

$$d\sigma = 2\pi p dp = 2\pi\left(\frac{M_1 + M_2}{M_2}\right)^2\left\{\frac{Z_1 Z_2 e^2}{4\pi\epsilon_0 E_0}\right\}^2\frac{d\phi}{\phi^3} \qquad 2.22b$$

Es ist unmittelbar zu sehen, daß beim Einsetzen der Kleinwinkel-Näherungen $\sin\phi/2 \approx \phi/2$, $\cos\phi/2 \approx 1$ in Gleichung 2.20a der resultierende differentielle Wirkungsquerschnitt mit dem durch 2.22b gegebenen identisch ist.

Die Harte-Kugel-Näherung. Die Impulsnäherung ist für große Werte des Stoßparameters p gültig, wo die Ablenkungen klein sind. Dieses ist sicherlich nicht für zentrale Stöße der Fall, wo p klein ist und die Ablenkungen groß sind. In solchen Fällen ist die Wechselwirkung nahe am Abstand der dichtesten Näherung R_M am stärksten, und das führt zu der anderen Näherung, daß alle Streuung nur bei diesem Abstand erfolgt, und zwar zwischen unendlich harten Kugeln, von denen die Radien R_1 und R_2 so sind, daß $R_M = R_1 + R_2$ ist und $R_1 = r$, $R_2 = r_2$ die vektoriellen Abstände der Teilchen vom Schwerpunkt sind.

Bei diesem kürzesten Abstand werden die Teilchen augenblicklich zum Halten gebracht, wie früher gezeigt, so daß die gesamte kinetische Energie sich im Schwerpunktsystem in potentielle umwandelt und

$$\frac{V(R_M)}{1 - p^2/R_M^2} = \frac{M_2 E_0}{M_1 + M_2}$$

Wenn $V(r)$ bekannt ist, erlaubt diese Gleichung die Bestimmung von R_M für einen vorgegebenen Stoßparameter p und eine Anfangsenergie E_0. Wegen

$$R_1 = R_M \frac{M_2}{M_1 + M_2}$$

und

$$R_2 = R_M \frac{M_2}{M_1 + M_2}$$

können die entsprechenden Werte von R_1 und R_2 dann abgeleitet und die Stoßmechanik für harte Kugeln, die früher erörtert wurde, angewandt werden. Gewöhnlich wird eine weitere Näherung durchgeführt, in der die entsprechenden Radien, R_1 und R_2, für eine vorgegebene Energie E_0 und kleinem Stoßparameter p abgeleitet werden, indem die Radien passend durch einen zentralen Stoß ($p = 0$) bestimmt werden,

$$V(R_M) = \frac{M_2}{M_1 + M_2} E_0 = E_R$$

Die Tatsache, daß $R_1 \neq R_2$, kompliziert die Mechanik des harten Kugel-Stoßes keinesfalls; die Beziehung zwischen Streuwinkel und Stoßparameter (früher abgeleitet) für gleichgroße Kugeln wird

$$\cos \phi/2 = \frac{p}{R_M} = \frac{p}{R_1 + R_2}$$

die sich für $R_1 = R_2 = R_0$ zu $\cos \phi/2 = p/2R_0$ vereinfacht. Folglich gilt

$$\mathrm{d}\sigma = \frac{\pi (M_1 + M_2)^2}{4 M_1 M_2} R_M^2 \frac{\mathrm{d}T}{E_0}$$

wie vorher.

Der mittlere Energieübertrag bei jedem Stoß wird von der Definition

$$\bar{T} = \frac{\int_0^{T_M} T \, d\sigma}{\int_0^{T_M} d\sigma} \qquad 2.23$$

abgeleitet, da $d\sigma$ den differentiellen Wirkungsquerschnitt für den Energieübertrag angibt. In der Näherung des Stoßes harter Kugeln zeigt man leicht, daß eine Substitution für $d\sigma$ und Integration zum Ergebnis

$$\bar{T} = \frac{1}{2} \frac{4M_1M_2}{(M_1 + M_2)^2} E_0$$

führt. Das ist gerade der halbe maximale Energieübertrag.

Solch eine Berechnung kann für reale Potentiale nicht generell angestellt werden, weil diese in ihrer Ausdehnung unbegrenzt sind und deshalb unbegrenzte Wirkungsquerschnitte ergeben. Jedoch bei den meisten für die Ionenimplanation interessierenden Stößen kommen die Ionen allmählich zur Ruhe und versetzen keine Targetatome, wenn ihre Energie in einen Bereich einiger zehn eV abgesunken ist. Daher kann man eine untere Grenze der Energieübertragung von E_2 annehmen und einen endlichen Wert für $\bar{T}$. Im Falle des Coulomb-Potentials leitet man ab:

$$T = \frac{\check{E}_2 \log \left\{ \frac{4M_1M_2}{(M_1 + M_2)^2} \frac{E_0}{\check{E}_2} \right\}}{1 - \left\{ \frac{\check{E}_2(M_1 + M_2)^2}{4M_1M_2E_0} \right\}}$$

Im allgemeinen ist $E_0 \gg \check{E}_2$, so daß der Nenner fast 1 ist. Wegen der logarithmischen Abhängigkeit im Zähler findet man gewöhnlich, daß $\bar{T}$ nur ein paar Mal größer als $\check{E}_2$ ist. Daher ist die hauptsächliche Energieübertragung für reale Potentiale tatsächlich viel kleiner als die, die man bei Harte-Kugel-Näherung erhält, da im zweiten Fall alle ferneren Stöße mit geringer Energieübertragung nicht berücksichtigt werden.

Da für alle vernünftigen Potentiale $V(r)$ mit wachsendem r abnimmt, vergrößert sich wegen der Energiereduzierung durch den Stoß die Entfernung der geringsten Annäherung R_M, d.h. die Kugeln werden größer. Obendrein wächst bei Verringerung der Ionenenergie der Streuwinkel für einen gegebenen Stoßparameter bei allen Potentialen (wie auch aus der Impulsnäherung der Gleichung 2.22a klar hervorgeht). Deshalb ist die Harte-Kugel-Näherung offenbar nicht nur für zentrale Stöße, sondern auch für Stöße geringerer Energie sehr brauchbar, welche die Impulsnäherung angemessen für entfernte Hochenergiestöße ergänzt.

Angepaßte Potentiale. Wenn auch die beiden vorherigen Näherungen jeweils für entfernte und nahe zentrale Stöße von Wert sind, ist doch keine von beiden über den ganzen Stoßparameterbereich gültig. Das Kernproblem liegt natürlich in der Berechnung der Streugleichung für reale Potentiale. Eine Methode, dieses zu umgehen, besteht darin, das reale Potential durch ein „angepaßtes" anzunähern, welches seinerseits analytische

Integration zuläßt. Wenn $V(r)$ das reale Potential und $V_m(r)$ ein einigermaßen angepaßtes Potential darstellt, besteht folglich das Verfahren darin, die Potentiale und ihre räumlichen Ableitungen bei einem bestimmten Atomabstand r anzugleichen, d.h.

$$V(r) = V_m(r)$$

$$\frac{dV(r)}{dr} = \frac{dV_m(r)}{dr} \quad \text{bei bestimmten } r.$$

Dieses Verfahren schließt ein, daß das Anpassungspotential zwei Konstanten besitzt, welche durch das Anpassungsverfahren bestimmt werden müssen.

Der Abstand, bei dem die Anpassung erfolgt, kann vielfältig gewählt werden. Er kann z.B. als Distanz der nächsten Annäherung im zentralen ($p = 0$) oder im nicht zentralen Stoß ($p \neq 0$) gewählt werden. Die Anpassung kann aber auch an mehreren Punkten bei stückweiser Integration erfolgen.

Die Klasse von Anpaßfunktionen, die für eine Integration brauchbar sind, ist etwas beschränkt und allgemein durch den Formalismus

$$V_m(r) = \frac{A}{r^m} - B \tag{2.24}$$

beschrieben, wobei $m = 1, \pm 2$ oder $-\infty$ ist und A und B Konstanten, die durch die Anpassungsbedingungen beschrieben werden. In diesen Fällen ist das Streuintegral, wie schon für $B = 0$, $m = 1$ oder 2 gezeigt, analytisch exakt, und entsprechende differentielle Wirkungsquerschnitte können abgeleitet werden. Eine bemerkenswerte Eigenschaft des Potentials $V_m(r) = A/r^m - B$ besteht darin, daß dieses Potential zu Null wird, wenn $A/r^m = B$. Ein solches Potential heißt *abgeschnitten (cut off)* für Abstände, die größer sind als der r-Wert, der nach diesem Kriterium bestimmt wird. Diese Tatsache kann ausgenutzt werden, um die Konstanten A und B festzulegen, indem man z.B. fordert, daß $V_m(r) = 0$ ist für den halben Gitterabstand. Dort würde man ja tatsächlich erwarten, daß das Potential klein ist. Weiter führen solche abgeschnittenen Potentiale zu endlichen Streuquerschnitten – eine wertvolle Eigenschaft in vielen Rechnungen. Solche Methoden werden im folgenden in diesem Buch nicht mehr benützt, aber der interessierte Leser wird auf das Buch von Carter und Colligon[1] hingewiesen. Für eine tiefere Erörterung von manchen Stoßproblemen ist die Anwendung der oben genannten Methoden recht nützlich.

Obwohl das Potential $V(r) = C/r^s$ bezüglich C und s bei allen Werten von r angepaßt werden kann, ist es für eine analytische Berechnung nur dann nützlich, wenn $s = 1$ oder 2 ist. Lindhard hat jedoch gezeigt[9], daß eine ziemlich genaue Näherung des Streuintegrals für alle Werte von s möglich ist. Die Einzelheiten der Lindhard'schen Rechnungen sollen hier nicht wiederholt werden; sie beruhen aber auf einer Verallgemeinerung der Impulsnäherung für kleinere Werte des Stoßparameters.

Das allgemeine Ergebnis ist, daß für ein Potential $V(r) = C/r^s$ der differentielle Wirkungsquerschnitt durch

$$d\sigma = \frac{K\, dT}{T_m^{1/s}\, T^{1+1/s}} \quad \text{für } s \geqslant 1 \tag{2.25}$$

mit

$$K = \frac{\pi}{s} \left\{ b^2 \, a_s^{\,2s-2} \, \frac{3s-1}{8s^2} \right\}^{1/s} \quad \text{und} \quad b = \frac{Z_1 Z_2 e^2}{E_R} \text{ gegeben ist.}$$

Das umgekehrte Potenzgesetz ist von vielen Autoren auf dem Gebiet der Ionenimplantation angewandt worden. Es ist besonders nützlich, wenn die wichtigen Parameter der Ioneneindringtiefe und der Gitterstörung nach Implantation bestimmt werden sollen, wie wir in folgenden Kapiteln sehen werden.

Bremsvermögen. Bis hierher haben wir uns mit einzelnen atomaren Stößen beschäftigt, nämlich zwischen isolierten Atomen. Bei der Ionenimplantation erfährt jedoch ein bewegtes Ion eine Folge von solchen Stößen, wenn es mit den Atomen des Targetgitters in Wechselwirkung tritt. Bei jedem Stoß gibt es einen Energieverlustprozeß. Statistisch über viele Ionen betrachtet, verlieren Ionen im Mittel einen vorgegebenen Betrag an Energie pro Einheitslänge, die im Festkörper zurückgelegt wird. Diese Energieverlustrate wird mit $-\frac{\mathrm{d}E}{\mathrm{d}x}$ bezeichnet und kann in Einheiten bereits erörterter Parameter formal ermittelt werden. Wenn bei einem Einfachstoß der Energieverlust eines Ions T ist und der totale Wirkungsquerschnitt für den Zusammenstoß

$\int_0^{T_M} \mathrm{d}\sigma$, dann ist der mittlere Energieverlust bei einem Stoß

$$\bar{T} = \frac{\int_0^{\bar{T}_M} T \, \mathrm{d}\sigma}{\int_0^{T_M} \mathrm{d}\sigma}$$

Unter der Annahme, daß sich N Targetatome im Einheitsvolumen mit einer zufälligen räumlichen Verteilung relativ zum Primärion befinden, ist in einer vom Ion zurückgelegten Einheitsentfernung die Gesamtzahl der atomaren Treffer $N \int_0^{T_M} \mathrm{d}\sigma$. Daher ist der Durchschnittsbetrag des Energieverlustes pro Einheitsweglänge

$$\bar{T} N \int_0^{T_M} \mathrm{d}\sigma$$

oder

$$-\frac{\mathrm{d}E}{\mathrm{d}x} = N \int_0^{T_M} T \, \mathrm{d}\sigma \qquad 2.26$$

Die Größe $\int_0^{T_M} T \mathrm{d}\sigma$ ist als Bremsvermögen S des Festkörpers bekannt und wird gewöhnlich mit dem Index n versehen, einem Hinweis auf die Tatsache, daß es sich bei dem Energieverlust um die Folge von elastischen oder Kern- (englisch: *n*uclear) Stößen handelt. S_n und $-\left|\frac{dE}{dx}\right|_n$ können, wenn gleichzeitig $d\sigma$ bekannt ist, durch Auswertung der zugehörigen Streuintegrale berechnet werden. Jedoch ist klar, daß für alle Potentiale mit unbegrenzter räumlicher Ausdehnung der spezifische Energieverlust und die Bremsquerschnitte auch unbegrenzt sind, es sei denn, daß eine untere Grenze der Energieübertragung eingeführt ist. Die Harte-Kugel-Näherung ist hier nützlich, da das Bremsvermögen bei einer Teilchenenergie E sich aus den Gleichungen 2.20c und 2.26 zu

$$\frac{\pi R_M^2}{2}\,\frac{4M_1M_2}{(M_1+M_2)^2}\,E$$

ergibt, das linear von der Teilchenenergie E abhängt. Wir haben jedoch schon früher gezeigt, daß der Harte-Kugel-Radius $(R_M/2)$ mit abnehmender Energie zunehmen soll. Wenn wir von der Tatsache Gebrauch machen, daß in der Harte-Kugel-Näherung $V(R_M) = [A/(1+A)]\,E$ ist, dann ist unter der Annahme, daß $V(r)$ einem inversen Potenzgesetz $V(r) = C/r^s$ folgt, klar, daß

$$\frac{C}{(R_M)^s} = \frac{A\,E}{1+A}$$

oder $(R_M)^2$ proportional zu $E^{-2/s}$ ist. Deshalb sind der Wirkungsquerschnitt für Abbremsung und der spezifische Energieverlust proportional zu $E^{1-2/s}$. Dieses Ergebnis ist von Lindhard genauer für das Potential mit inversem Potenzverhalten abgeleitet worden, wobei kein Umweg über die Näherung harter Kugeln eingeschlagen wurde; das Ergebnis gilt somit allgemein für Potentiale mit inverser Potenzabhängigkeit.

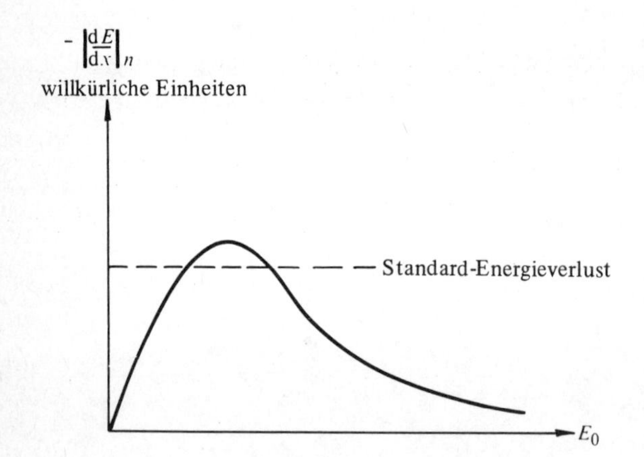

Abb. 2.7 Elastischer Energieverlust eines Ions in einem amorphen Festkörper als Funktion der Ionenenergie E_0 (schematisch). Der spezifische Energieverlust ist zum Vergleich mit angegeben.

Es wurde schon früher darauf hingewiesen, daß der Exponent s im Potential vermutlich von $s = 1$ für Hochenergiestöße zu größeren Werten hin ansteigen wird, wenn die Ionenenergie abnimmt. Deshalb sind für niedrige Energien – bei sehr großem s – die Wirkungsquerschnitte für Abbremsung und der spezifische Energieverlust annähernd linear von der

Energie abhängig. Wenn jedoch die Energie zunimmt, gehorchen diese Parameter einer Potenzabhängigkeit von der Energie, für die der Exponent mit zunehmender Energie abnimmt, bis sie bei hohen Energien schließlich mit zunehmender Energie gemäß E^{-1} abnehmen. Diese Abhängigkeit des Bremsvermögens ist in Abb. 2.7 dargestellt. Da das Potenzgesetz ja zur Darstellung eines wirklichen Potentials benützt werden kann, stellt diese Abbildung auch den allgemeinen Verlauf der Energieabhängigkeit des Bremsvermögens von der Ionenenergie für wirkliche Potentiale dar.

Dieses Ergebnis ist deswegen wichtig, weil es zeigt, daß ein Hochenergieion bei Eintritt in einen Festkörper Energie verliert und nun Energie anfänglich relativ langsam ans Gitter überträgt. Wenn das Ion langsamer wird, nimmt der spezifische Energieverlust zuerst zu, dann linear mit der Restenergie des Ions ab. Für Ionen mit kleinerer Eintrittsenergie (wenn E_0 kleiner ist als die Energie, bei der in Abb. 2.7 das Maximum auftritt) nimmt der spezifische Energieverlust beständig ab, wenn die Ionen langsamer werden. Dieses Verhalten führt zu räumlich verschieden verteiltem Gitterschaden, der durch verschieden energetische Ionen bei Abbremsung im Festkörper hervorgerufen wird.

Ein besonders interessantes Ergebnis erhält man für das invers quadratische Potential ($s = 2$), wo es klar ist, daß der spezifische Energieverlust zu E^0 proportional ist, d.h. zu einer Konstanten, die unabhängig von der Energie ist. Auf diesen konstanten Energieverlust wird als *Standardenergieverlust* Bezug genommen. In Abb. 2.7 ist es zum Vergleich aufgezeichnet. Es ist klar, daß in einem weiten Energiebereich der Standardenergieverlust eine vernünftige Näherung an den mehr realistischen Energieverlust darstellt. Abb. 2.7 wurde in willkürlichen Einheiten gezeichnet, nur damit die Funktionsform des Energieverlustes zum Ausdruck kommt. Wenn man jedoch eine genaue Angabe des Streuquerschnittes entweder für ein inverses Potenz- oder ein mehr realistisches Potential verwendet, kann diese einzige Kurve nicht nur zahlenmäßig angewendet werden, sondern, bei brauchbarer Wahl von reduzierten Variablen, allgemein für alle Ion-Target-Kombinationen benutzt werden. Der passende Ausdruck für $s = 2$ ergibt sich zu

$$-\left|\frac{\mathrm{d}E}{\mathrm{d}x}\right|_n = 2.8 \times 10^{-13} N \left(\frac{Z_1 Z_2}{Z^{1/3}}\right)\left(\frac{M_1}{M_1 + M_2}\right) \mathrm{eV/m}^1 \qquad 2.27$$

wobei

$$Z^{1/3} = (Z_1^{\,2/3} + Z_2^{\,2/3})^{1/2} \text{ ist.}$$

Für unsere gegenwärtigen Ziele ist es nur notwendig, sich zu merken, daß dieser Ausdruck einen Standardenergieverlust in der Größenordnung von 10 eV bis 100 eV pro 10^{-10} m ergibt, und zwar für die Mehrheit der Ion-Target-Kombinationen.

Gültigkeitskriterien für die Anwendung der klassischen Mechanik. In diesem Kapitel wurde früher angedeutet, daß ein grundsätzlicher Weg, atomare Stöße zu behandeln, eigentlich in der Anwendung wellenmechanischer Methoden besteht, daß man aber für die meisten interessierenden Anwendungen in diesem Buch eine angemessene Näherung mithilfe der klassischen Mechanik erhält. Der Zweck dieses Teiles ist es, diese Näherung zu rechtfertigen.[14]

Für die Anwendung der Mechanik auf ein Stoßereignis müssen folgende beiden Kriterien erfüllt sein:

1. Die Teilchenbahnen müssen im Verhältnis zu irgendeiner linearen Ausdehnung, die die Reichweite der Kräfte zwischen den Teilchen charakterisiert, wohldefiniert sein. In wellenmechanischen Begriffen kann ein Teilchen als ein Wellenpaket mit der Wellenlänge $\lambda\!\!\!^{-}$ ausgedrückt werden. Eine typische Entfernung, die die Ausdehnung atomarer Kräfte beschreibt, ist a ($\approx a_0/(Z_1 \cdot Z_2)^{1/6}$), womit das Kriterium als

   $\lambda\!\!\!^{-} \ll a$ ausgedrückt werden kann. 2.28a

2. Die Ablenkung des einfallenden Teilchens muß wohldefiniert sein. Das Targetatom muß als ein Hindernis mit dem Radius a angesehen werden. Starke Beugung einer Welle an einem Hindernis erfolgt bei Winkeln in der Größe von $\lambda\!\!\!^{-}/a$, so daß dieses Kriterium als

   $\phi \gg \frac{\lambda\!\!\!^{-}}{a}$ ausgedrückt werden kann. 2.28b

Für ein Teilchen mit der Energie E_0 ist die Wellenlänge gegeben durch

$$\lambda\!\!\!^{-} = \hbar \sqrt{\frac{2}{M_1 E_0}}$$

Mit dieser Substitution werden 2.28a bzw. 2.28b zu

$$E_0 \gg \frac{2\hbar^2}{M_1 a^2} \qquad 2.28c$$

und

$$\phi^2 E_0 \gg \frac{2\hbar^2}{M_1 a^2} \qquad 2.28d$$

Im allgemeinen wird ϕ mehr oder weniger um eins herum liegen, so daß das zweite Kriterium zwingender und eine hinreichende Bedingung ist. Da a ja für eine beliebige Ion-Atom-Kombination vom Bohrschen Radius a_0 und von Z_1, Z_2 her bestimmbar ist, kann der Minimalwert von $\phi^2 E_0$ ebenfalls für alle Ionen-Atom-Kombinationen abgeleitet werden. Extremwerte für leichte Ionen (Protonen), die auf leichte (Li) und schwere (U) Targetatome aufprallen, sind 10^{-2} und 10^{-3} eV; für schwere Ionen (Masse 100), die auf dieselben Targets aufprallen, sind sie 10^{-4} und 10^{-5} eV. Deshalb kann die klassische Mechanik selbst bei so kleinen Streuwinkeln wie 10^{-2} sr für Leichtionenenergien über 100 eV und Schwerionenenergien über 10 eV benützt werden. Die meisten Ionenimplantationsmethoden benützen Energien weit über diese Grenzen hinaus. Deshalb ist es weitgehend gerechtfertigt, die Näherung der klassischen Mechanik anzuwenden, die in diesem Kapitel skizziert wurde.

2.3 Inelastische Stöße

In der Einführung zu diesem Kapitel wird festgehalten, daß bei allen atomaren Stößen sich die Atomelektronen in Wirklichkeit individuell verhalten und nicht als Kollektiv die zwischenatomare Potentialfunktion verändern. Demnach könnten elektronische Anregungen und Ionisierung vorkommen, so daß innere Energie in dem stoßenden atomaren System verbraucht wird. Deshalb könnte eine umfassende Behandlung dieser inelastischen Energieaustauschprozesse nur quantenmechanisch angegangen werden, wobei das Verhalten jeder elektronischen Wellenfunktion einzeln berechnet werden müßte. Jedoch kann eine ziemlich nützliche Abschätzung der inelastischen Energieverluste in einer halbklassischen Näherung gegeben werden, die hier skizziert wird.

Zuerst sollte man festhalten, daß der größte Energieübertrag von einem Ion der Masse M_1 und Energie E_0 auf ein Elektron der Masse M_0 im zentralen Stoß

$$\frac{4M_0M_1}{(M_1+M_0)^2}\,E_0 \approx \frac{4M_0}{M_1}\,E_o \quad \text{ist, da} \quad M_1 \gg M_0$$

Wenn elektronische Anregung erfolgen soll, muß dieser Energieübertrag eine gewisse Minimumsenergie E_e für die Anregung überschreiten, d.h.

$$\frac{4M_0}{M_1}\,E_0 > E_e$$

Da die Anregungsenergien in der Größenordnung mehrerer eV sind, wird aus dieser Ungleichung in Näherung $E_0 > M_1/M_0$ [eV] und weiter, da die Nukleonenmasse etwa das zweitausendfache der Elektronenmasse ist, wird aus dem Kriterium für die Anregung $E_0 > M_1$ [kV], wobei M_1 die atomare Masse des Ions ist. Diese Anregungseffekte werden anscheinend wichtig – jedenfalls in einer einfachen Näherung – wenn die Ionenenergie in kV größer als die Atommasse M_1 des Ions ist.

Dieses bedeutet jedoch nicht, daß bei Ionenenergien unter M_1 keV inelastische Effekte völlig fehlen. Wir machen in der folgenden Diskussion eine kurze Abschätzung der Größe von ihnen in Abhängigkeit von der Energie.

Die Methode – von Firsov[15] zur Bestimmung inelastischer Energieverluste bei atomaren Stößen entwickelt – bestand in der Annahme, daß bei der Annäherung der Atome ein Quasimolekül gebildet wird. Die Elektronen beider Atome durchqueren die augenblickliche Quasigrenze zwischen den Atomen, welche dann den Impuls desjenigen Atoms annehmen, mit dem sie zeitweilig verbunden sind. Daher verlieren Elektronen des sich bewegenden Atoms Impulse beim Überwechsel auf das anfänglich ruhende Targetatom, und die Elektronen des gestoßenen Atoms gewinnen Impuls beim Überwechsel auf das einfallende Teilchen. Diese Impulsaustauschvorgänge geschehen auf Kosten von Energieverlust des einfallenden Teilchens. Die Einzelrechnungen der Energieübertragung sind komplex und sollen hier nicht wiedergegeben werden, aber das Prinzip der Rechnung ist ganz einfach. Zuerst wird die Anzahl der Elektronen, die die Einheitsfläche der Quasigrenze in der Einheitszeit durchqueren, in der gaskinetischen Rate $\frac{1}{4}nv$ geschrieben, wobei n die Elektronendichte und v ihre Geschwindigkeit bedeuten. Im Thomas-Fermi-Firsov-Atommodell kann v dann in Einheiten von n geschrieben werden, und dieses kann wiederum in Einheiten des Raumpotentials ausgedrückt werden. Integration erfolgt dann über die ganze Quasigrenze, welche bei Annäherung und Entfernung der Teilchen variiert. Somit ist weitere Raumintegration notwendig. Da die Elektronenaustauschrate vom Überlappungsbereich der atomaren Elektronenschalen abhängt, ist zu erwarten, daß die Energieübertragung vom Stoßparameter abhängt. In der Tat zeigte Firsov, daß die inelastische Energieübertragung T_i bei einem Stoßparameter p und einer Ioneneinfallsgeschwindigkeit

V_0 näherungsweise durch

$$T_i = \left\{ \frac{4.3 \times 10^{-8} (Z_1 + Z_2)^{5/2}}{[1 + 3.1 \times 10^7 (Z_1 + Z_2)^{1/3} p]^5} \right\} V_0 eV \qquad 2.29$$

gegeben ist.

Wie bei elastischen Stößen nimmt die Energieübertragung mit wachsendem Stoßparameter ab, nimmt jedoch für alle Stoßparameter linear mit der Ionengeschwindigkeit oder mit $E_0^{\frac{1}{2}}$ zu.

Aus numerischen Berechnungen von T_i aus Gleichung 2.29 geht hervor, daß für $p \gg a$ die inelastischen Energieübertragungen die elastischen um eine oder mehrere Größenordnungen übertreffen, jedoch das Gegenteil für $p \lesssim a$ zutrifft. Ein wichtiger Unterschied zwischen diesen beiden Vorgängen geht jedoch aus der Tatsache hervor, daß die Masse des Einfallsions immer sehr viel größer als die der Elektronen ist und der Streuwinkel des Ions immer sehr klein ist, wenn auch der Energieverlust an die atomaren Elektronen insgesamt groß sein mag. Es sind deshalb viele aufeinanderfolgende inelastische Stöße zwischen dem Ion und den Atomen zur Erzeugung einer signifikanten Ionenablenkung erforderlich.

Da der inelastische Energieverlust für alle Stoßparameter von der Ionengeschwindigkeit linear abhängig ist, muß daher der Energieverlust und die Bremskraft beim Durchgang durch eine Zufallsanordnung von Targetatomen, die proportional zu

$\int_0^{T_M} T \, d\sigma$ sind, ebenfalls linear von der Geschwindigkeit abhängig sein, da die Integration

über p lediglich eine multiplikative Konstante erzeugt. Deshalb leitet Firsov den „inelastischen" Energieverlust ab als

$$\left| - \frac{dE}{dx} \right|_e = 2.34 \times 10^{-21} N (Z_1 + Z_2) E_0^{\frac{1}{2}} \text{ eV/m} \qquad 2.30a$$

Eine alternative Ableitung des „inelastischen" Energieverlustes wurde von Lindhard[16] und seinen Mitarbeitern entwickelt. Dabei wurde angenommen, daß das einlaufende Teilchen als eine positive Ladung $Z_1 e$ behandelt werden kann, das Energie durch kurzreichweitige Stöße mit Elektronen und kollektive Prozesse von Elektronenplasmaresonanz im freien Elektronengas im Fall von Stößen größerer Reichweite verliert. Lindhard und Winther[16] zeigten, daß im Fall einer Ionengeschwindigkeit V_0, die kleiner ist als die Geschwindigkeit eines Elektrons im Ferminiveau (E_F), gilt:

$$\left| - \frac{dE}{dx} \right|_e = C N f (Z_1, Z_2, M_1, M_2, a_0) E_0^{\frac{1}{2}} \qquad 2.30b$$

wobei C eine Konstante und f eine zusammengesetzte Funktion der Atommassen und -zahlen ist. Diese Formel sagt klar die $E_0^{\frac{1}{2}}$-Abhängigkeit voraus, die von Firsov abgeleitet wurde. Die Größe der Konstante und der Funktion f sind so, daß die Abweichung zwischen Firsovs und Lindhards Ergebnissen gewöhnlich nicht mehr als ungefähr ein Faktor zwei ist.

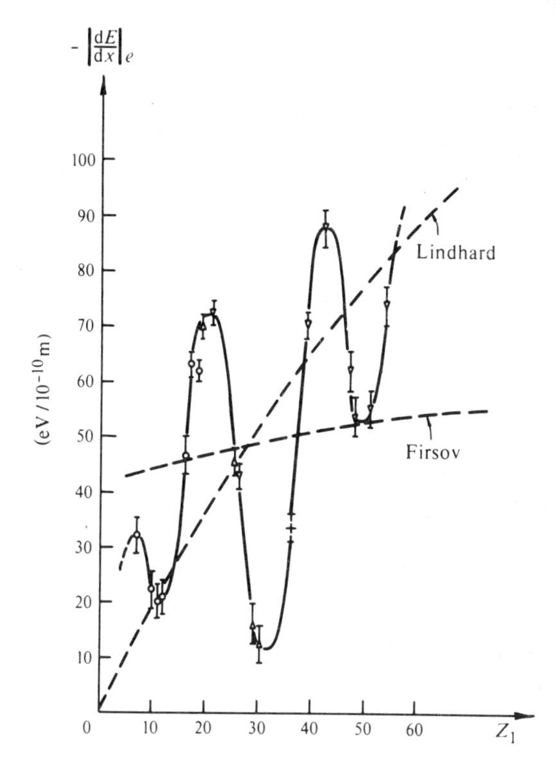

Abb. 2.8 Der „inelastische" Energieverlust als Funktion von Z_1 für Ionen, die gechannelt in ⟨110⟩ Richtung von Gold eingeschossen wurden.
$\bar{E}/M_1$ = 12 keV/amu (v ≅ 1.5 · 10^6 m/s)

Für ein gegebenes Targetmaterial folgt als Ergebnis beider Theorien eine monotone Abhängigkeit des Energieverlustes von der Ordnungszahl des Einfallteilchens, resultierend aus der Tatsache, daß die atomaren Ladungsverteilungen und Potentiale als Funktion des Atomradius geglättet wurden. Neue experimentelle Arbeiten[17,18] über den inelastischen Energieverlust von Ionen in verschiedenen Targetmaterialien haben tatsächlich eine periodische Abhängigkeit dieser Parameter von der Ordnungszahl des Ions ergeben. Demzufolge haben neue Theorien[19,20,21] über inelastischen Energieverlust die Atome in Einheiten ihrer präziseren Wellenfunktionen der radialen Elektronendichte behandelt. Dieses führt zu qualitativer Übereinstimmung mit experimentellen Daten, in denen die Lagen der Maxima und Minima der Energieverlust/Ordnungszahl-kurven wiedergegeben werden, obwohl die Größen quantitativ etwas voneinander abweichen. Ein Beispiel experimenteller und theoretischer Daten wird in Abb. 2.8 für verschiedene Ionen in einem Goldtarget gezeigt.

Offenbar oszilliert $\frac{dE}{dx}$ beträchtlich innerhalb der monotonen Abhängigkeit, wie sie in den Theorien von Lindhard und Firsov vorhergesagt wurde, jedoch sind diese Theorien in einer Näherung erster Ordnung augenscheinlich gleich. Da $-\left|\frac{dE}{dx}\right|_e$ energieabhängig ist, (mit $E_0^{\frac{1}{2}}$), können wir keine Standard-Bremskraft wie im Falle der elastischen Vorgänge definieren. Jedoch für Ionen im Energiebereich zwischen 10 und 50 keV kann $-\left|\frac{dE}{dx}\right|_e$ mit mehreren eV pro Å angegeben werden, beträchtlich weniger als bei den elastischen Energieverlusten. Hingegen mit zunehmender Ionenenergie beginnen die inelastischen Vorgänge für den totalen Energieverlust bestimmend zu werden.

Die obigen Schlußfolgerungen können nur auf Ionen mit $V_0 < V_f$ (Elektronengeschwindigkeit für Elektronen aus Ferminiveau) angewandt werden. Bei wesentlich höheren Energien können wir annehmen, daß der Fall einer direkten Ion-Elektron-Energieübertragung im Coulomb-Wechselwirkungsfeld entsteht, und zwar derartig, daß in der Impulsnäherung die Energieübertragung auf ein Elektron beim Stoßparameter p

$$T_i = \frac{Z_1{}^2 e^4 M_1}{16\pi^2 \epsilon_0^2 p^2 E_0 M_0} \qquad 2.31a$$

und der differentielle Streuquerschnitt für diese Energieübertragung nach Gleichung 2.20a

$$d\sigma = \frac{\pi Z_1{}^2 e^4 M_1 \, dT}{16\pi^2 \epsilon_0^2 E_0 M_0 T^2} \qquad 2.31b$$

ist. Die Bremskraft und der Energieverlust können nun durch Integration der Gleichung 2.31b über alle Energieübertragungen von der minimal erforderlichen effektiven Anregung E_e bis zum Maximum $4E_0 \frac{M_0}{M_1}$ hergeleitet werden mit dem Ergebnis

$$-\left|\frac{dE}{dx}\right|_e = \frac{\pi N Z_1{}^2 e^4 M_1}{16\pi^2 \epsilon_0^2 M_0 E_0} \log \frac{4M_0 E_0}{M_1 E_e} \qquad 2.32a$$

Dieses Ergebnis gilt nur für ein einzelnes Elektron. Ein genaues Resultat erhält man durch Integration über alle Elektronen in den Targetatomen. Definiert man I_e als mittlere Anregungsenergie, so leiten wir

$$-\left|\frac{dE}{dx}\right|_e = \frac{\pi N Z_1^2 Z_2 e^4 M_1}{16\pi^2 \epsilon_0^2 M_0 E_0} \log \frac{4M_0 E_0}{M_1 I_e} \qquad 2.32b$$

ab. Gleichung 2.32b zeigt, daß der „inelastische“ Energieverlust wegen der nur geringen Abhängigkeit vom logarithmischen Ausdruck ungefähr wie E^{-1} bei hohen Energien abnimmt, daß er aber bei niedrigeren Energien ein Maximum annimmt, das gemäß Differentiation von Gleichung 2.32b bei einer Ionengeschwindigkeit von $V_0 \approx V_f$ auftritt. Dieser Hochenergiebereich ist im allgemeinen auf leichte MeV Teilchen anwendbar, die einen Festkörper bombardieren. Obwohl dieser Bereich nur begrenzt direkt auf Ionenimplantation anwendbar ist, wird er oft in der sehr wichtigen Ionenrückstreuung für die Analyse der Zusammensetzung implantierter Festkörper benützt. Das wird später in diesem Buch beschrieben werden. Die Größenordnung des Energieverlustes für leichte MeV-Teilchen wie Protonen oder α-Teilchen ist 10–100eV pro 10^{-10} m.

Deshalb zeigt diese Erörterung, daß genauso wie bei elastischen Stoßprozessen der „inelastische“ Energieverlust zuerst mit der Energie ($\propto E_0{}^{\frac{1}{2}}$) zunimmt und dann oberhalb von $V \approx V_f$ wieder abnimmt ($\propto E_0{}^{-1}$) mit der Energie. Ein wesentlicher Unterschied besteht jedoch für die beiden Prozesse im Energiemaßstab, da das Maximum in der Kurve des „elastischen“ Energieverlustes in der Gegend von $10^3 - 10^5$ eV auftritt, während das Maximum beim „inelastischen“ Energieverlust in der Gegen von $10^6 - 10^8$ eV auftritt.

Literaturhinweise zu Kapitel 2

1. Eine ausführliche Erörterung der elastischen Streuung stoßender Atome findet sich in
   (a) Carter, G. und Colligon, J. S., *Ion Bombardment of Solids* (Heinemann Educational, 1968).
   (b) Thompson, M. W., *Defects and Radiation Damage in Metals* (Cambridge University Press, 1969).
   Eine allgemeine Beschreibung der Teilchenstreuung in einem Feld mit Zentralkraft findet sich in
   (c) Goldstein, H., *Classical Mechanics* (Academic Press, 1950).
2. Eine ausführliche Diskussion des zwischenatomaren Potentials findet sich in den Abhandlungen von Carter und Colligon sowie Thompson, die oben angeführt wurden und auch wie folgt: Torrens, I. M. *Interatomic Potentials* (Academic Press, 1972).
3. Born, M. und Mayer, J. E., *Z. Phys,* **75** (1932), 1.
4. Gombas, *Handb. Phys.* **36** (1956), 109.
5. Bohr, N., *Matt Fys Medd Kgl Danske Videnskab Selskab,* **18** (1948), 8.
6. Firsov, O. B., *Zh. eksp. teor. Fiz.* **32** (1957), 1464.
7. Abrahamson, A. A., *Phys. Rev.* **130** (1963), 693.
8. Abrahamson, A. A., *Phys. Rev.* **133** (1964), A490.
9. Lindhard, J., Nielsen, V. und Scharff, M., *Matt Fys Medd Kgl Danske Videnskab Selskab,* **36** (1968), 10.
10. Lindhard, J., Scharff, M. und Schiøtt, H. E., *Matt Fys Medd Kgl Danske Videnskab Selskab,* **33** (1963), 14.
11. Winterbon, K. B., Sigmund, P. und Sanders, J. B., *Matt Fys Medd Kgl Danske Videnskab Selskab,* **37** (1970), 14.
12. Rutherford, E., *Phil Mag.* (6), **21** (1911), 669.
13. Siehe die Abhandlung bei Carter u. Colligon (Zit. 1a) für weitere Einzelheiten der Rechenmethoden und Daten.
14. Für ausführlichere Diskussion siehe Zit. 1 und 5.
15. Firsov, O. B., *Zh. eksp. teor. Fiz.,* **36** (1959), 1517.
16. Lindhard, J. und Winther, A., *Matt Fys Medd Kgl Danske Videnskab Selskab,* **34** (1964), 4.
17. Eisen, F. H., *Can. J. Phys.,* **46** (1968), 561.
18. Bøttiger, J. und Bason, F., *Rad Effects,* **2** (1969), 105.
19. Cheshire, I. M., Dearnaley, G. und Poate, J. M., *Phys. Lett.,* **27A** (1968), 304.
20. Bhalla, C. P., Bradford, J. N. und Reese, G., *Atomic Collision Phenomena in Solids* (Eds. Townsend Townsend, Palmer & Thompson), (North-Holland, 1970), 361.
21. Briggs, J. S. und Pathak, A. P., *J. Phys. C., Solid State Physics,* **6** (1973), L153.

3 Ionenreichweiten

3.1 Einführung

Bei jedem Ionenimplantationsexperiment gibt es die grundsätzliche Frage zu beantworten: Wie sieht die Tiefenverteilung der implantierten Ionen im Target aus? In diesem Kapitel betrachten wir Reichweitenverteilungen und geben auf diese Frage Antworten, sowohl theoretisch als auch experimentell.

Gewöhnlich wird angenommen, daß das Ion Energie an das Targetatom auf zwei unabhängige Weisen abgibt, nämlich durch Kernstöße und elektronische Stöße (auch elastische und unelastische Stöße genannt). Bei elektronischen Stößen handelt es sich um den Energietransport vom bewegten Ion auf die Elektronen der Targetatome, woraus sich gewöhnlich nur geringe Ablenkungen ergeben. Bei Kernstößen wird kinetische Energie auf das gestoßene Atom als Ganzes übertragen, woraus Ablenkungen der Geschoßteilchen mit relativ großen Winkel resultieren. Bei hohen Energien ist der elektronische Energieverlust für den Abbremsvorgang bestimmend. Eine empirische Regel[1] zur Charakterisierung dieser hohen Energie ist die, daß für eine Projektilgeschwindigkeit ν größer als eine kritische Geschwindigkeit ν_1 elektronische Abbremsung dominiert:

$$V_1 = V_0 Z_1{}^{2/3}, \text{ wobei } V_0 = e^{2/h}$$

Sogar unterhalb dieser Geschwindigkeit kann die elektronische Abbremsung noch der Hauptvorgang sein, besonders bei leichten Teilchen in schweren Substraten. Jedoch nimmt für schwere Teilchen mit geringen Energien die Kernbremsung allmählich an Bedeutung zu, bis sie den größten Teil zum Energieverlust beisteuert.

Der Energieverlust pro Länge $-\frac{\mathrm{d}E}{\mathrm{d}x}$ ist folglich aus zwei Termen zusammengesetzt, der als

$$-\frac{\mathrm{d}E}{\mathrm{d}x} = N\left\{S_n(E) + S_e(E)\right\} \qquad 3.1$$

geschrieben werden kann, wobei N die Anzahl der Targetatome im Einheitsvolumen und $S_n(E)$ und $S_e(E)$ die Kernbremskraft bzw. die elektronische Bremskraft bedeuten. Die Bremskraft S_n (normalerweise in Einheiten eV cm^2 ausgedrückt) wird auch als Bremsquerschnitt bezeichnet und ist, wie in Kap. 2 gezeigt, berechnet aus

$$S_n = \int T \, \mathrm{d}\sigma \qquad 3.2$$

wobei $d\sigma$ der differentielle Querschnitt für den Energietransport T ist. $S(E)$ kann als Energieverlust pro Einheitslänge in einem Festkörper mit atomarer Dichte eins angesehen werden. Der Energieverlust $\frac{dE}{dx}$ (gewöhnlich in eV/Å ausgedrückt, wobei Å = Ångström = 10^{-10} m) wird auch als spezifischer Energieverlust bezeichnet. Durch Umstellung von Gl. 3.1 erhalten wir

$$N\int_0^R dx = -\int_{E_0}^0 \frac{dE}{S_n(E) + S_e(E)}$$

oder:

$$R = \frac{1}{N}\int_0^{E_0} \frac{dE}{S_n(E) + S_e(E)} \qquad 3.3$$

Das ergibt die gesamte Weglänge für ein Ion, das, von einer Energie E_0 ausgehend, langsamer wird. Oft werden Reichweiten in Einheiten von $\mu g/m^2$ angegeben. Diese beziehen sich auf die Größe ρR, wobei ρ die Targetdichte ist. ρR muß man durch die Dichte dividieren, um sie in etwas anschaulichere Längeneinheiten (z.B. Nanometer) umzuwandeln. Es sollte jedoch hier erwähnt werden, daß die Einheiten wie $\mu g/m^2$ grundlegend die Reichweite bezeichnen: Was nämlich wichtig ist bei der Bestimmung der Abbremsung eines energiereichen Ions, ist die *Menge* (oder die Zahl) an Target*material* (oder Atomen), die zum Stoß kommt, und nicht die *tatsächliche Entfernung,* die vom Ion zurückgelegt wird.

Die Lösung von Gleichung 3.3 ergibt die mittlere Gesamtbahn im Target, das ein Teilchen zurücklegt, bis es zur Ruhe kommt, nachdem es ursprünglich die Energie E_0 besaß. Natürlich hängt die Schwierigkeit dieser Integration von der Form der Ausdrücke für $S_n(E)$ und $S_e(E)$ ab. Bei der Berechnung des Bremsvermögens $S(E)$ aus Gleichung 3.2 benötigen wir die Kenntnis des Wirkungsquerschnittes $d\sigma$, der seinerseits von der Kenntnis des zwischenatomaren Potentials $V(r)$ abhängt. In vielen Fällen kann das Streuintegral (Gleichung 2.18b aus Kapitel 2) nicht exakt gelöst werden; es sei denn für gewisse Potentiale, wobei dann aber wieder Schwierigkeiten bei der Berechnung des differentiellen Wirkungsquerschnittes $d\sigma$ auftreten. Jedoch kann in gewissen Fällen eine exakte Lösung des Streuintegrals gefunden werden (z.B. beim umgekehrt quadratischen Potenzgesetz für das Potential), so daß der differentielle Streuquerschnitt und das Bremsvermögen ebenfalls berechnet werden können. Dies erlaubt uns schließlich, aus Gleichung 3.3 die Reichweite zu finden. Die Folge von Rechnungen wird im Abschnitt 3.3 in mehr Einzelheiten beschrieben.

Wenn eine exakte Lösung des Streuintegrals nicht möglich ist, können numerische oder Computerlösungen versucht werden, wie das natürlich auch zu jeder anderen Zeit während des Ablaufs von Reichweitenrechnungen durchgeführt werden kann. In Abschnitt 3.4 fassen wir die Arbeit von Lindhard, Scharff und Schiøtt[2] zusammen, die auf dem statistischen Thomas-Fermi-Atommodell beruht und die die beste Näherung an das „echte"atomare Potential wiedergibt. Schließlich erwähnen wir in Abschnitt 3.5 kurz einige Computerlösungen für Reichweitenprobleme schwerer Ionen in Festkörpern und behandelt in den Abschnitten 3.6 und 3.7 experimentelle Reichweitenmessungen.

3.2 Konzepte für Reichweiten

Ein einfaches Bild eines Ions, das in einem Festkörper mit „Zufallsanordnung" seiner Atome abgebremst wird, ist in Abb. 3.1 zu sehen. Für das hochenergetische Ion ist die Bahn im wesentlichen eine Gerade in der ursprünglichen Bewegungsrichtung, da elektronische Abbremsung vorliegt, verbunden mit geringer Streuung am Ende auf Grund von Kernstößen. Bei niedrigeren Energien, wo S_n und S_e vergleichbar werden, folgt das Ion einer Zickzackbahn mit vielen starken Ablenkungen, wobei der Bahnabstand zwischen den Stößen mit fallender Energie (und folglich mit zunehmendem Wirkungsquerschnitt) abnimmt. Unter Hinweis auf Abb. 3.1 können wir die totale Weglänge R, die auf die ursprüngliche Einfallsrichtung projizierte Weglänge R_p und die auf die hierzu senkrechte Richtung projizierte Weglänge $R_\perp$ definieren.

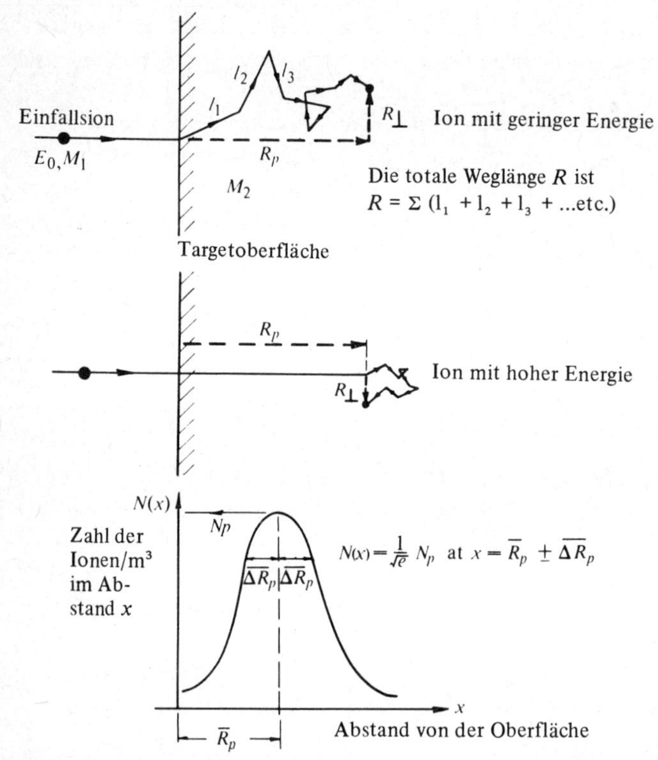

Abb. 3.1 Grundlegende Vorstellungen über die Reichweiten von Ionen mit niedriger und hoher Energie.

Nicht jedes das Target treffende Ion wird genau den gleichen Weg zurücklegen, auch wenn seine Anfangsenergie festliegt. Das rührt daher, daß die Ionen eines Strahles unterschiedliche zufällige Stoßparameter gegenüber den Oberflächenatomen haben. Daher unterscheiden sie sich in ihren Stoßfolgen völlig voneinander. Nicht nur die Anzahl der erlittenen Stöße ist beim individuellen Ion unterschiedlich, sondern auch dessen totale Weglänge. Daraus ergibt sich natürlich eine Verteilung der endgültigen Lagen, die gewöhnlich als

Gauß- (oder Normal-) Verteilung angenommen wird – wiederum in Abb. 3.1 illustriert – wobei $\bar{R}_p$ nun als mittlere projizierte Reichweite bezeichnet wird. Natürlich gibt es auch eine statistische Verbreiterung der totalen Reichweite. Der Zusammenhang zwischen R und R_p wird später betrachtet (siehe Abschnitt 3.4). Bei der Berechnung von Ionenreichweiten müssen wir immer konsequent Mittelwerte vieler Ereignisse behandeln und müssen solche Eigenschaften als Mittel- (oder Durchschnitts-) Wert der projizierten Reichweite $\bar{R}_p$ und ihrer Standardabweichung $\overline{\Delta R}_p$ ansehen. Differentialgleichungen zur Berechnung von $\bar{R}$ und abgeleiteten Größen sind von Lindhard, Scharff und Schiøtt gegeben:

$$\bar{R} = \int_0^E \frac{dE'}{\beta_1(E')} \exp\left\{ \int_E^{E'} \frac{\alpha_1(E'')}{\beta_1(E'')} dE'' \right\} \qquad 3.4$$

wobei α_1 und β_1 in Einheiten der Bremskräfte S_n und S_e gegeben sind. Diese und andere darauf bezogene Gleichungen wurden numerisch über einen Computer gelöst und die mittlere totale Reichweite, die mittlere projizierte Reichweite und die Standardabweichung als Funktion der Ionenenergie für zahlreiche Ionen/Target-Kombinationen tabelliert (vgl. Abschnitt 3.5).

Eine Gaußverteilung ist wohldefiniert und kann dargestellt werden als:

$$N(x) = N_p\, e^{-\frac{1}{2}X^2} \qquad 3.5$$

wobei $X = \frac{x - R_p}{\Delta R_p}$ und ΔR_p die Standardabweichung ist. Wenn die Maximumskonzentration N_p bei R_p liegt, dann fällt die Konzentration auf $N_p/\sqrt{e}$ für die Orte $x = R_p \pm \Delta R_p$. Wenn wir das Target senkrecht zu seiner Oberfläche betrachten, dann ist die Zahl der implantierten Ionen, N_s, pro Einheitsfläche gegeben durch:

$$N_s = \int_{-\infty}^{+\infty} N(x)\, dx$$

oder, da $dx = \Delta R_p \cdot dX$ und die Gaußkurve symmetrisch ist:

$$N_s = 2\Delta R_p N_p \int_0^{\infty} e^{-\frac{1}{2}X^2}\, dX$$

Das kann umgeschrieben werden als:

$$N_s = \Delta R_p\, N_p \sqrt{2\pi} \left\{ \sqrt{\frac{2}{\pi}} \int_0^{\infty} e^{-\frac{1}{2}X^2}\, dx \right\} \qquad 3.6$$

Das Integral innerhalb der Klammer ist die Fehlerfunktion und nimmt den Wert 1 an für die gegebenen Integrationsgrenzen. Wir erhalten somit, wenn N_s die Zahl der implantierten Ionen pro m^2 des Target ist:

$$N_p = \frac{N_s}{\sqrt{2\pi}\Delta R_p} \simeq \frac{0.4 N_s}{\Delta R_p} \qquad 3.7$$

Das erlaubt uns, die Dichte der implantierten Ionen auszudrücken als:

$$N(x) = \frac{0.4\,N_s}{\Delta R_p} \exp -\tfrac{1}{2} \left\{ \frac{x - R_p}{\Delta R_p} \right\}^2 \qquad 3.8$$

Wenn wir in einem speziellen Beispiel 5×10^{19} Borionen/m² von 40 keV in Silizium implantieren, ist $R_p \triangleq 160$ nm und $\Delta R_p \triangleq 54$ nm, so daß aus 3.7 folgt: $N_p \triangleq 4 \times 10^{26}$ Atome/m³.

Vorausgesetzt, daß wir zu berechneten Werten der mittleren Reichweite und der Standardabweichung zurückgreifen können (Abschnitt 3.5), ist es leicht möglich, die Verteilung der implantierten Ionen abzuschätzen, wenn man die folgenden Näherungen gebraucht, die auf einem Gaußprofil beruhen. Die Konzentration fällt um eine Dekade bei $x \triangleq R_p \pm 2\Delta R_p$ und um zwei Dekaden bei $x \triangleq R_p \pm 3\Delta R_p$. Die Tabelle in Abb. 3.2 gibt diese und andere Näherungswerte wieder: Diese Abbildung faßt auch graphisch die Eigenschaften einer Gaußkurve zusammen.

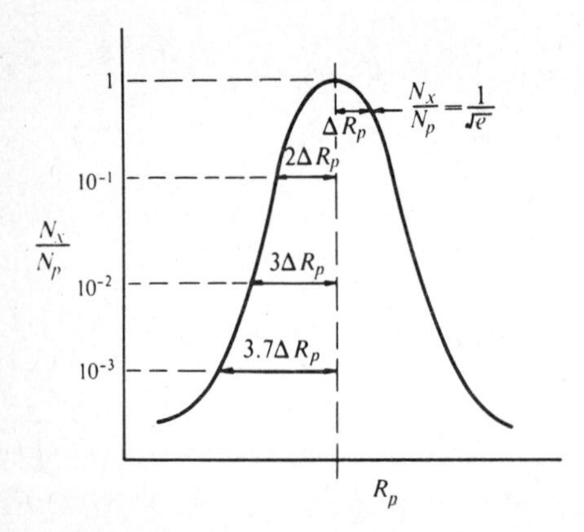

Tabelle 1

$\frac{N_x}{N_p}$	1	0.5	10^{-1}	10^{-2}	10^{-3}	10^{-4}	10^{-5}	10^{-6}
Entfernung vom Peak	0	$\pm 1.2\Delta R_p$	$\pm 2\Delta R_p$	$\pm 3\Delta R_p$	$\pm 3.7\Delta R_p$	$\pm 4.3\Delta R_p$	$\pm 4.8\Delta R_p$	$\pm 5.3\Delta R_p$

Abb. 3.2 Einige grundlegende Eigenschaften der Gaußverteilung.

Bis hierher wurden die Targetatome als örtlich „zufällig" verteilt betrachtet. Somit sollte kein Einfluß des Arrangement des Targets auf den Bremsprozeß auftreten. Bekanntlich ist dieses jedoch unkorrekt für Einkristalle, in denen die Targetatome in regelmäßigen Abständen einer Gittergeometrie angeordnet sind. Wie in Kapitel 4 im größeren Detail erörtert wird, können Ionen, die in niedrig indizierte kristallografische Richtungen einfallen, (d.h. parallel zu dicht gepackten Ketten oder Ebenen) eine Folge von Stößen mit ähnlichen Stoßparametern erleiden, und die Stöße können als korreliert bezeichnet werden.

Die Ionenbahn verläuft nicht länger zufällig sondern ist von der Gittergeometrie beeinflußt. Man sagt, daß dieses Ion gechannelt wurde (Deutsch etwa: „In Kanälen geführt"). Natürlich werden in der Praxis einige Ionen die Enden der Atomreihen treffen, dabei eine Großwinkelablenkung erleiden und fortan so gestreut werden, als seien die Targetatome zufällig verteilt. Andere Ionen werden einen ziemlich starken Stoß bekommen, jedoch über einige Entfernung innerhalb des Kanals bleiben, wobei sie weiterhin an den Kanalwänden gestoßen werden bevor sie endgültig „de-channelled" werden (Deutsch: aus dem Kanal gebracht). Eine letzte Gruppe von Ionen besteht aus solchen, die am „besten" gechannelt sind und im Kanal bleiben, bis sie zur Ruhe kommen.

Die Ionenverteilung in einem Einkristall kann drastisch von der in einem Festkörper mit zufälliger oder amorpher Atomanordnung abweichen. Dieses ist in Abb. 3.3 illustriert. Die Ionenverteilung besteht aus 3 Bereichen[3], nämlich

A. Ionen mit einer Abbremsung, als habe das Target eine Zufallsanordnung mit einem wie für ein Zufallstarget berechneten R_p .
B. Ionen mit Dechannelling.
C. Abgebremsten gut gechannelten Ionen.

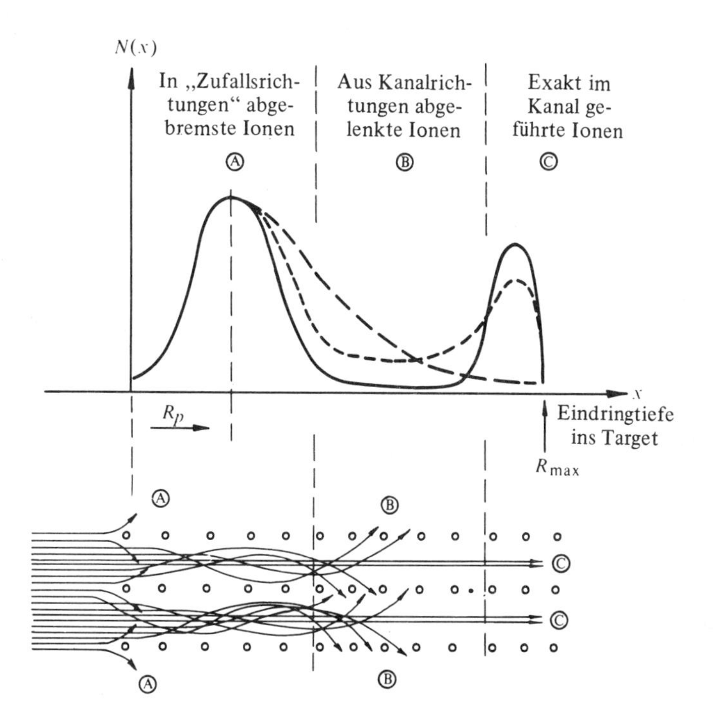

Abb. 3.3 Schematische Darstellung von möglichen Reichweiteprofilen für Ionen, die in einen Einkristall implantiert wurden.

Die relativen Beiträge zu diesen Bereichen hängen von den Versuchsbedingungen ab und können zwischen den angegebenen Extremen schwanken. Für einige Ion-Target-Kombinationen ergibt sich für die am besten gechannelten Ionen eine Maximalreichweite R_{max}, und unsere grundsätzlichen Aussagen über die relative Bedeutung von S_n und S_e müssen abgewandelt werden. Dieses gilt deshalb, weil die gut gechannelten Ionen in großen Entfernungen von den Gitteratomen der Kanalwände den größten Teil ihres Weges zurücklegen, so daß sich der Energieverlust durch Kernstöße verringert. Zum vorherrschenden Mechanismus für den Energieverlust werden die elektronischen Stöße, selbst bei niedrigen Ionenenergien.

Schließlich müssen wir erwähnen, daß Ionenprofile gewöhnlich in einer von zwei Formen (Abb. 3.4) dargeboten werden. Die erste Form greift die wirklichen Ruhelagen als eine Funktion der Tiefe im Target heraus und wird oft als *differentielle* Reichweitenverteilung oder *Profil* bezeichnet. Die zweite, Abb. 3.4(b) stellt das Integral dieser ersten Verteilung gegen den Abstand ins Target dar, beginnt folglich bei einem Maximum (entsprechend der Gesamtzahl implantierter Ionen) und fällt jenseits des Maximums nach und nach zu Null ab. Diese zweite, *integrale* Reichweitenverteilung ist bequem, wenn man Ionenreichweiten darstellt, die durch Sektionieren gewonnen wurden (Abschnitt 3.6).

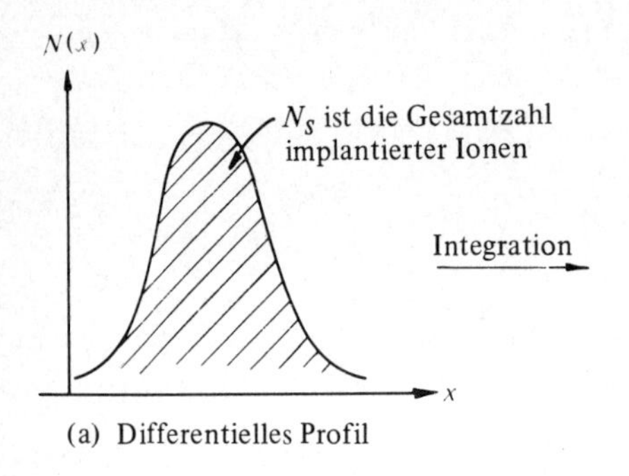

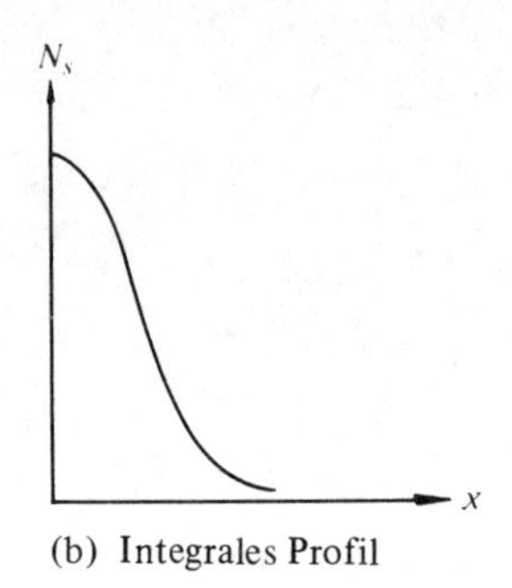

Abb. 3.4 Die zwei Methoden der Darstellung von Ionenreichweiteprofilen.

3.3 Reichweitenberechnungen

In diesem Abschnitt betrachten wir den Gang der Rechnungen, wie er für die Aufstellung der Beziehung zwischen Reichweite und Anfangsenergie des Ions im Falle überwiegender Kernbremskraft erforderlich ist. Wir beginnen mit der Lösung des Streuintegrals (eingeführt in Kapitel 2) für den Streuwinkel ϕ im Schwerpunktsystem, gegeben durch

$$\phi = \pi - 2p \int_0^{U_m} \frac{du}{\sqrt{1 - \frac{V(u)}{E_r} - p^2 u^2}} \qquad 3.9$$

mit p = Stoßparameter, $u = 1/r$ mit r als Abstand zwischen den kollidierenden Atomen, $V(u)$ als Wechselwirkungspotential und $E_r = E\frac{M_r}{M_1}$ mit E als Energie des Geschoßteilchens im Laborsystem und M_r als reduzierter Masse, d.h. $\frac{M_1 M_2}{M_1 + M_2}$.

U_m genügt auch, wie in Kapitel 2 gezeigt, der Beziehung

$$1 - \frac{V(U_m)}{E_r} - p^2 U_m{}^2 = 0 \qquad 3.10$$

und stellt den Kehrwert des geringsten Abstandes bei Annäherung dar.

Das Streuintegral kann nur für bestimmte zwischenatomare Potentiale gelöst werden, zu denen jedoch auch das invers quadratische Potential[4] gehört, gegeben durch

$$V(r) = \frac{Z_1 Z_2 e^2 a \exp(-1)}{4\pi\epsilon_0 r^2} \tag{3.11}$$

das eine gute Näherung für den Abschirmeffekt der Elektronen bei Schwerionenstößen für Stoßparameter von der Größenordnung $\frac{1}{5}a < p < 5a$ darstellt.

Nochmaliges Umschreiben des Potentials in Einheiten von u ergibt

$$V(u) = \frac{Z_1 Z_2 e^2 a \exp(-1)\, u^2}{4\pi\epsilon_0} \tag{3.12}$$

so daß $\frac{V(u)}{E_r} = cu^2$ mit

$$c = \frac{Z_1 Z_2 e^2 a \exp(-1)}{4\pi\epsilon_0 E_r} \quad \text{ist.} \tag{3.13}$$

Einsetzen in Gleichung 3.10 ergibt

$$1 - cu_m^2 - p^2 u_m{}^2 = 0$$

oder $u_m = (c + p^2)^{-\frac{1}{2}}$ 3.14

Das Streuintegral ist jetzt

$$\phi = \pi - 2p \int_0^{(c+p^2)^{-\frac{1}{2}}} \frac{du}{\left[1 - u^2(c+p^2)\right]^{\frac{1}{2}}}$$

das eine Lösung in der Form einer inversen trigonometrischen Funktion

$$\phi = \pi - 2p \left\{ \sin^{-1} \frac{(c+p^2)^{\frac{1}{2}} u}{(c+p^2)^{\frac{1}{2}}} \right\}_0^{(c+p^2)^{-\frac{1}{2}}}$$

$$= \pi - \frac{2p}{(c+p^2)^{\frac{1}{2}}} \; \frac{\pi}{2}$$

hat, so daß wir schließlich

$$\phi = \pi \left\{ 1 - \frac{1}{\sqrt{1 + \frac{Z_1 Z_2 e^2 a \exp(-1)}{E_r p^2 4\pi\epsilon_0}}} \right\} \tag{3.15}$$

haben. Die obige Gleichung stellt die Beziehung zwischen dem Streuwinkel ϕ (Schwerpunkts-Koordinaten) und dem Stoßparameter p für das umgekehrt quadratische Potential auf. Benützt man Ergebnisse, die schon in Kapitel 2 erhalten wurden, können wir ϕ mit dem Energieübertrag ans Streuatom verbinden, nämlich

$$T = E \frac{4M_1M_2}{(M_1 + M_2)^2} \sin^2 \frac{\phi}{2} = T_m \sin^2 \frac{\phi}{2} \qquad 3.16$$

wobei E die Ionenenergie ist.

Mittels 3.15 haben wir

$$\sin^2 \frac{\phi}{2} = \sin^2 \left\{ \frac{\pi}{2} - \frac{\pi}{2\sqrt{1 + \frac{c}{p^2}}} \right\} = \cos^2 \left\{ \frac{\pi}{2\sqrt{1 + \frac{c}{p^2}}} \right\}$$

so daß:

$$T = T_m \cos^2 \frac{\pi}{2\sqrt{1 + \frac{c}{p^2}}}$$

Durch Umordnung erhalten wir:

$$p^2 = \frac{4c \left\{ \cos^{-1} \sqrt{\frac{T}{T_m}} \right\}^2}{\pi^2 - 4 \left(\cos^{-1} \sqrt{\frac{T}{T_m}}\right)^2} \qquad 3.17$$

Diese Gleichung liefert uns die Beziehung zwischen dem Stoßparameter p und dem Energieübertrag, so daß wir jetzt den differentiellen Wirkungsquerschnitt $d\sigma = 2\pi p dp$ finden können. Durch Differentiation von 3.17 und Vereinfachung erhalten wir:

$$2\pi p dp = \frac{4\pi c \cos^{-1} \sqrt{\frac{T}{T_m}}}{\sqrt{\frac{T}{T_m}} \left(1 - \frac{T}{T_m}\right) \left[\pi^2 - 4\left(\cos^{-1} \sqrt{\frac{T}{T_m}}\right)^2\right]^2} \frac{dT}{T_m} \qquad 3.18$$

und wenn wir annehmen, daß T/T_m klein ist (d.h. kleine Energieüberträge), dann wird der Wirkungsquerschnitt[5]:

$$d\sigma = \frac{\pi^2 c}{8} T_m^{\frac{1}{2}} \frac{dT}{T^{3/2}} \qquad 3.19$$

Da E_r in c enthalten ist, welches seinerseits mit E zusammenhängt, der anfänglichen Geschoßteilchenenergie im Laborsystem, können wir Gleichung 3.19 auch als

$$d\sigma(E, T) \triangleq \frac{\pi^2}{4} \frac{Z_1 Z_2 e^2 a}{4\pi\epsilon_0 \exp(1)} \left\{ \frac{M_1(M_1 + M_2)}{M_2} \right\}^{\frac{1}{2}} E^{-\frac{1}{2}} \frac{dT}{T^{3/2}}$$

oder

$$d\sigma(E, T) \triangleq K E^{-\frac{1}{2}} \frac{dT}{T^{3/2}} \qquad 3.20$$

schreiben.

Wenn wir erst einmal einen Ausdruck für den differentiellen Wirkungsquerschnitt gefunden haben, können wir die Bremskraft $S_n(E)$ erhalten, definiert durch $S_n(E) = \int T d\sigma(E, T)$. Daher wird

$$S_n(E) = KE^{-\frac{1}{2}} \int_0^{T_m} \frac{dT}{T^{\frac{1}{2}}} = 2KE^{-\frac{1}{2}} T_m^{\frac{1}{2}}$$

und daraus die maximale Energieübertragung

$$T_m = \frac{4M_1M_2\,E}{(M_1 + M_2)^2} = \gamma E$$

so daß

$$S_n(E) = 2K\gamma^{\frac{1}{2}} \qquad 3.21$$

Die aus dem inversen quadratischen Potential berechnete Bremskraft ist eine Konstante, unabhängig von der Geschoßteilchenenergie E. Gezeigt ist sie in Abb. 3.5.

Zum Schluß können wir die Ionenreichweite aus der Beziehung

$$R = \frac{1}{N} \int_0^{E_0} \frac{dE}{S_n(E)}$$

zu

$$R = \frac{E_0}{2NK\gamma^{\frac{1}{2}}} \qquad 3.22$$

ermitteln. Man sieht, daß die Reichweite proportional zu der Energie E_0 des Projektils ist. Einsetzen der Konstanten K und γ in Gleichung 3.22 zusammen mit zugehörigen numerischen Werten ergibt als Reichweite in den grundlegenden Einheiten von $\mu g/m^2$

$$R = 0.6\,\frac{(Z_1^{2/3} + Z_2^{2/3})^{\frac{1}{2}}}{Z_1Z_2}\,\frac{M_1 + M_2}{M_1}\,M_2\,E \qquad 3.23$$

wobei E in keV ausgedrückt ist, und wir die Beziehung Targetdichte $\rho = M_2N$ benutzt haben.

Diese einfache Beziehung für die Reichweite ist hinreichend genau für Schwerionen wie Arsen, das durch Silizium läuft, ist aber einen Faktor von zwei zu groß für Leichtionen wie Bor. Sie ist eine nützliche Formel für die Berechnung der Reichweite von Schwerionen bei Energien bis zu mehreren hundert keV. Bei einem Ionenimplantationsexperiment sind wir mehr an der projizierten Reichweite als an dieser Gesamtreichweite interessiert. Wie nachher erwähnt (Abschnitt 3.4) gilt eine Daumenregel[2], die bei vorherrschender Kernbremsung gilt:

$$\frac{R}{R_p} = 1 + \frac{M_2}{3M_1}$$

Diese Formel läßt sich am besten anwenden, wenn $M_1 > M_2$, gibt aber noch vernünftige Ergebnisse für solche Fälle, in denen $M_2 > M_1$.

Der obige Rechengang macht die Schritte deutlich, die erforderlich sind, einen Ausdruck für die Reichweite zu erhalten, wenn ein schweres Ion in einen Festkörper eindringt. Wir haben nur ein „zufälliges“ Arrangement von Atomen betrachtet und vorausgesetzt, daß die Bremsprozesse durch elastische Kernstöße – beschrieben durch ein umgekehrt quadratisches zwischenatomares Potential – begründet sind. Andere, mehr ins Einzelne gehende Analysen von Reichweiten der Ionen würden sich auf ähnlichen Pfaden bewegen. Natürlich sind genauere Ausdrücke für das zwischenatomare Potential verwandt worden, wobei auch die elektronische Bremsung in Rechnung gestellt wurde. Die beste bekannte Theorie für Ionenreichweiten, aufgestellt von Lindhard, Scharff und Schiøtt[2], wird im nächsten Abschnitt referiert. Andere, ebenfalls ins Einzelne gehende Arbeiten sind im Literaturverzeichnis am Ende des Kapitels angeführt.

Wie in Abb. 3.3 dargestellt, können die Reichweiten von Ionen, die in Kanalrichtungen geführt werden, weitgehend von den Gaußprofilen abweichen, wie sie für Ionen erwartet werden, die in einem „zufällig“ angeordneten oder amorphen Festkörper erwartet werden. Jedoch „sehen“ solche Ionen, die unter großen Winkeln beim Eintritt in den Einkristall gestreut werden, nicht die Kristallstruktur und werden abgebremst, als sei das Target „zufällig“ angeordnet. Die projizierte Reichweite dieses Abschnitts der Verteilung ist daher identisch mit der, die für ein Zufallstarget berechnet wird. Es ist schwierig, die Verteilung der übrigen Ionen theoretisch vorauszusagen, da sie weitgehend durch zahlreiche experimentelle Parameter wie die Targetpräparation beeinflußt wird (Abschnitt 3.7). Jedoch sollten die am genauesten im Kanal geführten Ionen eine Maximalreichweite R_{max} erreichen. Dieser Wert kann vorausgesagt werden. Im Kanal geführte Ionen bleiben eine lange Verweilzeit bei großen Stoßparametern und unterliegen nur kleinen Winkelabweichungen. Der Kernbremsprozeß kann für den größten Anteil ihrer Bahnlängen vernachlässigt werden; Verluste können nur über elektronische Prozesse stattfinden. Die relative Bedeutung von S_n und S_e bezüglich des Bremsprozesses ist folglich für Kanalionen geändert. S_n bleibt selbst für sehr niedrige ($\hat{=}$ wenige keV) Energien vorherrschend. Die Reichweite sollte damit sein:

$$R_{max} = \frac{1}{N}\int_0^{E_0} \frac{dE}{S_e(E)}$$

und da $S(E) = kE^{\frac{1}{2}}$ (vgl. Abschnitt 3.4), haben wir:

$$R_{max} = \frac{2E^{\frac{1}{2}}}{Nk}$$

Die Anzahl der Stöße pro Einheitsweglänge hängt jedoch nicht direkt von N ab (der Atomzahl/m^3), sondern von der speziellen Kanalrichtung und von dem Aufbau der Kanalwände. Folglich kann die obige Gleichung nicht unmittelbar verwendet werden. Die Voraussage, daß R_{max} proportional zu $E^{\frac{1}{2}}$ sei, gilt noch und ist experimentell bestätigt worden (Abschnitt 3.7), obwohl neuere Ergebnisse[6] darauf hinweisen, daß in einigen Fällen $S_e(E)$ nicht proportional zu $E^{\frac{1}{2}}$ ist. Zur Voraussage des R_{max}-Wertes müssen notwendigerweise experimentell ermittelte Werte der Bremskraft zusammen mit der Energieabhängigkeit von S_e verwendet werden.

3.4 Zusammenfassung der LSS-Theorie

Die wohl umfassendste und meistbenutzte Theorie der Reichweite von Ionen in Festkörpern ist die von Lindhard, Scharff und Schiøtt[2] (gewöhnlich mit LSS bezeichnet). Die Hauptresultate sind hier zusammengefaßt, jedoch wird die Schwierigkeit der theoretischen Abhandlung nur durch Hinzuziehung der Originalveröffentlichungen durchschaubar.

Ein statistisches Thomas-Fermi-Modell der Wechselwirkung zwischen schweren Ionen wird zur Ableitung einer universellen Kernbremskraft S_n und einer elektronischen Bremskraft S_e, die zur Projektilgeschwindigkeit v proportional ist, benutzt. Das Potential hat die Form

$$V(r) = \frac{Z_1 Z_2 e^2}{4\pi\epsilon_0 r}\, \phi \left(\frac{r}{a}\right) \qquad 3.24$$

wobei $a = a_0(Z_1^{2/3} + Z_2^{2/3})^{-\frac{1}{2}}$ ist und ϕ die Thomas-Fermi-Abschirmfunktion bedeutet, die numerisch tabelliert ist. Alternativ gibt es auch als Näherungsfunktion für ϕ

$$\phi\left(\frac{r}{a}\right) = \left\{\frac{r/a}{\left[\frac{r^2}{a} + c^2\right]^{\frac{1}{2}}}\right\}$$

mit $c = \sqrt{3}$ als Resultat der besten mittleren Anpassung an das Thomas-Fermi-Potential.

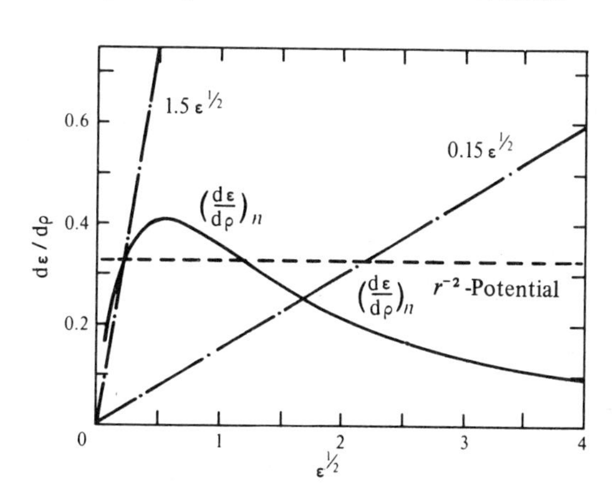

Abb. 3.5 Kern- und Elektronenbremsvermögen in reduzierten Einheiten. Die durchgezogene Kurve stellt das Thomas-Fermi-Kernbremsvermögen dar, die strichpunktierten Linien stellen das Elektronenbremsvermögen für $k = 0{,}15$ und $k = 1{,}5$ dar. Die unterbrochene Linie gibt das Kernbremsvermögen für das r^{-2}-Potential an.

Benützt man Näherungsmethoden, so sagt die LSS-Theorie ein Kernbremsvermögen S_n der Form voraus, wie sie in Abb. 3.5 gezeigt wird. Energien und Längen sind durch dimensionslose Parameter ϵ und ρ ausgedrückt. Es gilt:

$$\epsilon = E \frac{a M_2}{Z_1 Z_2 e^2 (M_1 + M_2)} \qquad 3.25$$

und $$\rho = R\, N\, 4\pi a^2 \frac{M_1 M_2}{(M_1 + M_2)^2} \qquad 3.26$$

Benützt man diese „reduzierten" Energie- und Längenparameter, so ist die Kernbremsung S_n, d.h. $\left\{\frac{d\epsilon}{d\rho}\right\}_n$ nur eine Funktion von ϵ und unabhängig vom einlaufenden Teilchen oder dem Bremsmaterial, so daß die Kurve in Abb. 3.5 eine universelle Kernbremsung wiedergibt. Benützt man dieselben Einheiten, so ist die elektronische Kernbremsung S_e gegeben durch:

$$\left\{\frac{d\epsilon}{d\rho}\right\}_e = k\epsilon^{\frac{1}{2}} \qquad 3.27$$

wobei $$k = \xi_e \frac{0.0793\, Z_1^{\frac{1}{2}} Z_2^{\frac{1}{2}} (M_1 + M_2)^{3/2}}{(Z_1^{2/3} + Z_2^{2/3})^{3/4} M_1^{3/2} M_2^{\frac{1}{2}}} \qquad 3.28$$

und $\xi \approx Z_1^{1/6}$

Eine universelle Kurve gibt es für die elektronische Bremsung nicht, da k von den Stoßatomen abhängt. Für $Z_1 > Z_2$ ist k von der Größenordnung 0,1 – 0,2. Nur für $Z_1 \ll Z_2$ wird k größer als eins. In Abb. 3.5 ist S_e für zwei ausgewählte Werte von k aufgezeichnet. Die Geraden erinnern daran, daß die elektronische Bremsung proportional zur Geschwindigkeit ist. (d.h. $\propto \epsilon^{\frac{1}{2}}$). Ebenfalls dargestellt ist die Kernbremsung, die für ein umgekehrtes quadratisches Potential berechnet wurde. Es zeigt sich, daß sie konstant und unabhängig von der Energie ist. Man sieht daran, daß dies eine vernünftige Näherung an das genauere Bremsvermögen ist, das von LSS für das Thomas-Fermi Potential erstellt wurde.

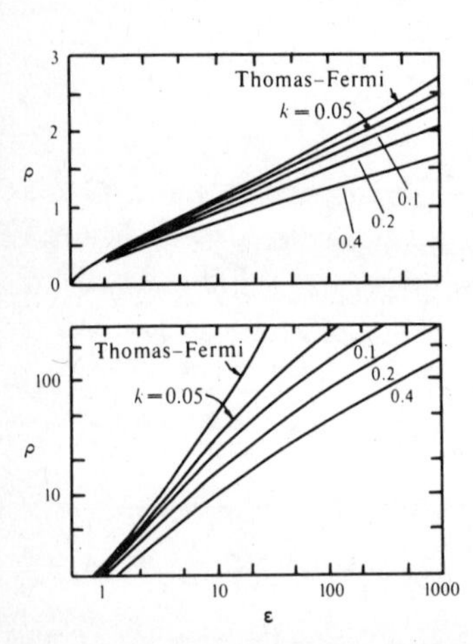

Abb. 3.6 Reduzierte Energie-Reichweitendarstellung für zahlreiche Werte des elektronischen Bremsparameters k.

Die gemittelte totale Weglänge ρ kann jetzt aus

$$\rho = \int_0^\epsilon d\epsilon / \left\{ S_n(\epsilon) + S_e(\epsilon) \right\} \qquad 3.29$$

berechnet werden.

Unter Benutzung verschiedener Werte des Parameters k der elektronischen Bremskraft, kann man ρ-ϵ-Kurven durch numerische Integration von Gleichung 3.29 erhalten, was in Abb. 3.6 dargestellt ist. Zur Benutzung dieser Kurven für eine spezielle Kombination von Z_1, Z_2 und E muß man ϵ und k mit Hilfe der Gleichungen 3.25 und 3.28 berechnen und dann den ρ-Wert ablesen (Abb. 3.6). Dieser Wert kann dann in die Reichweite R unter Verwendung von Gleichung 3.26 verwandelt werden. Wenn R in $\mu g^2/cm^2$ und E in keV ausgedrückt wird, dann lauten die Beziehungen für ρ und ϵ

$$\rho = R \frac{166}{(Z_1^{2/3} + Z_2^{2/3})} \frac{M_1}{(M_1 + M_2)^2} \qquad 3.30$$

und

$$\epsilon = E \frac{32.5}{Z_1 Z_2 (Z_1^{2/3} + Z_2^{2/3})^{\frac{1}{2}}} \frac{M_2}{(M_1 + M_2)} \qquad 3.31$$

In der Praxis ist die meistinteressierende Reichweiten-Größe die mittlere projizierte Reichweite R_p, da diese die gewöhnlich in Experimenten gemessene Eigenschaft ist. Bei sehr hohen Energien, wo die Bremskraft vorwiegend elektronisch ist, neigt das Geschoßteilchen zu einer geradlinigen Bewegung in Richtung des Auftreffens auf die Targetoberfläche. Nur wenn gegen Bahnende seine Energie ausreichend verringert ist, verliert es Energie durch Kernbremsung und erleidet eine merkliche Winkelablenkung. Unter diesen Umständen sind mittlere totale Weglänge R und mittlere projizierte Reichweite R_p in guter Näherung gleich. Natürlich tritt bei niederenergetischen Teilchen, bei denen die Kernbremskraft bedeutsam ist, Großwinkelstreuung während des Abbremsvorganges auf. Hierbei kann R_p beträchtlich kleiner als R sein (dieses ist in Abb. 3.1 dargestellt), und zwar umso mehr, je größer das Massenverhältnis M_2/M_1 ist. Dieses Problem ist ebenfalls in der LSS-Theorie abgehandelt, in der Kurven von ρ/ρ_p in Abhängigkeit von ϵ für verschiedene Werte des Parameters k der elektronischen Bremskraft angegeben werden. Erwartungsgemäß nimmt dieses Verhältnis mit anwachsendem ϵ und k (wenn der elektronische Energieverlust überwiegt) ab und reagiert empfindlich auf M_2/M_1. Für $\frac{M_2}{M_1} = \frac{1}{2}$ beträgt die totale Reichweite etwa das 1,2fache der projizierten, während es für $\frac{M_2}{M_1} = 1$ und $\frac{M_2}{M_1} = 2$ auf das 1,6- bzw. 2,2-fache anwächst (diese Werte sind bei geringem ϵ mit dem gehauen, von k abhängigen Wert berechnet). Bei hohen Energien wird natürlich ρ/ρ_p für alle k zu Eins.

Wir haben jedoch als allgemeine Näherung

$$\frac{R}{R_p} \simeq 1 + \frac{M_2}{3M_1} \qquad 3.32$$

was unter Benutzung des inversen quadratischen Potenzgesetzes und für Zustände mit vorwiegend Kernbremskraft berechnet wurde. Vorausgesetzt, daß Gleichung 3.32 nur im anwendbaren Energiebereich benützt wird, führt diese Formel zu Werten von R_p, die in vernünftiger Übereinstimmung mit den genauer berechneten Werten liegen.

Bis jetzt haben wir nur die mittleren Gesamt- und projizierten Reichweiten erörtert, aber um die tatsächliche implantierte Verteilung zu berechnen, benötigen wir auch Aussagen über die Variation der Länge der Ionenbahnen. Diese erreicht man am besten, indem man Momente der Verteilung festlegt wie die mittlere quadratische Streuung ΔR^2 der totalen Bahnlänge. Wenn diese Größe verglichen wird mit dem Quadrat der mittleren Reichweite, d.h. $\bar{R}^2$, dann haben wir ein Maß für die Streuung der Reichweite, $\frac{\overline{\Delta R^2}}{\bar{R}^2}$.

Die Ionenreichweite kann grob als Gauß-verteilt angenommen werden. Somit berechnen LSS die Streuung und tragen eine Größe $\frac{(M_1 + M_2)^2}{4M_1 M_2} \frac{\overline{\Delta R^2}}{\bar{R}^2}$ gegen die reduzierte Energie ϵ auf, wie in Abb. 3.7 für verschiedene elektronische Bremsparameter k dargestellt. Wir können an diesen Kurven sehen, daß die Streuung mit zunehmendem ϵ und k abfällt, d.h. wenn die elektronische Bremsung vorherrschend wird für den Abbremsvorgang und die Gesamt- und projizierte Bahnlängen vergleichbar werden.

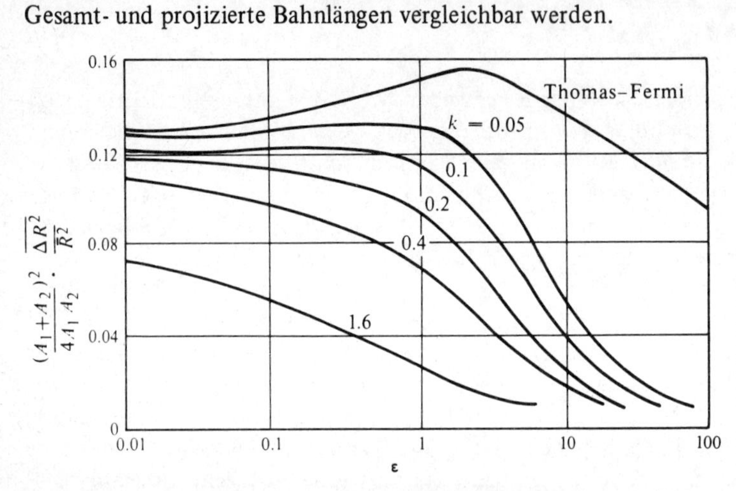

Abb. 3.7 Reduzierte relative mittlere quadratische Streuung in der Reichweite als Funktion der reduzierten Energie für zahlreiche Werte des elektronischen Bremsparameters k.

Die universelle Annäherung an dieses Problem der Ionenreichweiten, wie sie von LSS begangen wurde, stellt einen eleganten Satz von Formeln, graphischen Darstellungen und Tabellen auf, aus denen die Reichweiteverteilung einer beliebigen Ion/Substrat-Kombination gefunden werden kann. Es kann jedoch eine längere Prozedur werden, will man Reichweitenparameter für eine besondere Z_1, Z_2 und E Kombination berechnen. Damit das erleichtert wird, haben eine große Zahl von Veröffentlichungen[7] die LSS-Theorie in einer einfacheren Form dargestellt, wie die in Abb. 3.8. Hier ist die Reichweite in Aluminium in Einheiten von μg/m^2 (was leicht in eine Länge umgewandelt werden kann, indem man durch die Dichte dividiert) gegen die Geschoßenergie in keV vorgestellt. Die Reichweiten von zahlreichen Ionen, von Kohlenstoff an ($Z_1 = 6$) bis Uran ($Z_1 = 92$) werden gegeben, während andere graphische Darstellungen in derselben Veröffentlichung Daten für denselben Ionenbereich liefern in Targets, die sich von Kohlenstoff bis Uran erstrecken. In ähnlicher Weise wird in Abb. 3.9 die Reichweitenstreuung, aufgetragen als $(\overline{\Delta R^2})/(\overline{R^2})$, als Funktion der Ionenenergie in keV gezeigt, wiederum für dieselbe Ionenreichweite in Aluminium. Man sieht, daß die Streuung am größten (bei niedrigen Energien) ist, wenn $M_1 = M_2$ ist, und daß der Abfall mit der Energie am deutlichsten für leichte Ionen ist. Das ist durch die zunehmende Bedeutung der elektronischen Bremsung bedingt, deren Einfluß in den eingeschobenen Tabellen von Abb. 3.8 und 3.9 klar wird. Es ist in diesen der Wert der Ionenenergie notiert, für die Kern- und Elektronenbremsung gleich werden.

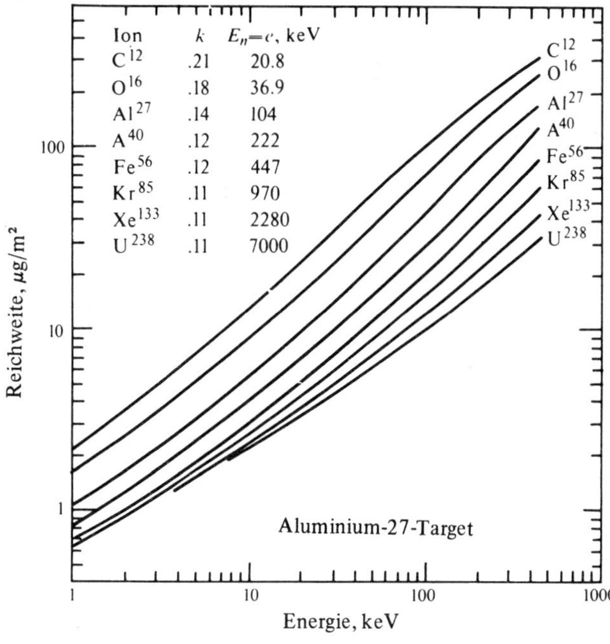

Abb. 3.8 Mittlere totale Bahnlängen von Ionen verschiedener Energien in Aluminium.

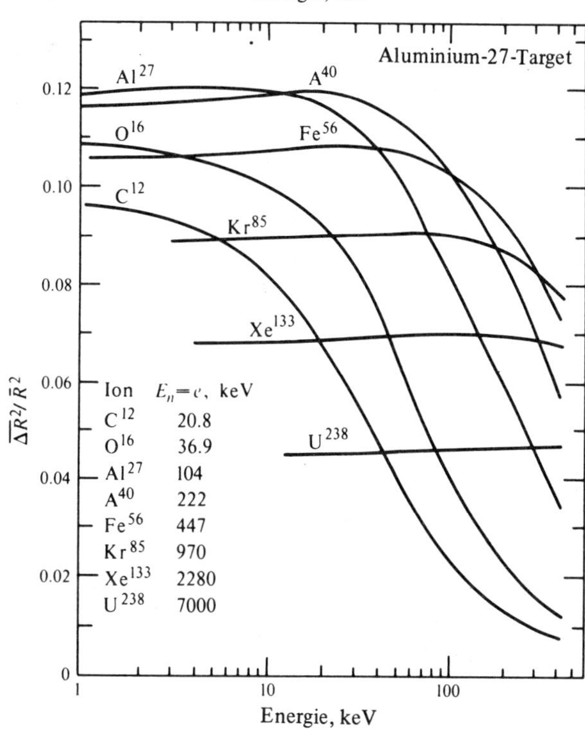

Abb. 3.9 Streuung verschiedener Ionen in Aluminium.

3.5 Computerrechnungen und -simulationen

Die grundlegenden Gleichungen, die die Reichweite von Ionen in Festkörpern bestimmen, können durch den Gebrauch eines Computers gelöst werden. Dieser Weg vermeidet Schwierigkeiten, die bei der analytischen Lösung einiger dieser Gleichungen entstehen und erlaubt den Gebrauch einer beliebigen Form des zwischenatomaren Potentials. Wir können zwei Wege einschlagen, um einen Computer einzusetzen. Einmal können wir ihn bloß als Rechner einsetzen, um die zahlreichen definierenden Gleichungen zu lösen, um uns mit Daten – nur als Beispiel – der Ionenreichweiten und Standardabweichungen als Funktion der Energie zu versorgen. Andererseits können wir den Computer gebrauchen, um ein Modell[8] des Targetgitters aufzustellen und so die Bahn eines Ions zu simulieren, wenn es abgebremst wird. Die Wiederholung dieses Vorgangs für viele Ionenbahnen würde die Reichweitenverteilung ergeben. Beide Wege sind begangen worden und werden kurz erörtert. Der zweite sorgte für erstaunliche Hinweise auf das sogenannte channelling.

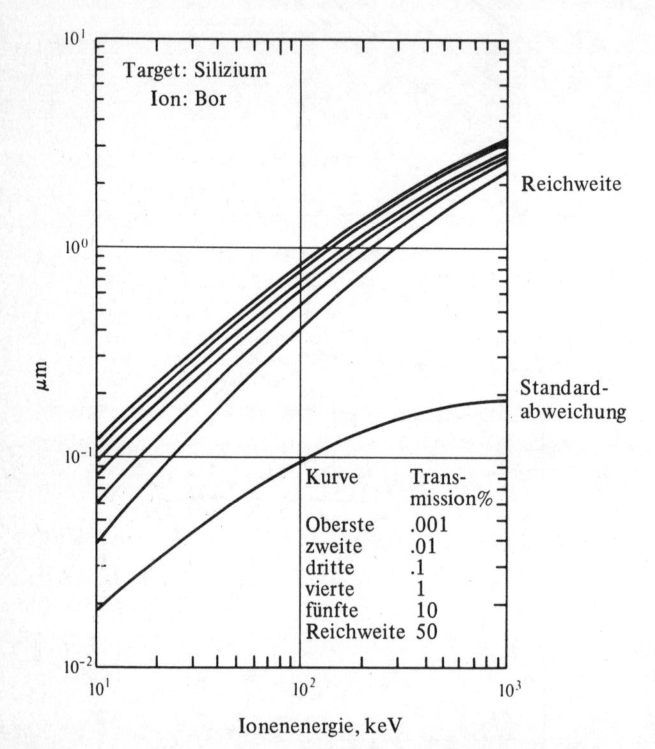

Abb. 3.10 Theoretische Berechnung der projizierten Reichweite, der Standardabweichung und Linien konstanter Transmission.

Die am meisten verbreitete Ionenreichweitentheorie ist die von LSS. Die Ergebnisse dieser Theorie müssen noch einer umfangreichen Handhabung unterzogen werden, bevor aus ihnen Reichweitenparameter in einfachen Einheiten für eine gegebene Ion/Target/Energie-Kombination gewonnen werden können. Demzufolge wird bequemerweise ein Computer zur Lösung der grundlegenden Reichweite-definierenden Gleichungen eingesetzt, und zwar für einen weiten Bereich von Targets, Geschoßteilchen und Energien, und die Daten werden in tabellarischer oder grafischer Form angegeben. Dieser Weg wurde für die LSS-

Theorie von Johnson und Gibbons[9] und B. J. Smith[10] beschritten. Abb. 3.10 zeigt eine typische Kurvenschar für Bor, implantiert in Silizium. Die Ionenenergien reichen von 10 bis 10^3 keV, und die Entfernungen sind in mμ gegeben. Genauso wie die mittleren projizierten Reichweiten R_p und die mittleren Standardabweichungen ΔR_p der projizierten Reichweiten gezeigt sind, sind andere nützliche Größen angegeben. Die zusätzlichen Kurven stellen die erforderliche Targetmaterialdicke für eine Durchlässigkeit von 0,001%, 0,01%, 0,1% bzw. 10% für den Ionenstrahl dar. So kann z.B. die erforderliche Siliziumdicke für 10% Durchlässigkeit (d.h. 90% Abbremsung) eines 40 keV Borstrahles aus Abb. 3.10 zu 0,23 mμ abgelesen werden. Ähnliche Kurven für andere Ion/Target-Kombinationen lassen sich aus B. J. Smith's Bericht entnehmen.

Andere tabellarische Darstellungen gibt es in Dearnaley, Freeman, Nelson und Stephen[11] und Johnson und Gibbons[9]. In dieser letzteren Veröffentlichung sind sowohl totale und projizierte Reichweiten zusammen mit ihren zugehörigen Streuungen aufgeführt, während in den ersteren Veröffentlichungen nur die projizierten Reichweiten angegeben sind. Der Zugriff zu solchen computerberechneten Daten vereinfacht die Aufgabe, Ionenreichweitenverteilungen zu bestimmen. Man sollte sich jedoch vergegenwärtigen, daß die Genauigkeit der Daten selbstverständlich durch das zugrundeliegende theoretische Gerüst begrenzt ist.

In der Näherung einer Computersimulation folgt dem Fortschreiten eines individuellen primären Teilchens während seiner Abbremsung eine Reihe binärer Stöße mit den Gitteratomen. Dieses wiederholt sich dann für eine Anzahl von Primärvorgängen, bei denen jedesmal eine gewisse Zufallsveränderung der Parameter zulässig ist, bis man schließlich ein Bild der endgültigen Reichweitenverteilung erhält. Diese Simulation ist eine äußerst nützliche Methode zur Untersuchung der relativen Bedeutung der verschiedenen Parameter auf die Verteilung. Eine dieser Eigenschaften ist die Raumverteilung der Gitteratome, wie man sie in einem Einkristall findet. Tatsächlich ist in ersten Computer-„Experimenten", bei denen die Bahnen der Ionen im Einkristall verfolgt wurden, klar vorausgesagt worden, daß einige Ionen in offene Kristallrichtung „gechannelt" werden mußten.

Wir beschränken uns hier auf die Angabe eines Beispiels[12] von rechnersimulierten Ionenreichweiten, Abb. 3.11. Die Reichweitenprofile gelten für 19 keV Ne^+-Ionen, die in einem Kupfergitter abgebremst werden; es wird die Verteilung einer Zufalls-Abbremsung zusammen mit Verteilungen dargestellt, wie sie für Ionen, die entlang der kristallografischen Hauptachsen gechannelt werden, erwartet wird. Bei der Verteilung dieser Kurven wurde der Einfluß berücksichtigt, den man bei Einschluß eines elektronischen Energieverlusttermes – einer Funktion des Stoßparameters – erhält. Das tiefe Eindringen ist auf die fast völlige Abwesenheit der Kernbremskraft zurückzuführen. Die Bedeutung des channelling-Effektes ist am größten in der ⟨110⟩-Richtung, gefolgt von den ⟨100⟩- und ⟨111⟩-Richtungen. Diese Voraussage hat sich für fcc-Gitterstrukturen bei Experimenten erfüllt.

Ein interessantes Ergebnis aus Abb. 3.11 ist, daß ein wohldefiniertes R_{max} nur für die ⟨110⟩-Richtung gefunden wurde, und es wird angenommen, daß dieses auf einen Vorgang zurückzuführen ist, bei dem die Ionen in die Mitte dieses speziellen Kanals fokussiert oder eingefädelt werden. Sie bleiben damit auf den „bestgechannelten" Bahnen mit darausfolgender Reduktion des „dechannelling" und wohldefinierter Maximalreichweite.

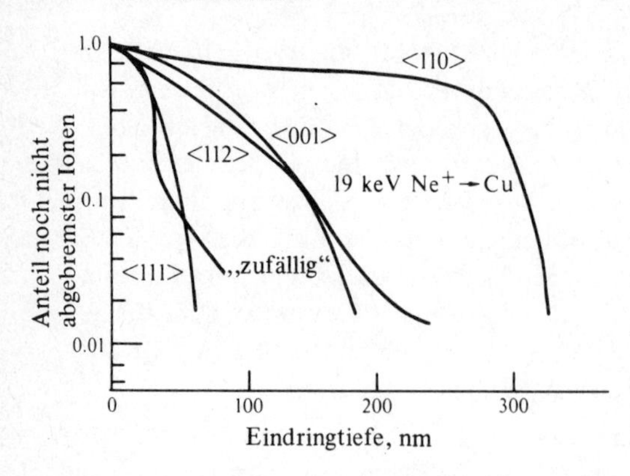

Abb. 3.11 Reichweitenprofile von 19 keV Ne^+ Ionen in Kupfer für verschiedene Orientierungen. Die Gittertemperatur ist 0°C. Vollkommene Ausrichtung wird angenommen.

3.6 Meßmethoden

Die Messung von Reichweiteprofilen ist natürlich notwendig: sowohl um Reichweitentheorien zu kontrollieren als auch Verteilungen unter Voraussetzungen zu bestimmen, wo eine angemessene Theorie nicht zur Verfügung steht. Implantationen mit hoher Dosis, die zur Abtragung des Target führen, rufen Ionenverteilungen hervor, die von den theoretischen Gaußkurven abweichen. Die Ruhepositionen von teilweise in Kanälen geführten Ionen sind ebenfalls schwer vorherzusagen. Eine Sammlung von experimentellen Werten in diesen und anderen Fällen wird folglich wesentlich.

Die Messung von Ionenreichweitenprofilen wird durch die relativ geringe Eindringtiefe der Ionen schwierig gemacht. Die mittleren projizierten Reichweiten für 100 keV Bor und Argon in Silizium sind nur ≈ 400 nm bzw. ≈ 100 nm. Jede Meßmethode muß folglich imstande sein, Tiefen von wenigen Nanometern aufzulösen. Auch muß die Methode zum Nachweis der implantierten Ionen äußerst empfindlich sein, besonders wenn Implantationen mit niedrigen Dosen ausgeführt worden sind.

Es sind zwar viele Sektionierungsmethoden entwickelt worden[11], die meistgebrauchten aber sind vielleicht doch anodisches Abstreifen[13] und Schwingschleifen[14]. Im ersteren Prozeß wächst elektrochemisch eine Oxidschicht auf der implantierten Scheibe, indem man sie als Anode in einen geeigneten Elektrolyten eintaucht. Die Dicke des gebildeten Oxids wird gewöhnlich durch die angelegte Spannung eingestellt und muß geeicht werden. Das Oxid wird anschließend durch eine geeignete Lösung entfernt, die das darunterliegende Material nicht angreift. Damit man Silizium mit dieser Methode sektionieren kann, wird als anodisierendes Mittel oft $^1/_{10}$ molare Lösung von Natriumtetraborat in Borsäure und Wasser genommen. Eine Platinelektrode vervollständigt die Zelle. Das anodische Oxid wird dann abgestreift, indem das Target in gepufferte Flußsäure eingetaucht wird. Schichten von weniger als 10 nm können auf diesem Weg entfernt werden. Die Anodisierung/Lösungsmethode ist möglicherweise die empfindlichste von allen Sektionierungsmethoden und wurde für zahlreiche Materialien wie Aluminium, Wolfram, Gold und Molybdän angewandt. Eine Grenze der Methode liegt darin, daß man Lösungsmittel finden muß, die das Oxid auflösen, aber nicht das Substrat angreifen.

Die bestbekannte mechanische Sektionierungsmethode ist die des Vibrationspolierens[14] Die implantierten Proben werden in einem Edelstahlhalter gehalten und umgekehrt in einer Suspension von 0,05-Durchmesser Al_2O_3 auf ein weiches Poliertuch in einer Edelstahlschale gelegt. Man läßt die Schale so schwingen, daß die Proben längs eines Kreises laufen und sich gleichzeitig sich um ihre eigene Achse drehen. Die zwischen Substanzoberfläche und Tuch/Lösungsmittel erfolgende Abtragung entfernt sehr dünne Schichten, während die Gesamtdicke von der Zeit abhängt. Bei Silizium entfernt einminütiges Polieren typischerweise 5 nm. Viele Materialien wurden auf diese Weise abgetragen, einschließlich Cu, Mo, GaAs, Nb und ZrO_2.

Genau so gut wie abtragen müssen wir die implantierten Teilchen nachweisen. Die wahrscheinlich einfachste Methode besteht im Einschuß radioaktiver Ionenarten und anschließender Messung der Aktivitätsänderung, während die Abtragung innerhalb der Reichweitenverteilung fortschreitet. In anderen Fällen kann ein stabiles Isotop implantiert werden, welches anschließend durch Neutronenbestrahlung in einem Reaktor aktiviert wird.

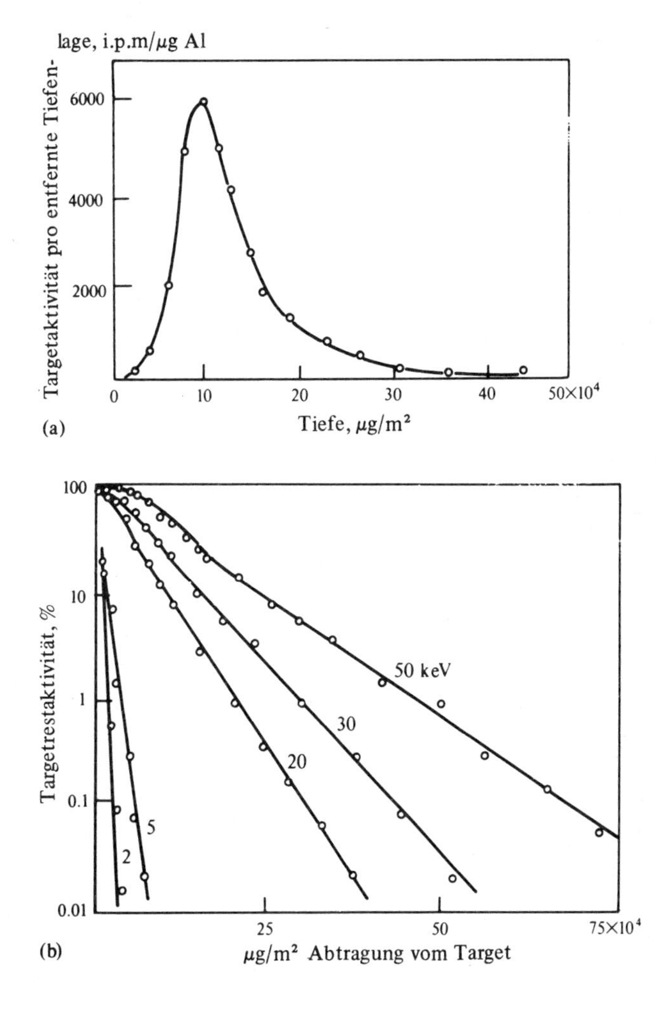

Abb. 3.12
(a) Eindringtiefe von 50 keV ^{137}Cs-Ionen in Aluminium (Differentiell)
(b) Verteilungskurven von ^{137}Cs-Ionen verschiedener Energien in Aluminium (Integral)

Radiotracerverfahren liefern die empfindlichsten Nachweismethoden und sind von unschätzbarem Wert, wenn Implantationen mit niedrigen Dosen erforderlich sind. Ein anderes Nachweisverfahren besteht darin, die Substanz mit einem Strahl leichter energetischer Ionen zu untersuchen, die entweder von der implantierten Verunreinigung elastisch gestreut werden oder Kernreaktionen auslösen.

Die oben genannten Sektionierungs- und Nachweismethoden sind die gebräuchlichsten, aber es gibt noch viele andere Wege, Ionenreichweiten zu messen, wobei einige von diesen für eine besondere Ion/Target-Kombination spezifisch sind. Methoden zum Nachweis elektrisch aktiver Atome in Halbleitern werden in Kapitel 7 erörtert.

Ein Beispiel der verschiedenen Darstellungen von Reichweiteprofilen wird in Abb. 3.12 gegeben. Radioaktive $^{137}C_s$ Ionen wurden in Aluminium mit 50 keV eingebracht. Das Target wurde dann mit der Anodisierung/Lösungstechnik sektioniert und nach jedem Sektionierungsschritt die Restaktivität im Target und die Aktivität, die in Lösung ging, gemessen. Das letztere Ergebnis ist in Abb. 3.12(a) aufgetragen und ergibt das differentielle Reichweitenprofil, während das integrale Profil nach der ersten Messung in Abb. 3.12(b) gezeigt ist.

3.7 Experimentelle Ergebnisse

Die bisher entwickelten Theorien sind am erfolgreichsten, wenn sie auf Ionenreichweiten in amorphen Materialien angewandt werden. Abb. 3.13 stellt eine der frühesten experimentellen Arbeiten vor, in der das amorphe anodische Oxid Al_2O_3 benützt wurde. In dieser Arbeit wurde das Oxid auf dem Target gebildet und dann eine Implantation mit den radioaktiven ^{85}Kr-Ionen durchgeführt, so daß die anschließende Abätzung die Zahl wiedergibt, die im Oxid abgebremst wurde. Wiederholte Messungen mit verschiedenen Oxiddicken ergeben das vollständige Reichweitenprofil. Die Verteilungen in Abb. 3.13 können als die erwarteten Gaußprofile betrachtet werden. Sowohl Reichweite als auch Standardabweichung nehmen mit der Energie zu. Ein Vergleich zwischen diesen experimentellen Ergebnissen und den theoretischen Vorhersagen von LSS[2] wird in Abb. 3.14 für die mittlere projizierte Reichweite $\bar{R}_p$ und für die Streuung $\frac{\overline{\Delta R_p^2}}{\bar{R}_p^2}$ gegeben.

Die Übereinstimmung zwischen Experiment und Theorie ist ziemlich gut, obwohl es bei hohen Energien Abweichungen bezüglich R_p und bei niedrigen bezüglich der Streuung gibt. Andere Arbeiten über amorphe Oxide bestätigen die generelle Gültigkeit der LSS- oder ähnlicher Theorien.

Wo ein Anteil an „channelling" mitwirkt, können die Reichweiteprofile erheblich von der Gaußkurve abweichen, wie in Abb. 3.15 gezeigt. In diesen Experimenten wurden 5 keV – ^{85}Kr-Ionen entweder in amorphes, polykristallines oder einkristallines Wolfram geschossen. Die Reichweite wurde über anodische Oxidation bestimmt. Wenige Beispiele amorpher Metalle sind bekannt, in diesem Fall erzielte man die „amorphe" Reichweite durch Ionenimplantation in WO_3. Das äquivalente Reichweitenprofil für W allein als Target wurde aus diesen Daten zurückgerechnet, indem man einen Zusatzanteil für das Kernbremsvermögen von Sauerstoff berücksichtigte. Alle Profile sind integral dargestellt.

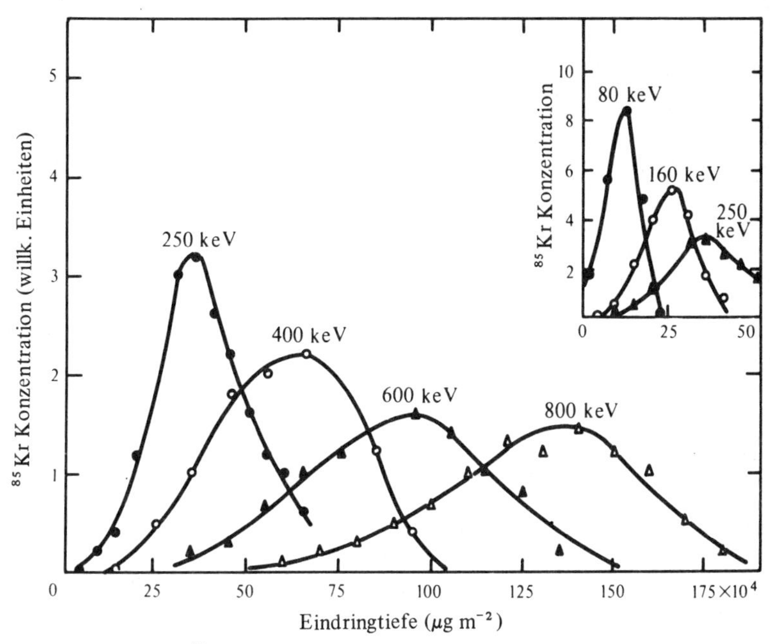

Abb. 3.13 Reichweitenverteilung von ^{85}Kr Ionen, die mit verschiedenen Energien in amorphes Al_2O_3 implantiert wurden.

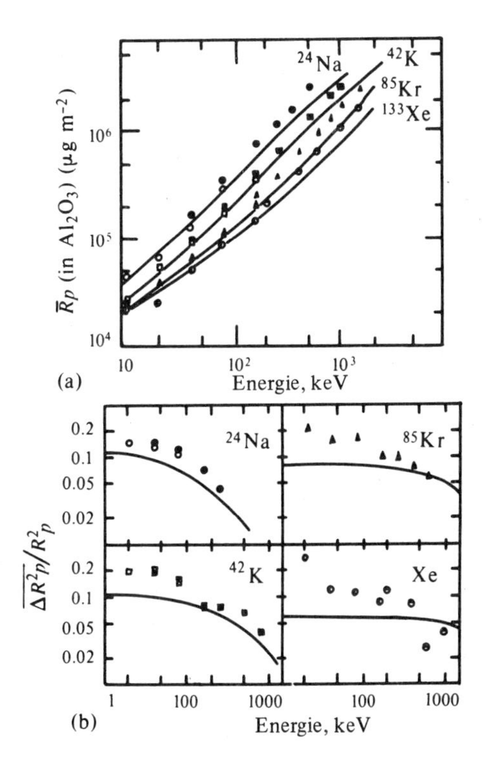

Abb. 3.14 (a) Projizierte Median-Reichweiten verschiedener radioaktiver Ionen in amorphem Aluminiumoxid als Funktion der Energie, verglichen mit theoretischen Kurven von LSS.
(b) Relative mittlere quadratische Streuung der Reichweite von verschiedenen Ionen in amorphen Al_2O_3 als Funktion der Energie, verglichen mit theoretischen Kurven von LSS.

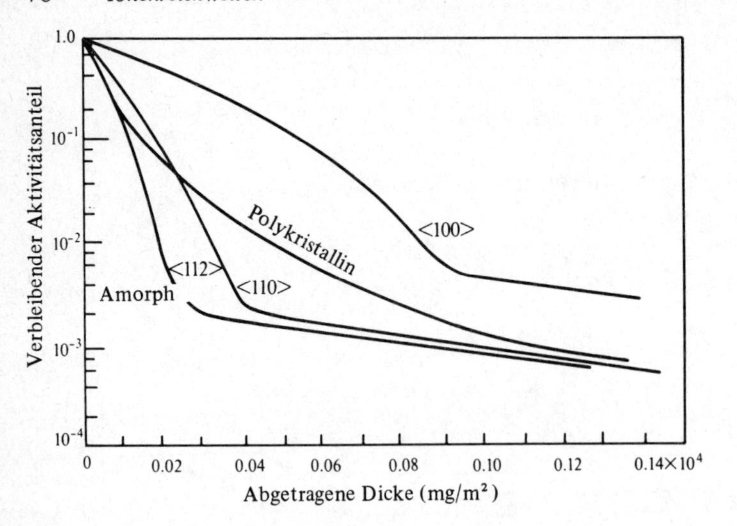

Abb. 3.15 Reichweitenprofile von 5 keV ^{85}Kr in amorphem, polykristallinem und einkristallinem Wolfram.

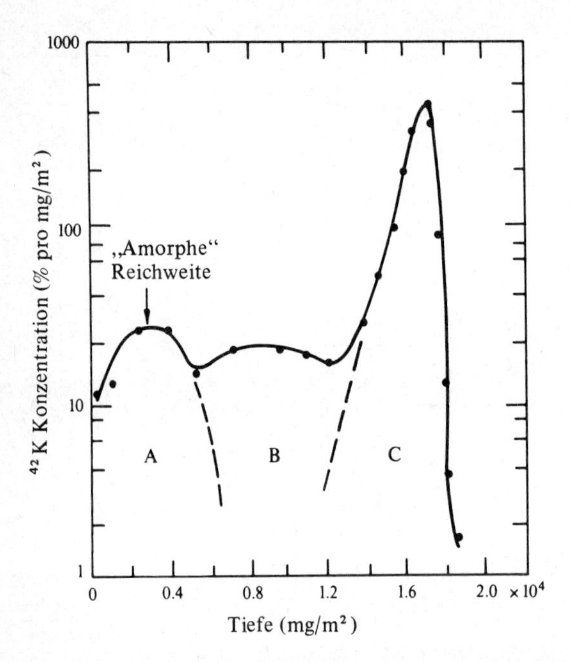

Abb. 3.16 Differentielle Reichweitenverteilung von 500 keV ^{42}K Ionen entlang der ⟨111⟩ Richtung von W.

Die differentielle Reichweitenverteilung für 500 keV – ^{42}K-Ionen nach Implantation längs der ⟨111⟩-Richtung eines Wolframeinkristalls[18] ist in Abb. 3.16 zu sehen. Sie ist ein ausgezeichnetes Beispiel für die Art von Reichweitenverteilung, die als Diagramm in Abb. 3.3 vorausgesagt wurde. Ionen, die Großwinkelstreuung erleiden, wenn sie ins Gitter eintreten, „sehen" die Kristallstruktur nicht, so daß ihre Ruhelagen aus der Reichweitentheorie für „zufällig" angeordnete Targets vorausgesagt werden können. Die am genauesten im Kanal geführten Ionen erleiden nur geringen spezifischen elektronischen Energieverlust, wenn sie den Kanal entlanglaufen und bilden das zweite Maximum in Abb. 3.16. Zwischen diesen beiden Maxima gibt es eine beträchtliche Anzahl von Ionen, die nur teilweise im Kanal geführt werden.

Diese Offenheit der Einkristallstruktur spielt natürlich eine Rolle, wenn man die Zahl und Durchlässigkeit der Ionen im Kanal bestimmen will. Für flächenzentrierte kubische (fcc) Stoffe, worunter man Aluminium, Kupfer und Gold findet, ist die am meisten offene von allen wichtigeren die ⟨110⟩ Richtung; danach kommen ⟨100⟩ und ⟨111⟩.

Integrale Profile für 40 keV ^{85}Kr, das entlang diesen Richtungen in einkristallines Aluminium eingeschossen wurde, sind in Abb. 3.17 gezeigt und veranschaulichen diesen Punkt. In kubisch raumzentrierten Material wie Wolfram und Tantal ist die Rangfolge des möglichen channelling $\langle 111\rangle \approx \langle 100\rangle > \langle 110\rangle$.

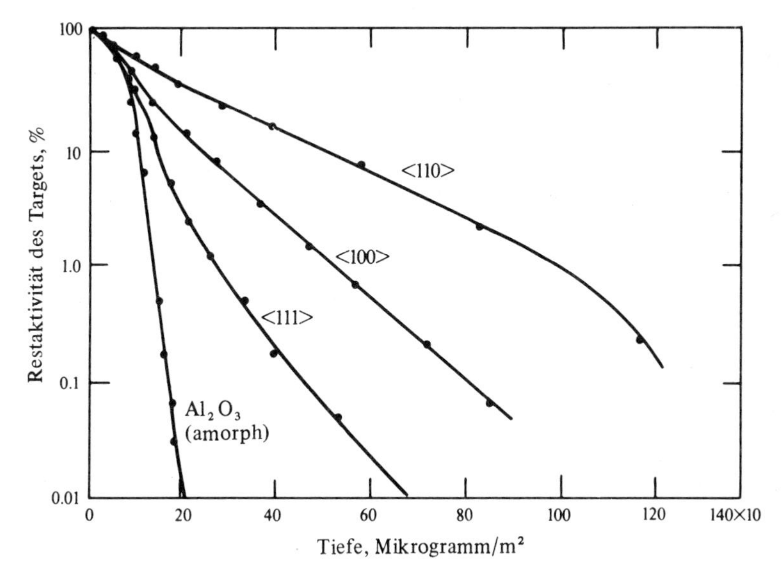

Abb. 3.17 Integrale Reichweitenverteilung von ^{85}Kr-Ionen, die mit 40 keV in Aluminium-Einkristallen längs verschiedener Kristallrichtungen implantiert wurden.

Um ein schweres Ion bei keV-Energien in Kanäle zu bekommen, muß sein Einfallswinkel ψ relativ zur Reihe geringer als der kritische Wert ψ_c sein, gegeben durch

$$\psi_c \triangleq \left\{ \frac{a}{\mathrm{d}} \sqrt{\frac{2 Z_1 Z_2 e^2}{\mathrm{d} E}} \right\}^{\frac{1}{2}} \qquad 3.33$$

wobei E die Ionenenergie und d der Gitterabstand zwischen den Atomen, die die Kanalwände bilden, bedeuten. (In Einzelheiten wird der Channelling-Effekt in Kapitel 4 betrachtet). Für das Auftreten des Channelling-Effektes von Borionen in Silizium bei 50 keV beträgt dieser Winkel 3,7° in ⟨110⟩- und 2,9° in ⟨100⟩- Richtung. Für das schwerere Phosphorion bei 50 keV sind diese Winkel auf 4,5° bzw. 3,5° angewachsen. Obwohl diese

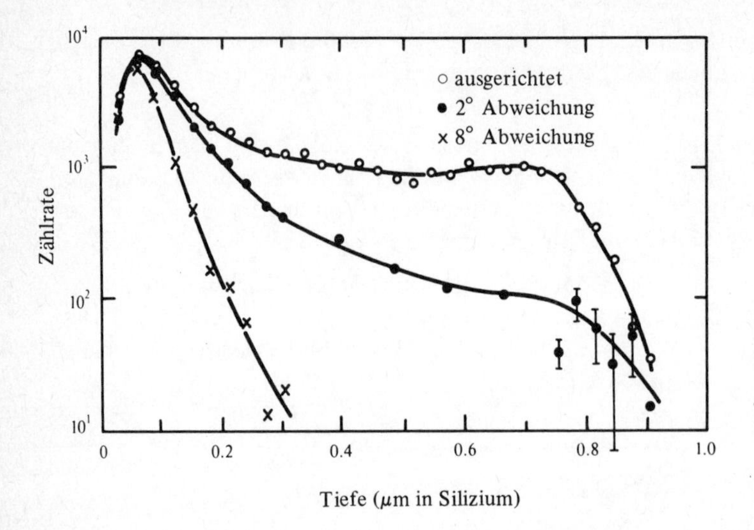

Abb. 3.18 Die Abhängigkeit der Reichweitenverteilung von 40 keV ^{32}P Ionen, die in Silizium implantiert wurden, von der Kristallorientierung bezüglich der ⟨110⟩ Achse.

Winkel im Vergleich zu denen für hochenergetische leichte Teilchen groß sind, ergibt jede geringe Fehlorientierung des implantierenden Ionenstrahles eine Verringerung der Zahl gechannelter Ionen, wie in den Angaben der Abb. 3.18 für Phosphorimplantationen bei Silizium gezeigt wird. Eine Fehlorientierung von 2° fort von der ⟨110⟩-Achse verursacht einen beträchtlichen Abfall des Anteils gechannelter Ionen, und bei 8° ist der Channelling-Effekt fast völlig unterdrückt.

Im einzelnen ist es wegen der vielen Parameter, die das Resultat eines gegebenen Versuches beeinflussen, schwierig, die Verteilungsformen gechannelter Teilchen vorauszusagen. Dazu gehören, wie vorher erörtert, Strahlausrichtung, Targetpräparation, Targettemperatur, Dosis und die bei der Implantation benutzte Dosisrate. All diese Parameter beeinflussen in irgendeiner Weise den Grad der vorherrschenden Unordnung im Kristall und somit den Grad des Channelling-Effektes. Ein schlecht präparierter Einkristall oder einer mit einer dicken amorphen Schicht verursacht einen hohen Anteil an Großwinkelstreuung und verhindert, daß viele Ionen in die Kanäle eintreten. Wird ein Target auf eine hohe Temperatur während der Implantation gehalten, so unterstützt das zwar das Ausheilen von Gitterschäden, die mit fortschreitender Implantation auftreten, aber die zunehmenden Schwingungen verringern die tatsächliche Durchlässigkeit des Gitters. Schließlich hängt der Betrag an Gitterstörung durch Ionenbeschuß in einem vorgegebenen Experiment sowohl von Gesamtionendosis als auch von der Rate, mit der sie implantiert wurde, ab.

Ein Parameter jedoch ist bei den Channelling-Profilen von den meisten experimentellen Zufallseffekten unabhängig[3], und das ist die maximale Reichweite R_{max}. Unter der Voraussetzung, daß wir in irgendeinem Versuch einige Ionen in die best-gechannelten Richtungen hineinbekommen, müßten wir in der Lage sein, deren maximale Reichweite zu messen. Die Anzahl der Ionen, die an einer bestimmten Stelle innerhalb der Reichweitenverteilung liegen bleiben, hängt natürlich, wie oben besprochen, von den Parametern Ausrichtung, Temperatur, usw. ab. Die Anzahl der R_{max} erreichenden Ionen ist ähnlich abhängig, jedoch hängt die Entfernung R_{max} nur von der Kristallrichtung und der Art

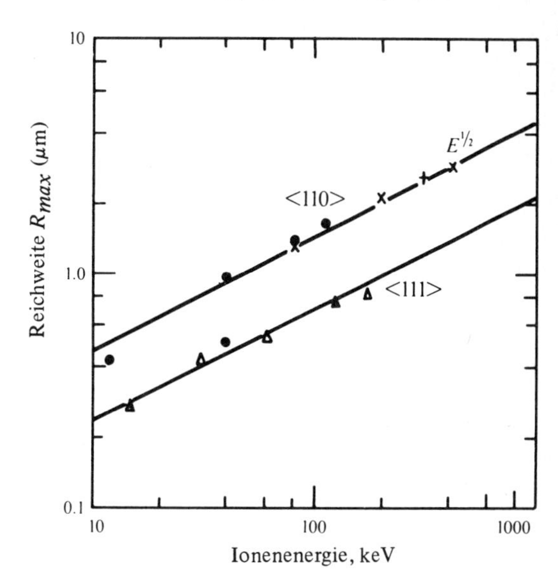

Abb. 3.19 Die Maximumreichweite von P^+-Ionen, die in ⟨100⟩ und ⟨111⟩-Siliziumkanälen geführt wurden, als Funktion der Energie. Die Punkte • wurden aus Radiotracermessungen gewonnen, die Punkte x, △ und + aus elektrischen Messungen.

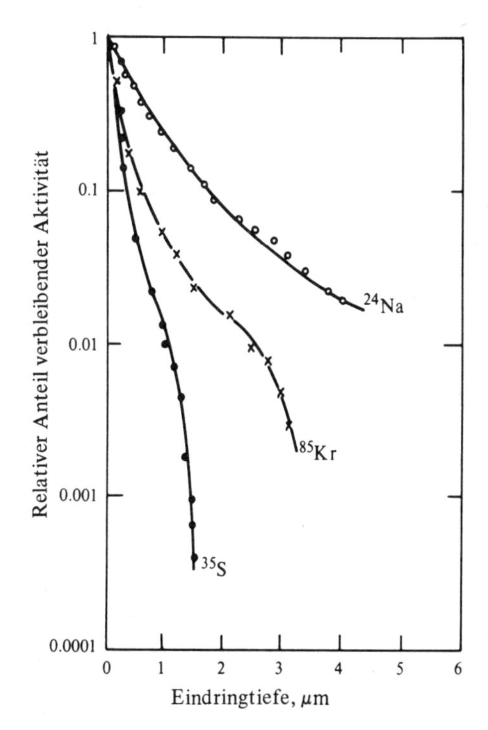

Abb. 3.20 Reichweitenprofile von 40 keV ^{85}Kr, ^{24}Na und ^{35}S in ⟨110⟩-GaAs.

und Energie des Projetils ab. In Abb. 3.19 sind für Phosphorionen, die in ⟨110⟩- und ⟨111⟩-Kanäle von Silizium[22] bei verschiedenen Ionenenergien gechannelt sind, R_{max}-Werte eingezeichnet. Ionen, die die Maximalreichweite erreichen, verbringen den Großteil ihres Weges unter großen Stoßparametern, bezogen auf ihre Gitterwandatome. Ihr Abbremsmechanismus besteht hauptsächlich aus elektronischen Stößen. Da die elektronische Bremskraft proportional zur Geschwindigkeit ist, erwarten wir, daß R_{max} proportional zur Quadratwurzel der Ionenenergie ist, ein Ergebnis, dessen Verwirklichung in Abb. 3.19 dargestellt ist.

Die Größe von R_{max} hängt von der elektronischen Bremskraft S_e ab, die jedoch keine sich stetig ändernde Funktion der Projektil-Atomnummer Z_1 ist, wie in Kapitel 2 erörtert wurde. Zwei Projektile gleicher Atomnummer können völlig verschiedene S_e-Werte haben. Es sei auf Abb. 2.8 in Kapitel 2 hingewiesen, wo gezeigt wird, daß ^{24}Na im Minimum einer der Schwingungen in der S_e-Z_1-Kurve und ^{35}S im Maximum liegt. Folglich wird es bei Schwefel eine höhere Abbremsung als bei Natrium und damit eine kürzere Reichweite geben. Reichweitenprofile[23] für Na und GaAs in Abb. 3.20 bestätigen diesen Punkt.

Literaturhinweise zu Kapitel 3

1. Schiøtt, H. E., *Matt Fys Medd Kgl Danske Videnskab Selskab,* **35** (1966), No. 9.
2. Lindhard, J., Scharff, M. und Schiøtt, H. E., *Matt Fys Medd Kgl Danske Videnskab Selskab,* **33** (1963), No. 14.
3. Mayer, J. W., Eriksson, L. und Davies J. A., *Ion Implantation of Semiconductors* (Stanford Press, 1970).
4. Neilsen, K. O., *Electromagnetically Enriched Isotopes and Mass Spectrometers* (Butterworths, 1956).
5. Thompson, M. W., *Defects and Radiation Damage in Metals* (Cambridge University Press, 1969).
6. Eisen, F. H., *Can J. Phys.,* **46** (1968), 561.
7. Channing, D. A. und Turnbull, J. A., *Berkeley Nuclear Laboratories Reports RD/B/N1114 (1968)* und *RD/B/N1484 (1969).*
8. Morgan, D. V., *Channelling* (Wiley, 1973).
9. Johnson, W. S. und Gibbons, J. F., *Projected Range Statistics in Semiconductors* (Standford University Bookstore, 1969).
10. Smith, B. J., *Atomic Energy Research Establishment Report R6660.*
11. Dearnaley, G., Freeman, J. H., Nelson, R. S. und Stephen, J., *Ion Implantation* (North-Holland, 1973).
12. Bierman, D. J. und van Vliet, D., *Physica,* **57** (1972), 221.
13. Davies, J. A. *et al., Can. J. Phys.,* **42** (1964), 1070.
14. Whitton, J. L., *J. appl. Phys.,* **36** (1965), 3917.
15. Davies, J. A. *et al. Can. J. Chem,* **38** (1960), 1535.
16. Jespersgard, P. und Davies, J. A., *Can. J. Phys.,* **45** (1967), 2983.
17. Kornelsen, E. V. *et al., Phys. Rev.,* **136** (1964).
18. Eriksson, L., *Phys. Rev.,* **161** (1967), 235.
19. Piercy, G. R. *et al., Phys. Rev. Lett.,* **10** (1963), 399.
20. Gibbons, J. F., *Proceedings IEEE,* **56** (1968), 295.
21. Dearnaley, G. *et al., Can. J. Phys.* **46** (1968), 587.
22. Goode, P. D., Wilkins, M. A. und Dearnaley, G., *Rad. Effects,* **6** (1970), 237.
23. Whitton, J. L. und Carter, G., *Proceedings of the Conference on Atomic Collision Phenomena in Solids, Sussex, 1969* (North-Holland, 1970).

4 Channelling

4.1 Das Channelling-Phänomen

4.1.1 Einführung

Wie vorher erwähnt, verliert ein energiereiches Ion seine Energie in einer Stoßfolge mit den Targetatomen. Ist das Target amorph, dann sind seine konstituierenden Atome zufällig im Raum verteilt, und folglich macht ein Ion eine Reihe von Stößen mit zufälligen Stoßparametern. Jedoch sind in einem kristallenen Target die Atome symmetrisch im Raum als Gitter so verteilt, daß ein Ion für bestimmte Bahnen eine große Anzahl von Gitteratomen mit gleichem Stoßparameter trifft. Die individuellen Stöße werden dann als korreliert bezeichnet. Für hohe Energien – schnell bewegte Teilchen wie MeV Protonen – und für Stoßparameter, bei denen die Wechselwirkung mit einem abgeschirmten Coulombpotential erfolgt, sind die individuellen Ablenkungen bei jedem Stoß zwischen Ion und Targetatom gering. Demzufolge erleidet ein solches Ion, falls es entlang einer kristallographischen Hauptrichtung einläuft, eine Reihe von korrelierten Kleinwinkelstreuungen, wenn es an benachbarten Atomen derselben Kette vorbeifliegt: Das Ion wird gesteuert oder „*gechannelt*“ (in Kanalrichtung geführt). Der Grund für diesen zweiten Ausdruck wird aus Abb. 4.1 klar, die ein kubisch flächenzentriertes (fcc) Gitter darstellt, so wie Silizium, wenn es in der ⟨110⟩ axialen Richtung und den {111} und {110}-Ebenen betrachtet wird. Die Gitteranordnung bildet Kanäle im Kristall, die durch dichtgepackte Atomketten umgrenzt werden. Ein in die ⟨110⟩-Richtung einfallendes Ion wird in einer Folge von Kleinwinkelstreuungen an den Atomen der Kanalwände abgelenkt und folgt in einer Art oszillierender Bahn dem Kanal. Das abstoßende Potential, wie es ein Proton – eingeschossen in die ⟨110⟩-Richtung von Silizium – erreicht, ist in Abb. 4.2 gezeigt[1]. Es ist ein Durchschnittswert des Beitrages der Atome längs der verschiedenen Reihen. Das Potential ist am höchsten nächst der Atome in den Reihen und fällt in Richtung der Kanalmitte steil ab, so daß ein Ion mit anfänglich kleinem Einfallswinkel zur Kanalachse von Seite zu Seite des Kanals hin- und hergestoßen wird. Das Ion kann jedoch genügend Energie zur Überwindung des abstoßenden Potentials an dessen geringsten Wert zwischen den Reihen 1 und 2 haben und auf diese Weise von einem ⟨100⟩-Kanal zum nächsten überwechseln, d.h., es bewegt sich innerhalb der {111} -Ebene. Durch Mittelung der Beiträge von den Atomketten, die die Wände der {111} -Ebenen ausmachen, kann eine ähnliche Darstellung des abstoßenden Potentials gezeichnet werden, wie es ein Ion, das innerhalb der {111} -Ebenen eingesperrt ist, erreicht. Ein energiereiches Ion, das in einer niederindizierten Kristallrichtung einläuft, kann daher einmal in seiner Bewegung auf ein Gebiet innerhalb solcher Atomketten beschränkt werden, die eine axiale Richtung bilden *(axiales*

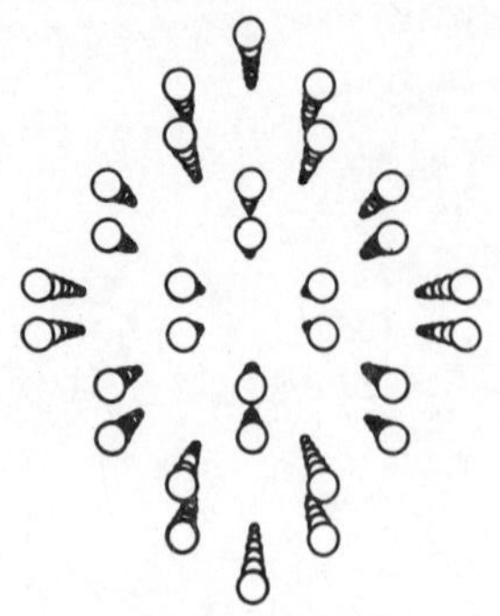

Siliziumkristall entlang der
⟨110⟩-Achse gesehen

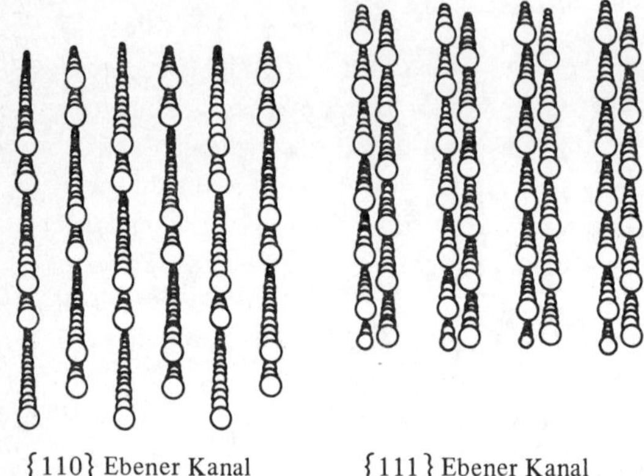

{110} Ebener Kanal

{111} Ebener Kanal

Abb. 4.1 Siliziumkristallgitter in Blickrichtung der ⟨110⟩ Achse sowie der {110} und {111} Ebenen.

channelling). Zum andern kann die Beschränkung auf ein Gebiet von solchen Ketten erfolgen, die eine vorgegebene planare Richtung einschließen *(planares channelling)*.

Die Bahnen der betrachteten Art sind berechnet worden[2] und werden in Abb. 4.3 gezeigt. Channelling ist nicht auf hochenergetische Teilchen beschränkt; die Ergebnisse dieser Abbildung sind für 1keV-Kupferionen erhalten. Diese wurden in die ⟨001⟩- und ⟨011⟩-Richtungen eines fcc-Kupfergitters projiziert. Die Eintrittspunkte der Ionen sind als Kreuze angezeigt, die Bahn vom Eintritt ins Gitter an ist in die Ebene der Kristalloberfläche projiziert dargestellt. Man sieht, daß die Ionen, die in einen ⟨001⟩ Kanal laufen, sich stabil verhalten und in diesem Kanal bleiben, während jene, die in der ⟨011⟩-Richtung laufen, sich von einem axialen Kanal zum nächsten bewegen, während sie den Kristall durchqueren. Man sollte anmerken, daß in diesem zweiten Fall es sich nicht um eine „Zufallsbewegung" handelt, die Stöße sind immer noch durch den Gitterbau beeinflußt, d.h. sie sind korreliert.

Wir wollen nun die Bahnen von Hochenergieprotonen, die in einer axialen Kanalrichtung einlaufen, etwas genauer betrachten[3]. Sie sind in Abb. 4.4 dargestellt. Natürlich bewegt sich ein Ion, wenn es in einem Kanal läuft, frei in drei Dimensionen (vgl. die Bahn links oben in Abb. 4.3(a); die wesentlichen Merkmale des „channelling" können aber einfacher

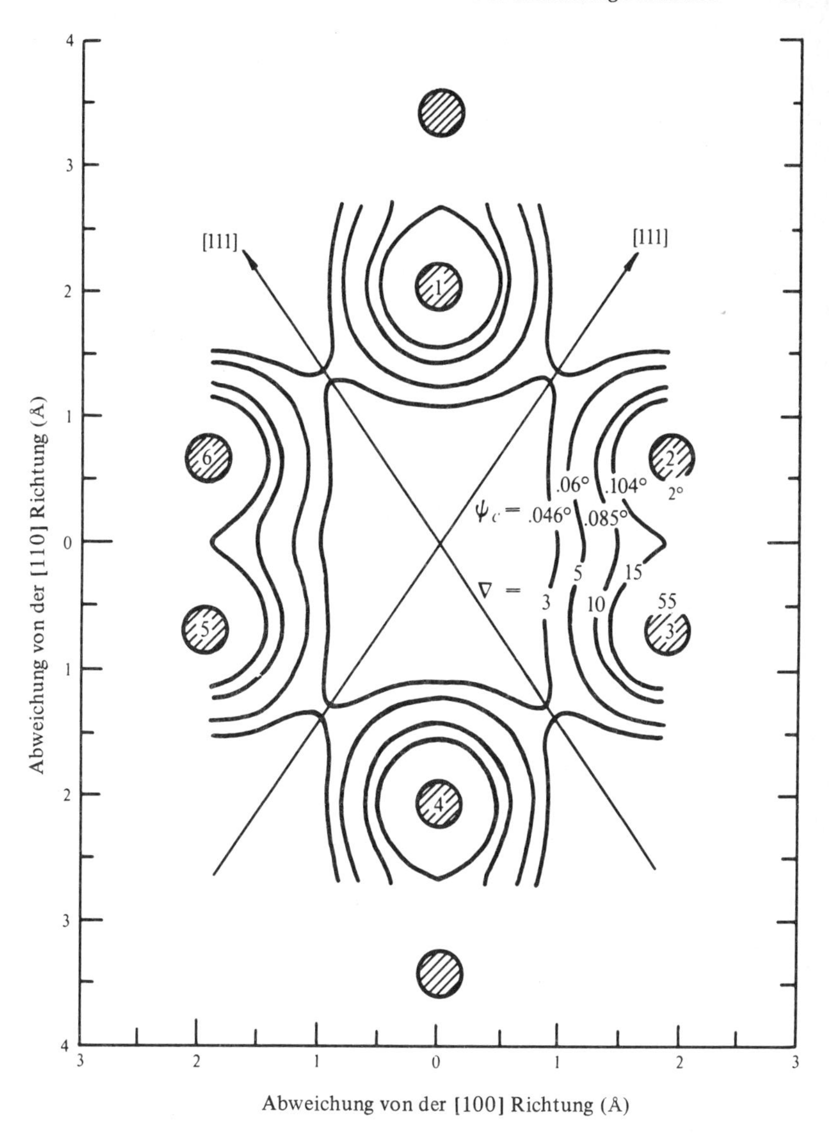

Abb. 4.2 Mittlere Höhenlinien des Potentials für die axiale ⟨101⟩ Richtung von Silizium. Der kritische Winkel ψ_C ist auf 5 MeV Protonen bezogen.

in zwei Dimensionen dargestellt werden, wenn man sich vorstellt, daß die Bewegung durch zwei Ketten auf entgegengesetzten Seiten des Kanals begrenzt wird. Die Bahn, die links unten in Abb. 4.3(a) zu sehen ist, wird z.B. fast vollständig von der {110} -Ebene eingeschlossen. Abb. 4.4 zeigt berechnete Bahnen von 7-MeV-Protonen, die in der ⟨110⟩-Richtung einlaufen und sich unter dem Einfluß von Atomen in den Ketten 1 und 4 der Abb. 4.2 bewegen. Von den einfallenden Teilchen wird angenommen, daß sie perfekt in die

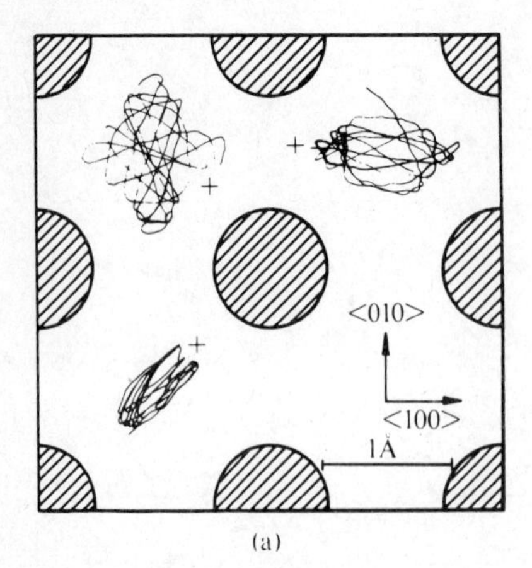

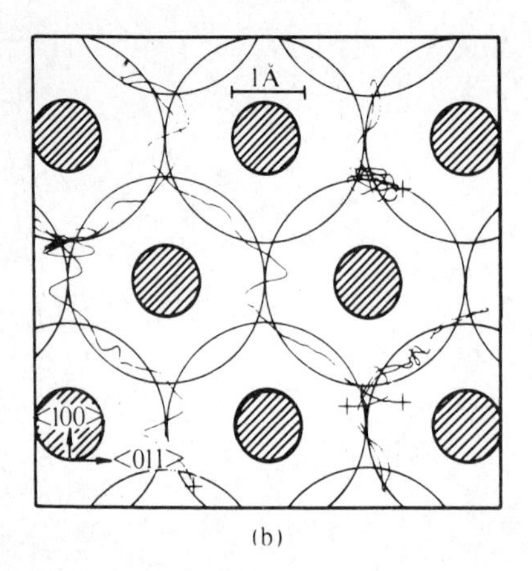

Abb. 4.3 (a) Projektion einiger ⟨001⟩-Kanal-Bahnen von 1 keV-Cu auf die {001}-Fläche von fcc-Cu. Die Abbremsung erfolgt entsprechend dem abgeschnittenen Bohr-Potential. Die Eintrittspunkte der Ionen sind durch Kreuze markiert. Jedes Ion dringt auf seiner gezeigten Bahn etwa 30 nm in den Kristall ein. (250 Stöße)
(b) Projektion einiger ⟨01$\bar{1}$⟩-Kanal-Bahnen von 1 keV-Cu auf die {01$\bar{1}$}-Fläche von fcc-Cu. Abbremsung entsprechend dem abgeschnittenen Borpotential.

⟨100⟩-Richtung ausgerichtet sind, jedoch unterschiedliche Stoßparameter mit den Atomkettenenden einnehmen. Für einen großen Abschnitt der Bewegung folgen die Protonen geradlinigen Schritten und können durch den Winkel ψ charakterisiert werden, den sie beim Kreuzen der Kanalachse mit der ⟨110⟩-Richtung bilden. Ein großer Stoßparameter ergibt kleine Ablenkungen ($\psi = 0{,}1°$). Ionen auf dieser Bahn schwingen von Seite zu Seite im Kanal mit einer Periode von etwa 800 Atomen. Während seiner Annäherungszeit an die Kanalwand macht das Ion mit etwa 50 bis 100 Atomen Wechselwirkung, und der Abstand der eigenen kurzen Annäherung zu den Kanalwänden beträgt $\approx$ 0,04 nm. Mit abnehmenden Stoßparameter wächst der Winkel ψ an, wird die Schwingungsperiode kürzer und das Ion nähert sich der Wand mehr, macht jedoch während einer Schwingung dann mit weniger Atomen Wechselwirkung. Dieser Trend setzt sich fort bis bei $\psi = 0{,}5°$ das abstoßende Potential der Kanalwand nicht mehr in der Lage ist, das Proton vom Ausbrechen aus der Reihe zu bewahren. Channelling tritt dann nicht auf. Es kann deshalb veranschaulicht werden, daß es einen kritischen Winkel ψ_c gibt, der gechannelte und nicht gechannelte Bahnen voneinander teilt. Für $\psi < \psi_c$ sind die Stoßfolgen korreliert, und das Ion verbringt einen großen Teil seiner Zeit weit weg von den Atomteilen, wobei es niemals

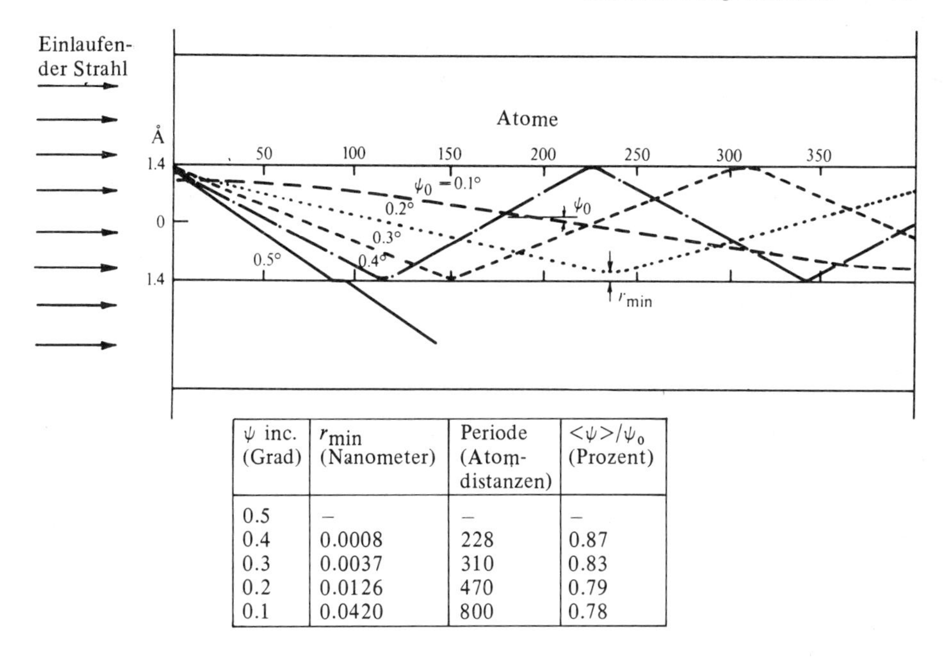

ψ inc. (Grad)	r_{min} (Nanometer)	Periode (Atom-distanzen)	$<\psi>/\psi_0$ (Prozent)
0.5	–	–	–
0.4	0.0008	228	0.87
0.3	0.0037	310	0.83
0.2	0.0126	470	0.79
0.1	0.0420	800	0.78

Abb. 4.4 Bahnen von 7 MeV Protonen zwischen zwei ⟨110⟩ Atomketten. Das Verhältnis von senkrechtem zu waagrechtem Achsmaßstab ist ungefähr fünfzig. Die Bahnen sind für fünf verschiedene Stoßparameter der einlaufenden Teilchen gezeigt.

sehr nahe an den Kern der Gitteratome kommt. Für $\psi > \psi_c$ sind die Stoßfolgen unkorreliert, und die Kristallsymmetrie ist bedeutungslos: Das Teilchen benimmt sich, als betrete es in ein Zufalls- oder amorphes Gitter.

Für einen parallel zu den ⟨110⟩-Richtungen verlaufenden Strahl mit Teilchen, die in zufälliger Verteilung auf die Kristalloberfläche auftreffen, passiert nur ein kleiner Prozentsatz der Ionen die Endatome der Ketten dicht genug, so daß sie genügend kleine Stoßparameter mit resultierendem $\psi > \psi_c$ bilden. Deshalb wird der Hauptteil der Strahlen gechannelt. Ein einfaches Bild ist es, den Strahl in zwei Teile aufgeteilt darzustellen: In einen Zufallsanteil oder Zufallsstrahl, der sich so verhält, als sei der Kristall amorph, und einen gechannelten Anteil oder gechannelten Strahl, der den speziellen Bahnen der oben erörterten Art folgt. Die Einteilung ist in Abb. 4.5 dargestellt. Teilchen, die innerhalb eines bestimmten Abstandes r_{min} von einem Atom auftreffen, werden in Winkel $\psi > \psi_c$ stark abgelenkt und bilden den Zufallsstrahl. Die übrigen Teilchen erleiden Kleinwinkelstreuung $\psi < \psi_c$ und bilden den gechannelten Strahl, der unter Umständen mehr als 95% des ursprünglich einfallenden Strahles ausmachen kann. Wegen dieser Tatsache wird der Hauptteil des Strahles daran gehindert, näher als r_{min} an den Kern heranzukommen, wodurch die Kanalwände gebildet werden, und alle Reaktionen, die kleinere Stoßparameter als diesen Wert erfordern, finden nicht statt. Nur der kleine Anteil der Atome, die innerhalb eines Radius r_{min} einer Kette auf die Oberfläche aufschlagen, nehmen an einer solchen Reaktion teil. Rutherford-Streuung, die Erzeugung von Röntgenstrahlen durch Anregung innerer Schalen und andere Kernreaktionen wie (p, γ) erfordern alle kleine Stoßparameter.

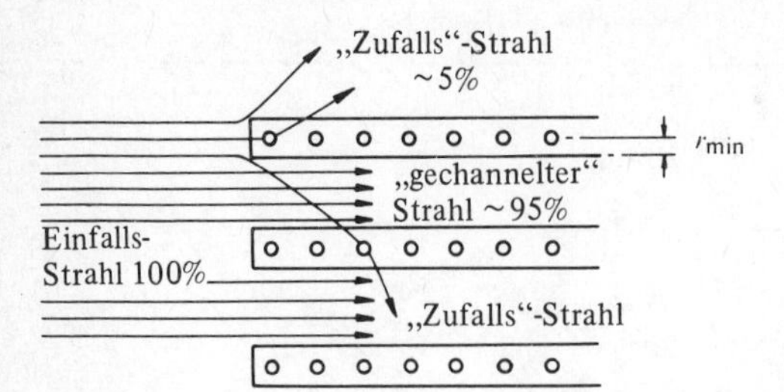

Abb. 4.5 Die Aufspaltung eines einfallenden Strahles in „Zufalls"- und „gechannelte" Komponenten beim Eindringen in eine Kanalrichtung eines Einkristalles.

Die Ausbeute aus solchen Reaktionen wird drastisch verringert im Vergleich zum Wert, der sich normalerweise aus einem Strahl in Zufallrichtung ergibt. Der Strahl muß nur sorgfältig ausgerichtet werden, so daß die Mehrzahl der Teilchen in Kanalrichtungen geführt wird. Diese Erscheinung wurde weitgehend in den letzten Jahren ausgenutzt. Wir werden sie im Einzelnen mit besonderem Gewicht auf Rutherford-Streuung behandeln.

Bevor wir diese einführende Schilderung des channelling verlassen, sollten wir das entgegengesetzte Verhalten des „*Blockierens*" erwähnen, das in Abb. 4.6 dargestellt wird.

Ein Strahl von MeV-Protonen fällt aus einer Zufalls- (d.h. weit weg von einer niederindizierten) Richtung auf einen Einkristall. Der Strahl wird durch die Targetatome auf Grund engster Annäherung durch Rutherfordstöße gestreut, einige der gestreuten Teilchen werden mit einem Detektor registriert, der sorgfältig auf eine niederindizierte Richtung ausgerichtet wurde. Ein einzelnes Gitteratom streut die Teilchen des Strahles in alle Richtungen; aber solche Teilchen, die direkt zum Nachbaratom der Kette, die eine Kanalwand bildet, gestreut werden, erleiden Großwinkelstreuung; sie sind nicht in der Lage, den Kristall in dieser Richtung zu verlassen. Dort wird demzufolge eine starke Verringerung in der Rutherfordausbeute auftreten, wie über den Detektor gemessen. Man sagt, daß die Streuung in dieser niederindizierten (Kanal-) Richtung blockiert ist.

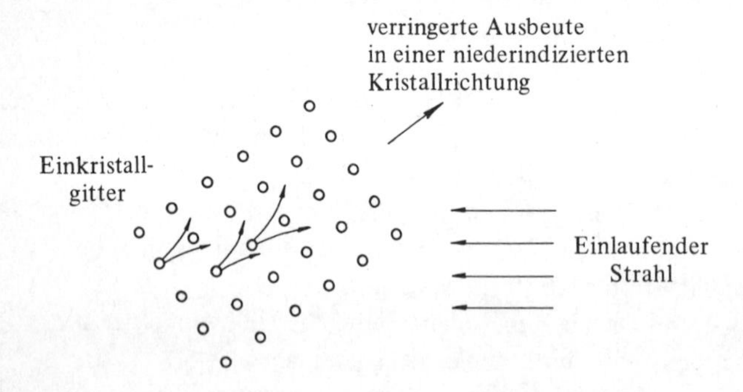

Abb. 4.6 Der Blockiereffekt. Wenn Teilchen von Atomen in einer Kette gestreut werden, können sie nicht genau aus der Richtung dieser Kette aus dem Kristall austreten.

4.1.2 Kanalpotentiale und -bahnen

Wir wollen jetzt etwas genauer[4] die Bahn eines Teilchens im Kanal betrachten, dabei im speziellen hochenergetische leichte Teilchen in einem Gitter von schweren Atomen, z.B. MeV-Protonen in Silizium. Abb. 4.7(a) zeigt die Bahn eines Ions unter Kleinwinkelstößen

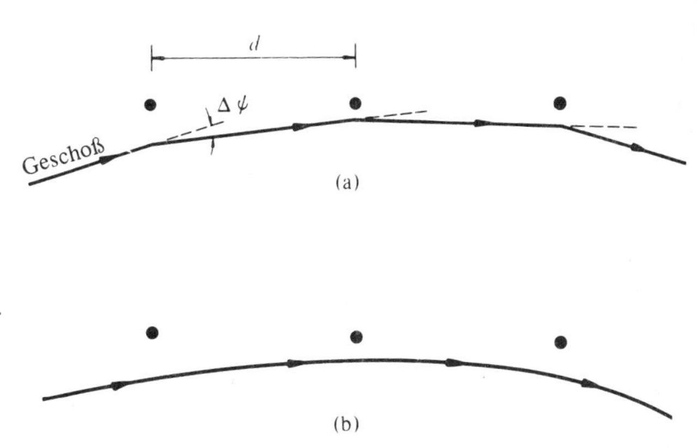

Abb. 4.7 Die Bahn eines im Kanal geführten Teilchens (a) nach dem Impulsmodell. Das Teilchen erfährt eine Folge von fast augenblicklichen Ablenkungen, wenn es innerhalb des kurzreichweitigen zwischenatomaren Kraftbereiches kommt (b) nach dem Kontinuumsmodell. Das Teilchen unterliegt einer beständigen Veränderung seiner Richtung unter dem Einfluß des mittleren Kontinuumspotentials.

mit den Atomen in einer Kette. Bei jedem Stoß wird das Ion unter einem kleinen Winkel $\Delta\psi$ abgelenkt. Wir wollen diese Bewegung so betrachten, daß sie auf die Zeichenebene beschränkt bleiben soll, eine zweidimensionale Vereinfachung der dreidimensionalen Bahnen in einem wirklichen Gitter. Die Änderung des Impulses, die bei jedem Stoß erfolgt, wird als äußerst klein im Verhältnis zum Gesamtimpuls des Ions angesehen, und die Ablenkung soll fast augenblicklich erfolgen, wenn das Ion am Atom in der Kette vorbeiläuft. Die Bahn kann angesehen werden, als sei sie aus einer Folge gerader Linien zusammengesetzt, wobei plötzliche kurze Richtungsänderungen jedesmal dann auftreten, wenn das Ion dicht an einem Atom der Kette vorbeikommt und unter den Einfluß der zwischenatomaren Kräfte mit geringer Reichweite gerät. Das Ion erhält beim Passieren der Atomkette eine Folge von Impulsen. Eine andere Näherung besteht in der Annahme eines auf das Ion wirkende „Durchschnitts"-Potentials. Die Einzelatome in der Reihe können zusammen mit ihren individuellen Beiträgen zum Bahnverlauf als eine Kette gedacht werden, wobei die zu den Atomen gebildeten individuellen Ladungen durch eine Durchschnittsladung pro Einheitslänge entlang der Kette ersetzt werden. Unter diesen Umständen ist die auf das Ion wirkende Kraft nicht diskontinuierlich, sondern ein Mittelwert, der aus dem Durchschnitts- oder *Kontinuum-Potential* berechnet werden kann. Die Bahn ändert sich dann auch kontinuierlich, wie in Abb. 4.7(b) dargestellt. Es kann gezeigt werden, daß sowohl Impuls- wie auch Kontinuum-Modell zu denselben Ergebnissen führen, jedoch in der folgenden Analyse werden wir uns auf die vorige Näherung beschränken.

Die Wechselwirkung während eines Einzelstoßes wird etwas genauer in Abb. 4.8 gezeigt. Da die Winkelablenkung beim Stoß äußerst klein ist, wird die Bahn als eine Gerade gezeigt. Wir wollen ein zwischenatomares Potential $V(r) = \dfrac{Z_1 Z_2 e^2}{4\pi\epsilon_0 r}$ annehmen, d.h., das Coulombpotential zwischen den zwei nackten Kernen des Geschosses (Z_1) und des Kettenatoms (Z_2). Der Gebrauch dieses Ausdrucks für $V(r)$ vereinfacht die folgende Analyse; jedoch werden die Ergebnisse für realistischere Potentiale, die für channelling-Probleme anwendbar sind, später gegeben. Die zwischenatomare Kraft F erhält man aus V als

$$F = -\frac{\delta V}{\delta r} = \frac{Z_1 Z_2 e^2}{4\pi\epsilon_0 r^2} \qquad 4.1$$

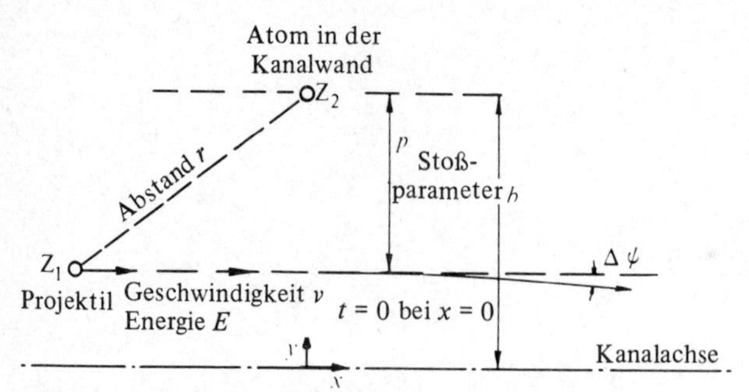

Das Projektil Z_1 erfährt einen Impuls J, der es in Richtung Kanalachse ablenkt. Wenn der ursprüngliche Impuls des Teilchens vor dem Stoß mv ist, dann ist die Ablenkung $\Delta\psi \simeq \frac{J}{mv}$

Abb. 4.8 Die Impulsnäherung

Sie wirkt radial vom Kettenatom zum Geschoß hin. In der Lage, die in Abb. 4.8 gezeigt wird, hat diese Kraft eine Komponente $F_y = F \sin\theta$, die die Geschosse zur Kanalachse hinzieht; der aufgenommene Impuls ist dann:

$$J = \int_{-\infty}^{+\infty} F_y \, dt \tag{4.2}$$

$t = 0$ wird angenommen, wenn das Geschoß direkt unter dem Kettenatom ist, das den Ursprung darstellt.

Somit gilt: $$J = \int_{-\infty}^{+\infty} \frac{Z_1 Z_2 e^2}{4\pi\epsilon_0 r^2} \sin\theta \, dt \tag{4.3}$$

und wegen $\tan\theta = p/vt$, wobei p der Stoßparameter und v die Ionengeschwindigkeit ist, gilt

$$dt = \frac{p}{v} \frac{d\theta}{\sin^2\theta} \tag{4.4}$$

und auch $$\frac{1}{r^2} = \frac{\sin^2\theta}{p^2} \tag{4.5}$$

θ variiert von 0 bis π, wenn t von $-\infty$ nach $+\infty$ läuft.
Setzen wir die Gleichungen 4.4 und 4.5 in 4.3 ein, erhalten wir:

$$J = \frac{Z_1 Z_2 e^2}{4\pi p v \epsilon_0} \int_0^{\pi} \sin\theta \, d\theta = \frac{2 Z_1 Z_2 e^2}{4\pi\epsilon_0 p v} \tag{4.6}$$

Das ist gerade der Impuls, der die Kleinwinkelablenkung $\Delta\psi$ hervorruft. Da der Impuls des Teilchens mv ist, haben wir:

$$\Delta\psi \approx \frac{J}{mv} = \frac{2 Z_1 Z_2 e^2}{4\pi p v \, m v \epsilon_0} = \frac{Z_1 Z_2 e^2}{4\pi\epsilon_0 p E} \tag{4.7}$$

wobei $E = \frac{1}{2} mv^2$ die Teilchenenergie ist.

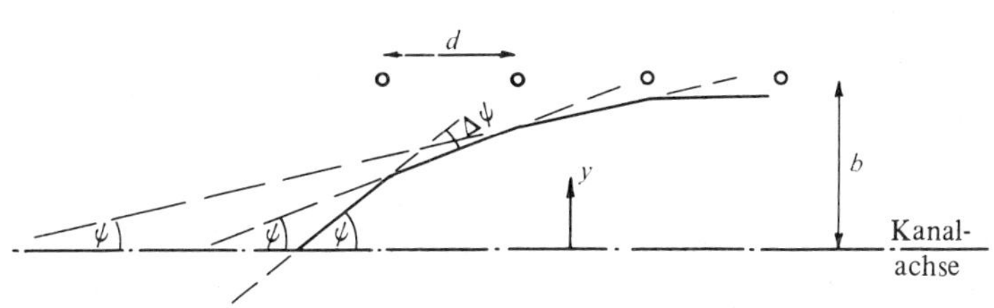

Abb. 4.9 Aufstellung der Bewegungsgleichung eines Ions, das im Kanal geführt wird.

Wir müssen nun Abb. 4.9 betrachten, in der eine Folge von Stößen, alle unter der Ablenkung $\Delta\psi$, gezeigt ist. Zu einem beliebigen Zeitpunkt bildet die Tangente an die Bahn einen Winkel ψ mit der Kanalachse. Dieser Winkel ändert sich um einen Betrag $\Delta\psi$, wenn das Ion ein Wegstück d zwischen den Kettenatomen in einem Zeitintervall d/v läuft, d.h.:

$$\frac{d\psi}{dt} = -\frac{\Delta\psi}{d/v} \qquad 4.8$$

Das negative Vorzeichen gibt an, daß ψ mit der Zeit abnimmt, wenn die Bahn mehr parallel zur Kanalachse verläuft.

Kombination von Gleichungen 4.7 und 4.8 ergibt

$$\frac{d\psi}{dt} = -\frac{2Z_1Z_2e^2}{4\pi\epsilon_0 pmvd} \qquad 4.9$$

Im gleichen Maße wie ψ durch $\Delta\psi$ geändert wird, wird y durch Δy geändert, und die Rate, mit der sich y ändert, ist durch $dy/dt = v\psi$ gegeben. Die Beschleunigung des Geschoßteilchens senkrecht zur Kanalachse ist oberhalb durch

$$\frac{d^2y}{dt^2} = v\frac{d\psi}{dt} \qquad 4.10$$

gegeben. Schließlich kann unter Verwendung der Gleichungen 4.9 und 4.10 die Bahnbewegungsgleichung als

$$m\frac{d^2y}{dt^2} = -m\frac{2Z_1Z_2e^2}{4\pi\epsilon_0 pmvd}$$

d.h.

$$m\frac{d^2y}{dt^2} = -\frac{2Z_1Z_2e^2}{4\pi\epsilon_0 dp} \qquad 4.11$$

geschrieben werden.

Die effektive Kraft, die auf das Teilchen beim Durchlaufen des Kanals wirkt, ist

$F(y) = \frac{2Z_1Z_2e^2}{4\pi\epsilon_0 dp}$ und hat die Richtung der Kanalachse.

Nach Festlegung dieser effektiven rückstellenden Kraft können wir das komplementäre effektive Potential berechnen. Dieses Potential ist das *Kanalpotential* $U(y)$ und ist für den hier betrachteten Fall

$$U(y) = \int_0^y f(y)\,dy$$

und, da $p = (b - y)$ ist,

$$U(y) = \frac{2Z_1Z_2e^2}{4\pi\epsilon_0 d} \ln \frac{b}{b-y} \qquad 4.12$$

Diese einfache Analyse zeigt folgendes: Das Teilchen hat eine stabile Bahn im Kanal unter der Voraussetzung, daß es Kleinwinkelstöße erleidet und der Stoßparameter bei jedem Stoß so ist, daß die Impulsänderung klein ist. Man kann sich die Auswirkung von Einzelstößen mit vielen Atomen, die den Kanal bilden, so vorstellen, daß eine effektive Kraft $F(y)$ auf das Geschoß wirkt. Man kann auch sagen, daß das Teilchen einem effektiven oder Kanalpotential $U(y)$ unterliegt.

Das Potential, das in der Analyse eben gebraucht wurde, ist nur zu Vereinfachungszwecken benutzt worden. Andere realistische Potentiale würden jedoch ähnlich behandelt werden. Ein realistischeres Potential für leichte, energiereiche Teilchen wäre ein abgeschirmtes Coulombpotential von der Gestalt:

$$V(r) = \frac{Z_1Z_2e^2}{4\pi\epsilon_0 r} \exp\left(-\frac{r}{a}\right)$$

wobei a der Abschirmradius ist, gegeben durch $a = a_0\,(Z_1{}^{2/3} + Z_2{}^{2/3})^{-\frac{1}{2}}$ (a_0 ist der Bohrsche Radius). Benutzt man dieses Potential, ergibt die Rechnung für $U(y)$:

$$U(y) = \frac{2\sqrt{2\pi}.Z_1Z_2a_0E_R}{d} \cdot \frac{\exp\{-(b-y)/a\}}{\sqrt{(b-y)/a}} \qquad 4.13$$

wobei E_r die Rydbergenergie ist. Gleichung 4.13 ist in Abb. 4.10 für den Fall von 100-keV-Protonen aufgetragen, die in den ⟨100⟩-Kanälen von Kupfer geführt wurden. Aus dieser sehen wir, daß das Potential sehr flach nahe der Kanalachse verläuft, aber steil zu den Kanalwänden hin ansteigt. Mit eingezeichnet ist in Abb. 4.10 der erwartete $U(y)$-Verlauf für das schwere Ion Cu^+, das in Kanälen aus demselben Gittermaterial geführt

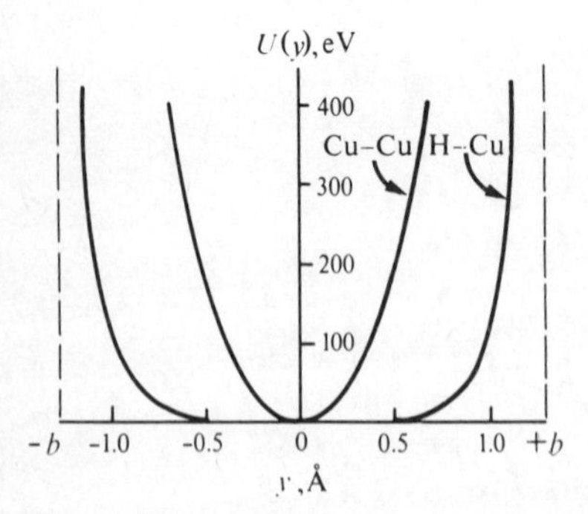

Abb. 4.10 Vergleich von Kanalpotentialen zwischen den ⟨110⟩-Ketten in einem Kupferkristall für Protonen und Cu-Atomen.

wird. Die Rechnung benützt ein Potential, das die Abstoßung zwischen den elektronischen Schalen in der Kupferatomstruktur berücksichtigt. Das Potential erstreckt sich in diesem Fall viel weiter von den Kanalwänden weg; das Cu^+-Ion kann betrachtet werden, als sei es in einem *Parabeltopf* eingefangen, im Gegensatz zum *Rechtecktopf* im Protonenfall. Deshalb unterscheiden sich Kanalbahnen leichter und schwerer Ionen, obwohl sie qualitativ dieselben sind, in wichtigen Einzelheiten. Leichte energiereiche Teilchen neigen dazu, geradlinige Schritte zu machen, außer wenn sie nahe an den Kanalwänden sind, wie früher in diesem Kapitel veranschaulicht wurde. Schwere Ionen dagegen vollführen eine transversale Bewegung in fast einfach harmonischer Art und beschreiben eine annähernd sinoidale Bahn.

Eine ausführliche Behandlung der Channelling-Theorie wurde von Lindhard[5] sowohl für axiales wie für planares Channelling gegeben. Das Lindhardsche Standardpotential, das die elastische Wechselwirkung zwischen einem Ion und einem Atom beschreibt, ist

$$V(r) = \frac{Z_1 Z_2 e^2}{4\pi\epsilon_0 r}\left\{1 - \frac{r}{(r^2 + C^2 a^2)^{\frac{1}{2}}}\right\} \qquad 4.14$$

wobei C ein Anpassungsparameter ist, der normalerweise gleich $\sqrt{3}$ gesetzt wird. Das auf ein Ion in Abstand p von einer atomaren Kette wirkende mittlere zwischenatomare Potenial ist

$$U(\rho) = \frac{1}{d}\int_{-\infty}^{+\infty} V(\sqrt{z^2 + \rho^2})\,dz \qquad 4.15$$

wobei z in Richtung der Reihe gemessen ist. Setzt man 4.14 in 4.15 ein, erhält man das Standard-Kontinuum-Potential $U(p)$, gegeben zu

$$U(\rho) = \frac{2Z_1 Z_2 e^2}{4\pi\epsilon_0 d}\,\xi(\rho/a) \qquad 4.16$$

wobei $\xi(\rho/a) = \frac{1}{2}\ln\left\{\frac{Ca}{\rho} + 1\right\}$ ist. 4.17

Benutzt man entweder die Impuls- oder die Kontinuumnäherung, kann die Streuung eines Ions an einer individuellen Atomkette durch die Bewegung eines Ions unter dem Einfluß eines Kontinuumpotentials $U(y)$ sowohl für axiales als auch für planares Channelling dargestellt werden. Sobald das Potential bekannt ist, können die Einzelheiten der Bahn berechnet werden oder wenigstens jene Einzelheiten, die am meisten interessieren.

Wenn wir jetzt zu unserem Bild eines zwischen zwei atomaren Reihen axial channelnden Ions zurückkehren, können wir die maximale Auslenkung der Schwingung berechnen. Wenn – wie in Abb. 4.11 gezeigt – das Ion die Achse mit einem Winkel ψ kreuzt und eine Energie E und Geschwindigkeit v hat, dann sind die zur Achse senkrechten Komponenten

$$v_\perp = v \sin\psi$$

und

$$E_\perp = E\sin^2\psi \approx E\psi^2 \text{ für kleine } \psi\,. \qquad 4.18$$

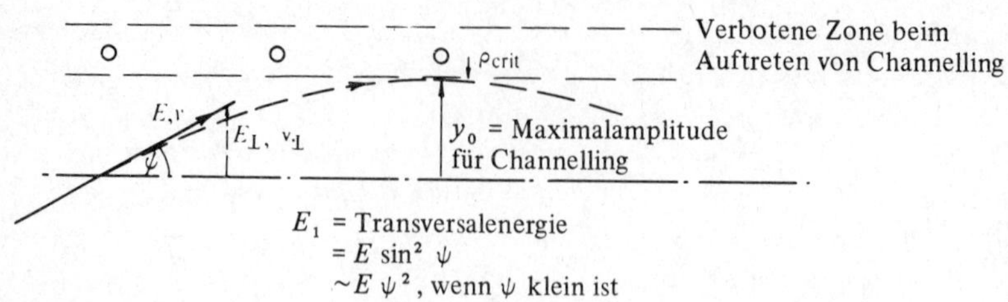

Wenn ψ anwächst, wächst die Bahnamplitude an. Bei Winkeln bis zu einem kritischen Wert ψ_c sind die Bahnen stabil. Bei diesem Winkel ψ_c erreichen die Ionen einen kritischen Abstand ρ_{crit} von der Reihe.

Abb. 4.11 Channelling. Gezeigt werden die verbotene Zone und die maximale Amplitude für Stabilität.

Das Ion bewegt sich bis zu einem Abstand y_0 weg von der Achse, bei dem das Potential $U(y_0)$ im Kanal gerade gleich dem Wert der kinetischen Energie $E\psi^2$ ist, d.h.

$$E\psi^2 = U(y_0) \tag{4.19}$$

Da $U(y_0)$ scharf ansteigt, wenn das Ion sich den Ketten nähert, ist es natürlich leicht vorstellbar, daß es immer einen Abstand y_0 geben wird, wo diese Gleichheit gilt. Es gibt aber eine Einschränkung der maximalen Elongation zu den Ketten hin, die durch die Näherungen bedingt wird, die wir gebraucht haben. Falls der Winkel ψ groß ist, sind die Oszillation weit und die Stöße heftig, so daß das Teilchen nicht im Kanal geführt wird. Es gibt eine größte zulässige Amplitude, bei der das Ion noch im Kanal geführt wird. Oberhalb dieser dringt das Ion zu nahe in die Atomketten ein, als daß Impuls- oder Kontinuumsnäherung gültig bleiben könnten. Dieser Abstand von der Kette wird ρ_{crit} genannt; ψ_c ist der kritische Winkel, er erzeugt diese Bahn maximaler Amplitude. Die Beiträge von Lindhard[5] waren entscheidend bei der Festlegung von Kriterien für stabile und instabile Kanalbahnen.

Im Fall von abgeschirmten Coulombpotentialen kann man zeigen, daß die Näherungen ungültig werden, wenn ρ_{crit} in die Größenordnung des Abschirmradius a kommt. Offenbar muß der minimale Abstand der Annäherung auch von der mittleren quadratischen Schwingungsamplitude $\bar{x}^2$ abhängen. Wenn wir ρ_{crit} als $\sqrt{a^2 + \bar{x}^2}$ ansehen, dann wird die kritische Amplitude $y_c = b - \sqrt{a^2 + \bar{x}^2}$. Das erlaubt uns, $U(y_c)$ auszurechnen, indem man in Gleichung 4.13 substituiert. Da a^2 und $\bar{x}^2$ von der gleichen Größenordnung sind, können wir nähern: $U(y_c) \approx \frac{Z_1 Z_2 a_0 E_R}{4\pi\epsilon_0 d}$ so daß uns Gleichung 4.19 folgt

$$\psi_c \approx \sqrt{\frac{Z_1 Z_2 a_0 E_R}{4\pi\epsilon_0 E d}} \tag{4.20}$$

Dies legt den kritischen Winkel für Kanalführung fest. Wir merken an, daß ψ_c abnimmt, wenn die Geschoßenergie erhöht wird, so daß es schwieriger wird, eine stabile Bahn zu erhalten. Andererseits nimmt d für dicht gepackte Atomketten ab und Kanalführung wird einfacher.

Die genaue Analyse von Lindhard[5] ergibt.

$$\psi_c \approx \sqrt{\frac{2 Z_1 Z_2 e^2}{4\pi\epsilon_0 E d}}\ \xi \left\{\frac{1{,}2 x_{rms}}{a}\right\}^{\frac{1}{2}}$$

Da gewöhnlich $\left\{\frac{1,2\,x_{\mathrm{rms}}}{a}\right\}^{\frac{1}{2}}$ ist, wird der kritische Winkel für Kanalführung durch den sogenannten charakteristischen Winkel ψ gegeben, d.h.

$$\psi_c = \psi_1 = \sqrt{\frac{2Z_1Z_2e^2}{4\pi\epsilon_0 Ed}} \qquad 4.21$$

Gleichung 4.21 gilt nur für Energien oberhalb eines bestimmten Wertes E', gegeben durch

$$E' = \frac{2Z_1Z_2e^2d}{4\pi\epsilon_0 a^2 E}$$

Bei Energien unterhalb E' gilt ein abweichender Wert für ψ_c, und zwar

$$\psi_c = \psi_2 = \sqrt{\frac{Ca}{d\sqrt{2}}}\;\psi_1 \qquad 4.22$$

Wenn ein Ion gechannelt wird, erreicht es innerhalb eines Abstandes ρ_{crit} die Kanalwand nicht, so daß jede Reaktion, die einen Stoßparameter kleiner als diesen Abstand erfordert, ausgeschlossen ist. Beispiele hierfür sind Großwinkel-Rutherfordstreuung und verschiedene Kernreaktionen. Die Ausbeute eines solchen Reaktion wird infolgedessen nun stark vermindert, wenn der Einschußstrahl entlang einer dichtgepackten Richtung in einen Einkristall eindringt. Die Anwendung von Rutherfordstreuung und Channelling wird in Abschnitt 4.2 genau erörtert, jedoch wollen wir im Augenblick die qualitativen Ergebnisse von Versuchen in dieser Richtung diskutieren.

In Abb. 4.12 (a) und (b) zeigen wir einen Strahl hochenergetischer Protonen, der in einen Einkristall eindringt, und zwar sowohl mit verschiedenen Winkeln zu einer Kanalachse wie auch mit verschiedenen Stoßparametern bezüglich der Oberflächenatome. Die verschieden möglichen Bahnen lassen sich in drei Typen a, b und c einteilen: Ionen vom Typ a, die direkt in die Mitte eindringen und keine nahe Wechselwirkung mit der Gitterreihe machen, sind die am besten gechannelten. Unter vielen Bedingungen können diese Ionen einen Anteil von 95% des eindringenden Ionenstrahles ausmachen. Die Bahnen vom Typ b werden sowohl von solchen Ionen gebildet, die die kritische Entfernung zu einer Gitterkette erreichen, wie auch (entsprechend) von solchen, die einen kritischen Winkel ψ_c überschreiten und damit eine kürzere Entfernung erreichen als am Beginn ihres Eindringens in den Kanal. Ionen in b-Bahnen werden nicht gechannelt und reagieren mit allen Gitteratomen, als seien sie in einen unregelmäßig aufgebauten Festkörper eingedrungen. Ionenbahnen vom Typ c sind ein spezieller Fall und können als *quasigechannelt* bezeichnet werden. Diese Ionen dringen zu dicht an die Gitterketten heran, als daß die Impuls- oder Kontinuumnäherungen noch gelten können, und jede Wellenbewegung ist äußerst kurzlebig und unstabil. Jedoch während der Zeit, in der das *quasi*-gechannelte Teilchen nahe der Kanalwand ist, sind seine Stöße korreliert, und es macht über diese kurze Entfernung mit mehr Atomen Wechselwirkung als ein Projektil, das sich in gleicher Entfernung in einem unregelmäßigen Festkörper bewegen würde.

Infolgedessen haben gut gechannelte Ionen (Typ a) eine geringere als normale Chance für einen nahen Stoß, während quasigechannelte Ionen (Typ c) eine größere als normale Chance besitzen. Die Ausbeute bei der Rutherford-Streuung würde beispielsweise für ge-

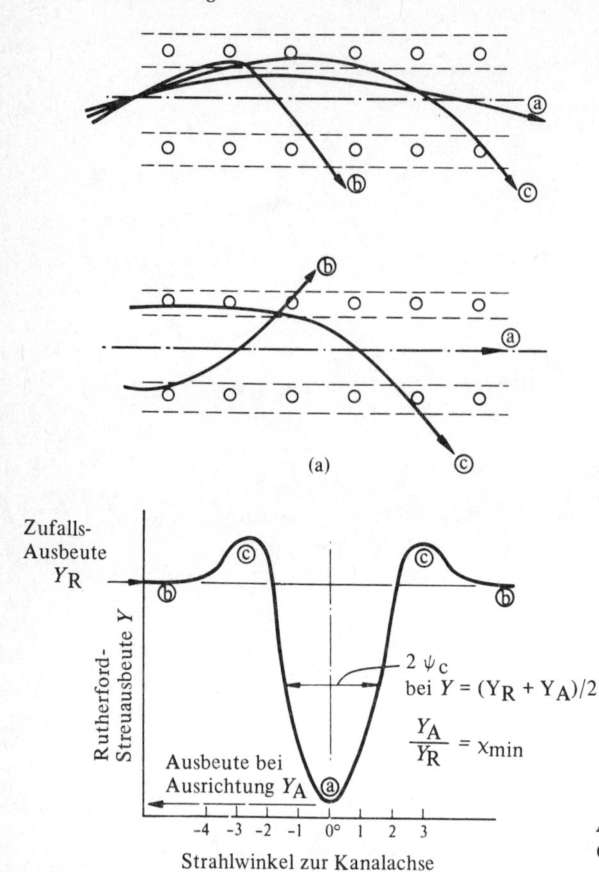

Abb. 4.12 Typische Bahnen in einem Channelling-Experiment und die erwartete Form der Rutherford-Streuausbeute.

channelte Ionen verringert werden und für quasi-gechannelte anwachsen. Natürlich starten einige Ionen zunächst in gechannelten Bahnen (Typ a) und werden dann bei Verlangsamung aus dem Kanal gestreut (d.h. sie werden zu Typ b). Wenn wir jedoch jetzt nur die Ausbeute von Geschoßteilchen betrachten, die über große Winkel in der ersten kurzen Entfernung im Einkristall gestreut werden, können wir davon ausgehen, daß nur die oben beschriebenen Bahnen wichtig sind. Das Resultat eines solchen Experiments wird in Abb. 4.12 (b) gezeigt, wo die Ausbeute Y als Funktion des Winkels ψ zwischen Strahl und Kanalachse aufgetragen ist. Bei großen Einfallswinkeln ist kein Channelling möglich, und man erhält eine Ausbeute Y_R. Dieses ist die gleiche Ausbeute, die man für ein unregelmäßig aufgebautes Substrat derselben Atomdichte erhalten würde. Für vollkommene Ausrichtung ($\psi = 0°$) wird der Großteil des Strahls gechannelt, und es ergibt sich die sogenannte Ausrichtungs-Minimalausbeute Y_A, wobei Y_A kleiner als 5% von Y_R sein kann. Über einen schmalen Winkelbereich sind Bahnen des Typs c möglich, Y steigt dann über den Wert der Zufallsrichtung. Die Kurve der Ausbeute zeigt ein „Loch" und eine „Schulter"; die Ausbeute Y_A, die noch übrig bleibt, selbst wenn der Strahl vollkommen zur

Kanalachse ausgerichtet ist, rührt von solchen Ionen her, die auf die Enden der Ketten innerhalb des kritischen Abstandes ρ_{crit} aufschlagen. Die Minimalausbeute, die sich unter solchen Umständen ergibt, wird als $\chi_{min} = Y_A/Y_R$ definiert; Lindhard hat gezeigt, daß sie gegeben ist als $\chi_{min} \approx \pi N d \rho_{rms}^2$, wobei N die Atomdichte ist. Anstatt daß wir die Ausbeute über ein paar von den obersten Schichten des Kristalls messen, könnten wir solche betrachtet haben, die von irgendeinem kleinen Tiefenintervall in einer beliebigen Tiefe herrühren. In diesem Fall hätte sich eine ähnliche Ausbeute wie die in Abb. 4.12(b) ergeben. Jedoch wird in größerer Kristalltiefe der channelling-Effekt verringert, da nach und nach Teilchen aus dem Kanal verloren gehen, obwohl sie ursprünglich gut im Kanal geführt werden. Folglich steigt die Minimalausbeute und die Schultern werden weniger ausgeprägt, wenn Typ-c-Bahnen bei diesen Tiefen weniger wahrscheinlich werden.

In Abb. 4.12(b), haben wir auch darauf hingewiesen, daß ψ_c als ein Maß für die Ausdehnung der Senke in der channelling-Ausbeutekurve, aufgetragen gegen Strahleinfallswinkel, genommen wurde. Die Halbwertsbreite des Winkels als Kurve wird bei einem Wert der Ausbeute von $\frac{1}{2}(Y_R + Y_A)$ gemessen und wird gleich ψ_c angenommen. ψ_c ist jedoch nur ein Maß für den Winkel bis zu dem Kontinuum- und Channelling-Effekte möglich sind, und es ist nicht möglich, auf leichte Weise ψ_c zu dem in Abb. 4.12(b) gezeigten Verlauf einer experimentellen Kurve in Beziehung zu setzen. Nichtsdestotrotz wurde gute qualitative Übereinstimmung experimentell gewonnener Halbwertsbreiten mit den theoretisch abgeleiteten kritischen Winkeln gefunden, und die Äquivalenz zwischen den zwei Größen wird oft angenommen. Ein exakter Ausdruck für die Halbwertsbreite $\psi_{\frac{1}{2}}$ ist

$$\psi_{\frac{1}{2}} = k\psi_1 \left\{\xi(mx_{rms}/a)\right\}^{\frac{1}{2}} \qquad 4.23$$

wobei ψ_1 durch Gleichung 4.21 gegeben ist und ξ eine Funktion des zwischenatomaren Potentials ist.

4.2 Rutherfordstreuung und Channelling

4.2.1 Einführung

In diesem Abschnitt diskutieren wir Rutherford-Streuung und ihre Verwendung als experimentelle Methode für die Untersuchung des Channelling-Phänomens. Eine Kombination von Channelling und Rutherfordstreuung hat sich als besonders informativ bei Anwendung auf Probleme wie Strahlenschaden und Ausheilung sowie bei der Ortung von Verunreinigungen durch schwere Atome innerhalb des Kristallgitters herausgestellt.

In einer typischen experimentellen Anordnung wird ein Strahl von hochenergetischen leichten Teilchen (sagen wir 1–2-MeV He^+) in eine Kammer geschossen, in der das Target auf einem Goniometer montiert ist. Der Druck wird auf $< 10^{-4}$ Pa reduziert, damit keine Strahlverluste durch Streuung mit Gasatomen auftreten. Nach Auftreffen auf das Target wird ein Teil des Strahls gestreut, und Teilchen, die in einem besonderen Winkel zum Festkörper gestreut werden, werden mit einem Festkörperdetektor, der innerhalb der Kammer angebracht ist, als Pulsfolge gezählt. Das Goniometer erlaubt es, das Target relativ zum Strahl zu drehen, so daß für Einkristalle der Strahl bezüglich der kri-

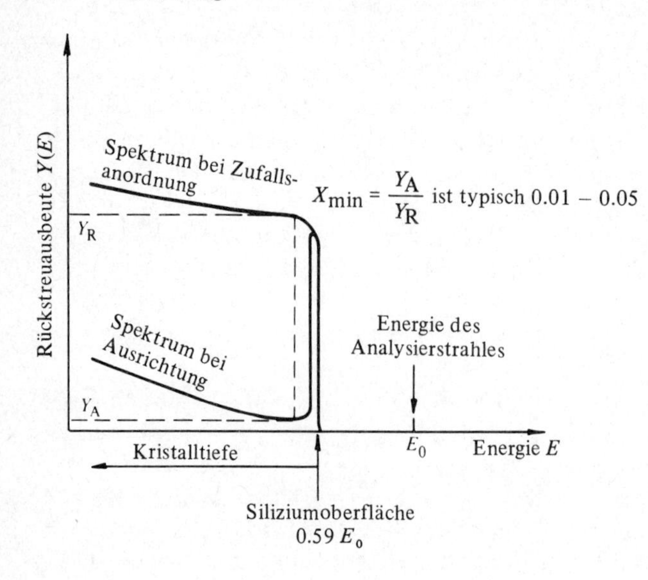

Abb. 4.13 Spektren bei Zufallsanordnung und Ausrichtung für Helium mit der Energie E_0, das vom Silizium gestreut wird. Die Ausbeute aus der ersten Atomlage ist in beiden Spektren identisch, jedoch reduzieren die Grenzen der Energieauflösung diese gewöhnlich auf einen schmalen Peak im Spektrum für den Fall der Ausrichtung.

stallographischen Richtungen ausgerichtet werden kann. Die Pulse aus dem Detektor werden verstärkt, analysiert und elektronisch gespeichert. Die Höhe des Pulses hängt von der Energie des Teilchens ab, das auf den Detektor trifft, so daß die Trennung nach Pulshöhen gleichbedeutend mit einer Energieanalyse der gestreuten Teilchen ist, die in den Detektor eintreten. Diese Analyse erfolgt mittels eines Vielkanal-Energieanalysators, der auch die Daten speichert. Abb. 4.13 zeigt die Ergebnisse eines typischen Versuchs. Eine Siliziumscheibe wurde einem Strahl von Heliumionen für eine gewisse Dauer ausgesetzt (d.h. einer Fluenz). Das Energiespektrum besteht aus einer scharfen Kante bei $0.59\,E_0$. Das entspricht Heliumionen, die Rutherford-Großwinkelstreuungen durch Siliziumoberflächenatome unterliegen und in den Detektor umgelenkt werden. Die Energie eines Teilchens der Masse M_1 und der Energie E_0 ist nach Streuung durch ein Teilchen der Masse M_2:

$$E = k^2 E_0 \tag{4.24}$$

wobei

$$k = \left[\frac{M_1 \cos\theta + (M_2^2 - M_1^2 \sin^2\theta)^{\frac{1}{2}}}{M_1 + M_2}\right] \tag{4.25}$$

und θ der Streuwinkel im Laborsystem ist. Dieser Ausdruck ergibt $k^2 = 0.59$ für Helium nach Streuung durch Silizium bei $\theta = 150°$. Der scharfen Kante des Spektrums folgt eine langsam variierende Ausbeute bei niedrigeren Energien. Heliumionen, die nicht durch die Oberfläche gestreut werden, verlieren Energie durch inelastische Prozesse, wenn sie durch das Gitter laufen, bevor sie elastisch mit Siliziumatomen in irgendeiner Tiefe unterhalb der Oberfläche zusammenstoßen. Nach dem Stoß verlieren sie wiederum inelastisch Energie, wenn sie das Target in Richtung Detektor verlassen. Ein sich geringfügig änderndes Spektrum entsteht, wie dargestellt. Vorausgesetzt, daß wir das inelastische Bremsvermögen und die Geometrie des experimentellen Aufbaus kennen, kann die Änderung der Rückstreu-Ausbeute als Funktion der Energie $Y(E)$ in die Ausbeute als Funktion der Tiefe in den Kristall umgewandelt werden. Die Ausbeute Y nimmt bei kleineren Energien (größeren Tiefen) zu, da der Wirkungsquerschnitt für elastische Stöße zunimmt, wenn die Energie abnimmt, so daß die Streuwahrscheinlichkeit zunimmt.

4.2.2 Spektren und Tiefenskalen

In Abb. 4.14 sehen wir die Bahn eines leichten Ions etwas genauer, wie es in ein Silizium-Target eindringt und Rutherford-Großwinkelstreuungen erleidet. Teilchen, die von der Oberfläche her unter einem totalen Streuwinkel θ gestreut werden, haben eine Energie, die wie vorher durch $E_b(0) = k^2 E_0$ gegeben ist. Unter Bedingungen, die oft in Rutherford-Rückstreuversuchen anwendbar sind, gilt $M_1 \ll M_2$. Die obige Beziehung für k kann dann vereinfacht werden:

$$k \mathrel{\hat=} \frac{M_1 \cos\theta + M_2}{M_1 + M_2} \qquad 4.26$$

Teilchen, die eine Strecke z (senkrecht zur Targetoberfläche) eindringen oder eine Strecke t, die entlang ihres Gesamtweges gemessen sein soll zurücklegen, verlieren durch elektronische Prozesse die Energie ΔE_{in} und kommen in einer Tiefe z mit einer Energie E_s an, die gegeben ist durch $E_s = E_0 - \Delta E_{in}$. Dann erfolgt elastische Streuung und die Energie des Teilchens am Beginn seines Rückwegs nach außen ist $k^2 E_s = k^2 (E_0 - \Delta E_{in})$. Es verliert zusätzliche Energie durch elektronische Prozesse, wenn es den Kristall verläßt. Die end-

E_0 = Strahlenergie
$E_b(0)$ = Strahlenergie nach elastischen Stößen an der Oberfläche
$E_s = E_0 - \Delta E_{in}$ = Strahlenergie in der Tiefe z
$E_b(z) = k^2 E_s - \Delta E_{aus}$ = Strahlenergie am Detektor von Teilchen, die bei z gestreut wurden
ΔE_{in} = bei der Tiefe t_1 inelastisch verlorene Energie
ΔE_{aus} = bei der Tiefe t_2 inelastisch verlorene Energie

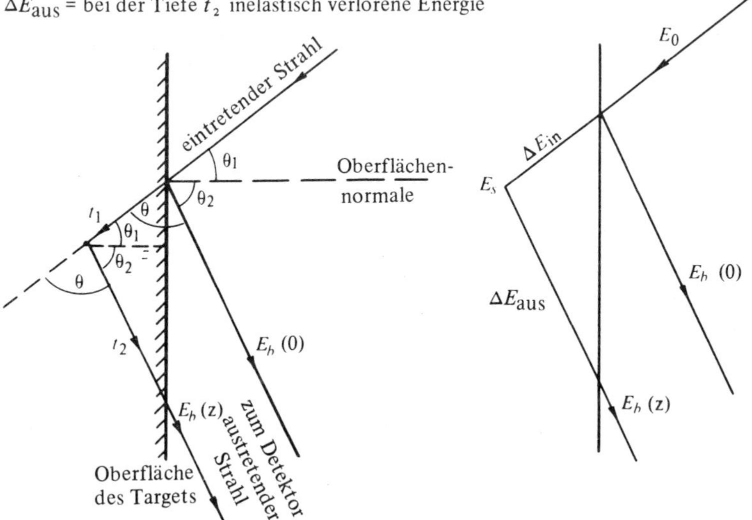

Abb. 4.14 Bahnen von Teilchen, die an der Oberfläche und in der Tiefe z elastisch gestreut werden.

gültige Teilchenenergie beim Auftreffen auf den Detektor ist somit $k^2 E_s - \Delta E_{out}$. Die Energieverlustterme ΔE_{in} und ΔE_{out} sind durch

$$\Delta E_{in} = \int_0^{z/\cos\theta_1} S(E)\,dt$$

und

$$\Delta E_{out} = \int_{z/\cos\theta_2}^{0} S(E)\,dt$$

gegeben, wobei $S(E)$ die elektronische Bremskraft und θ_1 und θ_2 die Winkel zwischen Teilchenbahn und Oberflächennormale bedeuten (Abb. 4.14). Schließlich kann E_b geschrieben werden als

$$E_b(z) = k^2 \left\{ E_0 - \int_0^{z/\cos\theta_1} S(E)\,dt \right\} - \int_0^{z/\cos\theta_2} S(E)\,dt \qquad 4.27$$

Um die Energie eines rückgestreuten Teilchens $E_b(z)$ mit der Tiefe z, wo die Streuung erfolgte, in Beziehung zu setzen, müssen wir dem geeigneten Ausdruck für $S(E)$ einsetzen und integrieren. Bei den hier betrachteten relativ geringen Tiefen[7] kann jedoch die Bremskraft für hochenergetische Teilchen (solchen wie MeV He^+) als konstant angesehen werden. Folglich können wir schreiben:

$$E_b(z) \approx k^2 \left\{ E_0 - \frac{z}{\cos\theta_1} S(E_0) \right\} - S(k^2 E_s) \frac{z}{\cos\theta_2} \qquad 4.28$$

wobei wir ein konstantes Bremsvermögen $S(E_0)$ für den Eintrittskanal und ein konstantes $S(k^2 E_s)$ für den Austrittskanal angenommen haben. Die Energiedifferenz zwischen Teilchen, die an der Oberfläche und in einer Tiefe z gestreut werden, ist

$$k^2 E_0 - E_b(z) = z \left\{ \frac{k^2 S(E_0)}{\cos\theta_1} + \frac{S(k^2 E_s)}{\cos\theta_2} \right\}$$

so daß wir jede gemessene Energiedifferenz in eine Tiefe umwandeln können. Das Energiespektrum der Rutherford-Rückstreuausbeute als Funktion der Teilchenenergie kann folglich in ein Spektrum umgewandelt werden, das die Ausbeute als Funktion der Kristalltiefe zeigt. Die genaue Umrechnung von einer Energie- zu einer Tiefenskala bedingt die Integration des Bremsvermögens $S(E)$ über den Weg des Geschosses. Die Näherung eines konstanten $S(E)$ führt aber zu einer Tiefenskala, die wahrscheinlich bis auf 10% genau ist, wenn die hier festgelegten Bedingungen erfüllt sind.

Wenn die Energieauflösung des Systems dE ist (d.h. das ist die geringste Energiedifferenz, die das untersuchende System auflösen kann), dann ist die entsprechende Tiefenauflösung dz gegeben als

$$dz = dE \Big/ \left(\frac{k^2 S(E_0)}{\cos\theta_1} + \frac{S(k^2 E_s)}{\cos\theta_2} \right) \qquad 4.29$$

und kann vergrößert werden, indem eine streifende Geometrie benützt wird, wie in Abb. 4.15 gezeigt. Hier schließen sowohl einlaufender als auch gestreuter Strahl kleine Winkel (5°–10°) mit der Kristalloberfläche ein; somit gilt θ_1 und $\theta_2 \approx 75°–85°$. Die Ausdrücke im Nenner der Gleichung 4.29 haben folglich ein Minimum, und die Tiefenauflösung hat ein Maximum. Bei Anwendung dieser Geometrie kann die Auflösung von (typischerweise) MeV-He^+ in Silizium mit einem Festkörperdefektor gemessen und mit einer allgemeinen Auflösung des Systems von $\cong$ 15 keV, von 15 nm–20nm (mit θ_1 und $\theta_2 \simeq 0°$ und 25°, wie in üblichen experimentellen Anordnungen) auf ≈2,5 nm verbessert werden.

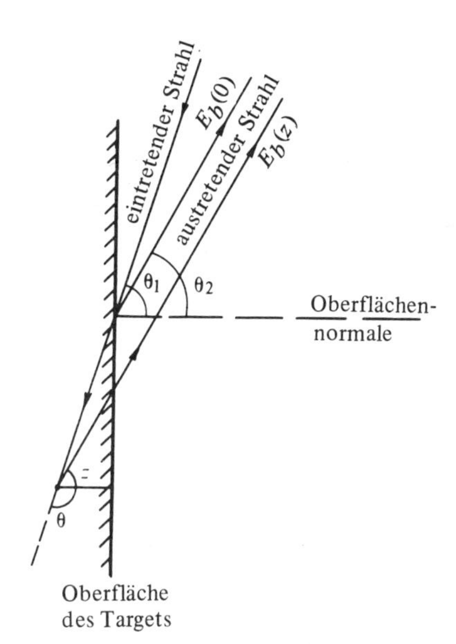

Abb. 4.15 Verbesserung der Tiefenauflösung bei der Rutherford-Rückstreuung über die Methode des streifenden Einfalls. Sowohl ein- als auch auslaufender Strahl bilden kleine Winkel (5° –10°) mit der Oberflächenebene.

Bisher haben wir nur die Streuung durch ein völlig zufälliges (amorphes) Target betrachtet. Abb. 4.13 gibt auch an, was man bei Verwendung eines Einkristalls erwarten würde. Setzt man den Einkristall dem Strahl in einer Zufallsrichtung aus (d.h. weit weg von einer Hauptkristallrichtung), so würde man wiederum ein Zufalls-Rückstreuspektrum erhalten. Der Sondenstrahl würde keine besondere Ordnung innerhalb des Targets geben, welches sich wie ein amorphes Material verhalten würde. Alle Targetatome kämen als Streuzentren für den Strahl in Betracht. Dagegen ergibt sich, wenn man auf einen einfallenden Strahl in einer kristallographischen Hauptrichtung ausrichtet (sagen wir ⟨110⟩, ⟨111⟩, ⟨100⟩) ein merklich verschiedenes Spektrum. Unter diesen Bedingungen tritt channelling des Sondenstrahles auf, und ein beträchtlicher Anteil (vielleicht > 95%) wird davon abgehalten, sich in der Nähe der Gitterreihenatome zu bewegen. Da Rutherford-Streuung kleine Stoßparameter verlangt, heißt das, daß die Ausbeute in allen Tiefen gegenüber einer Zufallsbestrahlung bei gleichem Heliumfluß vermindert wird. Man beachte, daß die Stoßausbeute an der Substanzoberfläche bei Zufallsanordnungen und Bestrahlungen mit Ausrichtung gleich ist. Das ist deshalb der Fall, weil es für die äußeren Atome keine Abschattungen gibt und die Rutherford-Ausbeute, für die die Anzahl der Streuzentren pro

Einheitsfläche verantwortlich ist, in beiden Fällen gleich ist. Wie in Abb. 4.13 gezeigt wird, steigt das Spektrum bei Ausrichtung bis zum Zufallsniveau an, um dann scharf bis zu einem Minimalabstand $\chi_{min}(t)$ abzufallen, bevor es langsam mit zunehmender Kristalltiefe anwächst. Dieser Anteil $\chi_{min}(t)$ ist definiert durch

$$\chi_{min}(t) = \frac{Y_A(t)}{Y_R(t)}\ , \text{ wobei } Y_A(t) \text{ und } Y_R(t)$$

die Ausbeuten bei Ausrichtung und bei Zufallsanordnung in der Tiefe t bedeuten. χ_{min} ist typisch 0,01–0,05. Bei den meisten Versuchen ist der Oberflächenpeak stark abgeflacht, da die Apparatur in ihrer Energieauflösung begrenzt ist und zwischen dem Helium von der Oberflächenlage und dem Helium, das von geringen Tiefen innerhalb des Kristalls gestreut wurde, nicht unterschieden werden kann. Der Oberflächenpeak ist deshalb ein Durchschnittswert und hebt sich gegenüber dem Zufallsniveau nicht ab. In einem realen Kristall gibt es auch noch etwas Oxid oder Strahlenschaden in den ersten paar Lagen, und das ruft bei Ausrichtung in dem Spektrum einen kleinen Peak hervor. Dieser Aspekt wird in mehr Einzelheiten in Abschnitt 4.2.3 abgehandelt.

Die Spektralausbeute bei der Ausrichtung fällt hinter dem Oberflächenpeak nicht auf Null ab, da ein Teil des Heliumstrahls noch fähig ist, mit den Gitteratomen in Wechselwirkung zu treten. Wie früher erörtert wurde, wird ein Strahl, der entlang einer Hauptachse einfällt, in die Komponenten eines gechannelten und eines Zufallstrahles aufgespalten. Der Zufallsstrahl ist der Anteil, der die Enden der Reihen trifft und dann fähig ist, mit allen Atomen innerhalb des Kristalles in Wechselwirkung zu treten. Deshalb gibt es eine Streuausbeute für alle Tiefen im Kristall, auch bei ausgerichteter Bestrahlung. Auch die gechannelte Komponente erleidet unterschiedliche Anteile von zunehmenden Dechannelling, wenn seine Teilchen beim Kanaldurchgang langsam werden.

Thermische Schwingungen in einem Realkristall vermindern die Kristallsymmetrie und neigen deshalb zur Zerstörung der Stoßkerrelationen, die zum Verbleib eines Teilchens auf der Channelling-Bahn nötig sind. Auch andere Effekte, die Vielfachstreuung des Strahls hervorrufen, müssen berücksichtigt werden. Das Endresultat ist jedoch ein Abfall des Kanalanteils des Strahls und somit ein Anstieg der „gerichteten“ Streuausbeute mit der Tiefe. Die Zunahme von Y_A ist zum Teil auch durch die Energieabnahme der „Zufalls“-Komponente mit der Tiefe bedingt, die zu einer höheren Streuwahrscheinlichkeit führt. Dieser zweite Effekt wurde schon bei einem „Zufalls“-Spektrum gesehen, wo die Ausbeute mit der Tiefe zunimmt.

Deshalb ist es möglich, aus Spektren wie denen von Abb. 4.15 den Anteil $\chi(t)$ zu messen, d.h. im „Zufalls“-Strahl. Damit wir jedoch $\chi(t)$ erhalten können, müssen wir $Y_A(t)$ und $Y_R(t)$ bei gleichen Tiefen (nicht bei gleichen Energien) vergleichen. Da die Kanal- und „Zufalls“-Strahlen verschiedenen Bahnen folgen, erfahren sie verschiedene Energieverlustraten. Im Kanal geführte Ionen z.B. verbringen einen beträchtlichen Anteil ihrer Zeit weit entfernt von den Gitteratomen und verlieren mit geringerer Rate Energie als solche Ionen, die einer Zufallsbahn folgen. Wenn man von einer Energie- zu einer Tiefenskala übergeht, wie vorher erörtert, ruft der Unterschied der Bremsvermögen verschiedene Tiefenskalen für „ausgerichtete“ und „Zufalls“-Spektren hervor. Ein letzter Punkt, der Abb. 4.13 betrifft, ist der, daß die „ausgerichteten“ und „Zufalls“-Spektren nie gleich werden sollten, selbst bei niedrigen Energien nicht (d.h. bei großen Tiefen). Dies erkennt man am besten, wenn man an ein Target denkt, das eine äußere, einkristalline Schicht besitzt, auf die eine zufällig angeordnete oder amorphe Struktur folgt. Teilchen, die durch den Einkristall als entweder „Zufalls"- oder „ausgerichtete" Strahlen laufen, erreichen die zufällig angeordnete Schicht mit verschiedenen Energien. Folglich zeigt die Ausbeute aus den beiden Komponenten immer einen Unterschied in jeder weiteren Tiefe. Der Kanalanteil hat höhere Energie und ruft geringere Rutherford-Rückstreuausbeute hervor.

4.2.3 *Strahlungsschaden*

Die Kombination von Rutherford-Großwinkelstreuung und dem „channelling" kann benützt werden, um Abweichungen von der Kristallinität in Einkristallen zu messen[7]: Die Grundlage für diese Methode wird in Abb. 4.16 erläutert. Ein Silizium-Einkristall wird einem hochenergetischen Heliumstrahl ausgesetzt und sowohl „Zufalls"- als auch „ausgerichtetes" Spektrum aufgenommen. Es soll angenommen werden, daß der Einkristall innerhalb einer kleinen Zone (sagen wir 50 nm) an der Oberfläche geschädigt ist. Der Grad der Schädigung liege zwischen dem, der in einer amorphen Probe, und dem, der in einem Einkristall gefunden wird. Behalten wir die Grenzen im Gedächtnis, die uns durch die Tiefenauflösung des Systems auferlegt sind, so zeigt sich das erwartete „ausgerichtete" Spektrum zusammen mit dem eines identischen Einkristalls, der jedoch keinen Strahlenschaden aufweist, in Abb. 4.16. In diesem zweiten Fall gibt es ein sehr kleines Ausbeutemaximum an der Oberfläche auf Grund des Restschadens und des Oxids. Es folgt ein langsam ansteigendes „ausgerichtetes" Spektrum. An der geschädigten Probe ist jedoch das Oberflächenmaximum viel größer und steigt auf den Wert der Zufallsanordnung. Heliumionen, die in diese Probe „ausgerichtet" einlaufen, können von versetzten Siliziumatomen gestreut werden, die nicht mehr länger durch die Gitterketten abgeschattet werden. Folglich steigt die „ausgerichtete" Ausbeute; sie hängt von der Anzahl der ver-

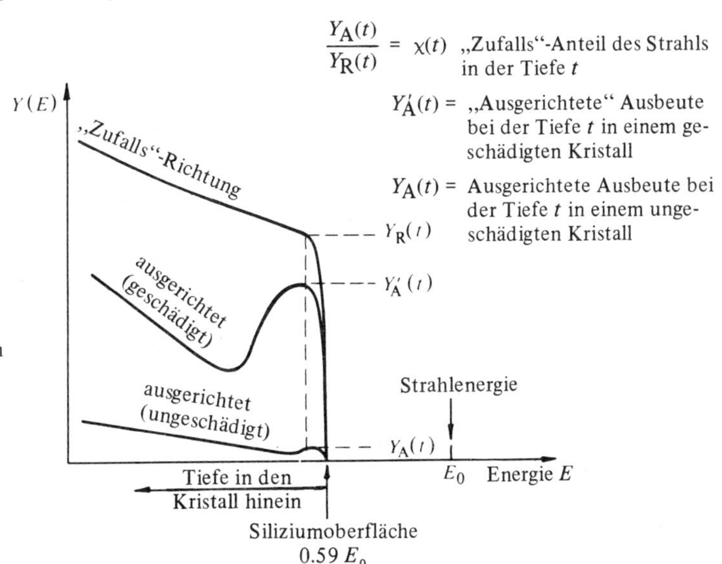

Abb. 4.16 Ausgerichtete und Zufallsspektren für Kristalle, die oberflächengeschädigte Schichten aufweisen. Die Ausbeute $Y'(t)$ kann benützt werden, um Zahl und Tiefenverteilung von versetzten Atomen auszurechnen.

setzten Atome ab. Da die Probe in diesem Fall nicht amorph ist, gibt es immer noch einen Kanalanteil; die Ausbeute erreicht nicht den Wert der „Zufalls"-Anordnung. Heliumionen, die durch diese geschädigte Schicht durchlaufen, werden nur noch in einer ungeschädigten Zone gestreut; die „ausgerichtete" Ausbeute fällt fast auf den typischen Wert eines Einkristalls. Die Ausbeute direkt hinter dem Oberflächenmaximum fällt jedoch nicht genau auf den Wert des ungeschädigten Kristalls, da der Heliumstrahl beim Durchlaufen durch die geschädigte Schicht einige Kleinwinkelstreuungen erleidet (d.h. die Strahlkollimation wird verringert). Daraus ergibt sich eine höhere Wahrscheinlichkeit für die Wechselwirkung mit den Gitteratomen, und dieses angewachsene De-channelling-Niveau drückt sich in einer höheren Ausbeute bei Ausrichtung aus.

Die Fläche unter dem Oberflächenpeak kann zur Berechnung der Anzahl versetzter Atome herangezogen werden. Die Fläche wächst natürlich mit zunehmender Höhe der Schädigung. Insbesondere sind bei amorpher Oberflächenschicht die Spektren bei Ausrichtung und bei Zufallsanordnung bis hinein in beträchtliche Kristalltiefen identisch. Als wichtig sei angemerkt, daß bei Umwandlung einer Energieskala in eine Tiefenskala die Abweichung der inelastischen Bremskraft für die Heliumstrahlen bei Zufalls- und Channelanordnung in die Berechnung einbezogen werden muß. Bei der Umrechnung in die Zahl versetzter Atome liegt der schwierigste Schritt in der Bestimmung des angewachsenen Dechannelling-Anteils, den der ausgerichtete Strahl beim Durchgang durch die geschädigte Schicht erleidet.

Wir wollen danach die Spektren bei ausgerichteter und zufälliger Anordnung sowohl für geschädigte wie für ungeschädigte Kristalle betrachten, wie in Abb. 4.17 gezeigt ist. Der ungeschädigte Kristall hat eine „ausgerichtete" Ausbeute bei einer Tiefe t, die durch $Y_A(t)$ gegeben ist, während die Ausbeute des geschädigten Kristalls durch $Y'_A(t)$ gegeben ist. Ähnlich ist der „Zufalls"-Anteil des analysierenden Strahles mit $\chi'(t)$ und $\chi(t)$ für geschädigte bzw. ungeschädigte Kristalle angegeben. An jedem Punkt innerhalb der geschädigten Region ist $Y'_A(t)$ aus 2 Komponenten zusammengesetzt, nämlich aus

1. Streuung durch versetzte Atome
2. Streuung durch noch auf Gitterplätzen befindliche Atome.

Sowohl die „Zufalls"- wie auch „Channel"-Strahlen tragen zu (1) bei, jedoch rufen nur die Zufallstrahlen (2) hervor. Wenn N die Dichte der Targetatome und N' die Dichte der versetzten Atome in der Tiefe t bedeuten, dann ist die Ausbeute des „ausgerichteten" Strahls $\{1 - \chi'(t)\}\, Y_R(t)$, der mit den versetzten Atomen in Wechselwirkung tritt,

$Y_R(t) \left\{1 - \chi'(t)\right\} \dfrac{N'(t)}{N}$. Der „Zufalls"-Strahl $\chi'(t) Y_R(t)$ erzeugt eine Ausbeute

$\chi'(t)\, Y_R(t) \dfrac{N'(t)}{N}$ durch Wechselwirkung mit versetzten Atomen und noch eine Ausbeute $\chi'(t)\, Y_R(t) \left\{\dfrac{N - N'(t)}{N}\right\}$ durch Atome auf den Gitterplätzen. Die totale „ausgerichtete" Ausbeute ist folglich

$$Y'_A(t) = Y_R(t) \left[\left\{1 - \chi'(t)\right\} \frac{N'(t)}{N} + \chi'(t) \frac{N'(t)}{N} + \chi'(t) \frac{N - N'(t)}{N}\right] \qquad 4.30$$

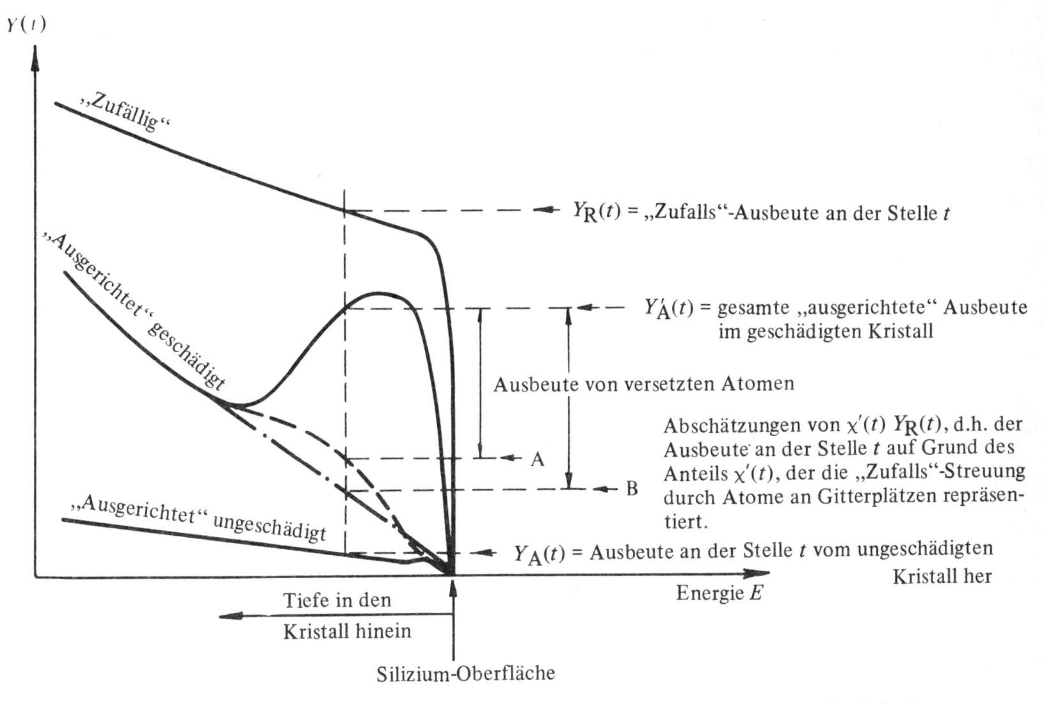

Abb. 4.17 Damit die Fläche unter dem Maximum im „ausgerichteten“ Spektrum in eine Schädigungsverteilung $N'(t)$ umwandelbar ist, wird $\chi'(t)$ berechnet. Eine theoretische Rechnung für die Streuung von Teilchen aus dem Kanal heraus ist in (A) gezeigt, ebenfalls eine Geradennäherung (B).

Die ersten zwei Terme auf der rechten Seite von Gleichung 4.30 rühren von den versetzten Atomen her, und wir erhalten, wenn man sie zusammenzieht,

$$Y'_A(t) = Y_R(t)\left[\frac{N'}{N} + \chi'(t)\,\frac{N - N'(t)}{N}\right] \qquad 4.31$$

Gleichung 4.31 kann in neuer Form geschrieben werden, so daß sie die Dichte versetzter Atome in einer Tiefe t als

$$N'(t) = N\,\frac{\dfrac{Y'_A(t)}{Y_R(t)} - \chi'(t)}{1 - \chi'(t)} \qquad 4.32$$

wiedergibt. Um diese Gleichung zu benutzen, müssen wir berechnen, wie der Zufallsanteil des Strahles $\chi'(t)$ sich mit der Tiefe durch die zerstörte Region hindurch ändert. Abb. 4.17 zeigt das erwartete Aussehen für dieses Dechannelling; ein scharfer Anstieg bei $\chi'(t)$ im Bereich der geschädigten Schicht, bis die vorhergesagte Änderung sanft in das gemessene Dechannelling-Niveau hinter dem „Schadens“-Peak einmündet. Einen Ausdruck $\chi'(t)$ kann man auf folgende Weise erhalten: Bei irgendeiner Tiefe t wächst der „Zufalls“-Anteil um einen Betrag $d\chi'(t)$. Das folgt daraus, daß ein Teil $[1 - \chi'(t)]$ der gechannelten

Ionen in Winkeln größer als ψ_c (dem kritischen Winkel für Channelling) gestreut wird. Das geschieht, wenn er die geschädigte Schicht dt bis zur Tiefe t, in der $N'(t)$ versetzte Atome enthalten sind, durchdringt. Die Wahrscheinlichkeit für Streuung mit einem Winkel größer als ψ_c ist $P(\psi_c, t)$ und ist gegeben durch das Integral über den Streuquerschnitt von ψ_c bis π. Der Zuwachs in $\chi'(t)$ kann geschrieben werden als

$$d\chi'(t) = [1 - \chi'(t)]\, P(\psi_c, t)\, N'(t)\, dt \qquad 4.33$$

oder

$$\int_{\chi'(t_1)}^{\chi(t_2)} \frac{d\chi'(t)}{1 - \chi'(t)} = \int_{t_1}^{t_2} P(\psi_c, t)\, N'(t)\, dt \qquad 4.34$$

Daher ist

$$\log_e \frac{1 - \chi'(t_2)}{1 - \chi'(t_1)} = -\int_{t_1}^{t_2} P(\psi_c, t)\, N'(t)\, dt = -\gamma(t) \qquad 4.35$$

oder

$$\chi'(t_2) = 1 - [1 - \chi'(t_1)]\, e^{-\gamma(t)} \qquad 4.36$$

Die Gleichungen 4.32 und 4.36 erlauben uns, die Schädigungsverteilung $N'(t)$ zu finden, falls wir mit den folgenden Schritten vorgehen: zuerst nehmen wir an, daß über dem ersten geringen Tiefenzuwachs ins geschädigte Gebiet der Betrag des „dechannelling" ungefähr derselbe ist wie der für einen ungeschädigten Kristall, d.h. $\chi'(t_1) \simeq \chi(t_1)$. In einem typischen Versuch würde als diese geringe Strecke diejenige genommen werden, die durch den ersten Kanal im Rückstreu-Spektrum definiert ist, d.h. $\chi'(0) \simeq \chi(0)$. Folglich ist $\chi'(t_1)$ aus den Messungen von $\chi(t_1)$ an einem ungeschädigten Kristall bekannt. Die Substitution in Gleichung 4.32 zusammen mit den gemessenen Werten von $Y_R(t_1)$, $Y'_A(t_1)$ aus dem ersten Kanal ergibt die Schädigungsdichte $N'(t_1)$. Die Wahrscheinlichkeit $P(\psi_c, t)$, daß „dechannelling" beim Durchgang durch $N'(t_1)$ erfolgt, kann als nächstes berechnet werden. Daran schließt sich die Bestimmung von $\chi'(t_2)$ an, dem „Zufallsanteil" des Strahles am Ende des ersten Tiefenzuwachses, mit Hilfe der Gleichung 4.36. Es wird angenommen, daß $\chi'(t_2)$ über den nächsten Tiefenzuwachs konstant ist, so daß Gleichung 4.32 wieder benützt werden kann. Sie ergibt die Schädigungsdichte $N'(t_2)$, wenn man die Werte $Y'_A(t_2)$, $Y'_R(t_2)$ aus dem zweiten Kanal des experimentellen Spektrums eingibt.

Verfährt man auf diesem Weg, kann die ganze Schädigungsverteilung $N'(t)$ berechnet werden. Die Gültigkeit des Ergebnisses wird überprüft, wenn man sich der Tatsache versichert, daß der berechnete „dechannelling"-Betrag $\chi'(t)$ mit dem experimentellen Wert direkt hinter dem Schädigungsmaximum übereinstimmt. Umgekehrt können wir feststellen, daß die Verteilung $N'(t)$ auf Null hinter dem Schädigungsmaximum fallen muß. In Abb. 4.17 ist die allgemeine Gestalt einer theoretisch berechneten Kurve zusammen mit einer Geradennäherung gezeigt, die unter vielen Umständen genau genug ist.

Als ein Beispiel der obigen Nachweismethoden können wir die experimentellen Daten von Abb. 4.18 betrachten[8]. Nach der Implantation von 5×10^{18} Ionen/m^2 von 200 keV

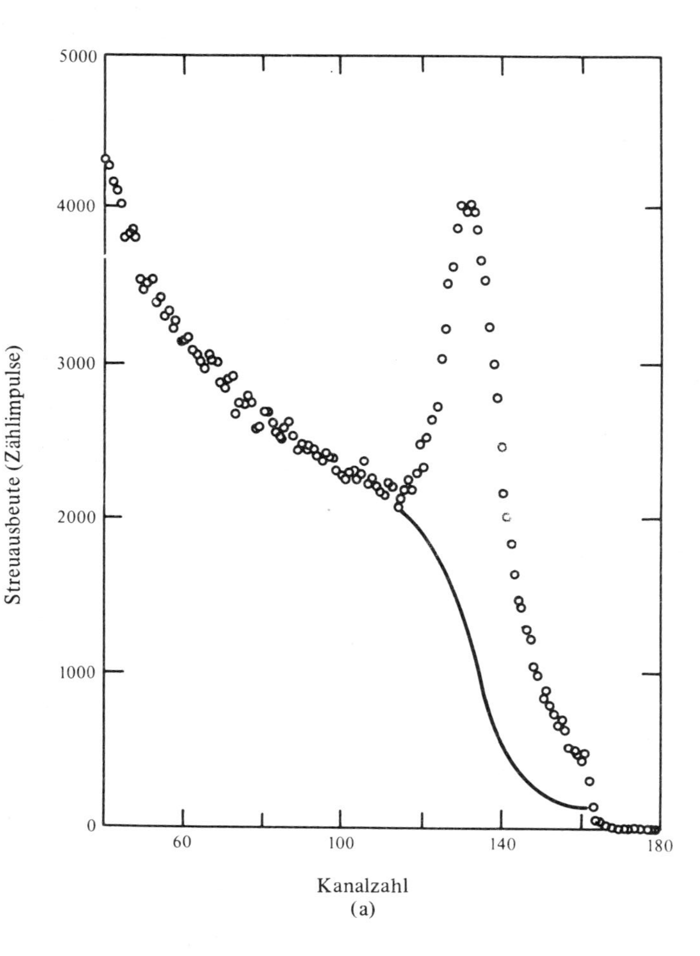

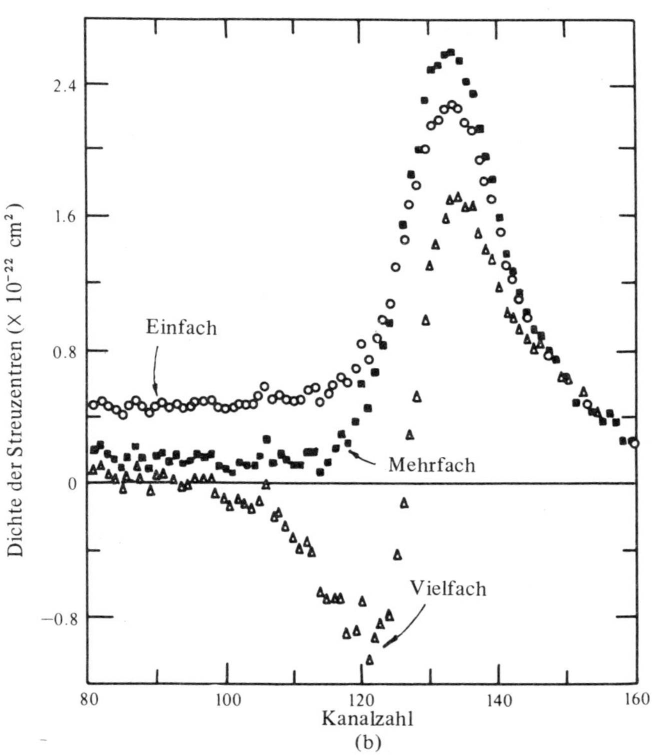

Abb. 4.18 (a) Spektrum bei Ausrichtung für Bi, implantiert in Silizium. Die Dechannelling-Kurve wurde mit Mehrfachstreuung berechnet.
(b) Schadensverteilung, berechnet aus (a), basierend auf ■ Mehrfachstreuung, ○ Einfachstreuung, △ Vielfachstreuung

B_i bei $-150°C$, zeigt das „ausgerichtete" Spektrum aus dem Siliziumsubstrat bei Gebrauch von 1,8 MeV He^+ ein Schädigungsmaximum. Eine theoretisch berechnete Kurve für $\chi'(t)$ wird an dieses Spektrum angepaßt. Diese Rechnung erfolgte wie oben beschrieben. Es wurde jedoch angenommen, daß die Streuung des Strahles beim Durchlauf durch die Schädigungszone mittels einer größeren Zahl (z.B. bis zu 20) von nacheinander ablaufenden Stößen und nicht mittels eines einzelnen Streuvorgangs bewirkt wurde. Diese Näherung (Mehrfachstreuung) führt zu einem anderen Ausdruck für die „dechannelling"-Wahrscheinlichkeit $P(\psi, t)$ von Gleichung 4.34. Eine weitere Behandlung des Problems, die auf der Grundlage einer großen Zahl (sagen wir: >25) von Streuereignissen als Quelle des „dechannelling" beruht, sorgt für einen dritten möglichen Ausdruck für $P(\psi, t)$. Welche Behandlung auch immer gebraucht wird (Einzel-, Mehrfach- oder Vielfachstreuung), es kann immer eine Kurve für den Anteil aus der „Zufalls"-Komponente des Strahles zum „ausgerichteten" Spektrum abgeschätzt und damit die Schädigungsverteilung erhalten werden. Abb. 4.18(b) zeigt die Ergebnisse solcher Rechnungen, wenn sie auf die Daten der Abb. 4.16 angewandt werden. Man sieht, daß Einzelstreuung eine Schädigungskurve voraussagt, die nicht zu Null zurückkehrt, während Vielfachstreuung eine Kurve mit „negativem" Schaden bei Tiefen über dem Gipfel hinaus hervorruft. Offensichtlich ist das „dechannelling" durch Einzelstreuung unterbewertet und durch Vielfachstreuung überbewertet. Die Behandlung unter Mehrfachstreuung jedoch führt zu einer Schädigungsverteilung, die zu Null hinter dem Gipfel der Störung zurückfällt und somit als die beste Abschätzung für $\chi'(t)$ erscheint. Das wird auch aus Abb. 4.18(a) ersichtlich, wo die theoretische Kurve für $\chi'(t)$ – auf Grundlage von Mehrfachstreuung erhalten – glatt in die experimentelle Kurve hinter dem Schädigungsmaximum einläuft.

Man sollte hier anmerken, daß die Berechnung der Zahl der versetzten Atome aus Ratherford-Rückstreuspektren nicht ohne Schwierigkeiten und Mehrfachinterpretationen ist. Genauso wie die Schwierigkeit in der Bestimmung des „dechannelling"-Wertes in den geschädigten Zonen gibt es ein noch grundlegenderes Problem. Bei vielen Implantationsversuchen enthält das Wirtsgitter nicht nur versetzte Atome, sondern der Kristall kann auch in einem Spannungszustand sein, in dem die Ketten und Ebenen gestört sind. Die gemessene Rückstreu-Ausbeute enthält einen Anteil von diesen verspannten Gebieten, obwohl wir diese nicht als geschädigt anzusehen brauchen (etwa im Sinn, daß sie Zwischengitteratome enthielten). Zusätzlich sorgen einige Gitterfehler für Anteile zur Gesamtausbeute, die größer als erwartet sind. Diese und andere Schwierigkeiten machen diese Methode im wesentlichen zu einer qualitativen. Im Ausgleich dafür aber sorgt sie immer noch für wertvolle Aussagen über die Tiefenverteilung des Strahlenschadens.

4.2.4 Die Lage der Atome

Die Streuung an einer Verunreinigung, die schwerer ist als Silizium, führt zu einem geringeren Energieverlust als Streuung an Silizium. Deswegen erscheint die Heliumstreuung an Antimon, das an der Oberfläche des Siliziumgitters gelegen ist, bei einer höheren Energie (0,89 E_0), wie in Abb. 4.19 abgebildet. Vorausgesetzt, Sb ist in hinreichenden Mengen (>10^{-4} atomarer Anteil) vorhanden und liegt innerhalb eines flachen Gebietes, wird eine wohldefinierte Ausbeute erhalten. Mit den Energien, die gewöhnlich bei Ionenimplantation verwandt werden, führen die Reichweiten von schweren Ionen wie Sb zu Tiefenver-

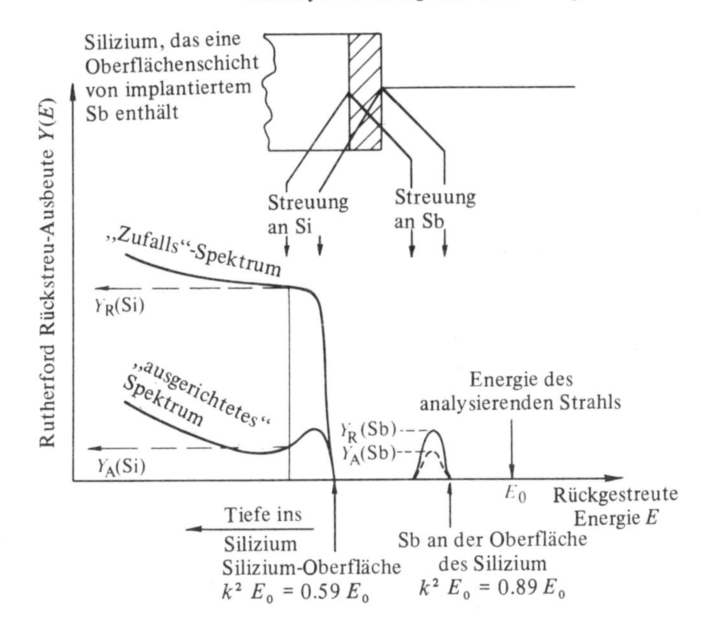

Abb. 4.19 Rutherford-Rückstreuspektren für eine Siliziumprobe, die eine flache Oberflächenschicht von implantiertem Antimon enthält.

teilungen nahe an der Probenoberfläche (vgl. Kapitel 3), so daß Maxima erhalten werden, die denen in Abb. 4.19 gezeigten ähneln.

Die Einbringung eines schweren Ions in ein Kristallgitter führt gewöhnlich zu Strahlungsschaden. Dies kann durch die Methoden nach Abschnitt 4.2.3 untersucht werden. Die Lage von Sb innerhalb des Gitters kann ebenfalls mit ähnlichen Methoden untersucht werden. Setzt man die Substanz Heliumbestrahlungen in sowohl ausgerichteter wie zufälliger Anordnung aus, so erzeugt man beide Spektrenarten, nämlich die des Substrats wie auch die des Implantats. Bei Bestrahlung in Zufallsrichtung ist der ganze Strahl zur Wechselwirkung mit dem Sb fähig. Es tritt keine Abschattung auf, und die Fläche unter dem Sb-Peak ist ein direktes Maß für die Anzahl implantierter Ionen. Jedoch ergibt sich für eine „ausgerichtete" Bestrahlung, wenn sich etwas von dem Sb auf Zwischengitterplätzen befindet oder sonstwo innerhalb einer Kristallreihe liegt, eine Verminderung der Ausbeute. Die Sb-Peakfläche ist in diesem Fall ein Maß für jene Atome, die Zwischengitterplätze innerhalb des offenen Kanals besetzen und deshalb von dem Strahl „gesehen" werden können. Die Ausbeutenminderung beim Sb zwischen „Zufalls"- und „Ausrichtungs"-Bestrahlungen kann folglich als Maß für den Anteil der Verunreinigung, der entlang der fraglichen Gitterreihe lokalisiert wurde, verwendet werden. Durch Heliumstrahl-Sondierung in anderen kristallographischen Richtungen ist eine genaue Feststellung der Lage von Verunreinigungen im Gitter möglich:

Die Gitterstruktur von Silizium ist in Abb. 4.20 für die {110}-Ebene[9] gezeigt. Die kristallographischen Hauptrichtungen ⟨110⟩, ⟨100⟩ und ⟨111⟩ sind zusammen mit möglichen Positionen von Verunreinigungsatomen speziell auf sogenannten tetraedrischen Plätzen, dargestellt. Für Sb, das sich auf Zwischengitterplätzen befindet, ergeben Versuche mit Sondenstrahlen, die in irgendeine der drei Hauptrichtungen geschickt werden, eine

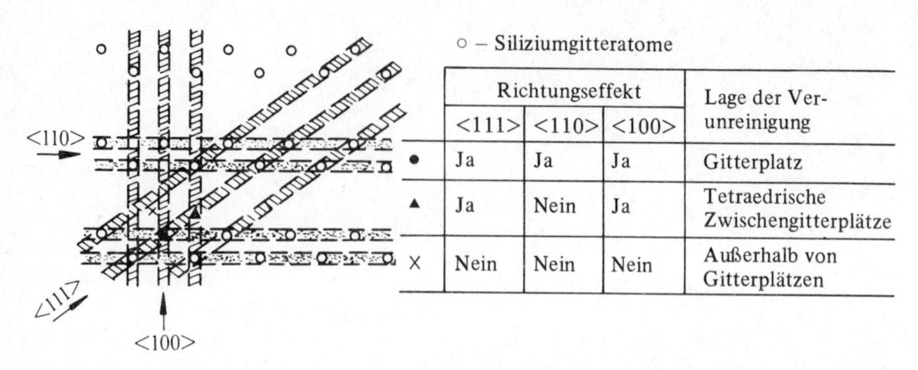

	Richtungseffekt			Lage der Verunreinigung
	<111>	<110>	<100>	
•	Ja	Ja	Ja	Gitterplatz
▲	Ja	Nein	Ja	Tetraedrische Zwischengitterplätze
×	Nein	Nein	Nein	Außerhalb von Gitterplätzen

Abb. 4.20 Die Atomanordnung in einer ⟨110⟩-Ebene. Sie zeigt, wie die Lagen •, ▲ und × von Fremdatomen durch Channelling-Effekt-Messungen entlang verschiedener kristallografischer Richtungen aufgefunden werden können. Schattierte Flächen stellen verbotene Bereiche dar, in die ein gechannelter Strahl nicht eindringen kann. Ein Richtungseffekt läßt sich auch nachweisen, indem man für jeden Fall entlang einer passend gewählten Zufallsrichtung eine Messung macht.

100%ige Verminderung der Ausbeute, da das Sb in allen Fällen innerhalb der verbotenen Zone liegt. Betrachten wir dagegen Sb, das auf tetraedrischem Platz sitzt: Da es gleichsam in ⟨110⟩- wie ⟨100⟩-Richtung abgeschattet wird, scheinen die Messungen in diesen Richtungen eine Zwischengitterlage zu ergeben. Ein Versuch in ⟨100⟩-Richtung setzt diese tetraedrischen Plätze dem Strahl so aus, daß keine Abschwächung der Ausbeute im Vergleich zum „Zufalls"-Niveau auftritt. Andere Rückschlüsse können für andere Plätze mit Verunreinigungen gezogen werden. Diese sind in Abb. 4.20 zusammengestellt.

Weitere Informationen bezüglich der Lokalisierung von Verunreinigungen kann man oft durch Berücksichtigung von Gittersymmetrien erhalten. In Si gibt es z.B. sechs äquivalente ⟨110⟩-Richtungen, die sich nur in Zwischengitterplätzen durchschneiden. Wenn wir in einem bestimmten Versuch eine 80%-Minderung der Sb-Ausbeute (in der ⟨110⟩-Richtung) messen, bezogen auf die „Zufalls"-Ausbeute, können wir folglich sagen, daß dieselbe Minderung in den anderen fünf ⟨110⟩-Richtungen zu sehen sein sollte. Die Mehrheit des Sb muß deshalb an der Schnittstelle der ⟨110⟩-Ketten liegen (d.h. auf Gitterplätzen). Es folgt auch, daß von den 20%, die Plätze innerhalb des betrachteten ⟨110⟩-Kanals einnehmen, nicht mehr als ein Fünftel (d.h. 4%) Nicht-Zwischengitterplätze längs einer ⟨110⟩-Kette einnehmen kann. Deswegen sind mindestens 76% des Sb auf Gitterplätzen. Dieses Symmetrieargument kann natürlich nur angewandt werden, wenn eine hohe Minderung der Ausbeute in einem Kristall gegeben ist, der einen hohen Grad an Symmetrie besitzt.

In den vorangehenden Argumenten wurde der Prozentsatz an Atomen, die auf verschiedenen Gitterplätzen sitzen, einfach durch Betrachtung der Rückstreu-Ausbeuten abgeleitet, die sich aus der „Zufalls"-Messung und zahlreichen „ausgerichteten" Einstellungen ergeben. Wenn man ein Signal von schweren Verunreinigungen von einem Sondenstrahl in Kanalrichtung erhält, so haben wir angenommen, daß Atome zwischen oder auf einer Gitterkette nicht zur Ausbeute beitragen. Jedoch erfolgt selbst in einer Kanalrichtung eine Wechselwirkung eines Teils des Strahles (des „Zufalls"-Anteils) mit allen Atomen unabhängig von ihrer Gitterposition. Das muß noch berücksichtigt werden. Unglücklicherweise ändert sich der Betrag des „Zufalls"-Strahls während des Durchgangs durch den Kristall und das erzeugte Streusignal kann sich ebenfalls mit der Tiefe ändern. Die Wirkung des „Zufall"-Anteils kann jedoch für flache Implantate wie folgt einfach abgeschätzt werden.

In Abb. 4.19 sehen wir die Rückstreu-Spektren, die nach Implantation von 40 keV Sb in Silizium gemessen wurden. Dieses war getempert worden, damit ein großer Prozentsatz des Strahlenschadens entfernt wurde. Nun gebe die Fläche unter dem Sb eine Ausbeute A_R für eine „Zufalls"-messung und A_A für eine „ausgerichtete" Messung (sagen wir: ⟨110⟩). Das ausgerichtete Spektrum für das Siliziumsubstrat zeigt ein Schädigungsmaximum; dahinter fällt die Ausbeute auf einen Wert, der über dem „jungfräulichen" oder unimplantierten Wert liegt. Das Verhältnis der „ausgerichteten" Ausbeute bei dieser Lage zur „Zufalls"-Ausbeute ergibt den Anteil des Sondenstrahls, der nicht im Kanal geführt wurde. Dieses Verhältnis χ_{min} stellt den „Zufalls"-Anteil des Strahls dar. Wir nehmen an, daß dieser Wert von der Oberfläche an bis in die Tiefe des implantierten Sb gültig bleibt. Der Strahl, der den Kristall in einer „ausgerichteten" Stellung sondiert, besteht deshalb aus einem Anteil χ_{min}, dem „Zufalls"-Anteil, und der im Kanal geführten Komponente $1-\chi_{min}$.

Wenn der Teil an implantiertem Sb, der Gitterplätze oder Plätze entlang der ⟨110⟩-Ketten einnimmt, mit F_s bezeichnet wird, dann ist der Anteil, der an Zwischengitterplätzen innerhalb des ⟨110⟩ – Kanals liegt, $(1-F_s)$. Wenn A_R die Sb-Fläche für die „Zufalls"-Messung ist, dann stellt dies die Gesamtzahl von Sb-Atomen im Gitter dar. Die Fläche A_A, die sich bei der „ausgerichteten" Messung ergab, besteht aus mehreren Anteilen wie folgt:

1. Derjenige, der vom „gechannelten" Strahl $(1-\chi_{min})$ herrührt, wenn dieser mit den Zwischengitteratomen $(1-F_s)\,A_R$ in Wechselwirkung tritt.
2. Derjenige, der vom „Zufalls"-Strahl χ_{min} herrührt, wenn dieser in Wechselwirkung mit den Zwischengitteratomen $(1-F_s)\,A_R$ tritt.
3. Derjenige, der vom „Zufalls"-Strahl χ_{min} hervorrührt, wenn dieser in Wechselwirkung mit den Substitutionsatomen (oder Atomen innerhalb der Gitterkette) F_sA_R tritt.

Deshalb gilt

$$A_A = (1-\chi_{min})\,(1-F_s)A_R + \chi_{min}(1-F_s)A_R + \chi_{min}F_sA_R$$

oder

$$F_s(Y_R - \chi_{min}\,Y_R) = Y_R - Y_A$$

und

$$F_s = \frac{1 - {}^{A_A}/{A_R}}{1-\chi_{min}} = \frac{\frac{A_R - A_A}{A_R}}{1-\chi_{min}}$$

Diese Analyse führt einen Korrekturterm $(1-\chi_{min})$ bei der Berechnung des Anteils der Verunreinigungen F_s, die sich entlang einer speziellen Reihe befinden, ein. Die Korrektur ist oft, wenn die Schädigungshöhe gering ist, vernachlässigbar, so daß χ_{min} sich dem niedrigen Niveau nähert, das man in einem nicht implantierten Kristall findet. Dieses ist oft in Versuchen der Fall, da normalerweise ein Ausheilen zur Reduzierung der Gitterschäden und zum Plazieren der Verunreinigungen auf Gitterplätze erforderlich ist.

Als Beispiel für die obigen Verfahren wollen wir die experimentellen Daten [10], die in Abb. 4.21 gezeigt sind, betrachten. Gold enthaltende Kupfersubstrate wurden mit Rutherford-Rückstreuung von 1.2 MeV He^+-Ionen analysiert, und die Winkelabhängigkeit der Ausbeute von sowohl Kupfergitter wie auch Goldverunreinigung sind beide für die ⟨110⟩-Achse gezeigt. Die Cu- und Au-Kurven von Abb. 4.21 sind identisch, haben den gleichen χ_{min}-Wert und dieselbe Winkel-Halbwertsbreite. Entsprechende Gleichheit wurde für alle axiale und planare Richtungen gefunden. Die natürliche Schlußfolgerung aus diesen Versuchen ist, daß das Gold auf Gitterplätzen im Cu-Gitter liegt. Ein zweiter Satz experimenteller Ergebnisse[11] ist in Abb. 4.22 für den Fall von in Si implantiertem Bi gezeigt. Winkelveränderungen in alle niedrig indizierten Richtungen ergeben für dieses System starke Ausbeutenverminderungen für das Si und das Bi-Implantat, so daß wiederum anzunehmen ist, daß die Verunreinigung Gitterplätze besetzt. Vollständiges Durchfahren des Winkels zeigt jedoch (Abb. 4.22), daß die Bi-Halbwertsbreite geringer ist als die für das Si-Gitter. Das bedeutet, daß das Bi nicht vollständig von den Gitterketten abgeschattet wird. Diese Tatsache weist darauf hin, daß vielleicht die Schwingungsamplitude der Bi-Atome größer ist als die des Gitters. Es folgt daraus eine Verringerung des tatsächli-

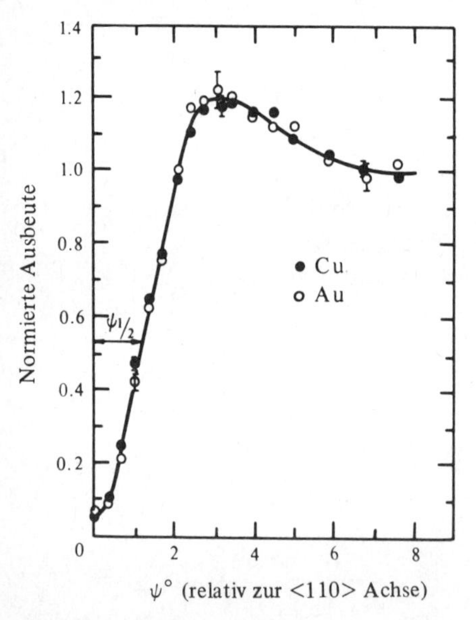

Abb. 4.21 Winkelabhängigkeit der normierten Rückstreuausbeuten von 1,2 MeV ^{4}He-Ionen von Au- und Cu-Atomen in einem Einkristall, der etwa 2 Atomprozente Au enthält.

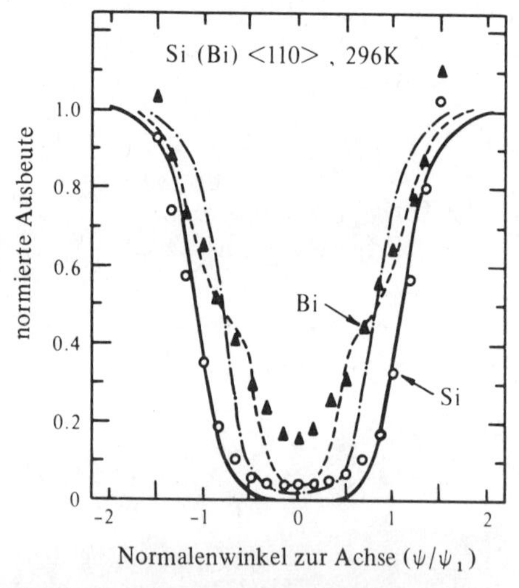

Abb. 4.22 Rückstreu-Ausbeute von 1 MeV Heliumionen aus Bi (▲)- und Si (○)-Atomen in einem Bi-implantierten Siliziumkristall. Die durchgezogene Linie ist die berechnete Verteilung für das Siliziumgitter, die strichpunktierte Kurve gilt für Bi-Atome, die 0,02 nm entlang den ⟨110⟩-Richtungen versetzt sind, und die gestrichelte Kurve gilt für den Fall, daß 50% der Bi-Atome auf Gitterplätzen sitzen und 50% 0,045 nm entlang den ⟨110⟩ Richtungen versetzt sind.

chen Kanalquerschnitts, der vom Bi für Rutherford-Streuung angeboten wird. Eine wahrscheinlichere Erklärung ist jedoch, daß das Bi an Plätzen außerhalb der Gitterpositionen oder möglicherweise nur zum Teil an solchen und auch an Gitterplätzen sitzt. Die theoretischen Vorhersagen aus solchen Annahmen für den Fall der Bi-Verunreinigung mit 50% substitutionellen und 50% um 0,045 nm entlang der ⟨110⟩ – Richtung verschobenen Atomen werden im Vergleich zu den experimentellen Ergebnissen in Abb. 4.22 gezeigt. Die genaue Lage von Verunreinigungen innerhalb des Wirtsgitters wird in weiteren Einzelheiten in Abschnitt 4.3 betrachtet.

4.3 Flußmaxima

4.3.1 Einleitung

Wir müssen jetzt eine Erschwerung betrachten, die unter bestimmten Umständen bei der Deutung von Kanalversuchen auftritt, besonders bei denen, die sich mit der Lage von Verunreinigungsatomen innerhalb des Kristallgitters befassen.

Bei der Erörterung der Folgerungen, die aus dieser Art von Versuch gezogen werden können, ist angenommen worden, daß der im Kanal geführte Anteil des Strahls zufällig in der Ebene senkrecht zur Kanalrichtung verteilt ist. Das wird in Abb. 4.23 veranschaulicht, wo die Ionen im einheitlich dichten, gut gebündelten Sondenstrahl auf die Oberfläche aufschlagen und dabei zufällig über dem Kanaleingang verteilt sind. Obwohl die Ionen, wie wir vorher gesehen haben, in den drei Dimensionen um die Kanalachse schwingen, wird angenommen, daß bei einer beliebigen Tiefe die Verteilung des Strahls immer noch

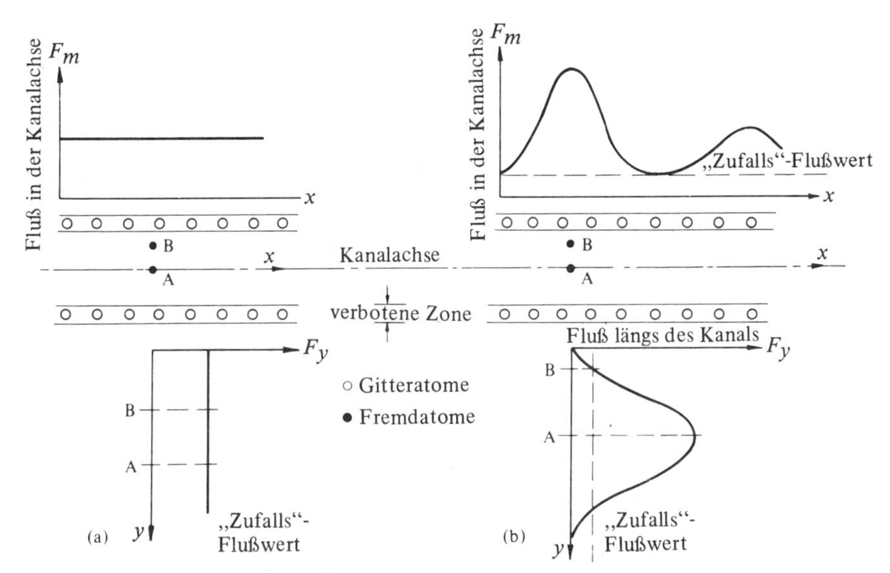

Abb. 4.23 Schematische Darstellung des Flußmaximums innerhalb eines Einkristallgitters.
(a) der Fluß bleibt sowohl längs als auch quer zum Kanal einheitlich verteilt; A und B erhalten den gleichen Fluß.
(b) der Fluß variiert sowohl längs als auch quer zum Kanal. A erhält mehr Fluß als B.

zufällig ist. Der Fluß der Sondenstrahlionen, die an irgendeinem speziellen Punkt im Kanal vorbeikommen, ist konstant, so daß die Streu-Ausbeuten von Teilchen, die sich irgendwo innerhalb des Kanales befinden, identisch sind. Ein Zwischengitteratom, daß sich irgendwo auf einer Ebene senkrecht zur Kanalachse befindet, wird von derselben Anzahl von Sondenstrahl-Ionen getroffen, und sein Signal ist unabhängig von seiner genauen Lage in der Ebene.

Jedoch haben neue Ergebnisse gezeigt, daß der Sondenstrahlfluß nicht einheitlich in Querrichtung des Kanals ist. Diese Tatsache kompliziert die Interpretation von Channelling-Messungen. Dieses ist in einfacher Weise in Abb. 4.23 dargestellt, wo angenommen wird, daß der Fluß in der Mitte des Kanals größer ist als nahe den Kanalwänden. Ein Zwischengitter- oder Fremdatom, das sich in Position A befindet, wird von einem größeren Anteil des Sondenstrahles getroffen als eines auf Position B. Folglich hängt das Signal von einem Atom her, das im Kanal liegt, von der genauen Lage der Atome innerhalb der Ebene senkrecht zur Kanalachse ab. Zusätzlich ist, wenn die Flußverteilung sich mit der Tiefe ändern sollte, die Lage des Atoms längs des Kanals bei der Bestimmung des Signalhöhe wichtig. Wegen dieser nicht einheitlichen Flußverteilung kann die von Zwischengitteratomen herrührende Ausbeute anormal hoch sein. Betrachten wir einmal die Situation, wo Schwerionen-Verunreinigungen auf Zwischengitterplätzen alle in der Mitte der Kanalachse liegen, und wo der Fluß auch ein Maximum in dieser Stelle habe. Wenn wir, wie in Abschnitt 4.2 erörtert, die Streuausbeute dieser Verunreinigung messen, die aus einer Bestrahlung mit einem Strahl in Zufallsrichtung folgt, erhalten wir ein Signal Y_R proportional zur Gesamtzahl der Verunreinigungsatome. Die Teilchen in dem Strahl sind zufällig über die Kristalloberfläche verteilt. Beim Durchgang durch den Festkörper machen sie mit allen Verunreinigungsatomen mit gleicher Wahrscheinlichkeit Wechselwirkung. Die Flußverteilung wird in keiner Tiefe innerhalb des Kristalls geändert, da kein Channelling auftritt. Wenn jedoch das Target einem Strahl in einer Kanalrichtung ausgesetzt ist, kann der oben beschriebene Flußmaximumseffekt auftreten. Der Fluß von Teilchen, die mit Verunreinigungen in Wechselwirkung treten, die auf der Kanalachse liegen, ist folglich höher als der, der bei denselben Atomen unter „Zufalls"-Bedingungen auftritt, so daß die Ausbeute Y_A in diesem Fall größer als Y_R ist. Natürlich sind Y_A und Y_R gleich, wenn Flußmaxima nicht auftreten.

Dieses einfache Bild von Flußvariationen quer über den Kanal veranschaulicht, wie die einfachen Vorstellungen über die Lagebestimmung von Fremd- oder Versetzungsatomen durch Kanalführung schwieriger werden. Jedoch kann die Schwierigkeit auch in einen Vorteil umgemünzt werden, da sie uns ermöglicht, die genau Lage von Atomen innerhalb der Kanalebene genauer zu erforschen; ein Punkt, zu dem wir später zurückkehren werden.

4.3.2 Theoretische Vorhersagen

Flußverteilungen in einer transversalen Ebene. Wir wollen nun im Einzelnen die Faktoren betrachten, die zum Flußmaximum beitragen[12]. Das Kanalpotential $U(r)$ für Alphateilchen, die von der ⟨001⟩ – zur ⟨100⟩ – Richtung in Kupfer überwechseln, ist in Abb. 4.24 gezeigt. Diese Potentiale wurden unter der Annahme berechnet, daß die Wechselwirkung zwischen dem Ion und dem Atom von der Form ist:

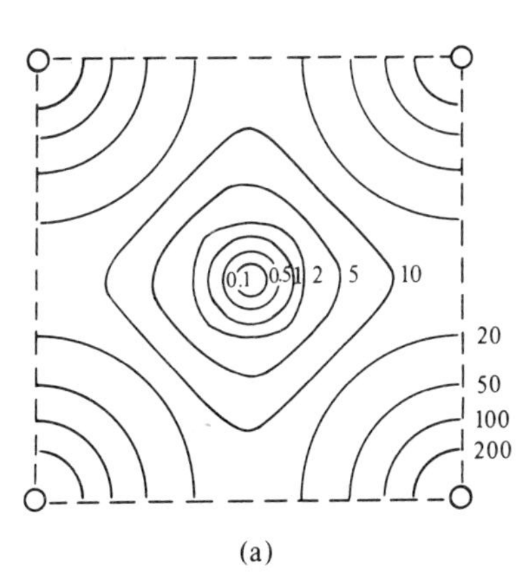

(a)

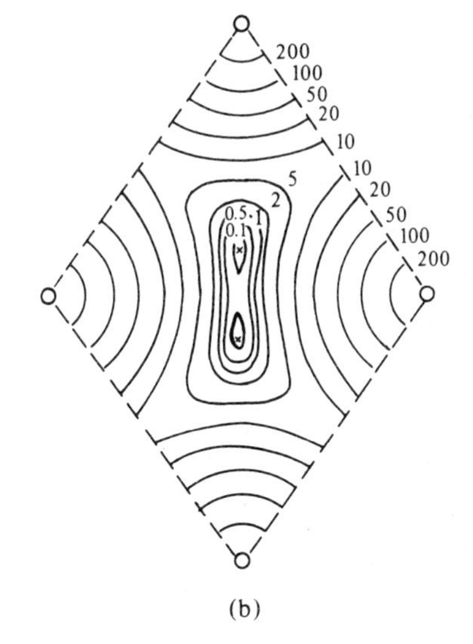

(b)

Abb. 4.24 Das Netto-Kontinuumspotential $U(r)$ im Kanal, berechnet für Alphateilchen in Kupfer
(a) In der ⟨001⟩ transversalen Ebene in Kupfer (in eV).
(b) In der ⟨101⟩ transversalen Ebene in Kupfer (in eV).

$$U(r) = \frac{Z_1 Z_2 e^2}{4\pi\epsilon_0 r} \phi\left(\frac{r}{a}\right) \qquad 4.37$$

und daß die Abschirmfunktion $\phi(x)$ durch die Moliere-Näherung dargestellt wird:

$$\phi(x) = 0.1e^{-6x} + 0.55e^{-1{,}2x} + 0.35e^{-0{,}3x} \qquad 4.38$$

Wie vorher zu sehen war, hat das Kanalpotential in Richtung Kanalmitte ein Minimum (das Minimum kann willkürlich 0 gesetzt werden), und es wächst in Richtung der kanalbegrenzenden Reihen an. $U(r)$ ist rotationssymmetrisch um das Potentialminimum. Für den ⟨101⟩-Kanal bestehen jedoch zwei äquivalente Minima, und $U(r)$ ist nur für kleine Potentialwerte rotationssymmetrisch um diese Minima. Die Bahnen der in die ⟨001⟩- und ⟨101⟩-Richtungen einfallenden α-Teilchen hängen von einer Anzahl Faktoren ab, der Transversalenergie ($\approx E\psi^2$, wobei E die Ionenenergie ist) und dem Ort innerhalb der Transversalebene, an dem ein Ion in den Kanal eintritt. Diese letztere Eigenschaft ist wichtig, da sie die Potentialenergie $U(r_{in})$ festlegt, die das Ion entsprechend seiner Position r_{in} im Abstand von dem Potentialminimum bei $r = 0$ erhält. Die totale transversale Energie des Ions $E_\perp$ kann deshalb als

$$E_\perp = E\psi^2 + U(r_{in}) \qquad 4.39$$

geschrieben werden, wobei r_{in} den Abstand vom Potentialminimum zum Eintrittspunkt in die Transversalebene bedeutet. Unter der Annahme, daß diese Transversalenergie konstant bleibt, dreht sich das Ion um den Kanal, jedoch bleiben die Bahnen innerhalb der Gebiete der Transversalebene unbegrenzt, wo $E_\perp > U(r)$ ist. Der Bereich dieser möglichen Bewegungsebene ist $A_\perp$ und ist eine Funktion von E, ψ und r_{in}, d.h.

$$A(E_\perp) = A(E, \psi, r_{in})$$

Es besteht somit eine gleiche Wahrscheinlichkeit dafür, ein Ion irgendwo in dieser Ebene zu finden. Falls daher ein Strahl von α-Teilchen gleichmäßig über die Transversalebene beim Eintritt in den Kanal verteilt ist, dann ist die sich ergebende Fläche, die den Teilchen für die Sondierung zugänglich ist, durch den r_{min}-Wert für individuelle Teilchen bestimmt, wobei dieses bedeutet, daß Teilchen, die weit weg vom Kanalpotential-Minimum eintreten, die Möglichkeit haben, sich über größere Flächen zu bewegen als jene, die nahe zum Minimum eintreten. Im extremen Fall wenn, z.B. $\psi = 0$ und damit $E\psi^2 = 0$ ist, und ein Teilchen genau auf der Achse eines Kanal-Potentialminimums eintritt, so wird es nicht in der Lage sein, sich von einer geraden Linie hinein in die Kanalmitte zu entfernen. Ein Teilchen (wiederum mit $\psi = 0, E\psi^2 = 0$), das in einer Entfernung r_{in} vom Minimum eintritt, könnte später auf der Position des Minimumpotentials oder innerhalb einer Fläche gefunden werden, die durch r_{in} definiert ist. Dieses einfache Bild macht deutlich, daß der α-Teilchen-Fluß sich von einer Zufallsverteilung beim Eintritt quer zur Transversalebene zu einer Peak-Verteilung um die Kanalpotential-Minima wandelt.

Die Wahrscheinlichkeit, ein α-Teilchen innerhalb einer Fläche $A(E_\perp)$ zu finden, ist gerade gleich $1/A(E_\perp)$, und innerhalb einer elementaren Ebene $\mathrm{d}A(r_{\text{in}})$ bei r_{in} ist sie $\mathrm{d}A(r_{\text{in}})/A(E_\perp)$. Die Nettowahrscheinlichkeit $P(r)$, ein Ion innerhalb dieser Ebene $\mathrm{d}A(r_{\text{in}})$ zu finden, wird durch Integration über die zum Einfall transversale Ebene

$$P(r) = \int_{A(E_\perp) > A'(r)} \frac{\mathrm{d}A(r_{\text{in}})}{A(E_\perp)}$$

gefunden, wobei $A'(r)$ die Fläche innerhalb (d.h. bei niedrigeren Werten von U) der Äquipotential-Umhüllenden durch den Punkt r ist.

Betrachten wir nun den Fall, bei dem $\psi_{\text{in}} \neq 0$ ist. Wir wollen den Fluß in jedem Punkt r so finden, daß $E\psi_{\text{in}}{}^2 > U(r)$. Diese letzte Bedingung bedeutet, daß der allgemeine Punkt r, bei dem wir den Fluß gerade finden, derart auf eine Distanz vom Potentialminimum aus beschränkt ist, daß der Punkt für alle Ionen erreichbar ist, die den Kanal betreten, egal an welcher Stelle sie dort urprünglich eingetreten sind. Der Anteil $E\psi_{\text{in}}{}^2$ der „senkrechten" Energie $E_\perp$ ist groß genug, um sogar ein an der Stelle der Achse einfallendes Ion zur Stelle r hinauszutragen. Die Grenzen für die Integration erstrecken sich folglich über die ganze Kanalebene und der Fluß ist eine Konstante für alle r.

Betrachten wir nun als nächstes den Fall, daß $\psi_{\text{in}} = 0$ und daß somit die transversale Energie allein durch den ursprünglichen Eintrittspunkt des Ions gegeben ist, d.h. durch $U(r_{\text{in}})$. Wenn wir jetzt den Fluß an einem Punkt r so berechnen, daß $U(r_{\text{in}}) > U(r)$, d.h. bei Werten von r mit der Eigenschaft, daß ein Ion, das bei r_{in} einläuft, genügend potentielle Energie hat, um es nach r zu bringen, dann ist die untere Integrationsgrenze jetzt $A'(r_{\text{in}})$ und die Netto-Wahrscheinlichkeit, ein Ion bei r zu finden, wird

$$F(r) = \int_{A'(r_{\text{in}})}^{A_0} \frac{\mathrm{d}A(r_{\text{in}})}{A(r_{\text{in}})} = \log \frac{A_0}{A'(r)} \quad , \qquad 4.40$$

wenn wir $A'(r_{\text{in}}) = A'(r)$ schreiben. Wenn das Potential symmetrisch bezüglich der Kanalachse ist, dann gilt $A'(r) \approx \pi r^2$ and $F(r) \approx \log \frac{A_0}{\pi r^2}$. 4.41

Eine mehr interessierende Größe ist der mittlere Fluß $\bar{F}(r)$ innerhalb (d.h. bei kleineren Werten von U) einer Äquipotentiallinie $U(r)$, die durch einen Punkt r läuft. Wir haben schon die Wahrscheinlichkeit $P(r)$ ausgerechnet, daß ein Ion an einem Punkt r unter den Voraussetzungen $U(R_{in}) > U(r)$ und $\psi_{in} = 0$ gefunden wird. Daher ist der mittlere Fluß innerhalb der Fläche $A'(r)$ gegeben durch:

$$\bar{F}(r) = \frac{1}{A'(r)} \int_0^{A'(r)} P(r) \, \mathrm{d}A'(r) \qquad 4.42$$

$$= \frac{1}{A'(r)} \int_0^{A'(r)} \log \frac{A_0}{A'(r)} \, \mathrm{d}A'(r) \qquad 4.43$$

Partielle Integration ergibt:

$$\bar{F}(r) = 1 + \log \frac{A_0}{A'(r)} \qquad 4.44$$

Man sieht nun, daß für genaue Ausrichtung ($\psi_{in} = 0$) der Fluß ein Maximum bei den Lagen geringster potentieller Energie hat. Tatsächlich sagt Gleichung 4.41 voraus, daß die Netto-Wahrscheinlichkeit $P(r)$ in der Kanalmitte, wenn $r = 0$, nach unendlich geht. In Wirklichkeit wird das aus zwei Gründen nicht geschehen. Zum ersten erleiden sogar Ionen mit $\psi_{in} = 0$ Vielfachstöße unter kleinen Winkeln. Das erlaubt ihnen, sich auf einer Fläche zu bewegen, die größer ist als durch die Eintrittslage r_{in} festgelegt wird. Um die Kanalachse herum, bei der $U(r) = 0$ gilt, ist die Änderung von $U(r)$ mit r klein im Verhältnis zur transversalen Energie, die durch Vielfachstreuung erworben wird, so daß diese Gegend niedrigen Potentials als flach angesehen werden kann; wir müssen von einem mittleren Fluß in diesem flachen Gebiet sprechen. Dieser mittlere Fluß (F_{max}) durch den Innenbereich ist folglich gleichmäßig und durch

$$F_{max} \approx 1 + \log \frac{A_0}{A_1} \qquad 4.45$$

gegeben, wobei A_1 gleich der Fläche des flachen Bereichs ist. Zweitens würde ein Zwischengitteratom auf der Kanalachse, wo $U(r) = 0$ ist, eine Fläche $\pi \rho^2$ einnehmen, wobei ρ die gemittelte Schwingungsamplitude ist. Es würde folglich den Durchschnittsfluß über diese Fläche registrieren. Gleichung 4.45 wäre wiederum anwendbar.

Die Fläche der flachen Region A_1 um das Minimum des Kanalpotentials herum kann in folgender Form dargestellt werden:

$$A_1 \approx \frac{\delta E_\perp}{k} \qquad 4.46$$

wobei $\delta E_\perp$ die Schwankung der Transversalenergie infolge Mehrfachstreuung bedeutet und

$$k \approx \frac{n}{4} \frac{2Z_1Z_2e^2}{\mathrm{d}4\pi\epsilon_0} \frac{3C^2a^2}{\rho^4}. \qquad 4.47$$

ist. Deshalb ist der Fluß über diese Mittelregion

$$F_{max} \approx 1 + \log \frac{A_0 k}{\delta E_\perp} \qquad 4.48$$

der durch die Kanalgröße A_0, dem Grad der Mehrfachstreuung und die Krümmung des Potentials $U(r)$ über dem Potentialminimum bestimmt ist. Dieser letzte Faktor bestimmt den Bereich, in dem das Potential an eine harmonische Senke angenähert werden kann, und er bestimmt daher den Wert von k. In einem speziellen Versuch, in dem die Kanalgröße A_0 und der Faktor k konsequent festgehalten werden, ist die Stärke der Mehrfachstreuung die Variable, die die Stärke des Maximalflusses um das Kanal-Potential-Minimum bestimmt. Die Schwankung $\delta E_\perp$ hat eine Anzahl Ursachen wie Strahlkollimation, thermische Schwingungen, amorphe Oberflächenlagen und Strahlenschaden, jedoch kann der reine Effekt dieser Parameter durch einfache Betrachtung von Änderungen in der Strahlkollimation veranschaulicht werden.

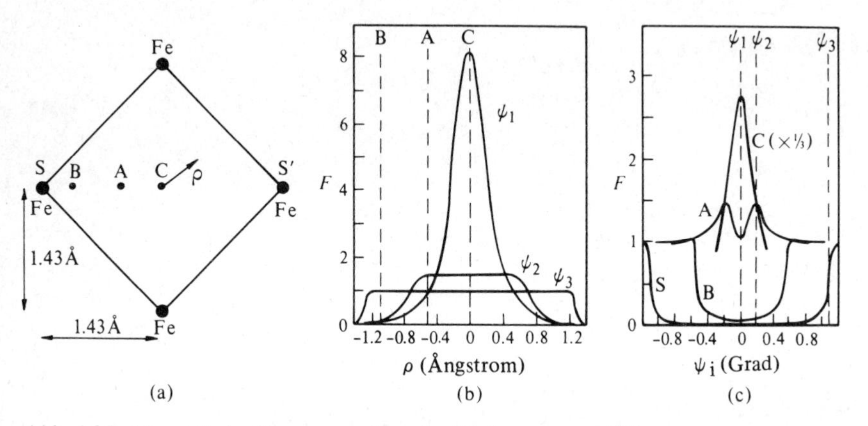

Abb. 4.25 Theoretische Voraussagen über den Flußmaximum-Effekt.
(a) Querschnitt eines ⟨100⟩-Kanals in Fe-Gitter (bcc), gezeigt mit vier möglichen Verunreinigungsplätzen: A, B, C und S.
(b) Fluß über den Kanal (Linie SCS′) für verschiedene Einfallswinkel des Strahles: ψ_1, ψ_2, ψ_3.
(c) Die Unterschiede des Flusses F an den Plätzen A, B, C und S als Funktion des Einfallswinkels ψ.

Ein Beispiel[13] einer theoretisch vorausgesagten Flußverteilung ist in Abb. 4.25 zusammen mit einem Hinweis auf die Streuausbeute an verschiedenen Zwischengitterplätzen angegeben. Es wird ein Wirkungsquerschnitt des ⟨100⟩ – axialen Kanals in einem ionischen (bcc)-Gitter zusammen mit drei angenommenen Zwischengitterplätzen A, B und C gezeigt. Die Flußverteilung entlang der Diagonale SOS′ in der Querebene ist ebenfalls für 3,5 MeV ^{14}N-Ionen, die in drei verschiedenen Winkeln zur Kanalachse einfallen, gezeigt. Für $\psi_1 = 0$ hat der Fluß natürlich einen scharfen Peak um die Kanalachse herum. Er fällt vom 8fachen Wert des „Zufalls"-Flusses an der Zwischengitterposition C auf Null in Richtung der Gitterketten ab. Bemerkt sei insbesondere, daß der Fluß an der Zwischengitterposition A auf das „Zufallsniveau" abgesunken ist, wogegen eine Verunreinigung an Position B einen geringeren Fluß empfängt als das Zufallsniveau..Mit anwachsenden ψ können die einfallenden Ionen eine größere Fläche im Bereich des Potentialminimum in der Kanalmitte erfassen. Obwohl der Wert des Fluß-Peak abnimmt, wächst die Ausdehnung über den Kanal, in der man einen größeren als den „Zufalls"-Fluß erhält. Der Zwischengitterplatz A wird z.B. für $\psi = \psi_2$ von einem 1,5 mal größeren Fluß getroffen als bei Zufallsanordnung.

Position B erhält nur noch einen Fluß kleiner als bei Zufallsanordnung. Wenn ψ auf ψ_3 erhöht wird – auf den kritischen Winkel für Kanalführung in diesem Versuch – ist die Flußverteilung einheitlich über den ganzen Kanal und liegt beim „Zufalls"-Wert; alle Zwischengitterlagen A, B und C unterliegen diesem Fluß.

Wir betrachten nun die Ergebnisse eines Versuches, in dem die Rückstreu-Ausbeute von einer schweren Verunreinigung gemessen wird, die entweder gänzlich auf einem der Zwischengitterplätze A, B, C oder auf einem Wirtsgitterplatz S liegen soll. Würde man den Kristall einem „Zufalls"-Sondenstrahl aussetzen, so ergäbe sich eine Ausbeute Y_R, die für die Gesamtzahl von Verunreinigungen bezeichnend wäre. Eine Bestrahlung bei $\psi = 0°$, wobei jetzt die Verunreinigung bei C liegen soll, ergäbe eine Ausbeute Y_A(C), die viel größer ($\approx$ 8 mal) als Y_R wäre. Für eine Verunreinigung bei A wäre die Ausbeute gleich dem „Zufalls"-Wert, d.h. $Y_A(A) = Y_R$, da ja diese Lage einem „Zufalls"-Wert des Flusses unterliegt. Schließlich bekommt die Zwischengitterposition B weniger als den „Zufalls"-Fluß; die ausgerichtete Ausbeute Y_A(B) wäre in diesem Fall viel geringer als Y_R. Diese Ergebnisse weisen unmittelbar auf die Verwicklungen hin, die durch das Flußmaximum eingeführt werden. Positionen A, B und C sind alle Zwischengitterlagen innerhalb des Kanals, aber bei Bestrahlung mit einem „ausgerichteten" Sondenstrahl würde jeder eine verschiedene Ausbeute Y_A hervorrufen, nämlich entweder größer, gleich oder weniger als Y_R. Im besonderen zeigt die Ausbeute aus der Position B eine Verringerung unter den „Zufalls"-Wert, obwohl Verunreinigungen, die bei B liegen, nicht auf Wirtsgitterplätzen liegen (d.h. nicht durch Atomketten abgeschattet werden). Falls es eine Verteilung unter den Plätzen A, B und C gäbe, dann wäre Y_A(A, B, C) natürlich ein gewichtetes Mittel der Signale von diesen drei Positionen.

Damit die exakte Position von Verunreinigungen genauer bestimmt werden kann, ist eine Winkelvariation über den Kanal wesentlich. Das Ergebnis wird ebenfalls in Abb. 4.25 gezeigt. Für die Lage C im Mittelpunkt des Kanals würde die Ausbeute rasch abfallen, wenn ψ von $\psi = 0$ an zunimmt und würde sich dem „Zufalls"-Wert für $\psi = \psi_3$ annähern, dem kritischen Winkel für Kanalführung. Atome, die bei A liegen, rufen eine interessante Änderung in der Ausbeute hervor, da eine Zunahme von ψ, wie wir gerade gesehen haben, den Abstand über den Kanal hinweg vergrößert, bei dem der Fluß größer als der „Zufalls'-Wert ist. Ursprünglich, für $\psi = 0$, ist der Fluß bei A von der Größe des Zufallswertes, jedoch bei $\psi = \psi_2$ ist er schon über diesen angestiegen, so daß die Ausbeute ebenfalls über Y_R steigt. Bei weiterem Anwachsen von ψ auf ψ_3 wird der Fluß bei A auf das Zufallsniveau gedrosselt. Das ergibt eine Doppelpeak-Kurve, wenn der Kanal mit vollständigem Winkel überstrichen wird. Die Ausbeute von Zwischengitterplätzen des Typs B her wächst von einem Niveau kleiner als Y_R an bis zum Zufallsniveau gemäß dem Anwachsen von ψ. Wie in Abb. 4.25(b) gezeigt, ist der Platz B zu dicht am Gitter, als daß er einen Fluß größer als beim Zufallsfluß erhält. Er verhält sich bei der Winkelabtastung etwa wie ein Gitterplatz. Ein wichtiger Unterschied ist die weite Senke in der Winkelabhängigkeit, die kleiner als für Substitutions-(oder Gitter-)Atome ist, wie in Abb. 4.25 (c) gezeigt ist. Bei anwachsendem ψ ist der Winkel, bei dem der die Position B treffende Fluß das Zufallsniveau erreicht, kleiner als der für den Gitterplatz S.

Winkelabtastungen eines Kanals können offensichtlich mehr Aussagen bezüglich der genauen Ortung von Verunreinigungen liefern als einfache Daten aus Bestrahlungen orientierter und zufälliger Richtungen. Einzelversuche dürften natürlich nur schwer zu interpretierende Ergebnisse liefern. Wenn die Verunreinigungen in dem obigen Beispiel zwischen den Plätzen A, B, C und S verteilt sind, dann würde die Winkelabtastung irgendeine Kombination aller in Abb. 4.25 (c) gezeigten Kurven ergeben. Sie würde verschiedene Maxima und Minima aufweisen, deren Größe von den relativen Platzbelegungen abhängt. Jedoch ermöglicht die Anwesenheit von Peaks oder Senken bei speziellen Werten von ψ zusammen mit Abtastungen über andere axiale oder planare Richtungen im Kristall sowohl qualitative als auch quantitative Abschätzungen aufzustellen.

Nach obiger Feststellung ist die Winkelbreite der Senke in der Ausbeute, wie sie bei einer Abtastung bei Gegenwart von Verunreinigungen an der Stelle B folgt, geringer als bei substitutionellen (oder Gitteratom-) Verunreinigungen. Auch sollte bemerkt werden, daß die Verringerung der Winkelbreiten der Peaks bei den Abtastungen auch ausdrückt, daß sie ein Maß für die transversale Energie sind, die für die Spreizung der Sondenionen weg von der Kanalachse zu den Gitterionen notwendig ist: Da das Kanalpotential sich in diesem Bereich sehr langsam ändert, ist die erforderliche Energie (und folglich ψ, da $E_\perp = E\psi^2$) gering. Für eine Abtastung, die Atome auf Gitterplätzen einschließt, muß die erforderliche Energie das stark ansteigende Kanalpotential nahe der Gitterionen überwinden, und folglich sind die eingeschlossenen Winkelbreiten größer.

Flußverteilung mit der Tiefe. Bisher haben wir festgestellt, daß unter bestimmten Bedingungen eine mit Maxima behaftete Flußverteilung resultiert, ohne daß wir erläutert haben, wie diese sich mit zunehmender Tiefe im Kristall ändern könnte. Der Fluß der Sondenionen muß einheitlich und zufällig über der Oberfläche verteilt sein, wenn er den Kristall erreicht, und die Einstellung von Flußänderungen erfordert eine gewisse Tiefe. Dadurch stellt sich eine neue Schwierigkeit bei Atom-Ortungs-Versuchen ein, da sowohl die Lage einer Verunreinigung in der Querebene wie auch die Tiefe innerhalb des Kristalls den auftreffenden Fluß und damit die Streuausbeute bestimmt.

Die Bahnen der in einem Kanal eintretenden Ionen sind dreidimensional zusammengesetzt, da sie von einer zur anderen Seite des Kanals schwingen. Jedoch haben nahe der Kanalmitte eintreffende Ionen offenbar eine einfache Schwingungsbewegung mit konstanter Wellenlänge. Das Kanalpotential ändert sich in der Nähe des Minimum auf der Kanalachse nur wenig, so daß eine die Näherung an eine harmonische Senke benutzt werden kann. Dadurch ergibt sich eine Bewegungsgleichung[2] für Ionen nahe der Kanalmitte mit einer Wellenlänge, die durch

$$\lambda = 2\pi \left(\frac{E}{k}\right)^{\frac{1}{2}} \tag{4.49}$$

gegeben ist, wobei

$$k = \frac{n}{4} \frac{2Z_1 Z_2 e^2}{d4\pi\epsilon_0} \left\{\frac{3C^2 a^2}{\rho 4}\right\} \tag{4.50}$$

und n die Anzahl der Reihen ist, die den Kanal umgeben. C ist eine Konstante $\approx \sqrt{3}$, ρ der Kanalradius und die übrigen Symbole haben die gleiche Bedeutung wie früher. Ein Ion kreuzt die Kanalachse bei Tiefen, die durch $\lambda/4$, $3\lambda/4$ usw. gegeben sind. Die obigen Gleichungen können zusammengefaßt werden als:

$$\frac{\lambda}{4} \approx \frac{\rho}{\psi}\left\{\frac{\pi^2\rho^2}{3nC^2a^2}\right\}^{\frac{1}{2}} \qquad 4.51$$

wobei:

$$\psi = \left\{\frac{2Z_1Z_2e^2}{4\pi\epsilon_0 dE}\right\}^{\frac{1}{2}} \qquad 4.52$$

Man kann somit erwarten, daß der Fluß F_{max} in der Mitte des Kanals dem Werte nach mit der Tiefe in den Kristall hinein oszilliert. Eine theoretische Rechnung[4] dazu für 1Mev-Alphateilchen in ⟨001⟩ Kupfer-Kanälen wird in Abb. 4.26 dargestellt. In diesen Computerrechnungen konnte die Wirkung von solchen Parametern wie Strahlbündelung, thermische Gitterschwingungen der Atome und Vielfachstreuung auf das Strahlprofil getrennt abgeschätzt werden. Dieser letzte Effekt hat für die am besten gechannelten Ionen Bedeutung, da der elastische Energieverlust für diese Ionen gering ist und folglich die Kleinwinkelstreuung auf Grund unelastischer Stöße wichtig werden. Die Kurven (a), (b) und (c) in Abb. 4.26 veranschaulichen die Wichtigkeit dieser Parameter in Bezug auf die Oszillationen von F_{max}. Ohne Mehrfachstreuung steigt F_{max} von Wert 1 an der Oberfläche auf einen Peak von mehr als zwanzigfacher Größe an, bevor er auf eine Senke von doppelter Normalhöhe abfällt. Hieran schließen sich weitere kleinere Schwingungen an, bevor der Gleichgewichtsfluß von ≈ 6facher Größe des Normalwertes erreicht ist, wobei der Abstand zwischen Maxima und Minima ≈ 25 nm beträgt.

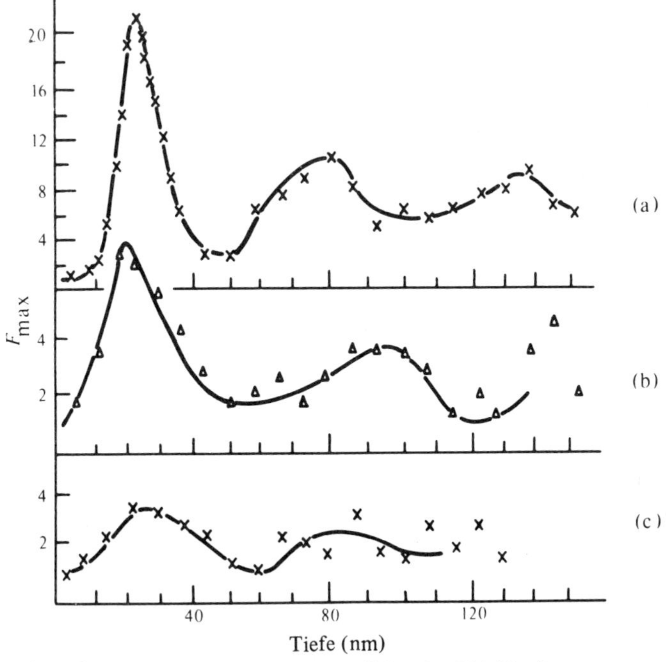

Abb. 4.26 Die Änderung von F_{max} mit der Tiefe für 1 MeV-Alphateilchen in ⟨001⟩-Kupfer
(a) Keine Vielfachstreuung.
(b) 0° C, inelastische Vielfachstreuung und eine Strahlbündelung von ± 0,06°.
(c) wie (b), aber eine Strahlbündelung von ± 0,23°.
Die durchgezogenen Kurven entsprechen den besten Anpassungen an Rechenergebnisse.

Kurven (b) und (c) stellen das Ergebnis bei Einbeziehung von unelastischer Streuung und schlechter Strahlkollimation dar. Obwohl stark gedämpft, tauchen noch Oszillationen mit gleicher Wellenlänge auf. In einem Versuch, bei dem schwere Teilchen auf Zwischengitterplätzen in der Mitte des Kanals sitzen, führt diese Schwankung von F_{max} – vorausgesetzt, daß die experimentelle Tiefenauflösung ausreicht – zu einer Änderung der scheinbaren Tiefenverteilung der Verunreinigung.

4.3.3 Experimentelle Ergebnisse

Transversale Verteilung. Eine Anzahl Versuche sind zur Bestätigung der theoretischen Voraussagen über die Flußmaxima angestellt worden. Die Schwierigkeit in der Interpretation der Ergebnisse wächst im gleichen Maße wie die Fortentwicklung der Theorie. Wir wollen uns hier auf frühe Versuche beschränken, die die grundlegenden Eigenschaften von Flußmaxima illustrieren. Das erste experimentelle Ergebnis über gechannelte Flüsse größer als der Zufallswert erhielt man in Versuchen zur Ortsbestimmung von Atomen bei Yb, das in Silizium implantiert war[14]. Eine Dosis von 5×10^{18} Yb-Ionen pro m^2 war in Si implantiert worden, das zur Reduzierung von Strahlenschäden auf ein Minimum bei einer Temperatur von 450°C gehalten wurde. Die Rutherford-Rückstreuausbeute von 1 MeV-Helium-Ionen, die in die drei kristallographischen Hauptrichtungen ⟨100⟩, ⟨111⟩ und ⟨110⟩ eingeschossen wurden, ist in Abb. 4.27 gezeigt. Eine Variation des Winkels über den ⟨110⟩-Kanal zeigt das erwartete Minimum für die Ausbeute von den Silizium-Gitteratomen mit einer Winkelbreite (über die halbe Maximumshöhe gemessen) von 1,65°. Die Ausbeute von den Yb-Atomen zeigt jedoch ein Maximum mit einer Ausbeute, die ungefähr unter dem 1,8-fachen Wert gegenüber dem liegt, der für „Zufalls"-Richtung des Helium-Strahles beobachtet wird. Die Winkelbreite ist jetzt 0,5°. In den anderen beiden Richtungen zeigt die Variation des Winkels ein Minimum für das Signal vom Yb, obwohl

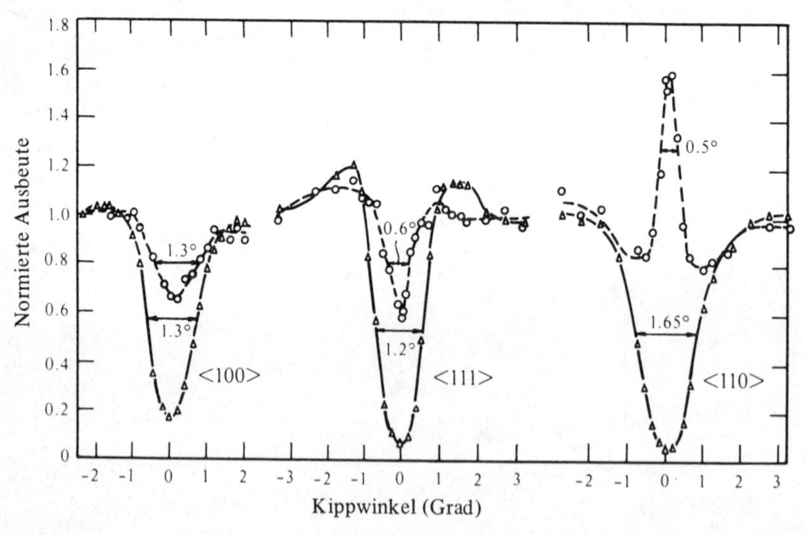

Abb. 4.27 Streuausbeute von den Yb-Atomen (–○–) und von den Si-Atomen im implantierten Bereich (–△–) als Funktion des Winkels zwischen Einfallsstrahl-Richtung und verschiedenen Achsen mit niedriger Indizierung.

in beiden Fällen die Minimumsausbeute größer als die vom Silizium ist. Auch in der ⟨111⟩-Richtung ist das Yb-Minimum nur halb so weit wie das Silizium-Minimum (0,6° verglichen mit 1,2°), während in der ⟨100⟩-Richtung beide Minima gleiche Weiten haben. Auf der Grundlage dieser Winkelvariationen können gewisse Vorhersagen bezüglich der Gitterlagen des Yb gemacht werden. Das Maximum bei der ⟨110⟩-Winkelvariation weist zum Beispiel darauf hin, daß das Yb auf Zwischengitterplatz liegt und sogar nahe der Kanalmitte liegen muß, wo es am wahrscheinlichsten dem Maximum in der Flußverteilung unterliegt.

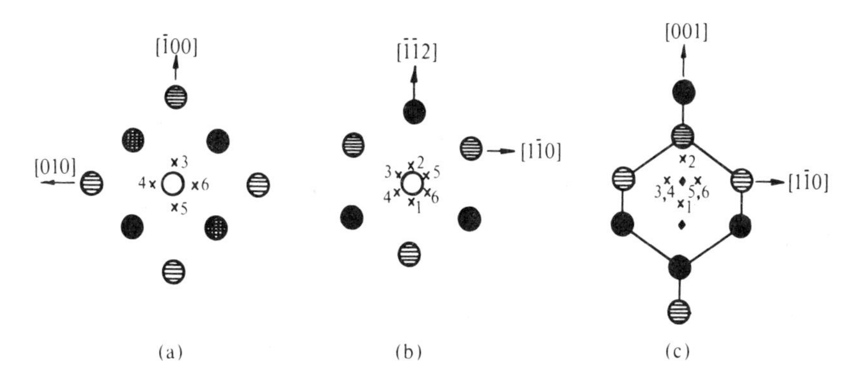

Abb. 4.28 Die vorgeschlagene Yb-Position ist zu sehen, wobei sie von den Achsen ⟨100⟩ (a), ⟨111⟩ (b) und ⟨110⟩ (c) betrachtet wird. Die sechs gleichwertigen Positionen für die Yb-Atome werden mittels numerierter Kreuze dargestellt, Siliziumatome mittels Kreise und die tetraedrischen Zwischenlagen mittels Rauten.

Die drei Hauptgitterrichtungen in Silizium sind in Abb. 4.28 gezeigt. Eine natürliche Position, die für das Zwischengitter-Yb in Betracht gezogen werden muß, ist die Tetraederlage. Das wird in Abb. 4.28(c) für die ⟨110⟩-Kanäle gezeigt. Jedoch liegt diese Position entlang der ⟨100⟩- und ⟨111⟩-Ketten; Yb-Atome würden in dieser Richtung durch das Siliziumgitter abgeschattet, so daß die Winkelvariation Yb-Minima mit derselben Winkelbreite wie für das Siliziumgitter geben sollte. Die Ergebnisse liefern jedoch nur Übereinstimmung zwischen diesen beiden Weiten im Fall der ⟨100⟩-Winkelvariation. Die Lage, die vorgeschlagen wird, damit den Ergebnissen von Abb. 4.27 Genüge getan wird, wird in Abb. 4.28 gezeigt. Sie liegt entlang einer der drei gleichwertigen ⟨100⟩-Achsen, 0,068 nm entfernt von den anderen beiden. Blickt man in die ⟨100⟩-Achse, so wird das Minimum in der Ausbeute des Yb von dem Drittel hervorgerufen, das innerhalb der ⟨100⟩-Kette liegt, so daß die Halbwertsbreite des Minimums dieselbe sein sollte wie die für das Siliziumgitter. Die Ausbeute sollte auf ungefähr 2/3 des „Zufalls"-Wertes von Yb abfallen. In der ⟨111⟩-Richtung ist das gesamte Yb von der Kanalachse entfernt gelegen (innerhalb von 0,055 nm von den ⟨111⟩-Ketten entfernt); dies sollte zu einem Minimum von geringerer Winkelbreite als der von Silizium führen; dies wird auch beobachtet. Es gibt sechs gleichrangige ⟨110⟩-Achsen, woraus sechs vorhergesagte Lagen für das Zwischengitter-Yb sich ergeben, wie in Abb. 4.28 dargestellt. In der ⟨100⟩-Richtung sind ein Drittel von diesen (Positionen 1 und 2) durch Ionen abgeschattet; die Positionen 4 und 6 sind nahe bei den ⟨100⟩ Ketten. In der ⟨111⟩-Richtung sind alle Positionen für den Strahl „sichtbar" und liegen nahe an der Reihe, während im ⟨110⟩-Falle 1 und 3 bis 6 sich nahe an der Kanalmitte und Position 2 sich näher an einer Reihe befinden. Diese vermuteten Positionen erklären qualitativ die experimentellen Daten.

Tiefenschwingungen. In einer zweiten Versuchsreihe[15] wurden wiederum mit Yb, implantiert in Silizium, die Schwingungen F_{max} des Flusses mit der Tiefe in der Kanalmitte untersucht. Yb wurde in verschiedene Tiefen mit Implantationsenergien zwischen 20 und 500 keV eingeschossen, wobei in jedem Falle die gleiche Dosis verwendet wurde. Dieses ergab einen Satz Proben, in denen sich das Yb in jedem Falle innerhalb einer scharf definierten Verteilung um eine genaue Tiefe befand. Die Reichweitenstreuung wurde als genügend klein angenommen, so daß sie die Messungen nicht ernsthaft beeinflußt. Jede Probe wurde mit 1 und 2 MeV Helium analysiert und die vom Yb herrührende Ausbeute gegen die Tiefe aufgetragen (Abb. 4.29). Die Ausbeute ist so, wie man sie von einem Sondenstrahl erhält, der genau mit der ⟨110⟩-Achse ausgerichtet ist, und sie stellt ein Maß für das nahe der Kanalmitte befindliche Yb dar. Die vorausgesagten Schwankungen von F_{max} kommen, wie dargestellt, als Schwankung in Yb-Ausbeute zum Ausdruck.

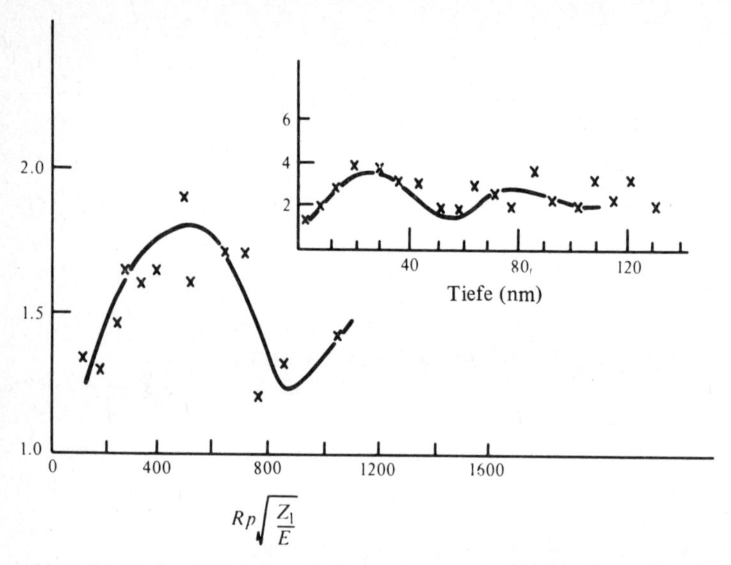

Abb. 4.29 Tiefenabhängigkeit der Streuausbeute bei implantiertem Yb (normiert auf die Ausbeute bei Zufallsanordnung), wobei der Einfallsstrahl in ⟨110⟩-Silizium-Richtung ausgerichtet war. Die Einfügung zeigt eine Berechnung von van Vliet[12], der mit dem Computer-Simulationsverfahren den Fluß in der Mitte des ⟨100⟩-Kanals als Funktion der Tiefe bestimmte.

An dieser Stelle sollte hervorgehoben werden, daß trotz leidlich gut erklärter Grundvorstellungen über die Flußmaxima die Kompliziertheit der Erscheinung und ihre Auswirkung auf die Bestimmung von Atomplätzen keineswegs voll verstanden ist. Den oben skizzierten frühen Experimenten schlossen sich detaillierte Arbeiten an, die bestimmte Aspekte erklären halfen, jedoch gleichzeitig weitere Probleme aufwarfen. Doch erweist sich diese Art von Stößen in Festkörpern als lohnender und interessanter und verspricht größere Einsicht in die Wechselwirkung zwischen Ionen und Kristallgittern zu bieten.

Literaturhinweise zu Kapitel 4

1. Brown, W. L., *Radiation Effects in Semiconductors* (Plenum Press, 1968).
2. Robinson, M. T. und Oen, O. S., *Phys. Rev.*, **162** (1963), 2385.
3. Appleton, B. R., Erginsoy C., Wegner, H. E. und Gibson, W. M., *Phys. Lett.*, **19** (1965), 185.
4. Thompson, M. W., *Contemp. Phys.*, **9** (1968), 375.
5. Lindhard, J., *Matt Fys Medd Kgl Danske Videnskab Selskab,* **34** (1965), No. 14.
6. Barrett, J. H., *Phys. Rev.*, **3** (1971), 1527.
7. Bøgh, E., *Can. J. Phys.*, **46** (1968), 653.
8. Westmoreland, J. E., Mayer, J. W., Eisen, F. H. und Welch, B., *Rad. Effects,* **6** (1970), 161.
9. Mayer, J. W., Eriksson, L. und Davies, J. A., *Ion Implantation in Semiconductors* (Academic Press, 1970), 134.
10. Alexander, R. B. und Poate, J. M., *Rad. Effects,* **12** (1972), 211.
11. Picraux, S. T., Brown, W. L. und Gibson, W. M., *Phys Rev. B,* **6** (1972), 1352.
12. van Vliet, D., *Rad. Effects,* **10** (1971), 137.
13. Alexander, R. B., Callaghan, P. T. und Poate, J. M., *AERE Report R-7469 (1973).*
14. Anderson, J. V., Andreason, O., Davies, J. A. und Uggerhøj, E., *Rad. Effects,* **7** (1971), 25.
15. Eisen, F. H. und Uggerhøj, E., *Rad. Effects,* **12** (1972), 233.

5 Erzeugung von Schäden

5.1 Einführung

Wir haben schon gesehen, wie ein Ion bei seiner Bewegung durch die Atomanordnung eines Festkörpers hindurch Energie in einer Folge von Stößen verliert und schließlich zur Ruhe kommt. Dieser Verlust der Energie des Ions muß in irgendeiner Form an die Atome des Festkörpers abgegeben werden und deren kinetische und potentielle Energien erhöhen. Er kann auch an die Atomelektronen in Form von Anregung und Ionisation abgegeben werden. Der Energieanteil, der jedem Prozeß zuteil wird, hängt von den Einzelheiten jeder Ion-Atom-Begegnung ab. Jedes Atom ist durch Wechselwirkungskräfte mit seinen Nachbarn an seine Gleichgewichtslage gebunden; wenn es aber bei einem Stoß genügend Energie erhält, um diese Bindungskräfte zu überwinden, kann es aus seiner Gleichgewichtslage herausgeworfen werden; dadurch wird eine *Leerstelle* im Atomverband geschaffen und ein zusätzliches Gitteratom in einige Entfernung von dieser Leerstelle versetzt. Das zusätzliche Atom kann selbst genügend kinetische Energie besitzen, so daß sich ein weiterer Platzwechselvorgang ergibt, wenn es anschließend auf ein anderes Gitteratom stößt, welches seinerseits weitere Platzwechselvorgänge starten kann .... Wir können deshalb eine zunehmende Kaskade von bewegten, versetzten Atomen in einem Lawinenprozeß betrachten, der abebbt, wenn die an den aufeinanderfolgenden Stößen beteiligte Energie abnimmt und weitere Versetzungen unmöglich werden. Die Atome, die aus ihren Gleichgewichtslagen versetzt wurden, können dann Gitterleerstellen besetzen oder an Nicht-Gitterpositionen zur Ruhe kommen, wobei sie als *Zwischengitteratome* bezeichnet werden. Zusätzlich kann das eingeschossene Ion nach Erreichen der Ruheposition an einem Zwischengitterplatz im Festkörper in Lösung übergehen oder bei einem Leerstellenplatz ins Gleichgewicht kommen und somit eine Verunreinigung auf (Wirts-) *Gitterplatz* werden. Diese drei Begriffe – Leerstelle, Zwischengitter und Gitterplatzverunreinigung – bestimmen Defekte in der Gitterordnung. Der Vorgang der Ionenimplantation erhöht die Fehlordnung im Gitter. Jedoch gibt es selbst in einem nicht implantierten Festkörper natürlich auftretende Defekte nach den oben skizzierten Typen und zahlreiche Abwandlungen dieser einfachen oder *Punkt*-Defekte. Deshalb ist es vorteilhaft, kurz einige der Eigenschaften dieser Defekte zu sammeln, bevor die Effekte der Ionenimplantation auf die Zunahme der Störung betrachtet werden. (Ins Einzelne gehende Betrachtungen des gestörten Festkörpers finden sich in anderen Abhandlungen; der Leser ist besonders auf das Buch „Defects and Radiation Damage in Metals" von M. W. Thompson[1] verwiesen. Dort gibt es eine umfassendere Behandlung als es hier versucht wird.)

5.2 Punkt-Defekte in Festkörpern

5.2.1 Leerstellen

In jedem Festkörper sind die Gitteratome bei einer endlichen Temperatur in ständiger Schwingung mit einer Oszillatorfrequenz ν_0, etwa 10^{13} Hz, um ihre Gleichgewichtslagen herum. Diese Schwingungen sind durch die Kräfte von gegenseitiger Anziehung und Abstoßung zwischen den Atomen bestimmt. Die Amplitude der Schwingungen, die die kinetische Energie der Atome im Verbund mit der endlichen Temperatur widerspiegelt, nimmt mit zunehmender Temperatur zu und kann für ein Atom genügend groß werden, daß es seine Gleichgewichtsposition gänzlich verläßt und somit eine Leerstelle schafft.

Da dieser Vorgang unter dem rücktreibenden Einfluß der umgebenden Atomkräfte abläuft, muß offensichtlich eine Energie für solche Leerstellenbildung aufgewendet werden. Diese Energie, die für die Verrückung eines Atoms von einem Gitterplatz zur Kristalloberfläche und zur Erzeugung einer bleibenden Leerstelle erforderlich ist, wird als $E_{\text{v.f.}}$ bezeichnet. Von jedem Atom kann dann angenommen werden, daß es sich in einem Topf potentieller Energie der Tiefe $E_{\text{v.f.}}$ befindet und daß es während seiner Schwingungs-Auslenkungen versucht, die Energiebarriere zu überwinden; die Häufigkeit ν_f für das Gelingen ist in Form der Maxwell-Boltzmann-Statistik für die Besetzungszahl eines gegebenen Energieniveaus bei definierter Temperatur festgelegt, d.h.

$$\nu_f = \nu_{f0} \exp \frac{-E_{\text{v.f.}}}{kT} \qquad 5.1$$

wobei k die Boltzmannkonstante und T die Temperatur in Kelvin ist.

Bei einer Leerstellenerzeugung wird jedoch die Energie des Festkörpers erhöht, und wie bei jedem physikalischen Vorgang ist das Gleichgewicht bei Energieminimum erreicht. Der Weg zur Verkleinerung der Energie verläuft so, daß die an Leerstellen benachbarten Atome versuchen, ihre Schwingungen auf die Anwesenheit von Leerstellen passend einzustellen, wodurch eine Rate der Wiederauffüllung proportional zu ihrer Anzahldichte zustandekommt. Daher gibt es im Gleichgewicht bei N Atomen pro Einheitsvolumen eine Erzeugungsrate von Leerstellen $N\,\nu_f = N\,\nu_{f0} \exp \frac{-E_{\text{v.f.}}}{kT}$ und eine Relaxationsrate von benachbarten Atomen proportional zur Zahl n_ν von Leerstellen im Einheitsvolumen, d.h. Cn_ν. Folglich ist

$$Cn_\nu = N\,\nu_{f0} \exp \frac{-E_{\text{v.f.}}}{kT} \qquad 5.2$$

Es zeigt sich, daß das Verhältnis $\frac{\nu_0}{C}$ etwa gleich eins ist, so daß die Leerstellenkonzentration im Gleichgewicht durch

$$\frac{n_\nu}{N} = \exp \frac{-E_{\text{v.f.}}}{kT} \qquad 5.3$$

gegeben ist. Die Energie $E_{\text{v.f.}}$ kann bei Kenntnis der elastischen Konstanten eines Festkörpers berechnet werden oder grundlegender aus bekannten oder realistisch angenommen interatomaren Kraftgesetzen berechnet werden. Diese Berechnungen stimmen recht gut mit Meßwerten von $E_{v.f.}$ überein, die aus Messungen von Gitterdilatation und elektrischen Widerständen gewonnen wurden, welche bei den Eigenschaften von der Defektdichte abhängen. Für Metalle wie Cu, Ag und Au liegt der Wert von $E_{v.f.}$ nahe 1,0 eV[1], während für Si und Ge $E_{v.f.}$ in der Nähe von 2,0 eV geschätzt wird[3]. Daher liegt bei Raumtemperatur die Konzentration von Leerstellen in Edelmetallen, gegeben durch Gleichung 5.3, schätzungsweise nur bei 1 zu 10^{17}, während wir für Elementhalbleiter eine Leerstellenkonzentration in der Größenordnung von 1 : 10^{34} (d.h. 1 fehlendes Atom auf 10^6 Kubikmeter) erwarten. Die Konzentration kann natürlich bei zunehmender Temperatur dramatisch anwachsen, so daß zum Beispiel bei 1000 K die Leerstellenkonzentration in Edelmetallen auf die Größenordnung von 1 zu 10^5 und bei Halbleitern auf 1 zu 10^{12} zugenommen hat.

Die meisten materialverarbeitenden Methoden erfordern die Anwendung hoher Temperaturen. So ist es möglich, hohe Leerstellendichten zu erzeugen, die während des Rückgangs auf Raumtemperatur sich nicht wieder zu entfernen brauchen. Die Wahrscheinlichkeit ihrer Vernichtung hängt von ihrer Fähigkeit ab, durch den Festkörper hindurch zu wandern und mit Überschußatomen zusammenzutreffen. Wie auch im Fall der Leerstellenbildung muß dieser Wanderungsvorgang energetisch aktiviert werden. Wenn im Gitter eine Leerstelle geschaffen worden ist, relaxieren die Nachbaratome; sie sind aber an einer Bewegung in freie Plätze durch ihre eigenen gegenseitigen Wechselwirkungen gehindert. Deshalb muß einem Nachbaratom Energie für einen solchen Platzwechselvorgang geliefert werden. Wenn das erfolgt ist, hat sich die Leerstelle selbst zur Lage des Nachbarn hin bewegt. Die Energie $E_{v.m.}$, die für die Leerstellenwanderung erforderlich ist, wird durch thermische Atombewegung geliefert. Somit ist bei der Temperatur T die „Rate" der Leerstellenbewegung durch den Boltzmann-Faktor (ähnlich wie in Gleichung 5.1) gegeben, d.h.

$$\nu_m = \nu_{mo} \exp \frac{-E_{v.m.}}{kT} \qquad 5.4$$

Die Rate der Leerstellenbildung und -wanderung ist damit durch das Produkt der Einzelraten gegeben, wie sie in Gleichungen 5.1 und 5.4 festgelegt sind, d.h.:

$$\nu = \nu_0 \exp \left(\frac{E_{v.f.} + E_{v.m.}}{kT} \right) \qquad 5.5$$

In vielen Stoffen ist der Vorgang der Diffusion oder des atomaren Transportes durch die Erzeugung und Wanderung von Leerstellen bestimmt. Die Energie der Selbstdiffusion $E_{s.d.}$ ist somit gegeben über:

$$E_{s.d} = E_{v.f.} + E_{v.m.} \qquad 5.6$$

Theoretische Berechnungen, Rechnersimulationen und experimente Messungen führen zu Werten für $E_{v.m.}$ im Bereich von 1,0 eV sowohl für Metalle als auch für elementare Halbleiter. Damit kommt heraus, daß für Raumtemperatur und unter der Annahme, daß ν_0 in der Größenordnung 10^{13} Hz ist, jede Leerstelle nur einmal in 10^4 Sekunden erfolgreich wandern kann. Bei 1000 K jedoch gibt es 10^8 erfolgreiche Sprünge in der Sekunde; die Leerstellen sind somit in einem Zustand ständiger Erzeugung, Wanderung und Vernichtung. Wenn ein heißer Festkörper rasch „abgeschreckt" (gekühlt) wird, erfahren jedoch die Leerstellen eine außerordentliche Verlängerung ihrer Wanderzeiten mit dem Ergebnis, daß bei dieser niedrigeren Temperatur die Hochtemperatur-Leerstellenkonzentration erhalten oder „ausgefroren" bleibt.

Häufig können sich während des Wanderungsvorgangs Leerstellen anhäufen, um Zusammenballungen von zwei oder mehr zu bilden. Mit ihnen verbindet sich eine Verringerung der Verspannung im umgebenden Gitter im Vergleich zu der, die von derselben Zahl von isolierten Fehlstellen herrührt. Folglich sind die „Haufen" gegen Auftrennung in Einzelleerstellen mit einer Bindungsenergie gebunden, die gewöhnlich in der Größenordnung von einigen Zehntel eV bis zu Werten größer als 1 eV liegt. In abgeschreckten Metallen assoziieren sich die Leerstellen häufig in eine kristallographische Form (z.B. Tetraeder), während in strahlungsgestörten Halbleitern Doppelleerstellen die begünstigten Anordnungen sind.

An dieser Stelle soll angemerkt werden, daß die Energie der Leerstellenwanderung von Halbleitern, wie oben erörtert, sich auf eine ungeladene oder neutrale Leerstelle bezieht. Solche Stoffe können natürlich räumlich isolierte Ladungen besitzen. Es ist möglich, die Wanderung von sowohl negativ als auch positiv geladenen Leerstellen hervorzurufen und zu beobachten (tatsächlich die gegenläufige Bewegung von geladenen Atomen). Die Aktivierungsenergie für solche Wanderungen ist normalerweise wesentlich geringer als für die ungeladene Leerstelle (für geladene Einfachleerstellen in Si wird eine Wanderungsenergie von etwa 0,3 eV angenommen). Gleichzeitig sollte daran erinnert werden, daß es unmöglich ist, Materialien vollständig zu reinigen, und in Halbleitern ist beobachtet worden, daß Leerstellen-Verunreinigungsatom-Komplexe üblich sind. Diese besitzen wiederum oft kleinere Wanderungsenergien als die Energie neutraler Leerstellen. Eines der wirksamsten Untersuchungsverfahren von Erzeugung und Wanderung von Leerstellen und Aggregaten in Halbleitern ist die elektronenparamagnetische (oder Spin-)Resonanz; es genügt hier die Feststellung, daß solche Untersuchungen über die enorme Komplexität der Defektzustände in Halbleitern Aufschluß gegeben haben. Da Defekte oft lokalisierte Ladungszustände besitzen, sind sie für die Bestimmung des elektronischen Verhaltens von Halbleitern wichtig, besonders wo Leerstellenkonzentrationen hoch sein können, wie in unserem vorliegenden Interessengebiet, wo Ionenimplantation eine Defektvermehrung erzeugt.

5.2.2 *Zwischengitterplätze*

Ein Zwischengitteratom entsteht, wenn ein Zusatz-Gitter- (oder Verunreinigungs-) Atom von der Oberfläche her kommt und an irgendeiner nicht normalen Gitterposition liegen bleibt. Da das Gitter in einer Art aufgebaut ist, daß die freie Energie ein Minimum hat, ist es einleuchtend, daß das Festhalten des Zusatzatoms an einem Nichtgitterplatz einen Verbrauch beträchtlicher Energie erfordert. Das den Zwischengitterplatz umgebende Gitter wird dann unter Spannung gesetzt. Berechnungen der erforderlichen Energie zur Bildung eines Zwischengitterplatzes sind weniger genau als die für Leerstellenbildung, denn die stabilen Lagen von Zwischengitteratomen im Gitter sind häufig schwer festzustellen. Mehrere verschiedene Anordnungen ergeben kaum unterschiedliche stabile Lagen und Bildungsenergien. Nichtsdestoweniger hat sich bei allen Materialien bewahrheitet, daß die Bildungsenergie $E_{\text{i.f.}}$ bedeutend höher als die entsprechende Energie für Leerstellenbildung ist. Sie liegt gewöhnlich im Bereich von 4–5 eV. Da die Bildungswahrscheinlichkeit einem ähnlichen statistischen Temperaturprozeß folgt wie bei Leerstellen (Gleichung 5.1), ist die thermisch aktivierte Gleichgewichtskonzentration von Zwischengitterplätzen um viele Größenordnungen kleiner als bei der Leerstellenkonzentration.

Die Zufügung von Zwischengitteratomen führt zu beträchtlichen Gitterspannungen. Es ist deshalb verständlich, daß Zwischengitteratome leicht beweglich sind, da sie den örtlichen Spannungen ausweichen wollen; Rechnung und Experiment bestätigen dieses und ergeben Zwischengitter-Wanderungsenergien $E_{\text{i.m.}}$ in der Größenordnung von Zehntel eV. Deshalb werden Zwischengitteratome, auch wenn sie gerade erst thermisch oder durch andere Ursache gebildet wurden, schnell zu Senken wandern, außer bei sehr tiefen Temperaturen. Für solche Senken kommen die Oberfläche, andere Zwischengitteratome und Leerstellen in Betracht. Wenn Zwischengitteratome sich berühren, vereinigen sie sich und bilden stabile Cluster, während Leerstellen und Zwischengitterzustände sich bei Vereinigung völlig vernichten und dabei die Gittervollkommenheit wiederherstellen.

Ist die Gitterspannung solcherart von einer Leerstelle und einem Zwischengitteratom begleitet, so wird zwischen ihnen spontan zur Verringerung der Spannung ein Ausgleich erfolgen, sogar ohne jede Unterstützung oder thermisch aktivierte Wanderung, und es findet ein athermischer Ausheilprozeß statt. Die Ausdehnung dieser gegenseitigen Auslöschungszone kann aus Computerstudien an Cu[4] abgeschätzt werden, aus denen angenommen werden kann, daß bei Existenz zweier solcher Defekte innerhalb einer gegenseitigen Entfernung von 50–100 Atomvolumen, spontane Auslöschung erfolgt.

Im Fall von Silizium besteht der äußerst mißliche Umstand, daß man in keiner experimentellen Messung die Existenz des freien Zwischengitteratoms eindeutig nachgewiesen hat. Das heißt nicht, daß es nicht existiert, sondern vielmehr, daß es sehr rasch nach der Erzeugung mit irgendeiner Senke rekombiniert, z.B. mit der Leerstelle, das es hinter sich läßt, entweder über den Verspannungsprozeß, der oben vorgeschlagen wurde oder über einen schnell beweglichen, thermisch angeregten Prozeß mit niedrigem $E_{\text{i.m.}}$.

Unter thermisch aktivierten Bedingungen übertrifft deshalb die Leerstellenkonzentration gewöhnlich die Zwischengitter-Atomdichte um viele Größenordnungen. Wenn jedoch Fehlstellen durch Bestrahlung geschaffen werden, ist jede Fehlstelle von einem Zwischengitteratom begleitet (diese sind als Frenkel-Paar bekannt) und die Konzentrationen können thermische Gleichgewichtsbedingungen weit übertreffen. Es ist deshalb wichtig zu wissen, wie beide Arten sich für sich verhalten bzw. sich beeinflussen. Die Kenntnis der Wanderungsenergien, Ansammlungs- und Rekombinationsraten wie auch der thermischen Einflüsse ist bedeutsam.

5.2.3 *Verunreinigungen*

Verunreinigungsatome – die immer selbst in den sorgfältigst gereinigten Festkörpern vorhanden sind, – können sich auf vielen Wegen an ein Wirtsgitter anpassen. Wenn ein solches Atom einen Gitterplatz einnimmt, ist es als eine Gitterplatzverunreinigung bekannt, oder falls isoliert auf einem nicht normalem Gitterplatz, als eine Zwischengitterverunreinigung. Rechnungen zum Lösungsmechanismus von Verunreinigungen und Wanderungsenergien sind sogar noch unsicherer als jene für Eigendefekte in einem Gitter. Einige makroskopische Regeln, die durch Hume-Rotherey[5] festgelegt wurden, können jedoch als nützliche Anleitungen für erwartete Gleichgewichtsdichten von Verunreinigungen dienen. Oft passiert es, daß Verunreinigungsatome als wirkungsvolle Senken für Gitterdefekte wirken und Defektanhäufungsvorgänge in Gang setzen. Ein bemerkenswertes Beispiel dafür ist die Bildung von Gasblasen durch die Anhäufung von Atomen von Inertgasen und von Leerstellen in Festkörpern, die mit Inertgasionen beschossen wurden. Das kommt auch bei der Inertgaserzeugung im Gitter durch Umwandlungsreaktionen in Spaltreaktoren vor. Inertgasatome sind fast unlöslich in den meisten Festkörpern. Es gibt auch viele andere unlösliche Verunreinigung-Wirt-Kombinationen, in denen die Verunreinigungen zu Präzipitaten in der Wirtsmatrix und auf freien Oberflächen kondensieren, um die Energie des Systems zu minimieren.

5.3 Ausgedehnte Fehlstellen in Festkörpern

5.3.1 Versetzungen

Wir haben schon gesehen, daß die Ansammlung von Punktdefekten zu „Haufen" in Festkörpern oft begünstigt ist. Solche Haufen können wachsen, bis sie makroskopische Defekte bilden, die viele Leerstellen oder Zwischengitteratome enthalten. Ein besonderes Beispiel dafür ist das Vorhandensein von Hohlräumen (große Leerstellenhaufen), die in Materialien von Kernreaktoren beobachtet werden, wo die thermischen Bedingungen Anhäufung wie auch Vernichtung von Punktdefekten erlauben. Solche großen Haufen können durch Verunreinigungsatome in der Matrix stabilisiert werden, da dort – allgemein gesprochen – eine beträchtliche Verspannung im Verbund mit einer solchen Anordnung herrscht. Die Verspannung kann durch Ausscheidung der Haufen in energetisch günstigere Anordnungen etwas gelockert werden. Eine häufige Anordnung ist der Zusammenbruch in eine Ebene oder dünne Schicht entweder von Leerstellen oder von Zwischengitteratomen, die eine Diskontinuität in der Gittergleichmäßigkeit über ein ausgedehntes Gebiet darstellen. Diese ausgedehnten Defekte sind als (Gitter-) Versetzungen bekannt und müssen zu einer gewissen Gitterentspannung in ihrer Nachbarschaft führen, wie es für die Leerstellen- und die Zwischengitterversetzungen in Abb. 5.1 erörtert wird. Versetzungen können völlig innerhalb des Kristalls eingeschlossen sein. In dem Falle ist ihre Grenze zum guten Kristall durch ihren Umkreis bestimmt, und es existiert eine Versetzungsschleife („Loop"), oder die Versetzungen können an der Oberfläche enden. Da sie von Spannungsfeldern begleitet sind, bilden sie sich in kristallographischen Anordnungen aus, bei denen die Energie am geringsten ist, und reagieren miteinander fast in der gleichen Weise wie Flächen

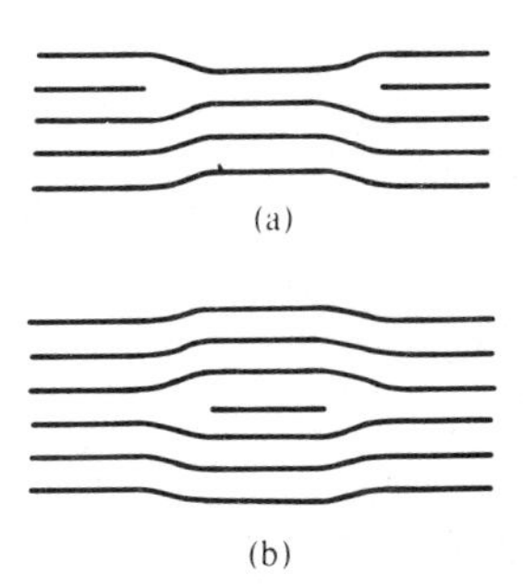

Abb. 5.1 Schematische Darstellung atomarer Anordnungen um (a) eine Leerstellen- und (b) um Zwischengitterversetzungen herum.

elektrischer Ladungen. Jedoch gibt es in dem Vergleich einen Unterschied derart, daß die Wechselwirkungskräfte zwischen gleichen (d.h. zwei Leerstellen oder zwei Zwischengitteranordnungen) Loops oder zwischen ungleichen Loops nicht nur in der Stärke sondern auch im Vorzeichen (d.h. anziehend oder abstoßend) von den Entfernungen zwischen den Loops und ihren individuellen Anordnungen abhängen. Daher können einige Loops sich anziehen und wachsen (oder sich vernichten), während andere sich abstoßen.

Ein einfaches Mittel zur Veranschaulichung einer Versetzung obigen Typs besteht darin, sich einen Schnitt senkrecht zur Oberfläche eines Kristalls vorzustellen, eine Auftrennung des Kristalls und dann eine Versetzung der beiden Flächen zueinander in Normalenrichtung, wobei an dieser Berührungsfläche atomare Unregelmäßigkeiten erzeugt werden. Solche Versetzungen sind als *Stufenversetzungen* bekannt, und die zusammengefallenen Loops von Leerstellen oder Zwischengitterzuständen – wie oben erörtert – sind nur Spezialbeispiele dieses Typs. Einen anderen Versetzungstyp kann man sich so vorstellen, als sei der gleiche Schnitt gemacht und dann eine Scherung in der Schnittebene, jedoch entlang der Basislinie des Schnitts im Kristall, vollzogen worden. Die Wirkung dieser Verschiebung besteht darin, daß die atomare Regelmäßigkeit in der Nachbarschaft des Schnitts eine spiralförmige Symmetrie um die Scherrichtung annimmt. Diese Struktur wird als *Schraubenversetzung* bezeichnet.

Generell werden Versetzungen nicht auf thermischem Wege gebildet, sondern durch mechanische Spannung mit daraus folgender Deformation, durch Strahlenschaden, der über den thermischen Wert hinaus Fehlstellenkonzentrationen mit anschließender Zusammenballung hervorruft, sowie durch Ungleichmäßigkeit im Kristallwachstumsprozeß. Natürlich erzeugt die Anwesenheit von Versetzungen Bereiche mit beträchtlicher Unvollkommenheit und Spannung des Gitters, und es überrascht nicht, daß solche Unvollkommenheiten stark die makroskopischen mechanischen oder elastischen Eigenschaften des kristallinen Festkörpers bestimmen. Versetzungen beeinflussen ebenfalls die elektrischen Eigenschaften von Festkörpern, da ihre Existenz Gitterunregelmäßigkeiten und zusätzliche Streuzentren für die Fortpflanzung von Elektronenwellen festlegt. In gut hergestellten Halbleitern sind jedoch die Versetzungsdichten gewöhnlich so gering, daß sie nur geringen Einfluß auf den elektrischen Leitungsprozeß ausüben, doch gilt dieses nicht notwendigerweise in stark strahlengeschädigten Materialien.

Gitterversetzungen bilden sich gewöhnlich in Kristallen entlang von Richtungen und Ebenen aus, in denen der Vorgang geringsten Energiebedarf erfordert, und bleiben dort beständig, wo die damit verbundene Verspannungsenergie minimiert wird. Deshalb ist die Feststellung nicht selten, daß oberflächennahe Gebiete eines Kristalls an Versetzungen, die in bestimmten Richtungen liegen, entblößt sind, da diese Versetzungen zur Oberfläche gezogen werden können und über die elastischen Wechselwirkungen zwischen Versetzung und der Oberfläche verschwinden. In der Tat können wir eine Art elastisches Spiegelfeld für Versetzungen nahe einer freien Oberfläche ableiten, und zwar ziemlich analog zum Spiegelfeld von elastischen Ladungen nahe einer Oberfläche. Dieser Vorgang von Versetzungsbewegungen aufgrund von elastischen Wechselwirkungen ist als *Gleiten* oder *Schlüpfen* bekannt und ist kein thermisch angeregter Vorgang. Wir haben schon angemerkt, daß Versetzungsstrukturen weitere Punktdefekte aufnehmen und somit wachsen oder schrumpfen können (je nach dem Charakter der aufgenommenen Fehlstellen). Man kann erwarten, daß sie sich auf diese Art bewegen können. Da dieser Vorgang von dem

Vorrat und der Wanderung von Punktdefekten abhängt, ist er thermisch angeregt und als „*klettern*" bekannt. Eine übliche Beobachtung der Versetzungsbewegung in bestrahlten Festkörpern ist die, daß sie am schnellsten bei Temperaturen erfolgt, bei denen Punktdefekte äußerst beweglich sind. In der Tat besteht die allgemeine Methode der Entfernung von strahlungs- (oder sonstig) induzierten Versetzungsstrukturen darin, einen Temperprozeß bei erhöhter Temperatur anzuschließen. Wenn die Versetzungsdichten hoch sind, können Versetzungen mit verschiedenen kristallographischen Richtungen miteinander wechselwirken, eine weniger bewegliche komplexe Struktur bilden und ihre Entfernung verhindern. Dieser Vorgang heißt „*Festhalten*". Ihre mögliche Vernichtung hängt davon ab, wie schnell sie Punktdefekte aufnehmen und an eine freie Grenzfläche klettern können. Wenn während der Bestrahlung die Punktdefekte selber zur Wanderung angeregt werden, entweder thermisch oder durch strahlungsinduzierte Prozesse (z.B. Erwerb von Bewegungsenergie von einfallenden Teilchen), dann können sich Versetzungen bilden, wachsen und elastisch untereinander und mit benachbarten Grenzflächen in Wechselwirkung treten. Diese Wechselwirkungskräfte verursachen die Bewegung von Versetzungen. So können wir uns eine Lage vorstellen, in der während der Bestrahlung eine ständige Bewegung von Punkt- und ausgedehnten Defekten erfolgt. Diese transportiert Atome innerhalb des Festkörpers und zu den freien Begrenzungen. Eine solche dynamische Bewegung wurde kürzlich von Nelson und seinen Mitarbeitern[6] beobachtet. Sie benutzten ein Transmissionselektronenmikroskop, in der die Probe (entweder ein Metall oder ein Halbleiter) beständig mit Schwerionen während der mikroskopischen Untersuchung bestrahlt wurde. Die Einzelheiten dieser Vorgänge sind keinesfalls voll verstanden, aber sie verdeutlichen die Komplexität, der diesem Fehlordnungsvorgang während der Ionenimplantation innewohnt.

Schließlich sollten wir zwei spezielle Arten von ausgedehnten Diskontinuitäten in Festkörpern betrachten. Zuerst werden viele Festkörper – durch mangelhafte Präparation oder als Ergebnis vieler Prozeßvorschriften (z.B. Bestrahlung) – nicht nur aus einem einzigen, sondern aus vielen einzelnen Einkristallen gebildet, jeder mit leicht oder grob verschiedenen Orientierungen bezüglich einer beliebigen Kristallrichtung. Solche Stoffe sind polykristallin. Das Gebiet zwischen jedem der Einzelkristallite, die die Verspannung in einer solchen Fehlanpassungslage aufnimmt, heißt *Korngrenze.* Korngrenzen können als Quellen und Senken von Punktdefekten in Festkörpern wirken, in vielem den freien Oberflächen ähnlich. Wir können häufig defektentblößte Zonen in bestrahlten Festkörpern nahe an solchen Korngrenzen beobachten. Die Kristallite zwischen den Grenzen können in der Größe zwischen einigen wenigen Angstrom (10^{-10} m) in der Linearausdehnung (in diesem Fall ist die Struktur mikrokristallin) bis zu zehntausenden von Angstrom (μm) liegen. In einigen Fällen ist die Fehlorientierung benachbarter Kristallite gering, so daß man von *Mosaikspreizung* spricht. Die zweite spezielle Konfiguration ist als Zwillingsstruktur bekannt, bei der auf gegenüberliegenden Seiten der Korngrenze jede Atomanordnung ein Spiegelbild der anderen ist. Dieses ist als Merkmal bestrahlter Festkörper wiederum nicht ungewöhnlich.

5.3.2 Der amorphe Zustand

Kristalline Festkörper, einschließlich reiner Metalle und Festkörper, sind durch Regelmäßigkeit der Atomanordnung gekennzeichnet. Diese Regelmäßigkeiten sind durch Natur und Größe der Kräfte zwischen den Atomen vorgegeben sowie durch die Forderung, die Energie des Systems gering zu halten. In vielen zusammengesetzten Materialien, z.B. Gläsern und Metalloxiden, können die verschiedenen atomaren Kräfte zur Bildung einer im wesentlichen strukturlosen Matrix führen, die der zufälligen Verteilung zwischenatomarer Abstände und Anordnungen einer eingefrorenen Flüssigkeitsstruktur ähnelt und in der die Energie wiederum am geringsten ist. Kristalline Festkörper können so beschrieben werden: sie besitzen genau gekennzeichnete Abhängigkeiten in den Entfernungen zwischen einem beliebigen Atom und seinen nächsten Nachbarn, seinen übernächsten, usw.; bei zufälligen oder *amorphen* Strukturen bestehen keine solchen Beziehungen oder atomaren Übereinstimmungen.

Die Elementhalbleiter der Gruppe IV und die Verbindungshalbleiter der Gruppen III–V und II–VI sind auch durch die Natur der Kräfte zwischen benachbarten Atomen charakterisiert, die von völlig kovalenten Bindungsstrukturen (Gruppe IV) bis zu gemischten kovalent-ionischen Strukturen (Gruppen III–V und II–VI) reicht. Diese Bindungsarten sind gerichtet und ergeben bei dicken Proben dieser Materialien eine Ausbildung wohlausgebildeter Kristallgitter. Mit Verdampfungstechniken ist es jedoch möglich, dünne amorphe Halbleiterlagen zu bilden, besonders, wenn das Substrat, auf dem der Film aufwächst, kalt ist, die Beweglichkeit für die kondensierenden Atome einschränkt und die Orientierung der Atome – zwecks vollständiger Auffüllung der erforderlichen Bindungen – für jedes Atom verhindert. Diese Struktur besteht dann aus einer Anordnung von Atomen, in der die Bindungslängen und Richtungen unterschiedlich sind und viele Bindungen unaufgefüllt und frei sind. Beim gegenwärtigen Kenntnisstand können wir nicht eindeutig feststellen, daß diese Aufdampffilme völlig amorph sind und daß keine atomare Regelmäßigkeit in irgendeinem Maßstab besteht. Tatsächlich läßt das Aussehen einiger Röntgenstrahlbeugungen vermuten, daß tetraedrische Gruppen von z.B. Si oder Ge existieren und daß diese gegenüber benachbarten Gruppen fehlorientiert sind. In vieler Hinsicht kann man jedoch die Struktur als amorph ansehen.

Der Grund für die Behandlung dieser amorphen (oder stark mikrokristallinen) Halbleiterstruktur ist der, daß dieses genau der Materialzustand ist, wie er während einer Schwerionen-Implantation von Halbleitern der IV- und III–V-Gruppe unter etwa Raumtemperatur entsteht. Reflexions-Elektronenbeugung und Transmissions-Elektronenmikroskopie bestätigen[7], daß für schwere Ionen (d.h. für Atommassen größer als die der bestrahlten Festkörper) sich bei Bestrahlungsdosen von weniger als etwa 10^{17} m^{-2} vereinzelt Zonen beginnender Amorphisierung bilden, vorzugsweise in der Umgebung der Bahn des Ions, wenn dieses im Festkörper zur Ruhe kommt. Bei Erhöhung der Ionendosis wächst die Anzahl der Zonen bis sie sich überlappen und eine durchgehende Lage im Festkörper bilden, und zwar etwa in Tiefe der Ionenreichweite, wobei sie den guten Kristall überdecken. Bei leichteren Ionen wird solches Wachstum amorpher Lagen nur bei viel höheren Dosen gefunden, während bei Bestrahlungen unter höherer Temperatur, selbst mit schweren Ionen, eine Erzeugung amorpher Zonen unterbunden wird und nur stark versetzte oder polykristalline Struktur entsteht. Eine genauere Betrachtung der Vorgänge, die für dieses Amorphisierungs-Verhalten verantwortlich sind, wird später gegeben. Für den Augenblick genügt es jedoch zu sagen, daß offenbar der Bestrahlungsvorgang zur Zuführung eines großen Energiebetrags in einem kleinen atomaren Volumen führt, der das Gitter insgesamt zerstört. Die Struktur bleibt in dem augenscheinlich metastabilen Zustand der

Amorphisierung, wenn die notwendigen thermisch aktivierten Vorgänge (Fehlstellenwanderung und Bindungsneuordnung) verhindert werden. Es ist bezeichnend, daß das Wachstum der amorphen Phase in Metallen fehlt, wo Erzeugung von Punktdefekten und Versetzungen beobachtet werden. Dies läßt vermuten, daß in diesen zweitgenannten Stoffen, wo die zwischenatomaren Bindungen ungerichtet sind, die stabile Struktur der gute Kristall zusammen mit Versetzungen ist, während einige Halbleiter im metastabilen Zustand der Amorphisierung (der vermutlich die geringste Energie hat) zur Ruhe gebracht werden können. Dieser Zustand kann erfolgreich (in der Zeitskala der Bestrahlung) mit der Relaxation über Versetzungswachstum konkurrieren. Offenbar beschleunigt bei hohen Temperaturen die Fehlstellenbeweglichkeit die Wirksamkeit des zweiten Vorgangs.

Man sollte auch anmerken, daß Schwerionenbeschuß von ursprünglich amorphen Halbleiterfilmen (besonders Si und Ge) zu einer Bildung von Kristalliten in der amorphen Matrix führen kann[8] (der umgekehrte Effekt im Vergleich zu den oben beschriebenen). Das bedeutet, daß die durch Ionenimplantation zugeführte Energie den Ordnungsvorgang beeinflussen kann. Deshalb erfolgen offenbar sowohl die Erzeugung der amorphen Zone und Rekristallisation gleichzeitig während der Bestrahlung eines Einkristalls. Der am Schluß beobachtete Zustand ist das Ergebnis einer dynamischen Konkurrenz zwischen der ordnungsauflösenden und wiederherstellenden Vorgänge. Es ist zu erwarten, daß dieser nicht *gänzlich* amorph ist.

5.4 Fehlstellenerzeugung durch Ionenimplantation

5.4.1 *Die Stoßkaskade – ein qualitatives Modell*

Bei der Betrachtung der wichtigen Vorgänge, die nach dem Eindringen eines Ions in eine Kristalloberfläche und nach einer Folge von energieverbrauchenden Stößen mit Gitteratomen geschehen, ist es hilfreich, den Ablauf der Ereignisse nach dem Einschuß eines Schwerions (z.B. Sb) von 100 keV in ein leichtes Halbleitergitter (Si) grob zu skizzieren. Unterschiede für andere Ion-Targetkombinationen werden später untersucht.

Wenn ein Ion auf die Oberfläche schlägt, stößt es sehr eng mit einem einzigen Oberflächenatom zusammen und wird abgelenkt. Es verliert die Energie T in dem Vorgang und überträgt diese ans Gitteratom. Ist der Stoßparameter für diesen Stoß ungefähr p, dann werden Energien zwischen T und $T + \delta T$ für jeden Stoßparameter übertragen, der in einer Ringfläche liegt, die zwischen konzentrischen Kreisen der Radien p und $p + \delta p$ eingeschlossen wird, d.h. mit der Fläche $2\pi p \delta p$. Das ist, wie in Kapitel 2 definiert, der differentielle Wirkungsquerschnitt $d\sigma$ für den Energieübertrag zwischen $T + \delta T$. Dieser Energieübertrag erstreckt sich von einem Maximum für zentralen Stoß ($p = 0$) von

$$T = \frac{4M_1 M_2}{(M_1 + M_2)^2} 100 \text{ keV}$$

(das für das Sb-Si-System ungefähr 50 keV ist) bis zu einem theoretischen Minimum von Null, wenn der Stoßparameter unendlich wäre. In der Praxis kann natürlich der Stoßparameter nicht größer als die Hälfte des zwischenatomaren Gitterabstandes der Oberfläche sein; dort ist ein entsprechendes Minimum in der Energieübertragung. Um die Energieübertragung und die Winkel mit denen das Primärion und das gestoßene Gitteratom für jeden beliebigen Wert von p zwischen 0 und seinen Maximumwert gestreut werden, auszurechnen, muß man die in Kapitel 2 entwickelten Bewegungsgleichungen lösen. Diese Lösung erfordert ihrerseits die Kenntnis des zwischenatomaren Kraft- oder Potentialgesetzes. Für p nahe Null ist es ganz vernünftig, entweder einen Harte-Kugel-Stoß oder einen weichen Stoß mit einem invers quadratischen Potentialgesetz anzunehmen, während es für Stöße in weiterer Entfernung befriedigender ist, die Bewegung durch die Impulsnäherung anzunähern, wobei ein Born-Mayer-Potential angenommen wird. Die Energieübertragung nimmt mit wachsenden Stoßparameter ab, und wir können einen begrenzenden Stoßparameter p_d so definieren, daß für alle Werte von $p < p_d$ die Energieübertragung größer als eine willkürliche Energie E_d ist. Wenn diese Energie E_d derjenigen gleichgesetzt wird, die für die Versetzung eines Atoms von seinem Gitterplatz nötig ist, dann ist der Versetzungsquerschnitt σ_d durch $\pi p_d{}^2$ gegeben, der bei Kenntnis des zwischenatomaren Potentials berechnet werden kann. Im interssierenden Energiebereich benutzte hier Brinkmann[9] eine modifizierte Form des Born-Mayer-Potentials zusammen mit der Impulsnäherung, um zu zeigen, daß die *meisten* Stöße eine Energieübertragung größer E_d ergeben, wenn $E_d \approx 25$ eV gesetzt wird. Daher ist $\pi p_d{}^2$ von derselben Größenordnung wie $\pi\left(\frac{D}{2}\right)^2$, wobei D ein mittlerer zwischenatomarer Abstand ist. Folglich wird der Stoß des Ions auf ein Oberflächenatom fast sicher dessen Versetzung verursachen. Die tatsächliche Energieübertragung hängt vom Stoßparameter ab, und die Wahrscheinlichkeit für die Energieübertragung zwischen T und $T + \delta T$ ist durch $\frac{\mathrm{d}\sigma}{\sigma}$ gegeben, wobei σ der totale Stoßquerschnitt

$\int_{T_{\min}}^{T_{\max}} \mathrm{d}\sigma$ ist, der in der Größe von $\pi \frac{D^2}{4}$ liegt. Da $\mathrm{d}\sigma$ gleich $2\pi p \mathrm{d}p$ ist, wächst dieser mit

wachsendem Stoßparameter, so daß Stöße mit geringeren Energieübertragungen mehr vorherrschen als solche mit größeren. Der durchschnittliche Energieübertrag ist durch

$\int_{T_{\min}}^{T_{\max}} T \frac{\mathrm{d}\sigma}{\sigma}$ gegeben, der für ein Brinkman-Potential in der Größenordnung von mehreren keV liegt.

Daher setzt nach dem ersten Stoß das Ion seinen Weg in das Gitter fort, wobei es von einem ersten Rückstoßatom begleitet wird, welches seinerseits beträchtliche Energie besitzen kann. Für ein Sb-Ion, das ein Si-Atom streift, gibt es nur eine geringe Winkelablenkung des Sb (es ist fast der gleiche Fall, wie wenn eine Kanonenkugel eine Erbse stößt). Das Sb-Ion setzt seinen Weg fort und macht einen anderen Stoß mit einem weiteren Targetatom. Die Versetzungswahrscheinlichkeit dieses Atoms ist wiederum hoch, da das Ion allgemein keinen großen Teil seiner Energie verloren hat. Der mittlere Abstand oder freie Weg zwischen Versetzungsstößen ist durch $\lambda_d = \frac{1}{N\sigma_d}$ gegeben, wobei N die Gitteratomdichte bedeutet. Da σ_d in der Größe der effektiven atomaren Fläche liegt, ist die freie Weglänge zwischen Versetzungsstößen in der Größenordnung des zwischenatomaren Abstandes. Daher erzeugt das Sb-Ion eine zweite Versetzung kurz hinter der ersten, und so setzt sich das fort, wenn das Ion langsam zur Ruhe kommt, wobei es einen relativ ungestörten Bahnverlauf hat. Jedes versetzte Si-Atom bewegt sich im Gitter voran, wobei es Geschwindigkeitskomponenten senkrecht zur Ionenbahn hat, jedoch mit geringerer Energie als der des anregenden Ions. Da diese Si-Rückstoßatome weniger Energie besitzen, ist ihr Wirkungsquerschnitt für Versetzungen von Einzelatomen wiederum groß und ihre mittlere freie Weglänge auf Grund dieser Versetzungen klein, so daß jedes Primär-Rückstoßatom schnell eine Versetzung von Nachbaratomen verursachen kann, die nun selber fortfahren, weitere Rückstoßatome mit verringerter Energie zu erzeugen. Deshalb erzeugt jedes Primär-Rückstoßatom eine kleine Kaskade von Atomen, die sich von der Ionenbahn fortbewegen und nach und nach Energie verlieren, wenn der Abstand von der Bahn zunimmt. Da Primär-Rückstoßatome entlang der Spur eng zusammen erzeugt werden, neigen die Einzelkaskaden aus jedem einzelnen Rückstoßatom zur Überlappung mit ihren Nachbarn, und das endgültige Ergebnis wäre eine Riesenkaskade (die alle die überlappenden Einzelkaskaden enthielte) mit einer zylindrischen Form und einer Achse in der Ionenbahn. In Wirklichkeit nimmt der Bruchteil der Energie zu, den ein Primärionenstrahl bei abnehmender Energie verliert, wenn es zum Stoß kommt. (Dies wird durch die E^{-1}-Abhängigkeit der Energieübertragung in der Impulsnäherung erhellt.) Folglich nimmt die freie Weglänge auf Grund von Versetzungen von Einzelatomen ab und die Energie der Rückstoßatome zu, wenn das Ion tiefer in den Festkörper eindringt. Zum Ende der Spur zu vermindert sich jedoch die Ionenenergie so sehr, daß die tatsächlich übertragenen Energien so niedrig sind, daß die Dichte der Rückstoßatome abnimmt. Demzufolge ist die eigentliche Form der Rückstoßkaskade eher einem Rotationsellipsoid gleich, mit der Längsachse parallel zur Ionenspur, so wie in Abb. 5.2 dargestellt. Jedes Rückstoßatom läßt eine Leerstelle hinter sich und stellt selbst ein schnell bewegtes Zwischengitteratom dar, wobei es möglicherweise an der äußeren Begrenzung der Kaskade zur Ruhe kommt. Die sich ergebende Struktur gleicht somit einer leerstellenreichen zentralen Zone mit einem verdichteten äußeren Mantel. Dieser wird nun sowohl durch thermisch aktivierte Wanderungsvorgänge als auch nicht-thermische verspannungsinduzierte Tempervorgänge beeinflußt, die die endgültige Gleichgewichtsgeometrie der Kaskade bestimmen. Diese Form der Kaskadenentwicklung wurde zuerst von Brinkman[10] vorgeschlagen, um Schäden in Spaltbruchstücken von Schwermetallen zu erklären; das Konzept der leerstellenreichen oder verarmten Zone wurde von Seeger[11] entwickelt. Es ist bezeichnend, daß Beobachtungen von amorphen Zonen, die durch Schwerionenbeschuß in Si und Ge erzeugt wurden, zeigen, daß sie weniger dicht als einkristallines Si sind. Das weist auf die Bildung und beständige Existenz von leerstellenreichen Zonen hin, wie oben erörtert.

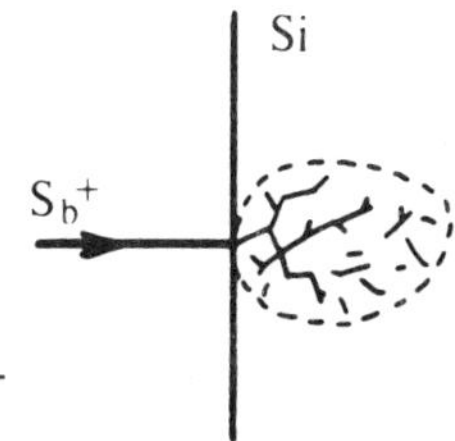

Abb. 5.2 Darstellung der Form der Stoßkaskade, die durch ein Sb^+-Ion gebildet wurde, das in Si implantiert wurde.

In dieser Diskussion haben wir natürlich nur gemittelte Eigenschaften der Gestalt der Kaskaden skizziert, wie sie durch Schwerionen erzeugt werden. Nicht alle Ionen unterliegen derselben Häufigkeit von Stößen mit großem Energieübertrag an Gitteratome. In der

Tat können diese Stöße für einige Ionen während der Zeit der Ionenabbremsung selten sein. Es gibt auch andere Fehlordnungskonfigurationen mit räumlich getrennten und nichtüberlappenden kleineren, dichten Kaskaden, zusammen mit einem Untergrund von einfacheren Defektstrukturen, die bei Stößen mit geringster Energieübertragung geschaffen werden. Deshalb wäre das Gesamtbild von Fehlstellen nach Schwerionenbestrahlung von Si eine Art See von einfachen Strukturen im Untergrund und eine Verteilung von größeren, dichter fehlgeordneten Gebieten von variablen Ausdehnungen. Darin sei auch die Art von großen Überlappungszonen eingeschlossen, die oben erörtert wurde.

Wenn wir jedoch die Bestrahlungseffekte leichter Ionen betrachten, werden sofort mehrere Unterschiede auffällig. Erstens überträgt ein auf ein Si-Target auftreffendes leichtes Ion wie Bor auch bei einem zentralen Stoß weniger Energie auf ein Si-Atom als Sb. Dieses gilt für alle Stoßparameter, da für gleiche Ionenenergien das leichtere B-Ion sehr viel schneller am Si-Atom vorbeikommt und eine geringere Möglichkeit zur Energieübertragung besitzt. Damit sind die Wahrscheinlichkeit der Energieübertragung und der Wirkungsquerschnitt für ausreichende Energieübertragung zur Erzeugung von Si-Versetzungen geringer, und folglich ist die mittlere freie Weglänge zwischen Versetzungen größer. Gleichzeitig ist die mittlere Energieübertragung bei Stößen geringer, so daß die versetzten Si-Atome ihrerseits weniger Rückstoßatome und eine Kaskade geringerer Dichte erzeugen. Da die freie Weglänge der Versetzung geringer ist, entstehen die Kaskaden viel weiter voneinander entfernt als bei schweren Ionen und überlappen sich nicht. Wegen der geringfügigen Energieübertragungen bestehen viele Kaskaden aus nur wenigen versetzten Atomen. Diese sind meistens nur durch kurze Entfernungen von den Leerstellen getrennt, aus denen sie stammen, da ihre Rückstoßenergien gering sind.

Zweitens kann das Borion bei jedem Stoß, wenn auch der Energieverlust gering ist, eine Ablenkung mit ziemlich großem Winkel erleiden (das Analogon ist jetzt eine Erbse, die eine Kanonenkugel trifft). Somit verläuft das Ion auf einer Zickzackbahn, verliert bei jedem Stoß Energie und bildet räumlich getrennte Kaskaden kleinen Ausmaßes. Wir müssen von der Vorstellung einer Riesenkaskade mit einzelnen sich überlappenden Kaskaden abrücken und uns eine Ansammlung kleiner Kaskaden vorstellen, die sich nahe an der Ionenbahn bilden und mehr oder weniger in der Gegend der Extremalauslenkungen des zur Ruhe kommenden Ions liegen. Deshalb ähneln die Versetzungsspuren einer räumlichen Anordnung mit eingeschlossenen Einzelkaskaden, wie sie in Abb. 5.3 gezeigt werden. Wir betrachten wiederum nur die Eigenschaften im Mittel, so daß durchaus noch die Möglichkeit auch bei leichten Ionen besteht, daß einige Kaskaden im engen Abstand erzeugt werden. Daher ist wie bei Schwerionenbestrahlung als endgültige Form der Fehlordnung ein *See* einfacherer Defekte mit darin verteilten Gebieten dichterer Fehlordnung zu erwarten. Man sollte jedoch erwarten, daß diese Gebiete mit dichterer Fehlordnung

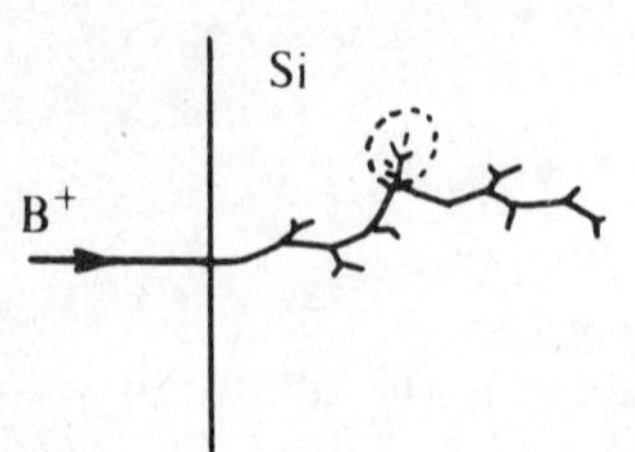

Abb. 5.3 Darstellung der Gestalt der Stoßkaskade, die durch ein in Si implantiertes B^+-Ion erzeugt wurde.

von geringerer Bedeutung sind als im Falle der Schwerionenbestrahlung. Für den Fall leichter Ionen ist das weiter wichtigste Merkmal die Tatsache, daß der Hauptteil der Ionenenergie *nicht* durch elastische Stöße mit Erzeugung von Versetzungen übertragen wird, sondern durch Anregung und Ionisation der Atomelektronen verloren geht. Ein einfacher Beweis soll dieses darstellen. Wenn wir ein Ion mit der Masse M_1, Energie E und Geschwindigkeit V_1 betrachten, das sich an einem Targetatom vorbeibewegt, welches ein Elektron in irgendeinem Energieniveau E_i unterhalb des Ionisationsniveaus besitzt, dann kann das Ion als Urheber einer Teilchenwelle angesehen werden, die das auf das Elektron wirkende Coulombfeld während ihres Durchlaufs stört. Die Dauer der Störung ist in der Größenordnung von $\frac{a_0}{V_1}$, wobei a_0 der effektive Elektronenbahnradius bedeutet. Eine Fourieranalyse des Störfeldes würde einen streng mit der Frequenz $\omega = \frac{V_1}{a_0}$ verlaufenden Ausdruck bringen. Wenn die Frequenz nahe bei der Übergangsfrequenz für Ionisation liegt, gibt es starke Absorption (d.h. die Welle wird an eine natürliche Eigenschwingung des Elektrons angekoppelt) und es ergibt sich eine Ionisierung. Falls $\hbar\omega = \hbar \frac{V_1}{a_0} = E_i$ (die Ionisierungsenergie) gilt, tritt deshalb Ionisierung auf. Da $E_1 = \frac{1}{2} M V_1^2$, wird aus der Bedingung für Ionisierung:

$$E_1 \approx M_1 \frac{E_i^2 \, a_0^2}{2\hbar^2} \qquad 5.7$$

In Halbleitern und Isolatoren gebrauchen wir als Wert für E_i die Energielücke zwischen Valenz- und Leitungsband. Für Metalle erscheint der Gebrauch der halben Fermienergie für diesen Zweck geeignet. In beiden Fällen kommt heraus, daß E_i einige eV beträgt. Einsetzen der richtigen Werte für a_0 und h führt zu der einfachen Beziehung, daß die kritische Energie für wirksame elektronische Anregung E_c (in keV gemessen) $\approx M_1$ ist. 5.8
(in atomaren Masseneinheiten gemessen).

Das ist ein nützliches Ergebnis. Es zeigt nämlich, daß 100 keV Sb-Atome unter dieser Grenze liegen und Anregungseffekte unwichtig sind, während 100 keV B-Atome weit über dieser Grenze liegen und viel Energie über Anregung verloren geht. Die obige Grenze ist nur eine grobe Abschätzung und gibt ungefähre Werte für Grenzenergien. Sorgfältigere Analysen wurden von Lindhard und Winther[12], Firsov[13] und Dearnaly, Poate und Cheshire[14] durchgeführt. Die Ergebnisse dieser Messungen sind die, daß der spezifische Energieverlust pro Einheitsweglänge eines durch eine Ansammlung von Targetatomen bewegten Ions direkt proportional zur Ionengeschwindigkeit ist, d.h.:

$$-\left|\frac{dE}{dx}\right|_e = \text{const}\, E^{\frac{1}{2}} \qquad 5.9$$

Die Konstante C ist – neben anderen Parametern – von den Ordnungszahlen sowohl des einfallenden Ions als auch des Targetatoms abhängig. In der Abhandlung durch Lindhard-Winther ist diese Abhängigkeit monoton mit zunehmendem Z (d.h. $C \propto Z^{\frac{1}{6}}$). In den Dearnaley et al-Untersuchungen erweist es sich, daß C eine oszillatorische Abhängigkeit von Z_1 und Z_2 aufweist, die in Übereinstimmung mit experimentellen Beobachtungen von Energieverlusten durch inelastische Anregungen für Schwerionen in Festkörpern ist.

Wir können die Bedeutung von inelastischen Energieverlusten abschätzen, indem wir sie mit dem entsprechenden elastischen spezifischen Energieverlust bei einer gegebenen Energie vergleichen. Wenn wir ein umgekehrt quadratisches Potenzgesetz für das zwischenatomare Potential annehmen – was keine schlechte Näherung für die hier interessierenden niederenergetischen Ionen ist und den Vorteil einer analytischen Lösung für das Streuintegral besitzt –, ist es möglich, den mittleren elastischen Energieübertrag $\bar{T}$ in einem Stoß $\left(= \int_{T_{\min}}^{T_{\max}} T\, d\sigma / \int_{T_{\min}}^{T_{\max}} d\sigma\right)$ und die mittlere Entfernung zwischen den Stößen $\lambda = 1/N \int_{T_{\min}}^{T_{\max}} d\sigma$ zu bestimmen. Die Zahl der Stöße pro Einheitsweglänge ist somit $\frac{1}{\lambda}$ und der spezifische Energieverlust ist

$$-\left|\frac{dE}{dx}\right|_n = \frac{\bar{T}}{\lambda} \qquad 5.10$$

Nielsen[15] zeigte, daß hieraus für das invers quadratische Potentialgesetz

$$-\left|\frac{dE}{dx}\right|_n = \text{constant} \qquad 5.11$$

resultiert, wobei die Konstante von den Ordnungszahlen und Massen von Einfalls- und Targetatom, jedoch *nicht* von der Energie des Einfallsatoms abhängt. Bei höheren Ionenenergien, bei denen sich die Ion-Atom-Entfernungen während der Annäherung verringern, wird das invers quadratische zwischenatomare Potential zu einer schlechten Näherung, und es erweist sich als notwendig, eine brauchbarere Form wie etwa das Thomas-Fermipotential zu benutzen. Lindhard und Mitarbeiter[16] haben genau solch ein Potential benutzt, um zu zeigen, daß mit wachsender Ionenenergie der spezifische elastische Energieverlust abnimmt, im Gegensatz zum spezifischen unelastischen Energieverlust, der fortgesetzt anwächst. In erster Näherung können wir behaupten, daß die spezifischen Energieverluste von elastischem und unelastischem Stoß bei der durch Gleichung 5.8 definierten Energieschwelle gleich sind und daß unterhalb dieser Energie elastische Verluste von einer oder mehreren Größenordnungen dominieren, abhängig von Energie und Ionenart und Target.

Hier müssen wir jedoch eine Einschränkung machen für den Fall, daß Ionen gelenkten oder gechannelten Bahnen, wie in den Kapiteln 3 und 4 skizziert, folgen. In solchen Fällen werden Ionen davon abgehalten, nahe Stöße mit den Atomen zu machen, was zu einer Verringerung des spezifischen Energieverlustes führt. Da sich die Ionen jedoch noch durch Bereiche relativ hoher Elektronendichte bewegen, gibt es zusätzlich einen Beitrag an unelastischem Energieverlust, der sich etwas von dem unterscheidet, den Ionen erreichen, wenn sie auf einer Zufallsbahn eine größere Vielfalt von Elektronenkonfigurationen durchdringen. Unter diesen Gegebenheiten findet man oft, speziell bei leichten hochenergetischen (MeV-)Teilchen, daß der Vorgang des unelastischen Energieverlustes den des elastischen völlig überwiegt.

Im vorliegenden Falle eines in Si zur Ruhe kommenden leichten Ions führt der Einfluß der Unelastizität bei den Stößen zur Verringerung der für Versetzungen verfügbaren Energie, auch bei angenommener Zufallsverteilung von Atomen. Daher sind nicht nur die einzelnen Rückstoßkaskaden wohl voneinander getrennt und von relativ geringerer Dichte als bei schweren Ionen, sondern es ist auch die totale Bahn versetzter Rückstoßatome viel geringer als bei schweren Ionen, da ein Großteil der Energie für elektronische Anregung verbraucht wurde. Diese bei allen Kombinationen zwischen energiereichen Leichtionen und Festkörpern auftretende elektronische Anregung kann bei Halbleitern von besonderer Wichtigkeit sein, da sie Anlaß zu örtlichen Ladungseffekten mit Erzeugung unvorhergesehener Energieniveaus und zu möglicher Wanderung geladener Fehlstellen geben kann. Wir haben schon angemerkt, daß die Injektion leichter Ionen im Halbleiter gewöhnlich nicht zu Strukturen starker Fehlordnung führt, wie sie aus Schwerionenbestrahlung resultiert, zumindest dann, wenn keine höheren Ionenflüsse erreicht werden. Dieses, zusammen mit der Beobachtung einer großen Zahl einfacher Defekte[17] (z.B. Doppelleerstellen) mithilfe Spinresonanz- und Infrarot-Absorptionsverfahren, erhärtet die Vorstellung von Kaskaden geringer Dichte, die die Bildung der oben skizzierten Fehlstellen begünstigen.

Bei der Beschreibung des allgemeinen Charakters einer Kaskadenentstehung trat hervor, daß ein kritischer Parameter bei der Bestimmung der Art der Entstehung – und auch der arteigenen Einzelheiten jeden Stoßes – die Form des zwischenatomaren Potentialgesetzes ist. Es ist schwierig, das allgemeine Bild in diesem Zeitpunkt schärfer zu fassen, da im Gegensatz zum Fall der Ion-Metall-Stöße, wo man gute Gründe zur Annahme hat, daß umgekehrt quadratische oder geeignete Born-Mayer-Potentiale angemessen sind und für die die Konstanten relativ gut bekannt sind, die Ion-Halbleiter-Atompotentiale praktisch unbekannt sind. Nichtsdestoweniger verändern ziemlich große, aber vernünftige Variationen in der Gestalt der Potentialgesetze das allgemeine Bild wenig, obwohl sie zu dramatischen Änderungen in der Dynamik des einzelnen Stoßes führen. Im besonderen ist die Zahl von versetzten Atomen eine besonders unempfindliche Funktion gegenüber diesem Kraftgesetz, wie wir in Kürze sehen, so daß wir einiges Vertrauen auf die oberflächliche Behandlung behalten können.

Bevor wir zahlenmäßige Werte dieser Dichte versetzter Atome betrachten, sollten wir kurz den Einfluß des leicht willkürlichen, früher eingeführten Parameters erörtern, nämlich den Energiebedarf zur Versetzung eines Atomes. Wir haben schon gesehen, daß zur Versetzung eines Atoms aus seinem Gitterplatz durch thermische Anregung etwas Energie geliefert werden muß. Es sollte jedoch hier angemerkt werden, daß die Nachbaratome im thermischen Gleichgewicht sind und sich an den Wanderungsvorgang anpassen können. Wird Energie über einen dynamischen Stoßvorgang auf ein bestimmtes Atom übertragen, gibt es wiederum die Möglichkeit, dieses Atom von dem rücktreibenden Einfluß seiner Nachbarn zu entfernen. Jedoch bleiben in diesem Fall die Nachbarn praktisch in Ruhe, da der Stoß in einer sehr kurzen Zeit stattfindet. ($\approx 10^{-16} s$), sie stellen eine verschiedene Rückstellkraft beim Loslösen des Streuatoms dar, deshalb ist der Vorgang quasi-adiabatisch. Seitz[18] argumentierte, daß es unter Gleichgewichtsbedingungen nötig wäre, etwa die doppelte Sublimationsenergie des Festkörpers zur Verfügung zu stellen, um ein Defektpaar zu erzeugen, so daß es unter dynamischen Bedingungen ohne atomarer Relaxation nötig wäre, ungefähr das Doppelte dieses Wertes zu liefern. Für die meisten Festkörper ist die Sublimationsenergie ungefähr 5–6 eV, so daß im Mittel die totale Energie, die für die Erzeugung atomarer Versetzungen nötig wäre, in der Gegend von 20–25 eV läge. Bäuerlein[19] und später Sigmund[20] argumentierten, daß in einem in verschiedenen Richtungen gebundenem Halbleiter die Energie, die nötig ist, um Versetzungen zu verursachen, gerade die ist, die erforderlich ist, um genügend atomare Bindungen zur Befreiung des Atoms aufzubrechen. Diese Zahl für eine tetraedrisch gebundene Struktur von Si oder Ge ist vier. Eine Bindungsenergie von 2–4 eV ergibt eine Versetzungsenergie von 8-16 eV, die im Bereich der Werte zwischen ungefähr 6 eV bis 20 eV liegt, die im allgemeinen für verschiedene Halbleiter gemessen werden.

Natürlich sind diese Modelle beträchtliche Vereinfachungen, da sie die Tatsache außer acht lassen, daß die Leichtigkeit der Versetzung eines Atoms aus dem Verband seiner Nachbarn von der Richtung abhängt, in der es bezüglich seiner Nachbarn nach dem Stoß sich bewegt, da ja die Kräfte zwischen dem versetzten Atom und den Nachbarn von der Richtung der Atombewegung abhängen. Folglich ist die „Schwell"-Energie für Versetzung nicht eindeutig, sondern zeigt eine Richtungsabhängigkeit. Diese Richtungsabhängigkeit wurde analytisch vorhergesagt[21] und auch über Computersimulationen[4,22] bestimmt, in denen energiereiche Rückstoßatome aus den Begrenzungen, die ihnen durch ihre Nachbarn auferlegt werden, in verschiedenen Ansatzrichtungen auszubrechen versuchen. Im Fall von Cu[4] und Fe[22] (fcc- bzw. bcc-Metalle) erstreckten sich die berechneten Schwellenergien von 22 eV (für eine Versetzung längs einer ⟨100⟩-Richtung) zu 80 eV (entlang einer ⟨111⟩-Richtung) bzw. 17 eV (entlang einer ⟨100⟩-Richtung) zu größer als 40 eV (entlang einer ⟨110⟩- oder ⟨111⟩-Richtung). Diese Energien sind stark von der Wahl des bei den Berechnungen benutzten zwischenatomaren Potentials abhängig, jedoch waren diese letzteren eigentlich zur Anpassung an experimentell abgeleitete Werte für die minimale Schwellenergie ausgewählt worden. Solche Voraussagen stehen bei Halbleitermaterialien nicht zur Verfügung, jedoch würden wir intuitiv eine geringe Schwellenergie entlang einer beispielsweise ⟨111⟩-Reihe erwarten, bei der ein großer Zwischenraum bis zum nächsten Atom in der Reihe existiert. Tatsächlich haben George und Gunnersen[23] experimentell gezeigt, daß Versetzungsenergien in dieser Richtung geringer als in anderen Richtungen sind.

Daher ist die Versetzungsenergie E_d nicht einheitlich. Die Versetzungswahrscheinlichkeit steigt abrupt von Null bei einer übertragenen Energie E_d auf Eins bei Energien oberhalb E_d an. Andererseits können wir uns eine Versetzungswahrscheinlichkeit vorstellen, die von Null unterhalb einer minimalen Schwellenergie über eine Stufenfolge, wenn verschiedene Stoßrichtungen möglich werden, auf Eins oberhalb einer maximalen Schwellenergie ansteigt, für die Versetzungen in jede Richtung offen sind. Üblicherweise stellt man sich eine durchschnittliche Schwellenergie für Versetzungen vor, bei der die Versetzungswahrscheinlichkeit $\frac{1}{2}$ ist. In vielen Fällen spielt es keine Rolle, ob wir diese durchschnittliche Schwellenergie ansetzen oder einen höheren oder tieferen Wert. Dies gilt besonders, wenn die Rückstoßatome eine Energie übertragen bekommen, die viel größer als jede Versetzungsenergie ist (z.B. im Falle Sb-Si), da diese Energie sicher für jede Art von Versetzung hoch genug ist. Die Lage wird sehr viel anders, wenn die übertragenen Energien gering sind (wie zum Beispiel bei Elektronenbestrahlung von Festkörpern) und die Einzelheiten des Versetzungsvorganges wichtig sind. Solche Effekte können im gegenwärtig interessierenden Falle Wichtigkeit erlangen, und zwar an den Kaskadengrenzen, bei denen die Rückstoßenergien auf niedrige Werte abgesunken sind.

Einen weiteren Effekt, der E_d verändert, findet man, wenn das bestrahlte Material nicht ein Element ist, sondern aus mehreren Atomarten zusammengesetzt ist, deren jede von verschiedenen benachbarten Atomkonfigurationen umgeben ist. In solch einem Falle ist zu erwarten, daß die Schwellenergie für Versetzungen davon abhängt, welches Atom hinausgestoßen wird; eine experimentelle Erhärtung dieser Erwartung wurde in einer Anzahl binär zusammengesetzter Halbleiter gefunden (siehe Carter und Colligon für eine Zusammenfassung[2]). Solche unterschiedlichen Energien sind in den Theorien über Bildung von Atomversetzungen bei Baroody[24] und neuerdings bei Sigmund[25] enthalten. Allgemein scheint man folgern zu können, daß bei Ioneneinschußenergien, die viel größer als sämtliche Versetzungsenergien der jeweiligen Komponente sind, die Anzahl der versetzten Atome jeder Sorte relativ unempfindlich gegenüber der individuellen Versetzungsenergie ist.

5.4.2 Die Anzahl versetzter Atome in einem strukturlosen Target

Wir haben die allgemeine Form der Kaskade versetzter Atome untersucht, jedoch müssen wir jetzt wissen, wie viele Atome in diesen Vorgang eingeschlossen werden und wie die räumliche Verteilung ist, denn durch diese Größen wird das elektrische Verhalten des zerstörten Materials bestimmt. In einem begrenzten Ausmaß können wir schon die spätere Verteilung ausmachen, da wir qualitativ gezeigt haben, daß die versetzten Atome um die Ionenbahn herum bis zu einer Tiefe ähnlich der Eindringtiefe konzentriert sind. Die Verteilung von Defekten senkrecht zu dieser Richtung ist ebenfalls aufgeweitet, und zwar für schwere Ionen innerhalb eines Radius entsprechend der Reichweite von Si-Ionen mehrerer keV, für leichte Ionen jedoch innerhalb der mittleren senkrechten Ausdehnung der Reichweite des leichten Ions. In beiden Fällen ist dieser Radius kleiner als die Ioneneindringtiefe. Wir werden diese Frage der räumlichen Verteilung später im einzelnen betrachten. Es ist aber klar, daß die Einzelheiten der Energieablagerung in elastische Stoßvorgänge ein wichtiger Parameter sind. Diese Energieablagerung in Stöße ist auch ein wichtiger Parameter bei der Bestimmung der Zahl der gebildeten Defekte, wie wir jetzt sehen werden.

Das Modell, das gebraucht wird, um die Zahl von versetzten Atomen vorherzusagen, wurde zuerst von Kinchin und Pease[26, 27] formuliert und ergibt trotz vieler vereinfachender Annahmen gute Abschätzungen der Größenordnung für die Zahl von versetzten Atomen. Folgende Annahmen gelten:

1. Wir betrachten nur den Stoß gleicher Teilchen in einer ersten Näherung, d.h. Si-Rückstoßatome, die mit Si stoßen, und jeder dieser Stoßpartner wird in seinem Verhalten als starr oder harte Kugel angenommen, wobei die entsprechende Stoßdynamik eines solchen Vorgangs gelte (siehe Kapitel 2).

2. Das Target hat keine Struktur, d.h. die Atome sind zufällig, wie in einem kondensierten Gas, angeordnet, so daß Korrelationen zwischen Stößen (so wie bei channelling) vernachlässigt werden können.

3. Die ganze Energie wird in einem Stoß als kinetische Energie der Atombewegung übertragen, d.h. es wird keine Energie für Anregungseffekte verbraucht.

4. Alle Stöße werden als Zweikörperprobleme betrachtet, d.h. ein bewegtes Atom stößt nur mit einem Targetatom aufs Mal.

5. Wenn ein energiereiches Atom der Energie E eine Energie T auf ein Targetatom überträgt, enthält das Target-Rückstoßatom diese Energie ganz, es wird nichts davon als potentielle Gitterenergie gespeichert. Das einlaufende Teilchen enthält die Energiedifferenz $E - T$ ganz, es wird nichts davon im Gitter gespeichert.

6. Wenn ein Gitteratom weniger als die Schwellenergie E_d erhält, wird es nicht versetzt. Ähnlich dazu trägt ein einlaufendes Teilchen nichts weiter zur Kaskade bei, wenn es durch den Stoß mit der Energie $E - T < E_d$ frei wird.

Aus Voraussetzung 6 ist offenbar, daß ein Atom, falls es eine Energie E im Bereich $E_d < E < 2E_d$ besitzt, keinen Zusatz in der Nettozahl versetzter Atome bringt.

Es ist nun unsere Absicht, die mittlere Zahl $\nu(E)$ versetzter Atome zu bestimmen, die durch ein primäres Gitter-Rückstoßatom der Energie E hervorgerufen wird. Da jedes Versetzungsereignis sowohl ein bewegliches Zwischengitteratom als auch eine Leerstelle hervorruft, berechnen wir jetzt die Zahl der Fehlstellen, oder Frenkel-Paare, pro Primär-Rückstoßatom.

Bei jedem Stoß mit $E \gg E_d$ gibt es eine Wahrscheinlichkeit $\frac{d\sigma}{\sigma}$, daß das einlaufende Teilchen mit einer Energie zwischen E' und $E' + dE'$ wieder ausläuft und daß das Streuatom eine Energie im Bereich T bis $T + dT$ erhält, wobei E' für $E - T$ geschrieben wurde.

Annahme 1 von Harte-Kugel-Atomen führt unmittelbar zur Identität:

$$\frac{d\sigma}{\sigma} = \frac{dE'}{E} = \frac{dT}{E} \tag{5.12}$$

Die mittlere Zahl versetzter Atome, die durch das gestreute einlaufende Teilchen erzeugt wird, ist durch die Zahl $\nu(E')$ gegeben, die bei der Teilchenenergie E' hervorgerufen wird, multipliziert mit der Wahrscheinlichkeit $\frac{dE'}{E}$, daß das Teilchen mit dieser Energie wieder ausläuft, und durch Integration über alle möglichen Werte der verbleibenden Energie. Wir interessieren uns nur für Atome, die mit einer größeren Energie als dem Minimalwert E_d bis hin zum maximalen Energieübertrag für gleiche Atome, der beim zentralen Stoß gerade gleich E ist, hervortreten.

Daher ist die durchschnittliche Zahl der von einem gestreuten Teilchen versetzten Atome $\int_{E_d}^{E} \nu(E') \frac{dE'}{E}$. Genau so ist die Durchschnittszahl versetzter Atome, die durch das Rückstoß-Targetatom entstehen, $\int_{E_d}^{E} \nu(T) \frac{dT}{E}$. Die Summe dieser beiden Zahlen muß offensichtlich gleich der totalen Anzahl versetzter Atome sein, die durch das Einschußteilchen mit der Energie E erzeugt werden.

Daher ist
$$\nu(E) = \int_{E_d}^{E} \nu(E') \frac{dE'}{E} + \int_{E_d}^{E} \nu(T) \frac{dT}{E} \tag{5.13}$$

In dieser Gleichung sind E' und T von E unabhängige Variablen. Deshalb können wir 5.13 neu schreiben:

$$\nu(E) = \frac{2}{E} \int_{E_d}^{E} \nu(x) \, dx \qquad 5.14$$

Es ist leicht überprüfbar, daß dieser Ausdruck einer Lösung der Form

$$\nu(E) = kE \quad \text{für} \quad E^2 \gg E_d{}^2 \qquad 5.15$$

genügt.
Aus Annahme 6 folgt offensichtlich, daß

$$\nu(E) = 0 \quad \text{for } E < E_d$$

$$\nu(E) = 1 \quad \text{for } E_d < E < 2E_d$$

$$\nu(E) = 1 \quad \text{for } E = 2E_d$$

Diese letzte Randbedingung, eingesetzt in 5.15, ergibt, daß die Konstante $k = \frac{1}{2E_d}$ ist,

daraus folgt : $$\nu(E) = \frac{E}{2E_d} \quad \text{für} \quad E \gg E_d \qquad 5.16$$

Dieses ist ein physikalisch vernünftiges Ergebnis, da wir von den Atomen in der Kaskade nur so lange eine fortgesetzte Vervielfachung erwarten, bis ihre Energien unter den Wert $2E_d$ abfallen. *Dazu* ist die Anzahl der Atome mit einer Energie $2E_d$ mit ungefähr $\frac{E}{2E_d}$ anzunehmen. Verschiedene Verfeinerungen wurden an diesem Modell angebracht. Zum Beispiel haben Snyder und Neufeld[28] angenommen, daß ein Atom bei Entfernung von einem Gitterplatz eine Energie E_d verliert. Somit ist $E = E' + T + E_d$, jedoch bewegen sich beide Atome nach dem Stoß unabhängig von ihren Energien fort. Diese Effekte neigen zur Kompensation, und als endgültiges Ergebnis ergibt sich $\nu(E) = 0{,}56 \left(\frac{E}{E_d}\right)$ für $E > 4E_d$, was sich für $E \gg E_d$ nur um etwa 12% vom Ergebnis der Gleichung 5.16 unterscheidet.

Andere Autoren[29, 30, 31] haben den Effekt unter Benützung einer realistischeren Form des Streupotentials untersucht, das von besseren Näherungen ans zwischenatomare Potential herrührt, als es das harte-Kugel-Modell erlaubt. Wie früher bemerkt, macht die Verbesserung in den Einzelheiten der Streuung wenig Unterschied auf die Gesamtzahl versetzter Atome aus. Sanders[32] und Sigmund[33] benutzten z.B. eine Methode, die kurz gezeigt wird, mit einem umgekehrten Potenzgesetz ($V(r) \propto r^{-m}$) und zeigten:

$$\nu(E) = m \left[2^{\frac{1}{m+1}} - 1 \right] \frac{E}{2E_d} \qquad 5.17$$

Für $m = 2$ ergibt dies $\nu(E) \triangleq 0{,}52 \frac{E}{2E_d}$, was um einen Faktor 2 gegenüber der einfachen Beziehung von 5.16 verschieden, aber immer noch in der gleichen Größenordnung ist. Wenn das bewegte Teilchen langsamer wird, nimmt tatsächlich die effektive Potenz (m)

zu, weil die Abstände zwischen den Atomannäherungen zunehmen und das Potential „härter" wird. Dies hat die Wirkung, daß der Wert $\nu(E)$ weiterhin verringert wird, obwohl die Verringerung nur klein ist.

Als eine Abschätzung der Größenordnung erscheint deshalb die Gleichung $\nu(E) = \frac{E}{2E_d}$ relativ gut. Wenn das einlaufende Teilchen nicht von derselben Sorte wie die Targetatome ist oder wenn die Ionenenergie hoch ist, muß man 5.16 zur Form

$$\nu(E) = k\,\frac{f(E)}{E_d} \qquad 5.18$$

verallgemeinern, in der k eine Konstante der Größenordnung 0,4 und $f(E)$ der Bruchteil der Ionenenergie ist, die in elastischen, nicht anregenden Stößen verbraucht wird. Nachdem Sigmund[20] zu dieser Schlußfolgerung gekommen war, berücksichtigte er auch, daß eine Energie U (eine Bindungsenergie) verloren geht, wenn das Atom aus einem Gitterplatz gestoßen wird. Darin besteht im wesentlichen das Snyder-Neufeld-Modell. Er gebrauchte realistischere Streuquerschnitte, jedoch ohne Vorgänge mit inelastischen Energieverlusten, und zeigte, daß unter diesen Umständen gilt:

$$\nu(E) = \frac{6}{\pi^2}\,\frac{E}{U}\log_e\left(1 + \frac{U}{E_d}\right) \qquad 5.19$$

Für den Fall von Halbleitern kann man annehmen, daß die Versetzungsenergie das vierfache der Bindungsenergie ist und daß diese Versetzungsenergie E_d beim Herausschlagen eines Atoms ($U = E_d$) verbraucht wird. Gleichung 5.19 wird somit:

$$\nu(E) \simeq 0.42\,\frac{E}{E_d} \qquad 5.20$$

Für den Fall von 100 keV und weniger bei Sb in Si können wir erwarten, daß fast die ganze Energie in der Bildung von Versetzungen abgelagert wird und daß $\nu(E)$ direkt proportional zur Energie ist. Marsden u.a.[34, 35] haben gezeigt, daß diese beiden Vorstellungen richtig sind, indem sie Rutherford-Rückstreuung an Fehlstellen durchführten, die durch Schwerionenimplantation von Si erzeugt worden waren (das nächste Kapitel beschreibt die Einzelheiten dieser Methode). Für leichte Ionen wird jedoch weit weniger Defektbildung beobachtet, da inelastische Vorgänge dominieren und es nicht länger eine lineare Abhängigkeit der Versetzungsbildung von der Energie gibt. Als ein Ergebnis der Gleichung von 5.16 erwarten wir, daß ein 40-keV-Schwerion in Si, das einen E_d-Wert von ungefähr 15 eV aufweist, in der Gegend von 1400 Frenkel-Paaren erzeugt. Experimentelle Beobachtungen in Si zeigen eine Anzahl wesentlich höheren Ausmaßes als diese (etwa 3000), wohingegen die Vorgänge, die wir nachfolgend betrachten werden, alle dazu neigen, den beobachteten Wert von $\nu(E)$ unter das theoretische Niveau zu reduzieren. Vielleicht wird durch das Verfahren selbst, so weit es zur Untersuchung dieser Defektdichte in Si herangezogen wird, die Defektzahl überbewertet. Jedoch sei bemerkt, daß Untersuchungen an GaAs[36] auf Zahlen versetzter Atome unterhalb der Voraussagen von 5.16 hinweisen.

Oben war erwähnt worden, daß unelastische Energieverluste auf die totale Fehlstellenzahl vermindernd wirken, was in analytischer Form durch 5.18 ausgedrückt werden kann, wenn der unelastische Energieverlust bekannt ist und $f(E)$ bestimmt werden kann. In einer frühen Untersuchung von Kinchin und Pease war angenommen worden, daß die Versetzungsdichte für Ioneneinfallsenergien größer als die kritische Ionisationsschwelle E_c (größenordnungsmäßig früher abgeleitet), konstant bei $\frac{E_c}{2E_d}$ bleibt. Realistischere Untersuchungen des Vorgangs sind von Lindhard et al[16], Winterbon[37] und Brice[38] angegeben worden. Besonders bei diesen Untersuchungen wurde eine dem Kinchin-Pease-Modell ähnliche Näherung benutzt, jedoch wurden die relativen Beiträge zu elastischen und unelastischen Energieverlusten während des Abbremsvorganges auf dem Wege über theoretische oder experimentelle Abschätzungen der spezifischen Energieverluste $\left|\frac{dE}{dx}\right|_n$ und $\left|\frac{dE}{dx}\right|_e$ nach den Gleichungen 5.11 und 5.9 oder über noch genauere Bestimmungen dieser Größen ermittelt. Ein allgemeines Ergebnis dieser Rechnungen ist, daß für Ionenenergien unterhalb E_c oder $\nu(E)$-Wert um 10 bis 20% unter das Kinchin-Pease-Niveau gedrückt wird, jedoch oberhalb von E_c mit zunehmender Energie fortgesetzt ansteigt, wenn auch mit geringerer als linearer Abhängigkeit.

Erwähnenswert ist auch, daß die oben bestimmten $\nu(E)$-Werte definitionsgemäß Durchschnittswerte sind und die gemittelte Defektzahl darstellen, die von einer unbegrenzten Anzahl Ionen erzeugt wird. Wir beschäftigen uns allgemein mit zahlenmäßig vielen Ionen ($> 10^{15}$ Ionen/m^2), und so ergibt die Multiplikation dieser Dosis mit der passenden Durchschnittszahl von Defektpaaren pro Ion einen genauen Wert für die Defektdichte. Es sei jedoch daran erinnert, daß wir für viel geringere Dosen eine statistische Verteilung von $\nu(E)$-Werten erwarten können, da einige Ionen ihre Energie in wenigen harten Stößen verteilen und dabei eine viel größere Anzahl von Defekten erzeugen als andere Ionen, die ihre Energie langsam in Stößen unterhalb der Schwelle verstreuen. Gerade bei den höheren Dosen, die bei Ionenimplantations-Verfahrensschritten typisch sind, erzeugt jedes Ion eine Kaskade von Versetzungen und oft einen charakteristischen amorphisierten Bereich. Bezeichnenderweise sind diese einzelnen Zonen, wie sie mit Transmissions-Elektronenmikroskopie beobachtet wurden, unterschiedlich in Größe (und Defektdichte). Dies stimmt überein mit der erwarteten statistischen Verteilung und mit einem der Ionenreichweite ähnlichen Durchschnittswert, wie aus unserer früheren Diskussion zu folgern war. Damit man eine vollständige Beschreibung der Kaskadenabmessungen erhält, muß man jetzt notwendigerweise die Art der Theorie betrachten, die zuerst von Lindhard, Scharff und Schiøtt[16] abgehandelt und später von Sigmund und Mitarbeiter[32, 33, 39] weiterentwickelt worden ist. Einzelheiten dieser Theorien aufzuzählen, ist nicht beabsichtigt, da diese kompliziert und schwierig sind, jedoch sollen auf die physikalische Grundlage der Methode hingewiesen und die wichtigsten Ergebnisse mitgeteilt werden. Es sei darauf hingewiesen, daß andere Methoden der Herleitung von Kaskadenparametern wie Ausdehnung und Inhalt von Leibfried und Holmes[40] und Corcovei und Mitarbeiter[41] vorgeschlagen wurden, wobei die Stoßpartner als Harte Kugeln beschrieben wurden. Solche Methoden vermitteln allgemeine Vorstellungen über das Kaskadenverhalten (wie es das Kinchin-Pease-Modell über die Defektdichte tut), jedoch ergeben die unten skizzierten Verfahren, bei denen realistischere Beschreibungen der atomaren Streuung verwendet werden, genauere Einzelheiten.

5.5 Ausmaße der Kaskade

Wir nehmen wieder eine atomare Zufallsanordnung und atomare Zweipartner-Stöße an. Die Ausmaße der Kaskade werden durch die räumliche Verteilung der Energie bestimmt, die in atomare Bewegung abgegeben wird. Wir sind auch interessiert am Betrag dieser Energie, die am Ende der Stoßfolgen abgegeben wird (nach etwa 10^{-13} s), jedoch noch bevor thermische Gitterschwingungen (Phononen) anfangen, Energie weg von der Kaskade zu transportieren. Da die atomare Schwingungsdauer in der Größenordnung von 10^{-13} s ist, können wir vernünftigerweise sagen, daß die dynamischen Ereignisse abgelaufen sind, bevor die thermische Leitfähigkeit wesentlich wird.

Aus Nützlichkeitsgründen ist es einfacher, ein Ion zu betrachten, das mit der Geschwindigkeit v, der Energie E und der Masse M auf ein Target mit Atomen ähnlicher Masse zuläuft. Die Gleichungen für ungleiche Massen von Ionen und Targetatomen und für Targets aus mehreren Bestandteilen können gleich schnell aufgestellt werden, obwohl ihre Lösungen komplexer sind. Es wird auch angenommen, daß keine Energie durch inelastische Vorgänge verloren geht oder im Gitter gespeichert wird, so daß der Betrag an Energie, der an ein vorgegebenes Targetvolumen abgegeben wird, proportional zur Dichte der Versetzungen in diesem Volumen angesetzt werden kann. Ins einzelne gehende Betrachtungen dieser Annahmen durch Winterbon, Sigmund und Sanders[39] zeigen, daß sie zu einer geringen Störung der endgültigen Ergebnisse bezüglich der Verteilung der Strahlenschäden führen (mit Ausnahme natürlich der inelastischen Vorgänge). Wir sind nicht am Schicksal eines einzelnen Ions allein interessiert, sondern an dem von vielen. Jedoch ist die Bestimmung der wichtigen Parameter – wie mittlere Fehlstellentiefe, mittlere quadratische Fehlstellentiefe, transversale Ausmaße der Schädigung – eines einzigen Falls typisch für die Statistik vieler Ionen.

Wir setzen voraus, daß ein Ion mit der Energie E, vektorieller Geschwindigkeit $\bar{v}$, am vektoriellen Ort $\bar{r} = 0$ auf der Oberfläche aufstößt. Als eine Folge der Stöße beim Abbremsen – möglicherweise bis zur Ruhe – wird eine Energie $F(\bar{r}, \bar{v})\, d^3r$ in einem Volumelement d^3r bei $\bar{r}$ sowohl vom einfallenden Ion als auch den von diesem erzeugten Rückstoßatomen abgelagert; deshalb kann man wegen der Energieerhaltung schreiben:

$$\int F(\bar{r}, \bar{v})\, d^3r = E \qquad 5.21$$

Wenn das Ion bei der Bewegung um eine Strecke $\overline{\delta R}$ in den Festkörper hinein einen Stoß erlitt, wobei es die Geschwindigkeit $\bar{v}'$ beibehält und ein Rückstoßion der Geschwindigkeit $\bar{v}''$ erzeugt, ist die Wahrscheinlichkeit für ein solches Ereignis $N\,\overline{\delta R}\; d\sigma$. N ist die Atomdichte, $d\sigma$ der Streuquerschnitt für dieses Ereignis. Deshalb wäre die bei $(\bar{r}, \bar{v})\, d^3r$ abgelegte Energie, falls ein solcher Stoß stattfände:

$$N\,\overline{\delta R}\; d\sigma\; [F(\bar{r}, \bar{v}') + F(\bar{r}, \bar{v}'')]\; d^3r$$

Die Wahrscheinlichkeit, daß ein solches Ereignis sich nicht innerhalb $\overline{\delta R}$ ereignet hat, ist $(1 - N\,\overline{\delta R}\; d\sigma)$, wobei die bei $(\bar{r}, \bar{v})\, d^3r$ abgelegte Energie wäre:

$$(1 - N\,\overline{\delta R}\; d\sigma)\, F(\bar{r} - \overline{\delta R}, \bar{v})\, d^3r$$

Die gesamte bei $(\bar{r}, \bar{v})$ d^3r abgelegte Energie erhält man durch Aufsummieren dieser Energien und Integration über alle möglichen Stoßereignisse (d.h. über alle $d\sigma$). Das ist klar gleich mit:

$$\left[N\,\overline{\delta R} \int d\sigma\, [F(\bar{r}, \bar{v}') + F(\bar{r}, \bar{v}'')] + \left\{1 - N\,\overline{\delta R} \int d\sigma\right\} F(\bar{r} - \overline{\delta R}, \bar{v})]\; d^3r\right] \qquad 5.22$$

Diese Energieabgabe muß mit der, die von dem Ion abgegeben wurde, nämlich $F(\bar{r}, \bar{v})$, identisch sein, so daß wir die Identität

$$F(\bar{r}, \bar{v}) = N\,\overline{\delta R} \int d\sigma\, [F(\bar{r}, \bar{v}') + F(\bar{r}, \bar{v}'')] + \left\{1 - N\,\overline{\delta R} \int d\sigma\right\} F(\bar{r} - \delta R, \bar{v}) \qquad 5.23$$

hinschreiben können. Der zweite Ausdruck auf der rechten Seite kann in eine Taylorreihe erster Ordnung nach δR entwickelt werden. Man erhält:

$$\left[1 - N\,\overline{\delta R} \int d\sigma\, [F(\bar{r}, \bar{v}) - \frac{\delta}{\delta r} F(\bar{r}, \bar{v})\overline{\delta R}]\right]$$

Nach Streichung und mit der Anmerkung, daß $\dfrac{\overline{\delta R}}{\delta R} = \dfrac{\bar{v}}{v}$ ist, wird Gleichung 5.23, entwickelt bis zur 1. Ordnung nach $\overline{\delta R}$, zu

$$\left[-\frac{\bar{v}}{v}\frac{\delta}{\delta r} F(\bar{r}, \bar{v})\right] = [N \int d\sigma\, [F(\bar{r}, \bar{v}) - F(\bar{r}, \bar{v}'') - F(\bar{r}, \bar{v}'')]\,] \qquad 5.24$$

Dieses ist die grundlegende Integral-Differentialgleichung für die räumliche Verteilung der Energieabgabe, die außerdem für nicht gleiche Ion-Target-Atommassen erweitert werden kann, wenn man Ausdrücke zur Beschreibung von Ion-Targetatom-, Targetatom-Targetatom- und Multikomponenten-Targetstößen hinzufügt.

Wir wollen den langen Weg zur Lösung der Gleichung 5.24 nicht weiter verfolgen, der tatsächlich Gegenstand beträchtlicher Untersuchungen nicht nur für Wechselwirkungen für Ionen mit Festkörpern gewesen ist, sondern auch für Bestrahlungen von Festkörpern mit Elektronen, Neutronen und anderen Teilchen; wir werden jedoch die von Winterbon, Sigmund und Sanders benutzte Lösungsmethode untersuchen.

Der erste Lösungsschritt besteht in der Erfassung des Bewegungs-Richtungsvektors der Anfangsgeschwindigkeit als Bezugswert der Vorwärts-X-Richtung (die Y- und Z-Richtungen sind dann gemeinsam die hierzu Senkrechten). Ferner muß die Funktion $F(\bar{r}, \bar{v})$ als Legendresches Polynom

$$F(\bar{r}, \bar{v}) = \Sigma_l\, (2l + 1)\, f_l\, (r, E)\, P_l(\xi) \qquad 5.25$$

entwickelt werden, wobei $\xi = \dfrac{\bar{r}.\bar{v}}{rv}$ der Kosinus des Streuwinkels ist. Einsetzen dieser Reihe in 5.24 führt zu einem Satz periodischer Beziehungen zwischen beispielsweise $f_l^n\,(E), f_{l-1}^{n-1}\,(E), f_{l+1}^{n+1}\,(E)$ derart, daß Werte höherer Ordnung der $f_l^n\,(E)$-Funktionen als Ausdrücke von Funktionen niedrigster Ordnung bestimmt werden können. In Wirklichkeit ist es nicht möglich, die genaue und analytische Form der räumlichen Verteilungsfunktion für die abgegebene Energie anzugeben. Es ist jedoch möglich, *Momente* erster, zweiter und höherer Ordnung dieser Verteilung abzuleiten. Die Momente erster Ordnung sind der mittleren projizierten Reichweite der Fehlordnung, parallel zur Anfangsrichtung

($\langle X \rangle$) der Ionenbewegung, proportional, sowie der mittleren Ausdehnung der Fehlordnung quer zur anfänglichen Ionenrichtung ($\langle Y \rangle = \langle Z \rangle = 0$, da die Streuung azimuthal symmetrisch ist, so daß die Fehlordnung einheitlich statistisch senkrecht zur Einfallsrichtung verteilt ist). Momente zweiter Ordnung sind proportional zur mittleren Breite der Verteilung parallel ($\langle X^2 \rangle$) und senkrecht zu der Einfallrichtung ($\langle Y^2 \rangle = \langle Z^2 \rangle$). Die Momente dritter und höherer Ordnung beschreiben die Schiefwinkligkeit und Assymetrien der Verteilung. Diese Momente können formell aus den Rekursionsbeziehungen abgeleitet werden, wie oben erwähnt, und zwar in Ausdrücken der $f_l^n(E)$ Funktionen. Diese Verteilungsmomente können dann benutzt werden, um die ungefähre Form der Verteilungsfunktion zu berechnen.

Um diese Operation durchzuführen, ist es notwendig, die Form des Wirkungsquerschnitts $d\sigma$ zu kennen. Winterbon, Sigmund und Sanders haben ihre Bemühungen auf einen Wirkungsquerschnitt der Form

$$d\sigma = \text{const} \times E^{-m}\, T^{-1-m}\, dT \tag{5.26}$$

gerichtet, von dem Lindhard u.a.[16] gezeigt haben, daß er eine gute Näherung für Streuung darstellt, wenn die zwischenatomare Potentialfunktion von der Form einer umgekehrten Potenz

$$V(r) \propto r^{-1/m}$$

ist. Sogar unter dieser Annahme ist die analytische Form für die Momente der Verteilungsfunktion unhandlich hinzuschreiben. Es ist im allgemeinen vorteilhaft, die Ergebnisse der Rechnung graphisch darzustellen. Ein besonders nützlicher Parameter der Verteilungsfunktion ist jedoch die mittlere Fehlordnungstiefe. Es kommt heraus, daß dieser Parameter

$$\langle X \rangle = \frac{\text{const}}{N}\, E^{2m} \tag{5.27}$$

ist. Für $m = \frac{1}{2}$ ergibt dies das wichtige Resultat, daß $\langle X \rangle$ linear proportional zur Einfallsenergie E ist, während $\langle X \rangle$ proportional zu $E^{\frac{2}{3}}$ für $m = \frac{1}{3}$ ist. Winterbon, Sigmund und Sanders ermittelten dieses und Verteilungsmomente höherer Ordnung bezüglich Energieablagerung und Fehlordnung sowohl für gleiche als auch ungleiche Ion-Targetatommassen. Es wurden auch die Momente der Tiefenverteilung der Ruhepositionen für die einlaufenden Teilchen (die Reichweitenparameter) bestimmt. Es ist sehr lehrreich, die mittleren Eindringtiefen sowohl für Fehlordnung als auch Ionenreichweite als eine Funktion des Massenverhältnisses A oder $\mu = \dfrac{M_2}{M_1}$, wie in Abb. 5.4, zu vergleichen. Das gleiche gilt für die entsprechende Breite der Verteilungen

$$\langle \Delta X^2 \rangle = \langle X^2 - \langle X \rangle^2 \rangle$$

und die transversale Breite der Fehlordnungsverteilung ($\langle Y^2 \rangle$). In diesen Darstellungen ist die Größe R die mittlere Gesamtionenlänge, die aus der Beziehung

$R = \dfrac{1}{N} \displaystyle\int_{\theta}^{E'} \left(\dfrac{dE}{dx}\right) dE$ bestimmt wird, wobei $\left(\dfrac{dE}{dx}\right)_n = S_n(E)$ selbst wieder aus

$$\left(\frac{dE}{dx}\right)_n = \int_o^{T_m} T\,d\sigma$$

ermittelt wird mit dem Wirkungsquerschnitt von 5.26. R hängt natürlich von der Wahl des Exponenten m in der Potenz des Wirkungsquerschnitts ab. Winterbon u.a. zeigen, daß $m = \frac{1}{3}$ eine gute Näherung an das realistische Thomas-Fermi-Potential für niedrige Energien ist, während $m = \frac{1}{2}$ eine vernünftige Näherung über die meisten Energiebereiche bis zur Schwelle der elektronischen Anregungsenergie ist. Für $m = \frac{1}{3}$ ist R proportional zur Potenz Zweidrittel der Ioneneinfallsenergie E, während R für $m = \frac{1}{2}$ direkt der Ionenenergie proportional ist. R ändert sich deshalb gleichermaßen wie $\langle X \rangle$. Diese letztere, vernünftige Näherung ist sehr nützlich, da sie bedeutet, daß die Daten von Abb. 5.4 für $m = \frac{1}{2}$ linear mit der Energie verlaufen, so daß, wenn die Daten der Eindringtiefe aus beobachteten Werten bei gegebener Energie, bekannt sind, die passenden Parameter der Fehlordnung leicht für die gleiche und für andere Energien abgeschätzt werden können.

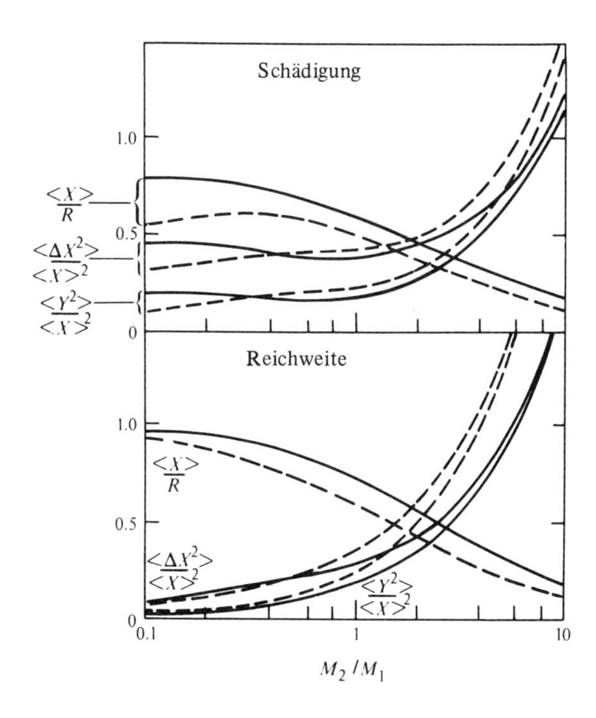

Abb. 5.4 Mittelungen erster und zweiter Ordnung über Schädigungs- und Reichweitenverteilungen als Funktionen des Massenverhältnisses M_2/M_1;

$$R = \text{Weglänge} = \int_0^E dE/(NS_n(E))$$

X = Richtung parallel zur Anfangsgeschwindigkeit; $\Delta X = \langle X - \langle X \rangle \rangle$; unterbrochene Linie $m = 1/3$; durchgezogene Linie $m = 1/2$.

Abb. 5.4 zeigt, daß die tatsächlichen Größen der Parameter für die Fehlordnungsverteilung eine ziemlich empfindliche Funktion von m sind, aber daß die Form der Änderung der Parameter mit dem Massenverhältnis μ für verschiedene m-Werte ähnlich ist. Wir erkennen also als allgemeine Ergebnisse, daß sowohl die mittlere Ionenreichweite als auch die mittlere Schädigungstiefe parallel zur Einfallsrichtung geringer als die totale Ionenreichweite sind, und daß für alle Massenverhältnisse die mittlere Schadenstiefe geringer als die mittlere Ionenreichweite ist. Diese Dinge waren natürlich zu erwarten, da das Ion dazu neigt, weniger Fehlordnung gegen Ende seiner Bahn (die – so sei bemerkt – nicht genau linear ist, so daß $\langle X \rangle < R$ ist) als vorher zu erzeugen, so daß die Schädigung mehr auf der der Oberfläche zugewandten Seite der Ionen-Endpositionen liegt. Wir sehen also, daß außer bei schweren Ionen in leichten Targets, die Streuung oder Spreizung der Fehlordnung parallel zu Strahlrichtung geringer als die mittlere Fehlordnungstiefe ist, und daß die transversale Aufweitung der Fehlordnung stets geringer als die Aufweitung parallel zu Strahlrichtung ist. D.h., die Fehlordnung hat einen ellipsoiden räumlichen Charakter. Es ist bezeichnend, daß in diesen Rechnungen die räumliche Verteilung als fast kugelförmig für Leichtionen in schweren Targets vorausgesagt wird und länglich für Schwerionen, in Übereinstimmung mit dem qualitativen Bild, das früher für B und Sb in Si skizziert wurde. Wir sahen vorher, daß die mittlere Rückstoßenergie im allgemeinen wesentlich geringer als die Energie des einfallenden Teilchens ist. Die Ausmaße der Kaskade, die durch ein Rückstoßatom mit der Energie E_r erzeugt wird, ist durch einen Ausdruck der Gestalt 5.27 gegeben, in dem die Konstante, die sich wiederum von den Konstanten des zwischenatomaren Potentials ableitet, diejenige für den Fall gleicher Massen ist, d.h.

$$\langle X \rangle_r = \frac{1}{NC_1} E_r^{2m} \qquad 5.28a$$

Die freie Weglänge zwischen den Stößen, die Rückstoßatome mit Energien E_r und höher erzeugen, ist durch $\lambda_r = \left[N \int_{E_r}^{T_m} d\sigma \right]^{-1}$ gegeben, was für das umgekehrte Potenz-Po-

$$\lambda_r = \frac{m}{NC_2} E_r^{m} E^m \qquad 5.28b$$

tential ergibt. Die größten Unterkaskaden werden erzeugt, wenn sich die Rückstoßenergien E_r dem Wert E nähern. Es gilt dann:

$$\langle X \rangle = \frac{1}{NC_1} E^{2m} \qquad 5.28c$$

Die zwingendste Bedingung, daß die Unterkaskaden, die durch energiereiche Rückstoßatome hervorgerufen werden, nicht überlappen, ist somit $\lambda_r > \langle X \rangle_r$ oder

$$\frac{m}{NC_2} E_r^{m} > \frac{1}{NC_1} E^m \qquad 5.28d$$

Im allgemeinen ist $E \gg E_r$, so daß zur Vermeidung von Überlappung der Unterkaskaden C_1 viel größer als C_2 sein muß. Das kommt nur für leichte Ionen im schweren Target vor, da C durch die Konstanten im zwischenatomaren Potentialgesetz bestimmt wird und mit zunehmender Atommasse oder -zahl zunimmt. Folglich können kleine räumlich getrennte Kaskaden nur bei leichten Ionen erwartet werden, wie qualitativ früher schon erörtert.

Die mittlere projizierte Reichweite von 100 keV Sb in Si wird zu ungefähr $4{,}5 \cdot 10^{-8}$ m erwartet; Abb. 5.4 läßt somit eine mittlere Fehlordnungstiefe von $4 \cdot 10^{-8}$ m erwarten. Nun ist zweckmäßigerweise ein Ausschnitt von Abb. 5.4 in Abb. 5.5 umgezeichnet, die das Verhältnis von mittlerer Ionenreichweite zu mittlerer Fehlordnungstiefe als Funktion von μ wiedergibt. Aus ihr ist es wiederum offenbar, daß die mittlere Reichweite immer größer als die mittlere Fehlordnungstiefe ist.

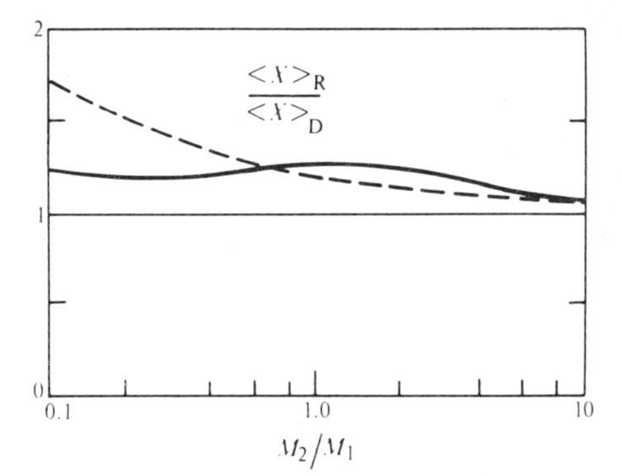

Abb. 5.5 Verhältnis der Mittel aus Reichweiten- und Schädigungsverteilung als Funktion des Massenverhältnisses.
Gestrichelte Linie: $m = 1/3$; durchgezogene Linie: $m = 1/2$; Mittel der ersten Ordnung.
$\langle X \rangle_R$ = mittlere projizierte Reichweite,
$\langle X \rangle_D$ = mittlere Schädigungstiefe.

Wenn Momente höherer Ordnung berechnet werden, kommt heraus, daß die sich ergebende Verteilungsfunktion im allgemeinen eine schlechtere Näherung an eine Gauss-Funktion ist als die Ioneneindringtiefe für ein zufällig angeordnetes isotropes Medium. Das Maximum der Energieabgabe-Funktion liegt stets näher an der Oberfläche als die wahrscheinlichste Reichweite für alle Massenverhältnisse, während die Abweichung von der Gaußverteilung am deutlichsten für kleine Werte von μ ist (d.h. schwere Ionen auf leichte Targets). Dieses Verhalten ist in Abb. 5.6 für zwei Massenverhältnisse dargestellt ($\mu \gtrless 1$), und es ist auffallend, daß für den Fall schwerer Ionen in leichtem Substrat die Verteilungsfunktion sehr breit ist, mit einem rapiden Abfall nahe der Oberfläche.

Es sei daran erinnert, daß diese Funktionen in Wirklichkeit die Energieabgabe pro Einheitsvolumen beschreiben, und daß die vollständige Integration dieser Funktionen über den ganzen Raum gerade die Einfallsenergie ergibt. Um die räumliche Verteilung der Fehlstellenerzeugung pro Einheitsvolumen zu bestimmen, ist es erforderlich, die Energieabgabefunktion $f(E_r, E)$ mit einem Faktor von ungefähr $\frac{0{,}4}{E_d}$ zu multiplizieren, in Übereinstimmung mit Gleichung 5.20. Der Nutzeffekt besteht darin, zu zeigen, daß wir für schwere Ionen in einer leichten Matrix eine ellipsoide Schädigungsverteilung mit einer höheren Defektkonzentration nahe dem Zentrum erwarten, jedoch für leichte Ionen eine mehr einheitliche sphärische Verteilung der Fehlordnung. Neuere Berechnungen der Kaskadenmomente sind von Sigmund, Matthies und Phillips[42] und unabhängig von Winterbon[37] hergeleitet worden, wo unelastische Energieverluste auch mit berücksichtigt werden. Diese wurden durch Zulassung eines zusätzlichen Energieverlustes pro Einheitslänge gleich $kE^{\frac{1}{2}}$ erreicht, wobei für die Proportionalitätskonstante k bei den meisten interessierenden Ion-Target-Kombinationen ein Bereich zwischen 0,1 und 0,2 angenommen wird. Die Auswirkungen unelastischer Energieverluste sind natürlich für höhere Primärionenenergien am bedeutensten, jedoch gibt es sogar noch bei den geringsten Energien einen Beitrag zur Kaskadenbildung. Insbesondere hat die durchschnittliche Tiefe der Fehlordnung auf immerhin 20% abgenommen, wenn ein k-Wert von 0,2 (der höchste Wert) angenommen wird, während die Quer-Aufspreizung der Kaskade ebenfalls bei wachsendem k vermindert ist. Bei leichten Ionen führten deshalb die früheren Berechnungen zu beträchtlichen Überschätzungen der Kaskadenausmaße.

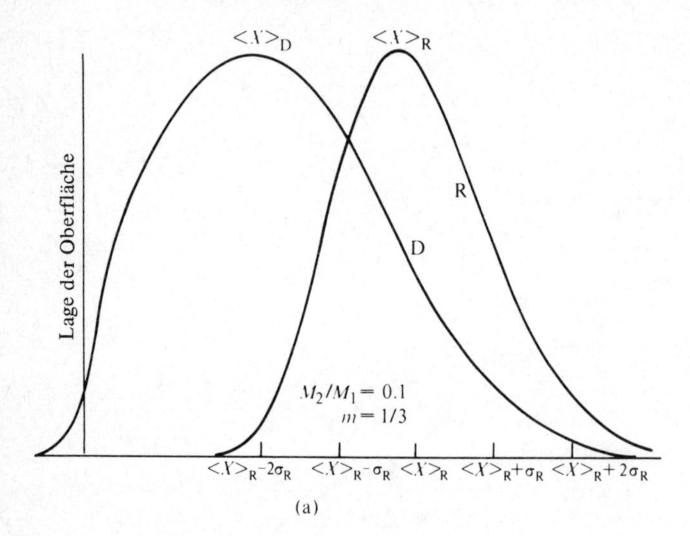

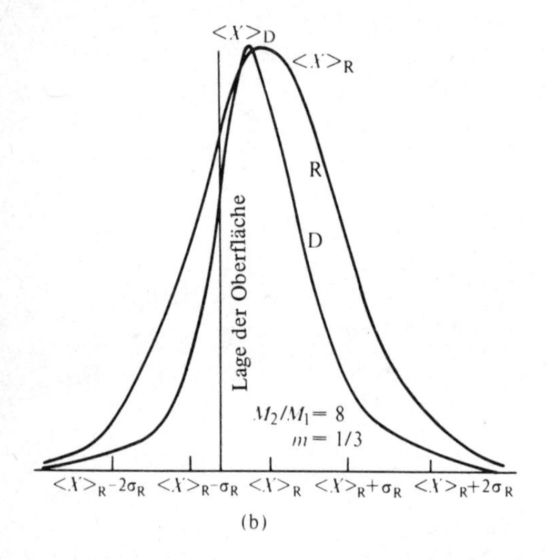

Abb. 5.6 Berechnete Reichweiten-(R) und Fehlordnungs-(D)-profile für

(a) $\frac{M_2}{M_1} = 0.1$ und (b) $\frac{M_2}{M_1} = 8$

σ_R ist die Standardabweichung der Reichweitenverteilung.

Es wurde früher erwähnt, daß der genauere Wert als der Kinchin-Pease-Wert für die Gesamtzahl versetzter Atome auch durch ähnliche Überlegungen wie die, die zur Integral-Differentialgleichung 5.24 führen, ableitbar ist. Das genaue Verfahren folgt der Methode von Kinchin-Pease. Danach muß die Gesamtzahl der Defekte, die von einem Teilchen mit der Energie E erzeugt wird, wobei in einem folgenden Stoß die Energie T übertragen wird, bei Integration über alle möglichen Energieübertragungen gleich sein der Summe von Fehlstellen, die von den gestreuten Teilchen mit der Energie $E - T$ und dem Rückstoßteilchen mit der Energie T erzeugt wird, wobei wiederum über alle möglichen Energien integriert wird.

Für gleiche Massen führt dieses zu der Identität

$$\int_0^E \nu(E)\,\mathrm{d}\sigma = \int_0^E \nu(E-T)\,\mathrm{d}\sigma + \int_0^E \nu(T)\,\mathrm{d}\sigma$$

oder

$$\int_0^E [\nu(E')-(E'-T) - \nu(T)]\,\mathrm{d}\sigma = 0 \qquad 5.29$$

Diese Gleichung kann für ungleiche Massen und unter Zulassung eines Energieverbrauches U während der Versetzung erweitert werden, und es ergibt sich[20], daß für das inverse Potenzgesetz die Lösung von Gleichung 5.28

$$\nu(E) = \frac{6}{\pi^2}\frac{E}{U}\log_e\left(1 + \frac{U}{E_d}\right) \qquad 5.19$$

ist. Da die linearen Ausdehnungen der Fehlordnungskaskade gemäß der Voraussage proportional zur Energie^{2m} sind, ist als Gesamtvolumen der Kaskade eine Proportionalität zu E^{6m} zu erwarten. Wie vorher zu sehen war, scheint $m = \frac{1}{3}$ eine ziemlich gute Darstellung des zwischenatomaren Potentials für die interessierenden Ionenenergien bei Implantationsuntersuchungen zu sein, so daß Kaskadenvolumen proportional zu etwa E^2 zu erwarten sind. Sigmund et al.[43] haben geeignete Proportionalitätskonstanten ausgewertet, und sie nehmen an, daß für schwere Targets (z.B. Ge) das Kaskadenvolumen $V(E)$ durch

$$V(E) \approx 25\left(\frac{E}{\mathrm{keV}}\right)^2 \text{ Atomvolumen} \qquad 5.30\mathrm{a}$$

gegeben ist, während für ein leichtes Target und ein schweres Ion (wie Sb in Si) durch

$$V(E) \approx 220\left(\frac{E}{\mathrm{keV}}\right)^2 \text{ Atomvolumen} \qquad 5.30\mathrm{b}$$

gegeben ist. Es muß darauf hingewiesen werden, daß für leichte Ionen in schweren Targets die totale Ausdehnung des Bereiches, über dem eine Fehlordnung auftritt, ganz wesentlich durch die Zickzackbahn des Ions bestimmt wird, wobei eine Anzahl kleiner Kaskaden innerhalb des Gesamtvolumens, das durch die Ionenbahn bestimmt wird, verteilt ist. Daher kann das tatsächliche Fehlordnungsvolumen bedeutend kleiner (vielleicht um eine Größenordnung) als das totale Volumen sein, das die Fehlordnung enthält.

Für ein 100 keV Sb-Ion in Si dehnt sich das Kaskadenvolumen über eine Größe von 2,2 x 10^6 Atomen aus, während für ein 40 keV Sb-Ion dieses Volumen etwa 360 000 Atome enthält. Wie wir früher sahen, ergibt sich eine Abschätzung der Anzahl der Atome, die man durch 40 keV Sb-Ionen in Si über Rutherford-Streuung und Channelling-Technik erhält, zu 3000. Dieses deutet an, daß, obwohl die Energie des einfallenden Ions über ein großes Volumen verteilt wird, nur ein kleiner Teil der Atome in diesem Volumen Stöße erleidet und tatsächlich versetzt wird, während eine ähnliche Anzahl weniger als die zur Versetzung erforderliche Energie erhält. Folglich bleiben diese letzteren Atome an ihre Gitterplätze gebunden, jedoch mit erhöhter kinetischer Energie. In thermodynamischer Ausdrucksweise bedeutet dieses, daß die effektive Temperatur angewachsen ist, so daß zusätzlich zur

Kaskade oder *Spitze* versetzter Atome eine entsprechende *thermische* Spitze existiert, die anfänglich Ausdehnungen hat, die durch die räumlichen Verteilungsfunktionen der Energieabgabe gegeben sind. Wir sahen früher, daß Wanderungsvorgänge von Fehlstellen kritisch von der Temperatur abhängen. Deshalb können sowohl während der anfänglichen Kaskadenbildung wie auch bei der folgenden Weiterleitung der thermischen Energie durch Phononen weg von der Kaskade die durch Versetzungen gebildeten Defekte sehr gut stark erhöhte Beweglichkeiten haben. Die Möglichkeiten zur Rekombination, zur Auslöschung und zur Clusterbildung wachsen damit an. Diese Rückordnungs- oder Temperaturvorgänge bestimmen die endgültige Gestalt der Fehlordnung und ihre räumliche Verteilung; es ist deshalb keine Überraschung, daß Anzeichen sowohl für Wachstum von amorphen Zonen als auch Versetzungsbildung in ionenbestrahlten Halbleitern beobachtet werden. Das weist darauf hin, daß die Konkurrenz von thermischen Vorgängen und Zwängen des Strukturgleichgewichts bei der Bestimmung der beobachteten Gestalt der Fehlordnung bedeutsam werden können. Eine solche Neustrukturierung der Fehlordnung hängt ab von den relativen Bildungsraten der zahlreichen Arten von ausgedehnten Defekten, ihrer Stabilität im Gitter und von der Vernichtung beweglicher Defekte, so daß die Abschätzungen des Fehlordnungsparameters, wie er durch die Gleichungen 5.20 und 5.30 vorgegeben wird, nur als eine spezifizierende Anfangsbedingung betrachtet werden dürfen.

Eine Neuordnung kann sich auch aus Gitterverspannungen ergeben, die mit der Bildung von Fehlstellen verbunden sind; ein solcher nicht-thermischer Effekt kann zusammen mit den oben skizzierten Vorgängen sehr wohl die beobachtete Defektzahl unter die theoretischen Erwartungen von 5.20 vermindern. Eine tiefere Untersuchung von solchen defektvermindernden Vorgängen wird kurz gegeben; jedoch müssen wir auch fragen, ob die Kaskadenberechnung durch andere als die schon betrachteten Parameter beeinflußt werden kann, z.B. durch Energieverlust über elektronische Anregungen, streuende Schwellwerte der Versetzungsenergien und der zwischenatomaren Potentialfunktion.

5.6 Fehlordnungserzeugung in kristallinen Festkörpern

Eine hauptsächliche Annahme für alle diese Berechnungen bis hierher war die eines strukturlosen Targets mit atomarer Zufallsanordnung. Natürlich sind die meisten interessierenden Halbleiterstoffe – wenigstens im nicht-bestrahlten Zustand – kristallin. Man muß sich deshalb vergewissern, ob die Symmetrie der Atomanordnung die Erzeugung einer Stoßkaskade beeinflussen kann. Wir haben schon beobachtet, daß der Weg zwischen aufeinanderfolgenden Stößen, die ein bewegtes Atom erleidet, oft nur in der Größenordnung des zwischenatomaren Abstandes liegt. Deshalb können wir uns gut vorstellen, daß im Fall einer regulären Gitterstruktur die Parameter eines vorgegebenen Stoßes die Parameter beim nächsten Stoß mit einem Gitteratom bestimmen, das räumlich ziemlich genau bezüglich des ersteren lokalisiert ist, anders als im Fall einer nicht-strukturierten Substanz, wo es zufällig lokalisiert ist. Das heißt, daß es Korrelationen zwischen den aufeinanderfolgenden Stößen gibt, z.B. die, die wir schon in den Kapiteln 3 und 4 in den Channelling-Vorgängen untersucht haben. Der Channelling-Vorgang, der bei hohen Ionenenergien im allgemeinen als sehr bedeutsam erachtet wird, da Ionen auf sehr langen Strecken mit vermindertem spezifischem Energieverlust transportiert werden können, erfolgt wegen der korrelierten Natur der Stöße eines Ions mit aufeinender folgenden Atomen in einer Gitterkette, d.h.

wegen eines Steuerungsvorgangs. Man könnte sich auch vorstellen, daß eine andere Korrelation zwischen aufeinanderfolgenden Stößen auftreten kann, wenn ein Atom entlang einer Kettenrichtung in Bewegung gesetzt wird, mit seinem Nachbarn in der Kette Stöße macht und diesen zum nächsten Nachbarn hin in Bewegung setzt, somit eine Kettenreaktion erzeugt. Dieser Vorgang, mit *Fokussierung* bezeichnet, wurde theoretisch postuliert und untersucht, mit Rechnersimulationen einer Atombewegung in einem gestörten Gitter reproduziert und, mit einigen Vorbehalten über seine Größe und Bedeutung, experimentell gezeigt. Wie wir gleich sehen, zeigt es sich, daß dieser Vorgang für Atome, die mit niedrigen Energien bewegt werden, vorherrscht, und daß er möglicherweise als Mechanismus für den Transport niedriger Energien über große Strecken wirken kann, wenn die Stoßfolge aufrecht erhalten werden kann. Es ist deshalb vorteilhaft, diese korrelierten Folgen getrennt zu betrachten; wir behandeln zuerst das Channelling.

5.6.1 Channelling

Wir sahen in den Kapiteln 3 und 4, daß beim Einfall eines Ions in Kanäle, die durch die umgebenden Atomreihen oder -Ebenen definiert sind, unter einem kleineren als etwa dem kritischen Winkel ψ_c und mit einer räumlichen Lage, die weiter von den Atomreihen entfernt ist als eine kritische Entfernung r_c (in der Größenordnung der thermischen Schwingungsamplitude der Atome), daß dann das Ion keinen harten Stoß mit Weitwinkelablenkung erfährt, sondern in einer Folge leichter Stöße sanft in das Gitter gelenkt wird[44]. Die Möglichkeit eines solchen Channelling beeinflußt natürlich die Fehlordnungserzeugung. Wir haben nämlich gesehen, daß der Channelling-Vorgang einen geringen spezifischen Energieverlust des elastischen Mechanismus darstellt, hingegen unelastische Verluste mindestens genau so wichtig sind wie unter Nicht-Channelling-Bedingungen. Wenn ein Teil der Atome gechannelt wird, und entlang ihrer Bahn der elastische Energieverlust geringer ist, bedeutet das, daß sich auf dem Weg des sich bewegenden Atoms weniger Defekte ergeben. Hieraus ergibt sich wahrscheinlich ein anderer endgültiger Charakter als in einer dichten Kaskade, da die erst erwähnte zwangsläufig in geringerer Dichte und mit beschleunigter Rekombination bei kurzer Entfernung und geringem Cluster-Wachstum erzeugt wird. Auf der anderen Seite tritt wegen der durch den Channelling-Effekt vergrößerten Eindringtiefen leicht eine Fehlstellenerzeugung (von geringer Dichte) über größere Entfernungen auf als bei einer Kaskade in einem strukturlosen Medium, deren Ausdehnungen mit der mittleren Ionenreichweite vergleichbar sind. Wir können deshalb zwischen zwei Effekten des Channelling unterscheiden, erstens der Dichte und Form der Schädigung und zweitens der räumlichen Ausdehnung der Schädigung. Gleichzeitig können wir vernünftigerweise eine Unterscheidung treffen zwischen dem Channelling-Effekt des einfallenden Ionenstrahles und dem der Rückstoß-Targetatome.

Wenn ein Ionenstrahl auf eine kristalline Oberfläche auftrifft, dann ist, wenn der Strahl parallel zu einer Channelling-Achse verläuft, der Ionenanteil, der in eine Kanalbahn eintritt, durch $(1 - N\pi r_c^2)$ gegeben, wobei N die Dichte der Atomreihen pro Einheitsfläche in Kanalrichtung und r_c den kritischen Radius oder Stoßparameter bedeutet. N ändert sich natürlich mit der Einfallsrichtung des Strahles, r_c nimmt mit wachsender Ionenenergie ab und bei gegebenem Targetmaterial mit wachsender Ionenmasse zu. Deshalb ist der gechannelte Anteil der auftreffenden Ionen bei hoher Energie und Ionen mit geringer

Masse am größten, jedoch für Ionen geringer Energie noch von Bedeutung. Mazey und Nelson[45] haben auf die Wichtigkeit des Channelling-Effektes zur die Verminderung der Fehlordnung in Si hingewiesen, indem sie eine Si-Probe bestrahlt und gleichzeitig den Kristall gedreht hatten, so daß die einzelnen Flächen von den ankommenden Ionen in verschiedenen Richtungen getroffen wurden. Es ist bekannt[45] daß Fehlordnungserzeugung in Si das optische Reflexionsvermögen des Materials ändert und jenes ein milchiges Aussehen nach einer Schwerionenbestrahlung bekommt, wobei verschiedene Stärken der Farbänderung bis hin zu vollständiger Trübung auftreten. Bei dem Versuch mit der Kristalldrehung zeigen sich Flecken veränderten Reflexionsvermögens auf der Oberfläche, wobei die Flächen, in die die Ionen bekanntermaßen in Kanalachsen hineintreten, viel weniger verändert sind als die, bei denen der Ioneneinfall tatsächlich in Zufallsrichtung erfolgte. Die Unterschiede in der Ionendosis, die für den sicheren Beginn des milchigen Aussehens notwendig sind, betragen für Zufallsrichtung gegenüber Kanalrichtung des Ioneneinfalls etwa eine Größenordnung, ein Zeichen dafür, daß der Channelling-Effekt für den Einfallsstrahl Verminderungen der bleibenden und beobachtbaren Fehlordnung um etwa 90% verursacht. Neuerdings hat Bøgh[46] die von Schwerionenbestrahlung (Sb) in Si erzeugte Fehlordnung in Zufalls- und Kanalrichtung mit Rutherfordrückstreuung und Channellingtechnik untersucht. Er beobachtete, daß bei Ionenimplantation unter Raumtemperatur die Fehlordnung, die sich bei Zufallsrichtung ergab, wesentlich höher war als die bei einer Kanalrichtung. Andererseits führen sowohl Zufalls- als auch Kanalrichtungsimplantation bei flüssiger Stickstoff-Temperatur zu viel geringerem Unterschied in der Fehlordnung. Dieses zweite Ergebnis ist wichtig, da es darauf hinweist, daß mit einem schweren Ion eine ähnliche Energie über elastische Stöße sowohl bei Zufalls- als auch bei ausgerichteter Einfallsrichtung abgelegt wird, wobei die Gesamtzahl der Fehlordnung vergleichbar ist. Jedoch zeigt die Raumtemperatur-Beobachtung, daß der Charakter der Fehlordnungen in den zwei Einfallsrichtungen verschieden ist; der eine, der nach Zufallsrichtungsimplantation auftritt, ist stabil mit der Temperatur und der Art nach weniger dicht gepackt, während der andere, der während der ausgerichteten Implantationen auftritt, instabil mit der Temperatur ist und wahrscheinlich räumlich wohlgetrennt ist, wie es bei den weicheren Stößen von Ion und Atom in den Kanalwänden auftreten könnte. Man sollte anmerken, daß bei Bøgh's Versuchen mit Sb-Implantation in Si sogar ein im Kanal geführtes Ion fähig sein kann, einen größeren Betrag an Energie den Kanalwänden zu übertragen, während in Mazeys und Nelsons Untersuchungen mit Ne Beschuß ein Energieübertrag in der Kanalanordnung wesentlich verringert sein sollte.

Deshalb ist ersichtlich, daß Kanalführung des eingeschossenen Strahls die Gesamtfehlordnung verringern kann, indem der spezifische Energieverlust der Ionenenergie in elastischen Stößen auf ein Minimum gebracht wird, wobei das Ergebnis wahrscheinlich ist, daß die endgültige Fehlstellenart weniger stabil ist und eher dazu neigt, sich während der Implantation wieder zu erholen, jedoch hängt das weitgehend von der Ionensorte und -energie ab.

Zusätzlich zur Kanalführung des eingeschossenen Strahls ist es möglich, daß ein versetztes Rückstoßatom ebenfalls fähig ist, eine Kanalbahn zu betreten, nachdem es seinen Gitterplatz verlassen hat. Diese Wahrscheinlichkeit sollte der Erwartung nach ziemlich gering sein; Atome, die aus dem Gitterplatz mit einem Winkel, der größer als der kritische Winkel ψ_c ist, herausgerissen werden, durchlaufen unmittelbar eine Bahn, die typisch für ein Zufallsmaterial ist, während Atome, die mit Winkeln kleiner als ψ_c versetzt werden, sofort einen direkten Stoß mit einem Nachbarn erleiden und ebenfalls in eine Zufallsrichtung abgelenkt werden. (Dieser Effekt ist als „blockieren" bekannt und wird in Einzelheiten in Kapitel 4 beschrieben). Der einzig wahrscheinliche Weg, eine Kanalbahn mit einem versetzten Atom zu erhalten, besteht tatsächlich nur dann, wenn dieses Atom oder seine Nachbarn ursprünglich leicht versetzt gegenüber der vollkommen Atomkette liegen, durch thermische Schwingungen bedingt. Wir würden deshalb erwarten, daß die Wahrscheinlichkeit von versetzten Atomen ziemlich niedrig ist.

Eine Vorstellung davon, wie wichtig Kanalführung bei der Verringerung von Versetzungsdichten ist, erhält man unter der der Annahme, daß ein bewegtes Atom (ein einlaufendes Atom beim Stoß oder das Rückstoßatom) mit der Wahrscheinlichkeit C im Kanal geführt wird und dann *keine* weiteren Versetzungen verursacht, somit nur eine einzige Versetzung (sich selbst) zur Kaskade beiträgt. Falls andererseits das bewegte Atom (mit der Wahrscheinlichkeit $(1 - C)$) nicht im Kanal geführt wird, gibt es die normale Versetzungserzeugung. Oen und Robinson[47] nahmen Streuung nach dem Modell harter Kugeln an, so daß die Integralgleichung zur Beschreibung der Fehlstellendichte für ein Atom der Energie E

$$\nu(E) = C + (1 - C)\int_{E_d}^{E} \nu(T)\frac{\mathrm{d}T}{E} + (1 - C)\int_{E_d}^{E} \nu(E - T)\frac{\mathrm{d}T}{E} \qquad 5.31$$

wird. Unter der Annahme, daß C energieunabhängig ist, kann man durch Substitution leicht zeigen, daß 5.31 die Lösung

$$\nu(E) = \left(\frac{E}{2E_d}\right)^{1-2c}. \qquad 5.32$$

für $E \gg E_d$ und $C \ll 1$ hat.

Gleichung 5.32 veranschaulicht, daß $\nu(E)$ bei allen Energien durch den Channelling-Vorgang unter das Niveau reduziert wird, das man ohne Channelling erhält, und daß die mit zunehmender Energie auftretende Linearitätsaufweichung von $\nu(E)$ bei hoher Energie ausgeprägter wird. Hierdurch erfährt die früher gemachte Anmerkung, daß die Verminderung der Fehlordnung durch Channelling vornehmlich bei hohen Energien auftritt, eine Rechtfertigung. Oen, Holmes und Robinson[48] verallgemeinerten später die obige Behandlung mit der ziemlich angemessenen Annahme, daß die Channelling-Wahrscheinlichkeit für gestreutes und Rückstoßatom unterschiedlich sind, während Sigmund[49] zeigte, daß bei Verwendung eines genaueren Streugesetzes als des Harte-Kugel-Modells einen vergrößerten Channelling-Effekt ergibt, wobei der Fehlordnungsgrad für eine gegebene Channelling-Wahrscheinlichkeit C vermindert wird. Beeler und Besco[50] simulierten später die Bahnen von Einfalls- und Rückstoßatomen in Fe, wobei sie ein sehr viel besseres Streugesetz als die Harte-Kugel-Näherung benutzten. Sie waren imstande, zu zeigen, daß der Channelling-Effekt versetzter Atome nicht nur die Fehlordnung herabsetzt, sondern eine vergrößerte räumliche Trennung der Sub-Kaskaden ergibt. Sie zeigten ebenfalls, daß die Channelling-Wahrscheinlichkeit C gerade nicht energieunabhängig ist, wie eine einfache Theorie erfordert.

Unglücklicherweise existieren keine experimentellen Daten, an denen die Abschätzung von C und seiner möglichen Energieabhängigkeit möglich ist, und das gilt besonders für Halbleiter. Wir können nur die ziemlich vage Schlußfolgerung ziehen, daß mit der vernünftigen Annahme $C = 0{,}01-0{,}05$ die Reduktion der Fehlordnung, bedingt durch Channelling, für geringe Energien ungefähr 20% ausmacht und bei hohen Energien auf 60% ansteigt. Da die durchschnittliche Rückstoßenergie wahrscheinlich ziemlich gering ist, ist die Vorstellung einer 20–30%igen Verminderung keine schlechte Abschätzung. Jedoch gibt es keine experimentellen Ergebnisse, die diese Schlußfolgerungen für Halbleiter bestätigen oder widerlegen. Auf diesem Gebiet sind noch mehr Forschungen nötig.

5.6.2 Fokussierung

In dem Maße, wie die Energie des einfallenden Ions oder Rückstoßatoms abnimmt, wird es für dieses zunehmend schwieriger, sich durch das Gitter zu bewegen, auch in den Richtungen offener Kanäle, so daß Stöße hauptsächlich zwischen nächsten Nachbaratomen stattfinden. Die geometrische Symmetrie eines Kristallgitters spielt in dieser Endphase der Energieabgabe und des Atomtransports wiederum eine wichtige Rolle, da sie das Muster der Stöße zwischen aufeinander folgenden Nachbarn bestimmt. Das erste Beispiel solcher Stoßfolgen-Beziehungen ist als *einfaches Fokussieren* bekannt und in den Abbildungen 5.7 und 5.8 schematisch angedeutet. Abb. 5.8 zeigt, wie sich ein Atom mit vorgegebener Energie bei geringem Winkel in Richtung der Reihenachse zu seinem nächsten Nachbarn bewegt. Dieser kann mit sogar geringerem Winkel zur Reihenachse zum nächsten Nachbarn abgestoßen werden. Unter günstigen Umständen können wir eine Folge dieser Stöße erhalten, in der aufeinander folgende Atome sich in ständig abnehmenden Winkeln gegenüber der Reihenachse bewegen, so daß sie Energie in die Reihenrichtung fokussieren, wie in Abb. 5.7 gezeigt ist. In manchen Fällen sollte es möglich sein, daß Energie über lange Strecken transportiert wird und schließlich ein Atom versetzt, wobei sich eine Zwischengitterfehlstelle weit weg vom Punkt der ursprünglichen Erzeugung der Stoßfolge bildet, wo eine Leerstelle geschaffen worden ist. Diese weite Trennung des Zwischengitteratom-Leerstellenpaares ist gegen Verspannungstemperung stabil und stellt ein Versetzungsereignis dar. Man sollte erwarten, daß während der Ausbreitung von solchen Stoßfolgen jedes Atom den Platz des Nachbarn, den es stößt, einnimmt, dabei die ursprüngliche Leerstelle zurückbleibt und die am Schluß befindliche Zwischengitterlage erzeugt wird; diese Art Stoßfolge wird als *fokussierte Ersetzungsfolge* bezeichnet. Ob eine Ersetzungsfolge zur Erzeugung eines stabilen Fehlstellenpaares (einem Versetzungsvorgang) führt oder

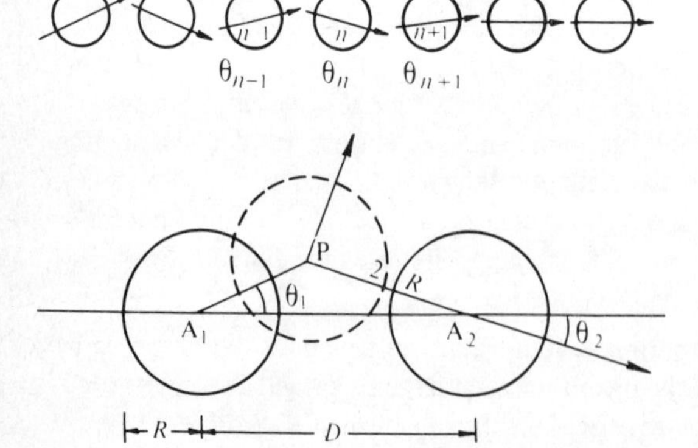

Abb. 5.7 Eine fokussierte Stoßfolge.

Abb. 5.8 Darstellung eines Stoßes zweier Atome, der eine Serie von sich selbst fokussierenden Stößen erzeugt.

nicht, hängt von der gegenseitigen Entfernung des Paares ab, welche umgekehrt wieder – neben anderen Parametern – von der Ausgangsenergie und der Rückstoßrichtung des ersten Atoms in der Kette, von der Masse der Atome und ihrem Abstand abhängt. Folglich sind alle Stoßfolgen, die Atome transportieren, Ersetzungsfolgen, aber nur einige führen zu Versetzungen.

Andererseits können Ereignisse auftreten, in denen nach einem Stoß mit einem Nachbarn ein Atom zu seiner ursprünglichen Position zurückfindet und so zwar Energie, aber keine Masse transportiert wird und keine Ersetzung auftritt. Dies wird als *fokussiertes Energiepaket* bezeichnet.

Wir können eine Vorstellung über die Parameter erhalten, die die Ausbreitung dieser Stoßfolgen beeinflussen, wenn wir in erster Näherung annehmen, daß die Atome als feste harte Kugeln mit Radius R und mit Abstand D zwischen den Mittelpunkten betrachtet werden können. Beziehen wir uns auf Abb. 5.8, in der das erste Atom (Mittelpunkt A_1) entlang der Richtung AP im Winkel θ_1 zur Achse läuft und das zweite Atom (Mittelpunkt A_2) stößt, wobei sein eigener Mittelpunkt jetzt bei P liegt, dann wird in diesem Stoß Impuls nur längs der Richtung PA_2 übertragen (entlang der Mittelpunktgeraden), so daß das zweite Atom im Winkel θ_2 zur Achse läuft.

Sind die Winkel θ_1 und θ_2 klein, gilt $A_1P \approx D - 2R$ und $(D - 2R)\theta_1 = -2R\theta_2$. Definiert man einen Fokussierparameter f, so daß $f = -\left(\frac{\theta_2}{\theta_1}\right)$

gilt, ist $f = \frac{D}{2R} - 1$ 5.33a

Falls $D > 4R$ ist $f > 1$, $|\theta_1| < |\theta_2|$ 5.33b

und falls $D < 4R$ ist $f < 1$, $|\theta_1| > |\theta_2|$ 5.33c

Im letzteren Falle ist der Winkel, mit dem sich das gestoßene Atom gegenüber der Reihenachse bewegt, geringer als der des ersten Rückstoßatoms, so daß für zwei Atome der Stoß eine Fokussierung ergibt.

Wenn der Harte-Kugel-Radius R derselbe für alle Stöße in der Kette ist, dann können wir für einen beliebigen Stoß die Reihenfolge

$$\theta_n = (-f)\,\theta_{n-1}$$

$$\theta_{n-1} = (-f)\,\theta_{n-2}$$

oder $$\theta_n = (-f)^2\,\theta_{n-2}$$

und schließlich $$\theta_n = (-f)^n\,\theta_0 \qquad 5.34$$

schreiben.

Daher fordern wir für die Fortsetzung einer fokussierten Folge ($\theta_n < \theta_0$) wieder $f < 1$ und $D < 4R$. Wir können sofort sehen, daß solch ein Kriterium am günstigsten für die engst gepackten Reihen in einem Festkörper angetroffen wird, wo D klein ist, so daß Fokussierungsvorgänge hauptsächlich entlang solcher Richtungen zu erwarten sind.

In einem Harte-Kugel-Stoß zwischen Atomen der Energie E ist der Radius R nach Kapitel 2 durch $V(2R) = \frac{E}{2}$ gegeben, wobei $V(r)$ das interatomare Potential ist. Bei geringen Energien nimmt man an, daß die Born-Mayer-Form $V(r) = \mathrm{A} \exp\left(\frac{-r}{b}\right)$ das zwischenatomare Potential recht gut darstellt, so daß wir schreiben können:

$$V(2h) = \mathrm{A} \exp\left(-\frac{2R}{b}\right) = \frac{E}{2}$$

$$\text{oder} \quad R = \tfrac{1}{2} \log_e \left(\frac{2\mathrm{A}}{E}\right) \tag{5.35}$$

Für kleine Winkel $\theta_0, \theta_2 \ldots \theta_n$ gibt es einen kritischen Winkel θ_f derart, daß $|\theta_1| = |\theta_2|$, ($f = 1$), ist. Aus Abb. 5.8 wird deutlich, daß dieser auftritt, wenn

$$\cos\theta_f = \frac{D/2}{2R} \quad \text{oder} \quad \cos\theta_f = \frac{D}{4R} \tag{5.36}$$

ist. Für kleine θ_f wird diese Identität zu

$$1 - \tfrac{1}{2}\theta_f^2 = \frac{D}{4R} \quad \text{oder} \quad \tfrac{1}{2}\theta_f^2 = 1 - \frac{D}{4R} \tag{5.37a}$$

Gleichung 5.35 gibt an, daß der Atomradius mit wachsender Energie abnimmt, so daß es mit wachsender Energie unmöglich wird, bei gegebenem Atomabstand die Fokussierungsbedingung $D < 4R$ einzuhalten. Die kritische Energie für Fokussierung ist aus Gleichung 5.35 durch

$$D = 4R = 2 \log_e \frac{2A}{E} \tag{5.38a}$$

$$\text{oder } E_f = 2\mathrm{A} \exp\left(-\frac{D}{2}\right) \tag{5.38b}$$

gegeben. Für einen *beliebigen* Anfangswinkel θ_0 ist Fokussierung unmöglich, wenn die Energie des Rückstoßatoms größer als E_f ist. Selbst wenn E kleiner als E_f ist, ist Fokussierung nur möglich, wenn die Anfangswinkel kleiner als ein Maximum θ_f sind, das über

$$\tfrac{1}{2}\theta_f^2 = 1 - \frac{D}{2 \log_e \frac{2\mathrm{A}}{E}} \tag{5.37b}$$

gegeben ist. Folglich gibt es zwei Kriterien für Fokussierung:

1: $E < E_f$
2: $\theta < \theta_f$

In Rechnersimulationen von Fokussierung benützten Gibson u.a.[4] ein Born-Mayer-Potential für Cu, das zu einem Wert von $E_f = 40$ eV für Fokussierung in der am dichtesten gepackten (die ⟨110⟩–) Richtung führte, während die Anwendung von Gleichung 5.38b mit denselben Potentialkonstanten zu einem Wert von 67 eV führt. Der Unterschied rührt von der Tatsache her, daß die Harte-Kugel-Näherung dazu neigt, den Streuwinkel beim Stoß zu überschätzen, was zur Überschätzung der Fokussierwirkung führt. Das wird aber durch die Tatsache überkompensiert, daß in einem wirklichen Stoß die Atome in der Kette vor dem Rückstoßatom dazu neigen, sich zum Primäratom hinzubewegen, dadurch D verringern und die Fokusierung erhöhen. Da die Konstante A im Born-Mayer-Potential mit zunehmender Atommasse zunimmt, sollten wir erwarten, daß die Fokussierenergie von ungefähr 10 eV für leichte Elemente zu ungefähr 1000 V für schwere Elemente zunimmt. Da die atomaren Abstände D in Halbleitergittern im allgemeinen ziemlich groß sind, sollte dies den Wert von E_f noch weiter herabdrücken. Folglich können wir erwarten, daß der einfache Fokussierungsmechanismus in Halbleitern weniger wichtig ist als in dicht gepackten Metallen. Tatsächlich gibt es auch wenige oder keine Hinweise für sein Auftreten in Si, Ge, In und Sb, InAs und GaAs. Es ist auch so, daß trotz der einfachen theoretischen Grundlagen, aus denen seine Anwesenheit in dicht gepackten Metallen vorweggenommen werden kann, es eine heftige Debatte über seine Wichtigkeit gibt. Da Energie wirksam in einer Stoßfolge transportiert wird, dachte man ursprünglich, daß diese Energie über große Wegstrecken transportiert würde. (Es gibt genügend Energieübertrag in einem quasi-zentralen Stoß, wobei der Abstand vom bewegten Atom zu Nachbaratomketten im allgemeinen für dichtgepackte Richtungen groß ist, wodurch ein minimaler Energieverlust in weit entfernten Stößen mit diesen Atomen der Nachbarketten gesichert ist). Jedoch gibt es ständig thermische Schwingungen der Gitteratome, was die Kettenordnung aufhebt und schnell die Fokussierungswirkung dämpft. Man glaubt allgemein, daß die Länge von solchen Folgen nicht mehr als 5–10 atomare Abstände beträgt. Da diese im allgemeinen beträchtlich geringer als die Gesamtausmaße der Kaskaden in einem Zufallsgitter sind, ist es unwahrscheinlich, daß eine solche Stoßfolge die Kaskadenausmaße grob erweitert.

Die Zahl der Rückstoßatome, die möglicherweise zu fokussierten Stoßfolgen führen können, wird durch den relativen Raumwinkel bestimmt, der für solche Ereignisse zur Verfügung steht, d.h. $\frac{\pi\theta_f^2}{4\pi}$. Der Gebrauch der Gleichung 5.37a zeigt, daß dieser Anteil an Rückstoßatomen durch $\frac{1}{2}(1 - \frac{D}{4R})$, gegeben ist, was umgeschrieben werden kann als $\frac{b}{D}\log\frac{E_f}{E}$ für $b \ll D$, was für ein Born-Mayer-Potential erfüllt ist. Dies zeigt wieder, daß für großes D (typisch für Halbleiter) der Anteil an Rückstoßatomen, die zu fokussierten Stoßfolgen führen, dazu neigt, dort kleiner zu sein als in dicht-gepackten Metallen, die selber nur Werte von 10–20% dieses Anteils besetzen.

Wenn auch fokusierte Folgen nicht lang sein müssen, können sie doch eine Trennung der Defektpaare durch Platzwechsel-Stöße verursachen, woraus sicher eine größere Wahrscheinlichkeit für die Beständigkeit von Defekten folgt. Ein brauchbares Kriterium für das Stattfinden eines Platzwechselereignisses ist, daß ein sich bewegendes Atom während eines Stoßes in einer Entfernung von seinem Startpunkt zur Reihe kommen muß, die größer als der halbe Kettenzwischenraum D ist, so daß eine Chance zur Besetzung seines Nachbarplatzes besteht. In Abb. 5.8 ist zu sehen, daß Harte-Kugel-Stöße nur eine Fokussierung erlauben, wenn $4R > D$ ist. Wenn jedoch der Stoß jenseits des axialen Mittelpunktes stattfindet, dann muß $2R < \frac{D}{2}$ oder $4R < D$ sein. Diese Bedingungen schließen sich ge-

gegenseitig aus und zeigen damit, daß in der Harte-Kugel-Näherung fokussierende Folgen mit Atomplatzwechsel nicht möglich sind. In Wirklichkeit wirken die Atome natürlich aufeinander kontinuierlich, nicht nur am Stoßpunkt von angenommenen harten Kugeln. Daher wird das erste Rückstoßatom während seiner Bewegung immer versuchen, das nächste Atom von seinem Platz fortzudrängen, so daß es bei „weichen" Atomen eine Möglichkeit dafür gibt, daß Stöße hinter dem axialen Mittelpunkt zwischen den Atomen stattfinden und geeignete Bedingungen für einen Platzwechsel ergeben. Wir können die Energie abschätzen, die bei einem weichen Stoß zur Schaffung dieser Bedingung erforderlich ist. Es zeigt sich, daß diese Platzwechselenergie E_r gerade $\frac{1}{4}$ E_f ist[1]. Deshalb sollten im Realfall beim Auftreten von Fokussierungen immer Platzwechsel erfolgen, vorausgesetzt, daß die Energie der Folge größer als E_r ist. Dieses ist keine Gewähr für bleibende Versetzungen, jedoch kann es in einer binären Verbindung wichtig sein, da Platzwechselvorgänge womöglich zu einer Unordnung der einzelnen atomaren Untergitter führen können.

Wiederum sollte festgestellt werden, daß solche Unordnung durch einzelne Stoßfolgen in Halbleitern wegen der geringen E_f – und großen D-Werte von geringerer Bedeutung ist. Jedoch ist es möglich, daß ein weiterer Fokussierungsmechanismus in Halbleitern von etwas größerer Bedeutung sein kann. Dieser als *unterstützte Fokussierung*[52] bekannte Vorgang, der Ähnlichkeiten zur sowohl Fokussierung wie auch zum Channelling besitzt, ist in Abb. 5.9 dargestellt. In solch einer Folge erfährt ein Atom, das in einer weniger dicht gepackten Reihe als bei einfacher Fokussierung liegt, einen Rückstoß in Richtung

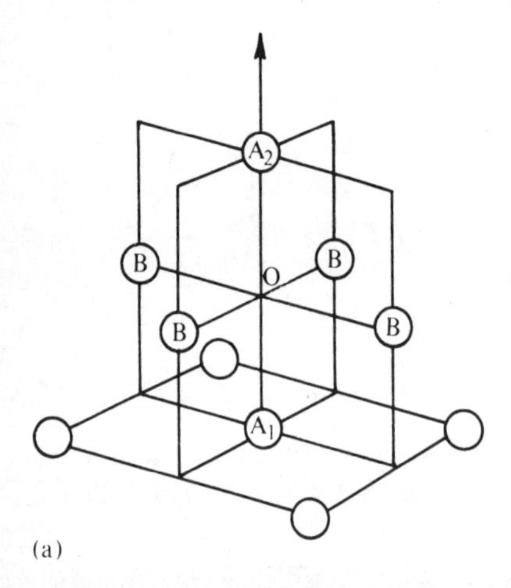

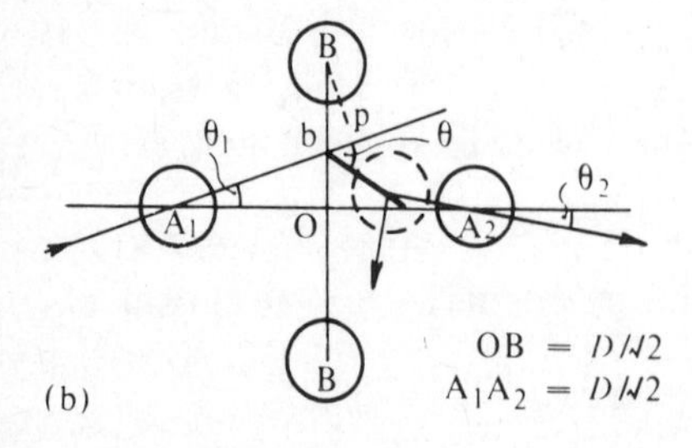

Abb. 5.9 (a) Eine typische Atomanordnung (die ⟨100⟩-Richtung in Au), die zu unterstützter Fokussierung führt. (b) Der Einfluß des Ringes von Atomen B_1 auf die Lenkung des Atoms A_1 auf einen mehr zentralen Stoß hin.

des nächsten Atomes der Reihe. Jedoch bevor es das erreicht, muß es einen Ring von zwei oder mehreren Atomen, die relativ nahe an der Reihe liegen, durchqueren. Die Wirkung dieses Atomringes (die Anzahl im Ring hängt vom Kristalltyp und der Kettenrichtung ab) erfolgt wie beim Channelling, indem das sich bewegende Atom zurück in Richtung jener Reihenachse gelenkt wird, wobei ein mehr zentraler Stoß mit dem nächsten Atom gewährleistet ist als der eigene Startwinkel erlauben würde. Dadurch wird eine fokussierende Folge erzeugt. Detailliertere Berechnungen dieses Vorganges gehen über den Umfang dieses Buches hinaus. Der Leser sei für quantitative Ausdrücke auf Carter und Colligon[2] und Thompson[1] hingewiesen. Es kann gezeigt werden, daß die Energieanforderung für unterstützte Fokussierung weniger streng ist als für einfache Fokussierung, d.h., E_f-Werte sind eher größer für unterstützte Fokussierung, während bei diesem Mechanismus die Stöße immer jenseits des umgebenden Atomringe erfolgen, die die Mittelpunkte der Kollisionsreihe definieren, so daß diese Folgen unvermeidlich den Ersetzungstyp darstellen.

Für unterstützte Folgen in Halbleitern gibt es einige Nachweise, z.B. in Ge, InSb[53,54]. Sie führen weitgehend von den Mustern her, die durch bevorzugten Atomausstoß aus der Oberfläche während der Bestrahlung entstehen (Sputtering). Bei der Diskussion steht jedoch die Größe des Effektes und die Ausdehnung der Folge noch offen. Wir scheuen uns, eine Abschätzung über die Bedeutung solcher Folgen in Form der Bestimmung von Fehlordnungsdichte oder Kaskadenvolumen zu geben. Sicherlich erwarten wir nicht, daß die Defektdichte um mehr als einige Prozent geändert wird und daß die Kaskade mehr als 10–20 Å auf Grund der unterstützten Fokusierung erweitert wird, wie es für Einfachfokussierung der Fall war. Obwohl Fokussierung zu einem stabilen Defektpaar führen kann, ist sie im wesentlichen ein Vorgang, in dem es keine Kaskadenvervielfachung gibt, da sie unwiderruflich die Energie wegnimmmt, die für eine weitere Defektproduktion nötig ist. Deshalb mag man besser beraten sein, die Grenze der Defektvervielfachung bei E_f anstelle von $2E_d$ festzulegen, dem Wert, der im Kinchin-Pease Modell angenommen wurde. In Metallen wie Cu und Fe wird über Rechnersimulation gefunden, daß die Minimumsenergie, die für die Erzeugung eines stabilen Paares erforderlich ist, entlang der dicht-gepackten Richtungen liegt; es kommt heraus, daß E_f ungefähr gleich $2E_d$ ist. So verlieren wir wenig an Defektbildung durch Fokussierung von Energie in Stoßfolgen. Für Au jedoch ist E_f in der ⟨110⟩–Richtung ungefähr 170 eV, während die Minimumenergie zur Erzeugung eines stabilen Defektpaars in dieser, der „leichtesten" Richtung für Paarerzeugung, nur 35 eV ist. Deshalb geht die Energie von 170 eV bis zu 35 eV hinunter über nichtvervielfachende Stöße verloren. Die Ersetzung von $2E_d$ durch E_f führt somit zu einer zweifachen Erniedrigung in der Fehlordnung unter den Betrag bei Zufallskaskaden.

In Halbleitern erwartet man ein geringes E_f, das in der Tat geringer als die erforderliche Energie für die Erzeugung eines Defekts ist, wenn die Rückstoßrichtung von der Reihenrichtung abweicht. Deshalb wird ein geringer Energieverlust in Stoßfolgen erwartet, so daß das Kinchin-Pease- oder, besser noch, das Sigmund-Ergebnis[20] für die spezifische Fehlstellenerzeugung in Halbleitern als eine gute Abschätzung anzusehen ist.

Zusätzlich führt, wie bereits angedeutet, die Bestrahlung von Halbleitern dazu, daß diese sich stark unregelmäßig, wenn nicht sogar völlig zufällig über den Bereich der Kaskade verbilden. Jede solche Gitterunvollkommenheit wird völlig die Möglichkeit für fokussierende Ereignisse zerstören. Deshalb kann man annehmen, daß Fokussierungseffekte irgendwelche Einflüsse nur bei niedrigen Fehlordnungsniveaus in den Halbleitern haben, herrührend entweder von Bestrahlung mit geringer Dosis oder erhöhter Temperatur.

5.7 Fehlstellenwanderung und Ausheilung

Wir haben bereits gesehen, wie Punktdefekte wandern, sich anhäufen oder einander auslöschen können, wenn genügend Energie zur Aktivierung der Wanderung bereit steht. Als zwei Quellen der Aktivierung wurden spannungsinduzierte Bewegung und thermisch induzierte Bewegung festgestellt. Rechnersimulation der Spannungsstabilität von Punktdefekten bei Cu[4] und Fe[22] haben nachgewiesen, daß dann, wenn ein Zwischengitteratom und eine Leerstelle jeweils sich in einen Raum von etwa 100 Atomvolumen befinden (d.h. weniger als 5 Atomabstände voneinander haben), die resultierende Gitterverspannung ausreichend ist, um ihre spontane Rekombination zu verursachen. Dieser Vorgang wirkt sich begrenzend auf die maximal mögliche Defektkonzentration aus, deren erreichbarer Wert für diese Materialien bei 10^{-2} liegt. Es wurde auch gefunden, daß stabile Trennungen entlang der dichtest gepackten Atomreihen am größten waren. Unglücklicherweise wurden keine solchen Defektstabilitätsberechnungen für Halbleiter angestellt, jedoch haben in solchen Materialien die dicht gepackten Richtungen große zwischenatomare Abstände, so daß angenommen werden kann, daß sogar in solchen Richtungen die stabile Trennung gering ist. Folglich kann von dem überall athermischen Ausheilvolumen angenommen werden, daß es kleiner als in Metallen ist. Wir müssen hier jedoch vorsichtig sein, denn viele der Defektpaare sind geladen, und es verursachen – obwohl durch das Wirken in dielektrischen Medium abgeschwächt – u.U. die gegenseitigen elektrostatischen Wechselwirkungskräfte ein Anwachsen dieses athermischen Ausheilvolumens.

Ferner war früher angedeutet worden, daß keine eindeutige Identifizierung von freien Zwischengitteratomen in Si gefunden worden war. Dieses mag zu der Annahme führen, daß die athermischen Ausheilvolumen groß sind und/oder daß die Aktivierungsenergie für thermische Wanderung E_{im} extrem gering ist. Angesichts der weiten zwischenatomaren Abstände in Halbleitern mit gleichzeitig großen „Löchern" im Gitter, durch welche die Zwischengitteratome hindurchwandern können, ist es wahrscheinlich, daß E_{im} tatsächlich sehr gering ist. Wir sehen uns deshalb der Situation gegenüber, daß die Ausdehnung des Spannungs-Ausheilvolumens unbekannt ist, jedoch auf der Basis eines Vergleichs mit dem Verhalten dicht gepackter Metalle ist es *wahrscheinlich* ziemlich klein. Bei Schwerionenimplantation ist es deshalb unwahrscheinlich, daß man die Dichte der erzeugten Fehlordnung radikal ändert, aber dieselbe Schlußfolgerung ist für thermisch aktivierte Vorgänge gültig. In Abschnitt 5.2 und speziell in Gleichung 5.4 wurde gezeigt, daß Punktdefekte durchweg zu wandern versuchen, wobei die Erfolgsrate pro Einheitszeit kritisch von der Wanderungsenergie und der Targettemperatur abhängt. Für geringe Energiewerte und/oder hohe Temperaturen sind die Wanderungsraten besonders kräftig. Defektwanderung ist sowohl während wie nach der Bestrahlung von Bedeutung; im ersteren Fall ergibt es Auslöschung einiger Defekte und Anwachsen größerer Cluster, während es im letzteren Fall hauptsächlich Ausheilung von Defekten gibt, jedoch auch eine Rück-Ordnung (d.h. Ansammlung) von Defekten auftreten kann.

Wenn zu einem gegebenen Zeitpunkt n Defekte einer gegebenen Art im Target vorliegen, dann können wir als Ausdruck für die Zuwachsrate von solchen Fehlstellen schreiben:

$$\frac{dn}{dt} = R - \sum_{\text{alle Prozesse}} KF(n^x) \qquad 5.39$$

R ist die Erzeugungsrate der Defekte, K eine Konstante und x stellt die Ordnung des Prozesses dar, der für das Verschwinden des Defektes verantwortlich ist. Wenn wir uns zum Beispiel mit der Zunahme der Konzentration von Zwischengitteratomen während Bestrahlung beschäftigen, so kann diese Art durch Wanderung zu Leerstellen vernichtet werden, durch andere Zwischengitteratome und Senken, wie z.B. Defektanhäufungen, Korngrenzen und freie Oberflächen. Die Leerstellen stellen erschöpfliche oder sättigbare Traps dar, da jedesmal, wenn eine Rekombination auftritt, das Leerstellentrap vernichtet wird; die Zwischengitteratome selber und andere Senken können als unerschöpfliche Traps betrachtet werden, da Zwischengitteratome weiterhin dort angesammelt werden können. Die Rate des Verschwindens in Leerstellen und unerschöpflichen Senken ist direkt proportional zur Zwischengitteratomdichte ($x = 1$), während die Rate des Verschwindens durch Anlagerung an Zwischengitteratomen dem Quadrat der Zwischengitter-Population ist ($x = 2$). Man sollte anmerken, daß im Fall von Leerstellentraps diese in gleicher Zahl wie die Zwischengitteratome erzeugt werden und daß die Wahrscheinlichkeit, daß ein Zwischengitteratom an einem solchen Platz eingefangen wird, vom Bruchteil der Leerstellen abhängt, die die Rekombination überlebt haben. Es wird deshalb eine Gleichung gelten, die analog zu 5.39 ist und die die Erzeugungsrate von Leerstellen beschreibt. Nur durch gleichzeitige Lösung der gekoppelten Gleichungen kann eine Abschätzung von Zwischengitteratom- und Leerstellendichten erhalten werden.

Die Konstante K ist proprtional zur Häufigkeit des Ansatzes zur Wanderung (d.h. zu $\exp\left(\frac{-E_m}{kT}\right)$) und zum Wirkungsquerschnitt σ dafür, daß ein bestimmter Prozeß auftritt.
In Halbleitern ist anscheinend die Energie für Wanderung von Zwischengitteratomen äußerst gering, so daß bei allen Bestrahlungstemperaturen diese sowohl in Leerstellen und Senken wie anderen Zwischengitteratomen und der Oberfläche verschwinden. Bei niedrigen Dosen ist die Dichte der Leerstellen gering, während viele von den Zwischengitteratomen in ziemlich große Entfernungen von ihren zugehörigen Leerstellen weggebracht werden, mit dem Ergebnis, daß die Zwischengitteratome sehr leicht zu einer freien Oberfläche entkommen können oder Anhäufungen von Zwischengitteratomen bilden, wobei sie ein Kaskadenvolumen zurücklassen, das an Leerstellen angereichert ist. Wenn die eingeschossenen Ionen leicht sind, dann sind die lokalen Leerstellendichten gering, während bei Schwerioneneinschuß ein sehr reiches Gebiet an Leerstellen folgt. Die Leerstellen sind erwartungsgemäß ziemlich beweglich, sicherlich in Si bei Raumtemperatur, so daß diese wandern können und im Fall leichter Ionen Anhäufungen von Doppelleerstellen erzeugen, die viel weniger beweglich und in dieser Struktur ausgefroren sind. Wenn die Ionendosis erhöht wird, steigt auch die Dichte dieser Doppelleerstellen, bis es eine genügend hohe örtliche Fehlordnungsdichte gibt, so daß anschließend eintreffende Ionen die örtliche Fehlordnung genügend erhöhen, um die Stabilisierung in ungeordneten Gebieten zu bewirken. Im Fall schwerer Ionen ist die hohe örtliche Dichte an Leerstellen, die in vielen Kaskaden erzeugt wird (was im wesentlichen auf eine hohe örtliche Dichte von aufgebrochenen kovalenten Bindungen hindeutet) anscheinend ausreichend, um zu einem auto-

matischen „katastrophalen" Zusammenbruch der Gitterstruktur in eine metastabile amorphe Phase zu führen, wo Bindungslängen und -winkel neu geordnet werden, um die Verspannungsenergie zu minimieren, während die hohe Leerstellendichte erhalten bleibt. In diesem Falle können wir mehrere Vorgänge in Betracht ziehen, die bei der Rück-Ordnung der fehlgeordneten Zone beteiligt sind. Erstens sollten Leerstellen fähig sein, in den sie umgebenden guten Kristall zu entweichen, und anschließend sollte genügend thermische Energie zur Wiederherstellung der zwischenatomaren Bindungen verfügbar sein. Andererseits kann der Untergrund-*See* einfacherer Fehlstellen, die gleichmäßig im Falle der Schwerionenbestrahlung eingebaut wurden, genügend beweglich sein, um die Fehlordnungsbereiche zu erreichen und sie gegen Rück-Ordnung zu stabilisieren. In diesem Falle wird die Wahrscheinlichkeit für die Zonenstabilisierung von der Wahrscheinlichkeit abhängen, mit der die Zonen die Abwanderung einfacherer Defekte zu anderen Senken verhindern können. Daher können wir mit wachsender Ionendosis erwarten, daß die wachsende Anzahl von Zonen sich erfolgreicher um die Stabilisierung von Defekten bemüht. Daher können wir uns eine erforderliche katalytische Mindestzahl von Fehlordnungszonen vorstellen, oberhalb derer die Fehlordnung rapide anwächst. In solch einem Modell würde natürlich auch die Wahrscheinlichkeit dahingehend angepaßt werden müssen, daß nicht alle beweglichen Fehlstellen eine sich bildende amorphe Zone stabilisieren oder gar deren Wachstum beschleunigen, sondern daß einige einen Rekristallisierungseffekt bewirken. Zusätzlich ist die Wechselwirkung nachfolgender Ionen, die auf eine existierende amorphe Zone auftreffen, wichtig, da wir uns einen Zerstörungsvorgang der Zone vorstellen können, wenn Atome durch die Bestrahlung aus dieser herausgeschlagen werden. Es ist klar, daß diese konkurrierenden Prozesse eine beträchtliche Komplexizität in den Zusammenhängen zwischen gemessener Zonenausdehnung und totaler Fehlordnung – mit Parametern wie Ionendosis, Ionenfluß und -Energie, Targetmaterial und Temperatur – verursachen.

Betrachten wir den obigen Vorgang der Zonenstabilisierung: Die Messungen des auftreffenden Ionenflusses, der notwendig ist, damit eine vollständige amorphe Lage in Si wächst – als Funktion der Targettemperatur von Mazey und Nelson gemessen – legten den Schluß nahe, daß ein Prozeß mit einer einzigen Aktivierungsenergie den Defekt zur Wanderung veranlaßt hat und für den Verbleib oder das Verschwinden des amorphen Zustandes verantwortlich war. Es war oft vorausgesetzt worden, daß die Wanderung der einzelnen Leerstelle aus der fehlgeordneten Zone der wichtige Vorgang war. Crowder und Morehead erweiterten diese Annahme in quantitative Form, wobei sie davon ausgingen, daß das Einfallsion eine anfänglich stark fehlgeordnete Zone erzeugt und daß die Energieabgabe in diesem Volumen zu einer außerordentlich starken örtlichen Temperaturerhöhung führt (d.h., daß eine thermische Spitze erzeugt wird). Nachfolgend sinkt die Temperatur dieser Spitze ab, da Wärme in das umgebende Gitter abgeführt wird, obwohl sich gleichzeitig eine Temperaturwelle in das umgebende Gitter ausbreitet. Während dieser Abkühlungsperiode des inneren Kerns der Spitze können Leerstellen thermisch aktiviert werden, um vom Kern in das Umgebungsgitter zu wandern. Man nimmt an, daß dieses die Ausdehnung des fehlgeordneten Volumens verringert. Deshalb wird eventuell ein kleineres Fehlordnungsvolumen erzeugt als das anfängliche Kaskadenvolumen ausmacht. Wir nehmen an, daß die Leerstellenwanderung mit wachsender Gittertemperatur zunimmt, so daß mit höherer Temperatur eine schnellere Verringerung des Zonenvolumens auftritt. Dadurch kommen geringere Volumen stabilisierter Fehlordnung zustande, und folglich sind höhere Ionenflüsse zum Erreichen völliger Amorphisierung nötig, als wie sie bei Mazey und Nelson gefunden wurden.

Dieses Modell birgt die Annahme in sich, daß bei Entfernung der Leerstellen aus der Kaskade, d.h. wenn die örtliche atomare Dichte wieder hergestellt wurde, die Fehlordnung automatisch ausheilt und Rekristallisation auftritt. Jedoch ist aus Untersuchungen epitaktischen Aufwachsens aufgedampfter Filme auf Halbleiter wohl bekannt, daß ein Aufwachsen amorpher Schichten auftritt, wenn die Substrattemperatur zu gering ist, um Beweglichkeit und die mutmaßliche Bindungs-Rück-Orientierung des kondensierenden Atoms zuzulassen. Ein gleich wichtiges Kriterium für den Abbau der Fehlordnung ist deshalb anscheinend, daß genügend thermische Energie während der Lebensdauer des Temperaturpulses vorhanden ist, um die atomare Bindungsanordnung wiederherzurichten, in anderen Worten: Rekristallisation zu erlauben. Naguib und Kelly[57] haben ein solches Kriterium auf den Zusammenbruch der Fehlordnung angewandt, wobei sie vorgeschlagen haben, daß die Kaskade ursprünglich eine geschmolzene (quasi-flüssige) Zone erzeugt, und daß bei Abebben des Temperaturpulses die Grenze des gestörten Gebietes, das im Kontakt mit dem umgebenden guten Kristall steht, zur Rekristallisation neigt, so daß ein kristallines Wachstum nach innen zum Mittelpunkt der gestörten Zone hin fortschreitet. Wenn die Fortbewegungsrate der Kristallgrenze groß ist, kann vollständigere Rückordnung erfolgen. Eine mathematische Analyse der Abkühlung einer Zone durch thermische Leitfähigkeit und der Rekristallisationsrate dieser Zone führt zu einem einfachen Kriterium dafür, ob eine Zone rekristallisiert oder nicht. Dieses Kriterium besteht darin, daß für Stoffe, für die die Schmelztemperatur T_m sei und die Rekristallisationstemperatur T_c,

eine Zone rekristallisiert, wenn $T_c \precsim 0{,}23\ T_m$ 5.40

und eine Zone gestört bleibt, wenn $T_c > 0{,}23\ T_m$

Dieses Kriterium wurde auf eine weite Reihe von Halbleitern und Metalloxiden angewandt und sagte die Stabilität dieser Stoffe bezüglich amorpher oder grober Fehlordnung ziemlich gut voraus. Es weist darauf hin, daß die Möglichkeit der Rekristallisation während des Wärmeübergangs, der nach der Fehlordnungserzeugung folgt, wahrscheinlich gleich wichtig wie die Wiederherstellung der Gitterdichte durch Defektwanderung ist.

Es ist bezeichnend, daß die kovalent gebundenen Halbleiter der Gruppe IV das Wachstum einer amorphen Zone während Schwerionenbeschuß zeigen. Die III-V-Verbindungen zeigen dieses Verhalten ebenso, jedoch die II-VI-Verbindungen neigen wie Metalle eher zu stabilem Verhalten gegen Erzeugung einer gestörten Zone, mit dem Endresultat eines allgemein guten Kristalls mit einer Anordnung von eingeschlossenen Kristallversetzungen für Raumtemperaturbestrahlung. Das Rekristallisationsmodell erklärt diese Unterschiede nicht von Grund auf, weil es nur den makroskopisch bestimmten Rekristallisationsparameter T_c enthält, ohne daß der Vorgang der Rekristallisation näher untersucht wird. Hier liegt ein Feld, das für so manche Spekulation offen ist, aber es erscheint bezeichnend, daß die Stoffe, die anscheinend größere Fehlordnung bereitwillig beibehalten, im allgemeinen auch Stoffe sind, wo die zwischenatomaren Bindungen einen hohen Ausrichtungsgrad aufweisen, z.B. in den kovalent gebundenen Halbleitern der Gruppe IV. Materialien mit geringerer Richtungsbindung, II-VI-Verbindungen und Metalle, fallen anscheinend auf eine geordnetere Struktur hin zusammen. Wir können deshalb annehmen, daß der tiefere physikalische Grund für die Beibehaltung der groben Fehlordnung der ist, daß die Neuordnung der aufgebrochenen Kristallbindung durch atomare Wanderung und Reorientierung während der Abkühlphase des Wärmepulses möglich sein muß.

Ein alternatives Modell für die Stabilisierung amorpher Zonen und mögliches Wachstum aus dem mit existierenden Untergrund einfacher Defekte wurde von Bøgh vorgeschlagen (private Mitteilung). Es begründet sich weitgehend auf den komplexen Ergebnissen, die durch sorgfältige Untersuchungen von Channelmessungen der Fehlordnung nach Ionenbeschuß von Si mit leichten gleichen und schweren Massen gewonnen wurden. In diesen Untersuchungen gibt es bezeichnende Hinweise, daß für alle Ionen ein ungefähr konstanter, aber niedriger Wert an Fehlordnung erreicht sein muß, bevor diese rasch mit der Ionendosis steigt. Eine weitere Unterstützung für dieses Modell findet sich in den Beobachtungen aus Raum- und Tieftemperaturmessungen der Fehlordnung, die sowohl während Zufalls- als auch Kanaleinschuß von Sb^+ Ionen in Si erzeugt wird. Hieraus wurde geschlossen, daß sowohl eine stabile Form (dichte Zone) der Fehlordnung und eine unstabile Form (einfache Defekte) von Fehlordnung erzeugt wurde. Ganz offensichtlich ist von diesen verschiedenen Formen der Fehlordnung zu erwarten, daß sie miteinander reagieren, wenn die letztere beweglich ist und zu dem Stabilisierungsvorgang beiträgt.

Gegenwärtig geben nur mikroskopische Messungen einen unzulänglichen Nachweis für die genaue Form und räumliche Verteilung aller Defektarten, so daß keine eindeutigen Rückschlüsse dahingehend gezogen werden können, welche der obigen – wenn überhaupt einer von diesen – Mechanismen von entscheidender Wichtigkeit bei der Erzeugung und Verfestigung von Fehlordnung in Halbleitern sind. Es kann gut sein, daß alle Vorgänge in unterschiedlichen Stärken bei verschiedenen Strahlungsbedingungen und verschiedenen Materialien auftreten.

Thermisch aktivierte Prozesse sind nicht nur während, sondern auch im Anschluß an die Implantation wichtig. Wenn die Beweglichkeit einer Spezies stark temperaturabhängig ist, dann kann sie, selbst wenn sie während der Implantation im Grunde genommen in das Gitter eingefroren wurde, während einer nachfolgenden Behandlung mit höherer Temperatur zur Wanderung veranlaßt und zur Rückbildung der Fehlordnung gebracht werden. Dieses ist die Grundlage für das Ausheilverfahren der Fehlordnung durch Heizen nach dem Beschluß im Anschluß an die Implantation und in der Tat auch für die Minimierung der Fehlordnung bei Ausführung der Implantation mit erhöhter Temperatur.

Beim Fehlen einer Fehlordnungserzeugung ist die Gleichung für die spezifische Wanderung und Ausheilung einer Defektart von ähnlicher, jedoch einfacherer Form als Gleichung 5.39, d.h.

$$\frac{dn}{dt} = -Kn^x \qquad 5.41$$

wobei $K = K_0 \exp \frac{-K_m}{kT}$

ist. Der Parameter $\frac{1}{K} = \tau$ ist als Zeitkonstante für den Prozeß definiert, und wenn dieser in der Größenordnung experimenteller Beobachtungszeiten liegt, so schreitet der Vorgang während der Beobachtungen nahe zur Vollkommenheit fort. Wenn E_m niedrig ist (ein paar Zehntel eines eV), so verschwinden Fehlstellen mit dieser Wanderungsenergie schnell bei sehr geringer (flüssig-He- bis flüssig-N_2-) Temperatur, wogegen bei höherem E_m (etwa ein eV) die Defekte nur bei oder oberhalb der Raumtemperatur ausheilen.

Im Falle von Si, das bei Raumtemperatur mit einer geringen Dosis leichter Ionen bestrahlt wurde, nimmt die Ausheilung nach dem Beschluß bei etwa 420-520 K und über einen ziemlich engen Temperaturbereich rapide zu. Man nimmt an[17], daß dieses von Doppelleerstellen-Wanderung und Ausheilung bei einer Aktivierungsenergie von etwa 1,25 eV herrührt. Bei Schwerionenbestrahlung erstreckt sich die Ausheilung über einen weiteren Temperaturbereich[58] und hin zu höheren Temperaturen ($\approx$800 K). Vermutlich kommt dieses von einer Vielfalt verschiedener Wanderungsphänomene, die graduell die Rekristallisation der amorphisierten Zonen fördern, wobei die kleineren Zonen zuerst bei geringeren Temperaturen zusammen mit der Bildung, Wanderung und Vernetzung von Versetzungsschleifen rekristallisieren. Bestrahlung bei erniedrigten Temperaturen und Aufwärmen auf Raumtemperatur decken die Anwesenheit anderer Defekte bei sowohl elementaren wie auch binär zusammengesetzten Halbleitern auf, jedoch ist es bei unserem augenblicklichen Kenntnisstand nicht möglich, eine genaue Angabe von Wanderungsenergien für spezielle Fehlstellen zu machen.

Literaturhinweise zu Kapitel 5

1. Thompson, M. W., *Defects and Radiation Damage in Metals* (Cambridge University Press, 1969).
2. Carter, G. und Colligon, J. S., *Ion Bombardment of Solids* (Heinemann Educational, 1968).
3. Corbett, J. W., *Electron Radiation in Semiconductors and Metals* (Academic Press, 1966).
4. Gibson, J. B., Goland, A. N., Milgram, M. und Vineyard, G. H., *Phys. Rev.*, **120** (1960). 1229.
5. Hume-Rotherey, W. und Raynor, G. V., *The Structure of Metals and Alloys,* Institute of Metals, Monograph and Report Series No. 1, 1962.
6. Mazey, D. J. und Nelson, R. S., International Conference on Sputtering and Related Subjects, Garching, München. Wird in *Rad. Effects* veröffentlicht.
7. Parsons, J. R., *Phil Mag.*, **12** (1965), 1159.
8. Parsons, J. R. und Balluffi, R. W., *J. Phys. Chem. Solids,* **30** (1964), 465.
9. Brinkman, J. A., *J. appl. Phys.*, **25** (1954), 961.
10. Brinkman, J. A., *Radiation Damage in Solids, Proceedings of the International School of Physics, Enrico Fermi* (Academic Press, 1962), 830.
11. Seeger, A., *Proceedings of the II International Conference on Peaceful Use of Atomic Energy,* 6 (1958), 250.
12. Lindhard, J. und Winther, A., *Matt Fys Medd Kgl Danske Videnskab Selskab,* **34** (1964), No. 4.
13. Firsov, O. B., *Zh. eksp. teor. Fiz.* **36** (1959), 1517. Englische Übersetzung in *Soviet Phys. JETP,* 9 (1959), 1076.
14. Cheshire, I. M., Dearnaley, G. und Poate, J. M., *Phys. Lett.*, **27A** (1968), 304.
15. Nielsen, K. O., *Electromagnetically Enriched Isotopes and Mass Spectrometry* (Butterworths, 1955), 68.
16. Lindhard, J., Nielsen, V. und Scharff, M., *Matt Fys Medd Kgl Danske Videnskab Selskab,* **36** (1968), No. 10.
17. Vook, F. und Stein, H. J., *Rad. Effects,* **2** (1969), 23.
18. Seitz, F., *Discuss. Faraday Soc.*, **5** (1949), 271.
19. Bäuerlein, R., *Radiation Damage in Solids* (Hrg. Billington), (Academic Press, 1962), 358.

20. Sigmund, P., *Appl. Phys. Lett.*, **14** (1969), 114.
21. Sosin, A., *Phys. Rev.*, **126** (1962), 1698.
22. Erginsoy, C., Vineyard, G. H. und Englert, A., *Phys. Rev.*, **133A** (1964), 595.
23. George, G. G. und Gunnersen, E. M., *VII International Conference on Physics of Semiconductors* (Dunod, Paris, 1964), 385.
24. Baroody, E. M., *Phys. Rev.*, **112** (1958), 1571.
25. Sigmund, P. unveröffentlicht.
26. Kinchin, G. H. und Pease, R. S., *Rep. Prog. Phys.*, **18** (1955), 1.
27. Kinchin, G. H. und Pease, R. S., *J. nucl. Energy*, **1** (1955), 200.
28. Snyder, W. S. und Neufeld, J. S., *Phys. Rev.*, **97** (1955), 1636.
29. Brown, E. und Goedecke, G. H., *J. appl. Phys.*, **31** (1960), 932.
30. Robinson, M. T., *Phil. Mag.*, **12** (1965), 741.
31. Robinson, M. T., *Phil. Mag.*, **17** (1968), 639.
32. Sanders, J. B., *Physica*, **32** (1966), 2197.
33. Sigmund, P. und Sanders J. B., *Proceedings of the International Conference on Applications of Ion Beams to Semiconductor Technology* (Hrg. Glotin), (Ausgabe Ophrys, 1967), 215.
34. Marsden, D. A., Bellavance, G. R., Davies, J. A., Martini, M. und Sigmund, P., *Phys. Status. Solidi*, **35** (1969), 269.
35. Marsden, D. A. und Whitton, J. L., *Rad. Effects*, **6** (1970), 181.
36. Carter, G., Grant, W. A., Haskell, J. D. und Stephens, G. A., **6** (1970), 277.
37. Winterbon, K. B., *Rad. Effects*, **13** (1972), 215.
38. Brice, D. K., *Rad. Effects*, **11** (1971), 227.
39. Winterbon, K. B., Sigmund, P. und Sanders, J. B., *Matt Fys Medd Kgl Danske Videnskab Selskab*, **37** (1970), No. 14.
40. Holmes, D. K. und Leibfried, G., *J. appl. Phys.*, **31** (1960), 1064.
41. Corciovei, A., Ghika, G. und Grecu D., *Rev. Phys.* 7 (1962), 227 und *Fizika tverd. Tela*, **4** (1962), 2778. Englische Übersetzung in *Soviet Phys. solid St.*, **4** (1963), 2037.
42. Sigmund, P., Matthies, M. T. und Phillips, D. L., *Rad. Effects*, **11** (1971), 34.
43. Sigmund, P., Scheidler, G. P. und Roth, G., *Proceedings of the International Conference on Solid State Physics Research with Accelerators* (Hrg. Goland), Brookhaven Report BNL 50083 (C-52), 1968, 374.
44. Lindhard, J., *Matt Fys Medd Kgl Danske Videnskab Selskab*, **34** (1965), No. 14.
45. Mazey, D. J. und Nelson, R. S., *Can. J. Phys*, **46** (1968), 687.
46. Bøgh, E. unveröffentlicht.
47. Oen, O. S. und Robinson, M. T., *Appl. Phys. Lett.*, **2** (1963) 83.
48. Oen, O. S., *Oak Ridge National Laboratory Report*, ORNL 3676, 1964.
49. Sigmund, P., *Phys. Lett.*, **6** (1963), 151.
50. Beeler, J. P. und Besco, D., *Phys. Rev.*, **134** (1964), 214.
51. Silsbee, R. H., *J. appl. Phys.*, **28** (1957), 1246.
52. Nelson, R. S. und Thompson, M. W., *Proc. R. Soc.*, **A259** (1961), 458.
53. McDonald, R. J., *Phil. Mag.*, **21** (1970), 519.
54. Dubinskii, V. E. und Lebedev, S. Y., *Soviet Phys. solid St.*, **12** (1971), 1834.
55. Nelson R. S. und Mazey, D. J., *Proceedings of the International Conference on Applications of Ion Beams in Semiconductor Technology* (Hrg. Glotin), (Ausgabe Ophrys, 1967), 337.
56. Morehead, F. F. und Crowder, B. L., *Rad. Effects*, **6** (1970), 27.
57. Naguib, H. M. und Kelly, R., *J. nucl. Mater*, **35** (1970), 293.
58. Davies, J. A., Denhartog, J., Eriksonn, L. und Mayer, J. W., *Can J. Phys.*, **45** (1967), 4053.

6 Messen des Strahlenschadens

6.1 Einleitung

Im vorausgehenden Kapitel haben wir die wahrscheinliche Natur der durch Ionenimplantation hervorgerufenen Fehlordnung in Halbleitern erörtert, wobei wir auf die Erzeugung von Punkt- und ausgedehnten Defekten und amorphen Gebieten hingewiesen haben. Wir haben auch die geometrische Ausdehnung dieser Fehlordnung diskutiert, die sich von derselben Größenordnung wie die Ioneneindringtiefe erwiesen hat und gewöhnlich weniger als 1μ unter der makroskopischen Oberfläche liegt. Folglich sollte jede Beobachtungsmethode für Fehlordnung fähig sein, in einem atomaren Maßstab aufzulösen, jedoch nur über eine begrenzte Beobachtungstiefe. In diesem Kapitel untersuchen wir zwei Arten von Methoden, die diese Eigenschaften haben, und erörtern die Meßergebnisse, die durch ihre Anwendung erhalten werden.

Die erste Art ist *direkt* und erlaubt eine quantitative Einschätzung der Fehlordnung. Diese Untersuchungsart benützt gewöhnlich die Wechselwirkung einer strahlenden Sonde (Teilchen eingeschlossen) mit dem fehlgeordneten Festkörper und die Beobachtung von Unterschieden in der Art dieser Strahlung, wenn Defekte an- oder abwesend sind. Direkte Methoden dieser Art schließen Feldionenmikroskopie, Elektronenbeugung in Reflexion, Transmissionselektronenmikroskopie und Rutherford-Rückstreuung, verbunden mit Channelling, ein.

Die zweite Art der Methodik ist *indirekt.* Abschätzungen der Fehlordnungen erhält man durch Untersuchung einer physikalischen Eigenschaft des Festkörpers, die durch die Anwesenheit von Defekten beeinflußt wird, und durch den Versuch, Änderungen dieser Eigenschaften mit der Natur und der Ausdehnung der Fehlordnung in Einklang mit den Beobachtungen der direkten Methode zu korrelieren. Diese Untersuchungsart schließt Änderungen von Absorption und Reflexion für Strahlung, elektrische und thermische Leitfähigkeit, mechanische Härte, Änderung von mikroskopischen Gitterparametern und makroskopischen Ausdehnungen sowie Elektronspinresonanz ein. Wir werden uns hauptsächlich auf direkte Verfahren konzentrieren und indirekte nur kurz streifen.

6.2 Direkte Methoden der Strahlenschadenbeobachtung

6.2.1 Feldionenmikroskopie

Wenn ein Stoff einem starken elektrostatischen Feld unterworfen wird, kann Feldionenemission auftreten. Diese Erscheinung bildet die Grundlage für das Feldemissionsmikroskop, wo ein starkes elektrostatisches Feld im Hochvakuum an eine zu untersuchende Festkörperprobe angelegt wird. Diese hat die Form einer Nadel mit einem geringen Radius in der Spitze in der Größenordnung von 10^{-8} m. Elektronen werden aus einzelnen Atomen aus dieser Spitze emittiert, folgen den radialen elektrostatischen Feldlinien und schlagen auf einen fluoreszierenden Schirm auf, wo sie ein direktes Bild der Atomstruktur der Spitze liefern. In der Feldionenmikroskopie-Abwandlung dieser Methode wird die elektrostatische Feldrichtung umgekehrt und die Nadel von einem Gas niedrigen Druckes wie H_2, He, Ne, oder Ar umgeben. Gasatome treffen die Spitze, wo sie in der Nachbarschaft der Oberflächenatome durch quantenmechanischen Tunneleffekt ionisiert werden. Die Ionen werden dann von der Spitze zurückgestoßen und folgen den elektrostatischen Feldlinien bis zu einem Fluoreszenzschirm oder einer anderen Registrieranordnung, wo ein Bild der atomaren Oberflächenstruktur mit einer sehr hohen Vergrößerung entsteht, die durch das Verhältnis Spitze-Schirm-Entfernung zum Spitzenradius gegeben ist (typisch 10^7).

Das Feldionenmikroskop ist deshalb zu einer Auflösung im atomaren Maßstabe fähig, und das Vorhandensein von Defekten wird durch ein Fehlen eines Signals auf dem Schirm oder der Nachweisvorrichtung registriert. Leider können bei Feldstärken, die größer sind als für den Ionisierungseffekt erforderlich, die Oberflächenatome von der Oberfläche durch einen Feldverdampfungsprozeß abgelöst werden. Im Falle der Halbleiter sind die Felder etwa gleich, so daß die Oberfläche kontinuierlich während der Abbildung zerstört wird. Gegenwärtig ist deshalb dieses Verfahren für die Untersuchung von Defekten in Halbleitern nicht anwendbar, jedoch könnte die zukünftige technische Entwicklung dieses als erfolgreiches Forschungsinstrument für solche Untersuchungen einsetzen. Es ist jedoch schon recht erfolgreich für das Studium der Fehlordnung in hochbeständigen Metallen verwendet worden.

6.2.2 *Reflexions-Elektronenbeugung*

Unter geeigneten Bedingungen erscheinen Elektronen (und tatsächlich alle Teilchen) in Gestalt einer Welle. Dieses Verhalten fällt auf, wenn die Abmessungen der Wechselwirkungs- und Beobachtungsysteme mit der effektiven Wellenlänge der Elektronen vergleichbar sind. Die Wellenlänge λ von Teilchen der Energie E ist durch die De Broglie-Beziehung, d.h. h = Impuls x λ gegeben zu

$$\lambda = \frac{h}{\sqrt{2mE}} \qquad 6.1a$$

wobei h die Plancksche Konstante ist. In guter Näherung kann diese Beziehung für Elektronen als

$$\lambda = \frac{12.24 \times 10^{-10}}{\sqrt{E}}\, m \qquad 6.1b$$

geschrieben werden, wobei E in eV gemessen wird.

Offenbar ist für Elektronen mit einer Energie größer als etwa 100 eV die Wellenlänge von der Größenordnung 10^{-10} m und darunter. Diese Abmessung ist typisch für zwischenato-

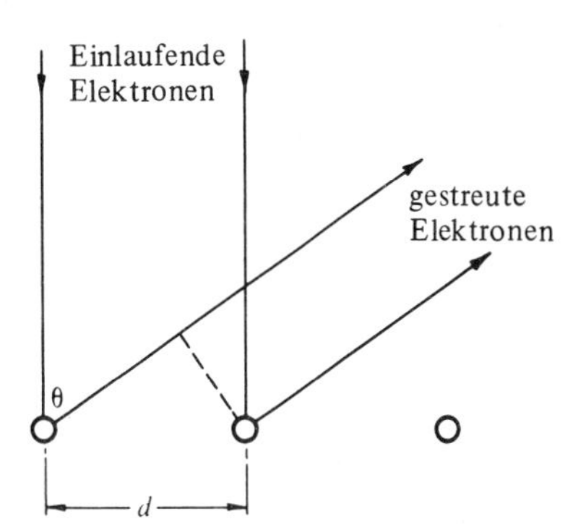

Abb. 6.1 Schematische Darstellung der Wege zweier an benachbarten Oberflächenatomen gestreuter (oder gebeugter) Elektronen niedriger Energie.

mare Abstände in Festkörpern. Wenn Elektronen von einer Energie > 100 eV mit einem Festkörper in Wechselwirkung treten, verhalten sie sich offenbar so, als ob eine Welle mit einer Ansammlung von Hindernissen in Wechselwirkung träte. Es treten Beugungs- und Interferenzeffekte auf, und die Reihen und Ebenen der Atome stellen eine Folge von Beugungsgittern gegenüber den auftreffenden Elektronen dar. Wenn, wie in Abb. 6.1 gezeigt, Elektronen mit der Wellenlänge λ normal zur Oberfläche einfallen und gerade zwei Oberflächenatome mit dem Abstand d treffen, dann tritt an beiden Atomen Beugung auf, und die Wellen pflanzen sich in alle räumlichen Richtungen von den Atomen fort. Betrachtet man die Wellenfronten, die sich von der Oberfläche in einem Winkel θ zur Normalen fortbewegen, dann ist die Weglängendifferenz, mit der die Wellen zu einem Beobachter gelangen, offensichtlich $d \sin \theta$. Wenn diese Wegdifferenz gleich einer geraden Zahl von Wellenlängen ist, so tritt zwischen den Wellen konstruktive Interferenz auf, und man beobachtet ein Maximum der Intensität. Deshalb ist die Bedingung für ein Maximum der Intensität:

$$n\lambda = d \sin \theta$$

oder

$$\sin \theta = \frac{n\lambda}{d} \qquad 6.2a$$

oder

$$\sin \theta = \frac{nh}{d\sqrt{2mE}} \qquad 6.2b$$

Wenn eine Ausbeute an gebeugten Elektronen für alle Beugungswinkel z.B. an einem fluoreszierendem Schirm oder einem halbkugelförmigen Elektronenkollektor beobachtet wird, werden folglich Intensitätsmaxima bei Winkeln beobachtet, für die Gleichung 6.2b für ganzzahlige Werte von n erfüllt ist. Dies führt zur Beobachtung von hellen Flecken auf einem Schirm bei Winkeln, die Gleichung 6.2b erfüllen. Da in einer Kristalloberfläche eine feste Zahl von zwischenatomaren Abständen d vorliegt, gibt es ein charakteristisches Punktmuster, das für die geometrische Anordnung der Oberfläche und für die Elektronenenergie typisch ist. Die wirkliche Lage ist schwieriger als oben geschildert, da sogar niederenergetische Elektronen durch die oberste Oberflächenebene eindringen und von tiefer liegenden atomaren Oberflächenebenen gebeugt werden. Dadurch erhöht sich die Komplexität des beobachteten Punktmusters. Nichtsdestoweniger gibt die Methode der Elektronenbeugung bei niedriger Energie wertvolle Information über die Geometrie von Festkörpern nahe der Oberfläche und wurde erfolgreich bei Oberflächenuntersuchungen von Halbleiter-Festkörpern angewandt. Wenn speziell die Oberfläche durch Implantation fehlgeordnet ist, wird die atomare Regelmäßigkeit gestört; das Punktmuster und die Intensität der gebeugten Strahlen ändern sich. Die Methode gibt jedoch keine Information über einzelne Defekte, da die Reflexe der Beugung von allen Oberflächenatomen her entspricht (typisch 10^{13} Atome), die durch den eingeschossenen Elektronenstrahl bestrahlt werden. Sie nimmt vielmehr Strukturänderungen in der atomaren Ordnung auf mittels des Einflusses des atomaren Abstands auf die Winkel, bei denen ein Intensitätsmaximum beobachtet wird.

Wenn die Energie in die Größenordnung von 100 keV erhöht wird, dringen die Elektronen tiefer ins Gitter. Die beobachteten Beugungsmuster entsprechen Interferenzen von Elektronenwellen, die von vielen an Atomschichten gebeugt werden. Deshalb trägt jede Atomebene unterhalb der Oberfläche zum Beugungsmuster bei. Wenn der Elektronenstrahl mit einem Winkel θ gegenüber der Oberflächenebene auftrifft, und wenn die Atomebenen durch einen Abstand D senkrecht zur Oberfläche voneinander getrennt sind, so ist der Schrittweiten-Abstand von Wellen, die rückwärts von dem Kristall in einem Winkel θ zur Ebene gebeugt werden, $D \sin \theta$. Die Bedingung für konstruktive Interferenz unter diesen Reflexions-Beugungs-Umständen wird jetzt

$$n\lambda = 2D \sin \theta \qquad 6.3$$

Man beobachtet Intensitätsmaxima bei Winkeln θ, was der entsprechenden Gleichung 6.3 (bekannt als Bragg-Bedingung) für ganzzahlige n-Werte und verschiedene Zwischenebenenabstände D genügt. Das Beugungsmuster besteht wieder aus einer Folge von Flecken. Beugungsmuster dicker Proben enthalten oft zusätzlich zu den Beugungsflecken zusammengesetzte Muster von Paaren dunkler und heller Linien, die Kikuchi-Linien genannt werden. Diese entstehen aus der Bragg-Beugung von Elektronen, die vorher unelastisch gestreut wurden.

Wenn die zu untersuchende Substanz kein Einkristall, sondern von polykristalliner Natur ist, so zeigt jeder Kristallit die gleiche Planarstruktur, hat jedoch unterschiedliche Ausrichtung gegenüber den einfallenden Elektronen. Daher dehnt sich jeder Fleck aus und wird ein Ring. Wenn die Probe amorph ist, sind jedoch die Beugungseffekte schwach, und es werden diffuse Ringe in Winkeln beobachtet, die den Haupt-Atomabständen entsprechen.

Ein besonderes Verfahren der Reflexions-Elektronenbeugung ist bei Ionenimplantationsuntersuchungen von Wichtigkeit, bei denen die einfallenden Ionen streifend auf die Probe auftreffen. Da die Energiekomponente des Elektrons normal zur Oberfläche klein ist, ist die Elektronen-Eindringtiefe in der Probe ebenfalls klein. Daher entspricht die beobachtete Beugung der Elektronen-Wechselwirkung mit dem implantierten Teil des Festkörpers. Sie entspricht nicht der Wechselwirkung mit dem darunter liegenden Gitter, das durch die Implantation nicht zerstört sein kann. Wie bei der Elektronenbeugung mit geringer Energie stellen wir fest, daß das Verfahren Information über die Strukturvollkommenheit in einem Gitter liefert.

6.2.3 Transmissionselektronenbeugung und Elektronenmikroskopie

Natürlich werden viele Elektronen bei dem in der vorangegangenen Erläuterung beschriebenen Verfahren in Vorwärtsrichtung gestreut und durchdringen den Festkörper. Wenn tatsächlich die Probe dünn genug ist (allgemein geringer als 10^{-7}–10^{-6} m), treten sie aus der gegenüberliegenden Oberfläche aus und bilden die gleichen Beugungseffekte wie sie oben dargestellt wurden. Diese Erscheinung kann auch zur Untersuchung der Gittervollkommenheit benutzt werden.

Die Streuung oder Beugung von Elektronen ist der des Lichtes in einem optischen Mikroskop analog. Im letzteren werden alle gebeugten Strahlen durch die Objektivlinse fokussiert, damit eine Abbildung entsteht, die dann durch ein Okular betrachtet wird, wodurch ein stark vergrößertes endgültiges Bild vorliegt. Genau so können die gestreuten Elektronen in einem Elektronenmikroskop fokussiert werden, wobei man eine magnetische (oder elektrostatische) Objektivlinse benutzt, damit ein Bild entsteht. Dieses kann dann durch weitere (Projektor-) – Linsen vergrößert werden, damit ein stark vergrößertes (bis 100 000 faches) Bild des Objektes auf einem Fluoreszenzschirm entsteht. Der Kontrast in dem Bild entsteht durch Unterschiede im Streuvermögen verschiedener Objektgebiete, so daß Dickenunterschiede, Verunreinigung und Gitterfehler den Bildkontrast verursachen.

Grenzen für die Ausdehnung der kleinsten wahrnehmbaren Unvollkommenheiten gibt es, jedoch nicht gegeben durch die Elektronenenergie und deswegen nicht durch die Wellenlängen, da diese klein im Vergleich zu jeder Gitterentfernung sind, sondern durch Unvollkommenheiten im elektronenoptischen System und wegen mechanischer Probleme. Nichtsdestoweniger können mit sehr ausgeklügelten Instrumenten schwere Verunreinigungen in einem leichteren Target nachgewiesen werden, während mit den meisten Instrumenten Fehlstellen von Ausdehnungen größer als ungefähr 2×10^{-9} m schnell aufgelöst werden können. Dies heißt, daß Punktdefekte nicht gesehen werden können, aber größere Defektanhäufungen einschließlich Präzipitate von Verunreinigungsatomen und Versetzungen leicht beobachtet werden können.

6.2.4 Rutherford-Rückstreuung und Kanalführung

In einem früheren Kapitel (Abb. 4.17) wurde erklärt, wie ein Strahl von energiereichen, leichten Ionen, der auf einen Kristall parallel oder fast parallel zu Atomketten oder -ebenen eintrifft, im Kanal geführt werden und tief in den Festkörper eindringen kann. Es wurde weiter gezeigt, wie dieses Kanalverhalten nahe Stöße von eindringenden Ionen auf ein Minimum bringt und folglich die beobachtete Ausbeute von Ionen, die nach allen Richtungen von Gitteratomen gestreut werden, aus allen Tiefen im Kristall verringert. Typische Ausbeute/Streuenergie-Diagramme für 1 MeV He^+-Ionen, die auf einen Si-Einkristall sowohl in nicht-ausgerichteter (Zufalls-) als auch in axial ausgerichteter Richtung eintreffen, sind in Abb. 6.2 gezeigt, damit dieser Effekt verdeutlicht wird. Wenn jedoch der Kristall fehlgeordnet ist und die Gitteratome versetzt sind, so daß sie zum Teil die Kanalflächen besetzen, dann besitzen die im Kanal geführten Ionen eine Möglichkeit eines nahen Stoßes mit diesen Atomen, so daß die sich ergebende Streuausbeute über die für einen ungestörten Kanal angehoben wird. Die Wirkung besteht in einem Anwachsen der Ausbeute gestreuter Ionen an einer Stelle des Ausbeute/Energiespektrums, die der Tiefenlage der versetzten Atome entspricht, da diese von gleicher Masse wie die des sie umgeben-

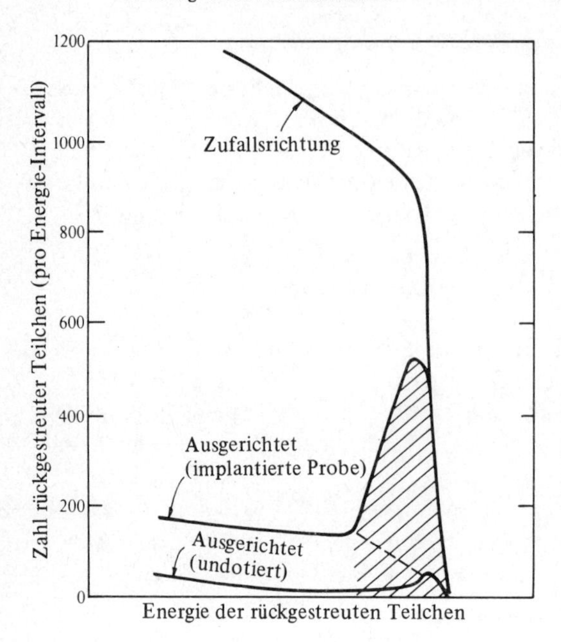

Abb. 6.2 Schematische Darstellung von Zufalls- und ausgerichteten Spektren (1,0 MeV-Heliumstrahl) aus einem Siliziumkristall, der bei Raumtemperatur mit $\approx 3 \times 10^{17}$ Schwerionen/m^2 von 40 keV implantiert wurde. Ein ausgerichtetes Spektrum aus einem undotierten Kristall ist zum Vergleich beigefügt. Die schraffierten Flächen ergeben den Gesamtbetrag (unkorrigiert) der Gitterfehlordnung. Die gestrichelte Linie stellt grob dar, wie der nicht im Kanal geführte Anteil des ausgerichteten Strahles entlang der implantierten Zone des Kristalls ansteigt.

den guten Gitters sind. Die wachsende Anzahl der aus einer gegebenen Tiefe gestreuten Ionen hängt von der Zahl versetzter Atome ab, so daß die Änderung im Ausbeute-Spektrum für anfänglich gechannelte Ionen die Tiefenverteilung der entsprechenden Anzahl versetzter Atome angibt. Die Integration über das ganze Spektrum ergibt ein Maß für die vollständige Anzahl versetzter Atome. Abb. 6.2 zeigt die Änderung im Ausbeutespektrum gechannelter 1-MeV-He^+-Ionen im Anschluß an die Implantation schwerer Ionen in Si mit einer Dosis von $3 \times 10^{17}\ m^{-2}$. In diesem Zustand ist eine atomare Fehlordnung zu erwarten, die sich von der Oberfläche bis ins Innere erstreckt. Man sieht, daß die erwartete größere Ausbeute an der Schwelle der Oberflächenstreuung auftritt und sich tiefer in den Kristall bis zu einem unzerstörten Bereich fortsetzt, hinter dem die Ausbeute mit zunehmender Tiefe in der gleichen Weise wie bei einem ungestörten Kristall zunimmt, jedoch auf einem höheren Niveau als beim ungestörten Zustand. Dieses ist auch verständlich, da viele gechannelte Ionen beim Durchgang durch das fehlgeordnete Gitter – obwohl nicht notwendigerweise rückgestreut – mit einem Winkel größer als dem für den Channelling-Effekt kritischen Winkel ψ_c abgelenkt werden, der für das unmittelbare oder nachfolgende Verlassen des Kanals ausreicht. Diese aus dem Kanal geflogenen Ionen können dann mit allen Gitteratomen in Wechselwirkung treten und zu höherer Streuausbeute beitragen, als wenn sie im Kanal bleiben.

Die Analyse solcher Meßdaten, wie sie zuerst von Bøgh[1] dargestellt wurde, war vollständig in Kapitel 4 erörtert worden. Für unsere gegenwärtigen Zwecke ist alles, was wir benötigen, die Erinnerung daran, daß die Signalausbeute von einer Anzahl $N'(t)$ fehlgeordneter Atome in der Tiefe t des Festkörpers, wie man sie bei Ausrichtung des Sondenstrahles in eine Channelling-Richtung erhält, durch

$$Y_A'(t) = Y_R(t) \left\{ \chi'(t) \frac{N - N'(t)}{N} + \frac{N'(t)}{N} \right\} \qquad 6.4$$

gegeben ist. Daher kann man bei Kenntnis von $\chi'(t)$ ein Maß der Tiefenverteilung der Fehlordnung erhalten, indem man die Energie (und damit die Tiefenänderung) der Streuionenausbeute $Y_A'(t)$ des ausgerichteten Strahles mißt. In der Praxis werden Näherungen für $\chi'(t)$ gemacht, wie sie in Kapitel 4 erklärt wurden, und es müssen Korrekturen für das Signal aus dem nichtbeschossenen Kristall angebracht werden. Außerdem ermöglicht die Integration der Fläche unterhalb des Streuausbeute/Energiespektrums bei Ausrichtung des Einfallstrahles entlang einer Channelling-Richtung ein Maß für die totale Fehlordnung, wenn erst einmal die Korrekturen vorgenommen worden sind.

Eine weitere Verfeinerung der Channelling-Technik sollte hier auch erwähnt werden. Da ja der „Dechannelling"-Beitrag womöglich eine größere Fehlerquelle bei der Auswertung der Fehlordnung bildet, so ist eine von Bøgh[1] vorgeschlagene Erweiterung der Channelling-Technik, bei der der Dechannelling-Effekt unterdrückt wird, interessant. Bei dieser Erweiterung – genannt *Doppelausrichtung* – ist nicht nur der einfallende Sondenstrahl parallel zur Kristallachse ausgerichtet, sondern es werden auch nur jene Teilchen registriert, die in einer Channelling-Richtung austreten. Wir machten in Kapitel 4 die Anmerkung, daß aus einer Gitterposition gestreute Ionen von den Kristallreihen daran gehindert werden, parallel oder innerhalb des kritischen Winkels zu ihnen zu laufen, und daß nur ein Teil jener Partikel, die in großen Winkeln gestreut werden, in der Lage ist, aus dem Kristall innerhalb des kritischen Winkels auszutreten. Deshalb verursachen die Teilchen, die in den Kristall einlaufen und durch Defekte aus dem Kanal herausgeführt werden, eine Ausbeute $\chi' Y_R(t) \frac{N - N'(t)}{N}$ in einer „Zufalls"-Nachweisrichtung, aber nur $(\chi')^2\ Y_R(t) \frac{N - N'(t)}{N}$, wenn der Nachweis ebenfalls in einer ausgerichteten Richtung erfolgt. Jedoch können die Teilchen im ausgerichteten Teil des einfallenden Strahls, die von versetzten Atomen gestreut werden, dies isotrop tun, da die versetzten Atome keine Plätze in den Atomketten einnehmen und kein Blockieren stattfindet. Die Ausbeute von solchen Teilchen bleibt somit bei $Y_R(t) \frac{N'(t)}{N}$.

Die gesamte Ausbeute bei doppelter Ausrichtung ist somit

$$Y''(t) = Y_R(t) \left\{ (\chi')^2 \frac{N - N'(t)}{N} + \frac{N'(t)}{N} \right\} \qquad 6.5$$

Allgemein gesprochen ist χ' ein kleiner Bruchteil, somit besteht die Wirkung der Quadrierung dieses Faktors in einer beträchtlichen Verringerung des aus dem Kanal herausgeführten Anteils zur Ausbeute. Man sollte anmerken, daß diese Methode zwar viel genauer, aber auch zeitraubend ist, da sie zwei unabhängige genaue Ausrichtungsvorgänge erfordert.

An diesem Punkt sollten wir uns über den Gebrauch des Ausdrucks „versetzt" unterhalten. In Kapitel 4 wurde gezeigt, daß für Ion-Atom-Stoßparameter unterhalb der thermischen Schwingungsamplitude des Atoms ($\approx 0{,}2$–$0{,}3 \times 10^{-10}$ m im ungünstigsten Fall in Festkörpern bei Raumtemperatur) der Streuwinkel über den kritischen Winkel ψ_c für Kanalführung hinausgeht und daß der Anteil des einlaufenden Strahls mit Stoßparametern kleiner als diese Grenze in Zufallsrichtungen ausläuft. Wenn deshalb Gitteratome um mehr als

0,2–0,3 x 10^{-10} m aus einem Kettenplatz versetzt sind, werden die Ionen aus dem Kanal herausgelenkt. Die Anwesenheit von Defekten kann eine Neuordnung des umgebenden Gitters verursachen, so daß Nachbaratome mehr als 0,2 x 10^{-10} m aus ihrer normalen Lage versetzt werden können. Deshalb zählen Streumethoden solche Atome als versetzt und können zu einer Überschätzung der Fehlordnung führen, die durch Ionenimplantation erzeugt wird.

Ein warnender Hinweis über den Gebrauch von Analysen der Kanalführung zur Messung von Fehlordnungen sollte wieder beigefügt werden. Diese basierte auf der Annahme, daß im Kanal geführte Ionen mit versetzten Atomen genauso in Wechselwirkung träten, als wäre es ein „Zufalls“-Strahl, der in Wechselwirkung mit Gitteratomen tritt. Wegen der Steuerwirkung der Atomketten werden jedoch in Wirklichkeit Ionen, die näher an den Atomketten auftreffen, zur Kanalachse hingelenkt, während solche, die näher an der Kanalachse auftreffen, nicht fähig sind, sich nach außen hin zu den Atomketten hin zu bewegen, was zu einer Bündelung zum Mittelpunkt des Kanals periodisch mit der Tiefe führt. Gleichzeitig unterliegen diejenigen Ionen, die ursprünglich näher an den Atomketten sich bewegen als diese nahe der Achse, einer größeren Wahrscheinlichkeit, aus dem ausgerichteten Strahl gestreut zu werden, da die elektronische Streuung zunimmt. Die Nettowirkung dieser Vorgänge besteht darin, einen Strahl, der ursprünglich homogen an der Oberfläche im Kanal geführt, in einen Strahl mit höherem als normalem Fluß nahe der Kanalachse und niedrigerem Fluß näher an den Ketten umzuwandeln. Dies ist als Flußmaximum bekannt, wie in Kapitel 4 erörtert. Wenn ein solcher Strahl jetzt mit versetzten Atomen in Wechselwirkung tritt, hängt die Streuausbeute sehr stark von der tatsächlichen Versetzungsstrecke und dem Strahlfluß an diesem Ort ab. In Extremfällen (wenn ein Zwischengitteratom auf der Kanalachse liegt) führt das zu einer höheren Ausbeute als ein in Zufallsrichtung gelegener Fluß ergäbe. Dieser Vorgang ist benützt worden, um ziemlich genaue Angaben über Atomplätze im Kristall zu erhalten; die Analyse ist aber mit Sicherheit schwer. Im allgemeinen ist jedoch der Effekt beim Auftreten innerhalb einer Entfernung von 10^{-8} m von der Oberfläche gering, da der Bündelungseffekt keine Zeit hat, sich zu vervollständigen, und in diesem Tiefenbereich ist die früher dargestellte Auswertung angemessen.

Zum Schluß sollten wir eine Bemerkung über die Tiefenauflösung dieses Verfahrens machen. Obwohl die Energieskala der Abb. 6.2 direkt in eine Tiefenskala umgewandelt werden kann, wenn der spezifische unelastische Energieverlust $-\left|\frac{dE}{dx}\right|_e$ bekannt ist, gibt es eine Unsicherheitsgrenze in der Energiemessung. Dieses rührt von zwei Quellen her. Erstens sind Energieverlustvorgänge nicht eindeutig angegeben; es gibt eine Streuung oder Variation des Wertes $-\left|\frac{dE}{dx}\right|_e$ um einen gemessenen Durchschnittswert. Dieser Effekt nimmt mit der Tiefe im Festkörper zu, liefert jedoch innerhalb der ersten 10^{-7} m nur einen Beitrag der Unsicherheit von 10^{-10} m. Zweitens hat der zur Messung der gestreuten Ionen benutzte Detektor eine begrenzte Energieauflösung. Ein guter Festkörperzähler hat eine Energieauflösung von 15 keV (Halbwertsbreite) für 2 MeV He^+-Ionen (entsprechend einer Tiefenauflösung von $\approx 2 \times 10^{-8}$ m), die durch Kühlung von Zähler und Verstärker auf etwa 5 keV verbessert werden kann. Die Verwendung von Glanzwinkeleinfall des Analysierstrahles zur wirksamen Steigerung der Tiefenauflösung für die Untersuchung der

Schwerionenverteilung in leichtem Substrat wurde in Kapitel 4 diskutiert. Dieses Verfahren kann man auch anwenden, um die Tiefenverteilungen von Fehlordnungen zu untersuchen, wenn der Analysierstrahl entlang einer Kanalrichtung einfällt, die einen kleinen Winkel gegenüber der Kristallrichtung hat, und die Tiefenauflösung kann wieder verbessert werden. Dieses Verfahren befindet sich jedoch noch im Entwicklungszustand, und da magnetische oder elektrostatische Analysatoren mit hoher Energieauflösung teuer sind, hat man alle gegenwärtig verfügbaren Daten unter Verwendung ziemlich schwacher Energieauflösung erhalten.

Wenn die Fehlordnungstiefe selbst nur $10^{-8} - 10^{-7}$ m ist, wie im Falle der Implantation mit geringer Energie in Substrate mit großen Atommassen, ist es meistens unmöglich, die Tiefenverteilung der Fehlordnung zu bestimmen, obwohl die totale integrierte Fehlordnung noch genau ermittelbar ist. Für tiefere Fehlordnungsniveaus ist die Auflösung nicht so kritisch, jedoch sind hier kritischere Abschätzungen des Dechannelling-Prozesses notwendig.

6.3 Indirekte Beobachtungsmethoden von Schäden

6.3.1 Optische Eigenschaften

Es sei darauf hingewiesen, daß bei erzeugter Fehlordnung das optische Aussehen bei Beleuchtung mit weißem Licht, speziell das von Si und Ge, eine milchige Färbung annimmt. Als Grund für diese Veränderung des Aussehens nimmt man entweder erhöhte diffuse Rayleigh-Streuung durch anfänglich einzelne und später sich überlappende kleine amorphe Bereiche oder veränderte Brechzahlen dieser Zonen an. Selbstverständlich weiß man, daß amorphe Zonen weniger dicht als ein perfekter Kristall sind, und dieses kann zu einer Änderung der Brechzahl führen. Welcher Vorgang auch immer für die Veränderung des Aussehens verantwortlich ist, so kann dieser bestimmt als qualitativer Hinweis für den Grad der Fehlordnung oder „Amorphisierung" benutzt werden. Die Anwesenheit von Defekten oder amorphen Zuständen ändert auch die optischen Absorptionseigenschaften von Halbleitern (wieder besonders die von Si und Ge). So hat kristallines Si eine scharfe optische Absorptionskante bei 1,1 μm (im Infraroten), während amorphes Si, das z.B. durch Verdampfung hergestellt wurde, vergleichsweise eine mehr weiche Kante bei 1,25 μm hat. Die Anwesenheit von Doppelleerstellen führt, wie man zeigen kann, für kristallines Si zu einer weiteren Absorption bei 1,8 μm, die verschwindet, wenn das Si amorph wird. Messungen der optischen Transmission von dünnen Proben können deshalb Aussagen über die Dichte von Doppelleerstellen und den Grad der Amorphisierung machen.

6.3.2 Elektronische Eigenschaften

Die Anwesenheit von Defekten in Halbleitern führt zur Störung der Gitterperiodizität und somit zur Behinderung der Ausbreitung von Elektronenwellen, d.h. es werden elektronische Streuzentren eingeführt. Deshalb ändern sich die Elektronen – (und Löcher –) Beweglichkeiten in fehlgeordneten Halbleitern, genauso auch die Leitfähigkeit. Beide Parameter können zur Kontrolle der Abschätzung des Strahlenschadens herangezogen werden.

Die Defekte können sowohl geladen als auch neutral sein, aber in beiden Fällen können sie zur Existenz – von neuen Elektronen – und Löcherzuständen im Energieband führen, da die Gittergeometrie und die lokale Ladung gestört sind. Diese Zustände können im Silizium durch eine Änderung im Ladungsfluß beobachtet werden, wenn eine Probe zuerst bei niedrigen Temperaturen beleuchtet wird, um die Elektronen ins Leitband zu treiben, von wo sie in die Trap-Niveaus im verbotenen Band fallen und durch anschließendes Aufheizen thermisch angeregt zum Ladungsfluß beitragen. In III-V- und II-VI-Verbindungen können ähnliche Vorgänge auftreten (als Analysen des thermisch angeregten Stromes bezeichnet), während auch optische Emission durch Elektronensprung in Traps nach vorangehender Anregung durch äußere Beleuchtung (Photoluminiszenz) oder Ladungsinjektion (Elektroluminiszenz) erfolgen kann. Alle diese Vorgänge können benützt werden, um Abschätzungen der Fehlstellendichten (und – profile, falls Sektionierungsmethoden angewandt werden) und der spezifischen Elektronenniveaus, die durch Ionenimplantation eingeführt werden, zu erhalten. Andere Methoden, so wie die Kapazität einer in Rückwärtsrichtung betriebenen p-n-Diode, die im allgemeinen benützt wird, die Dotierungswirkung der Implantation zu untersuchen, können ebenfalls benützt werden, um die Wirkungen der Fehlordnung zu untersuchen, falls das implantierte Ion elektrisch inaktiv oder vom selben Typ wie die Targetsorte ist.

Gebundene Elektronen in einem Festkörper können Energie aus einem äußeren Feld variabler Frequenz aufnehmen, wenn ein starkes magnetisches Gleichfeld vorhanden ist. Dies geschieht bei Frequenzen, die dem Unterschied der Energiewerte von Elektronen in verschiedenen Spinzuständen entspricht. In Si und Ge führt die Anwesenheit von Doppelleerstellen, größeren Defektanhäufungen und amorphen Gebieten zu identifizierbaren Änderungen im Signal der Elektronenspinresonanz. Diese Änderungen können wiederum benützt werden, um die Anwesenheit von bestimmten Defektstrukturen und ihre Dichte nachzuweisen.

6.3.3 *Mechanische Eigenschaften*

Die mechanischen Eigenschaften von Festkörpern sind eng mit ihrer Defektstruktur (besonders der von ausgedehnten Defekten) verbunden. Die Einführung von Gitterversetzungen über Implantation übt – so erwartet man – beträchtlichen Einfluß auf das mechanische Verhalten der oberflächennahen Gebiete aus. Natürlich können die Dotierungsatome selber auch das allgemeine Oberflächenverhalten beeinflussen; es sind noch nicht genügend Untersuchungen durchgeführt worden, um zwischen diesen Effekten zu unterscheiden. Jedoch ist bekannt, daß die Härte, wie es durch die Deformationstiefe nach Stoß mit einem Teststift gezeigt wird, nach B^+-Ionenimplantation von Si sich erhöht.

Es ist auch bekannt, daß fehlgeordnetes, im besonderen amorphisiertes, Si weniger dicht als kristallines Si ist. Dieses Verhalten kann zur Erzeugung von Verspannungen zwischen ungeordneten und regelmäßigen Gebieten eines Kristalles führen. Diese Spannung kann durch Gitterausdehnung der Oberfläche oberhalb der fehlgeordneten Bereiches gemildert werden, wenn dieser fehlgeordnete Bereich von gutem Kristall umgeben ist. So ist über äußere Grübchenbildung auf der Oberfläche von implantiertem Si berichtet worden. Wenn sich eine durchgehend fehlgeordnete Lage auf einem Substrat guten Kristalles befindet, so kann die Spannung zu einer Biegung des Kristalles und einem Ausleger-Effekt führen, wenn der Kristall an irgeneinem Punkt festgehalten wird, z.B. am Ende einer Stange. Sowohl Grübchenbildung[6,7] wie auch Auslegerverbiegung[8] unter Verwendung empfindlicher elektrischer Kapazitätsmessungen zur Messung der Dehnung sind für die Abschätzung von Fehlordnungsdichten herangezogen worden.

6.4 Experimente

6.4.1 *Einführung*

Ein vollständiger Rückblick auf den gegenwärtigen Kenntnisstand der durch Ionenimplantation in Halbleitern erzeugten Fehlordnung geht über den Umfang dieses Textes hinaus. Dem interessierten Leser sei empfohlen, die Bücher von Mayer, Eriksson und Davies[9] und Dearnalay, Nelson, Freeman und Stevens[10] sowie einen Übersichtsartikel von Gibbons[11] für erschöpfendere Diskussionen zu Rate zu ziehen. In diesem Lehrbuch skizzieren wir nur die Versuchsdaten und die wichtigeren Schlüsse, die man ziehen kann. Wir prüfen die Messungen über die Natur der Fehlordnung, die Dichte der Fehlordnung und die räumliche Verteilung der Fehlordnung mit besonderen Schwerpunkt bei den elementaren Halbleitern Si und Ge, da es gerade diese Materialien sind, auf die sich der Großteil der Forschung konzentriert hat. Gegensätze zum Verhalten binärer Verbindungshalbleiter werden aufgezeigt, wo immer sie zutreffen. Die Abhängigkeit dieser drei Parameter der Fehlordnung: Natur, Dichte und Verteilung von den Variablen Substrattemperatur, Orientierung, Ionenart, Energie, spezifische Dosis und totale integrierte Dosis (Fluß) werden untersucht, so wie die Möglichkeit des Ausheilens der Fehlordnung durch Substrattemperung nach der Implantation.

6.4.2 *Die Natur der Fehlordnung*

Den größten Teil der Information über die Natur der Fehlordnung fällt bei mikroskopischer Untersuchung implantierter Substrate an, obwohl auch Änderungen in optischen Erscheinungen, Strahlenabsorption und E.S.R-Spektren auf Anwesenheit des amorphen Zustandes und in einigen Fällen auf einfachere Defekte (zum Beispiel Doppelleerstellen) hinweisen. Rutherfordstreuung und Channelling können nicht zwischen Fehlordnungstypen unterscheiden, da die verschiedenen Dechannelling-Charakteristiken verschiedener Defektstrukturen noch nicht klassifiziert werden konnten. Bezeichnenderweise weiß man jedoch von Si und Ge, daß sie durch Bestrahlung mit hoher Dosis schwerer Ionen amorphisiert werden. Diese Materialien weisen einen wohldefinierten Peak im gechannelten Spektrum bei Tiefen auf, wo Fehlordnung erzeugt wird. Auf der anderen Seite haben II-VI-Verbindungshalbleiter wenig Neigung, den amorphen Zustand anzunehmen, sondern erleiden lieber grobe Versetzungen. Das Channelling-Spektrum zeigt stark reduzierte Peak-Struktur, jedoch ein starkes Anwachsen in der Dechannellingrate, bewiesen durch das kräftige Anwachsen der Streuausbeute aus allen Tiefen im Kristall für die anfangs gechannelten Ionen. Dieser Effekt ist wahrscheinlich ein Ergebnis der Tatsache, daß die Versetzungen zum größten Teil die Kristalle dehnen, was zur Verzerrung der Kanal-Vollkommenheit führt. Dadurch wachsen Kleinwinkelstreuung, Dekollimation oder Dechannelling des gechannelten Ionenstrahles an, wogegen der amorphe Zustand stark versetzte Atome enthält. Begleitet wird dieser mit einem Anwachsen von Großwinkelstreuung der gechannelten Ionen und daher einem Fehlordnungspeak. Mit dem Fortschritt der Forschung kann es möglich sein, mit Teilchenstreuung und Channelling-Effekten die Natur der Fehlordnung quantitativ zu beschreiben.

Parsons[12] zeigte als erster, daß Transmissionselektronenmikroskopie die Anwesenheit von fehlgeordneten Gebieten mit einem mittleren Durchmesser von ungefähr 7×10^{-9} m in Germianium nachweist, das mit 100 keV-O-Ionen bei Raumtemperatur implantiert wurde. Entsprechendes gilt für 4×10^{-9} m – fehlgeordnete Gebiete in bestrahltem Si. Implantation bei $\approx 30°$K führte zu ziemlich großen Gebieten ($\approx 9 \times 10^{-9}$ m mittlerer Durchmesser) von amorphisiertem Ge. Mazey u.a.[13] erweiterten diese Art von Untersuchungen, um das Wachstum von solchen fehlgeordneten Zonen in Si zu untersuchen, das mit 80 keV Ne bei Raumtemperatur implantiert wurde, und fanden, daß bei einem Anstieg der Ionendosis zwischen 10^{17} und 10^{19} Ionen /m^2 die Zahl der fehlgeordneten Gebiete ebenfalls anstieg, obwohl ihr individuelles Ausmaß unverändert blieb bis hinauf zu höheren Dosen, wo die fehlgeordneten Zonen überlappten und eine zusammenhängende amorphe Zone bildeten. Durch Gebrauch einer Probe mit einem Keilprofil waren sie auch imstande zu zeigen, daß die Tiefe der Fehlordnung vergleichbar mit der Ioneneindringtiefe war und daß in dickeren Teilen des Kristalls das amorphe Gebiet dem guten darunterliegenden Kristall überlagert war. Diese Keilgeometrie des Kristalls war auch nützlich, um das Verhalten nach anschließender Temperung zu untersuchen. In dieser Arbeit wurde gezeigt, daß die individuellen fehlgeordneten Anhäufungen, die durch Implantation mit der niederen Dosis hervorgerufen wurden, bei Temperaturen zwischen 650° und 750°K verschwanden, obwohl Restversetzungen blieben. Wenn die ganze Zone vollkommen durch Implantationen bei höheren Dosen fehlgeordnet war und Überlappungen der Anhäufungen auftraten, erfolgte jedoch keine Temperung der amorphen Schicht, bis Temperaturen $>900°$K erreicht waren. Selbst dann war die Umordnung von der Bildung von Versetzungsschleifen begleitet, die anwuchsen, wenn die Temperatur auf 1100°C angehoben wurde. Erst dann heilten sie allmählich aus. Dieses Verhalten war charakteristisch für eine amorphe Schicht, die über einem guten Kristall lag. Es erfolgte dann ein epitaktisches Wachstum von der Grenzfläche zwischen fehlgeordnetem Gebiet und gutem Kristall zur Oberfläche hin. Wenn ursprünglich eine amorphe Schicht über die volle Kristalldicke gebildet wurde, begleitete nicht Epitaxie die Entfernung der Amorphisierung, sondern der Kristall neigte zur Rekristallisation in durcheinander angeordneten Kristalliten.

Experimente, die bei Implantationstemperaturen von 470°K und 780°K mit einer Ne-Dosis von 4×10^{20} Ionen/m^2 ausgeführt wurden, zeigten jedoch keinen Hinweis auf amorphes Wachstum, sondern es erfolgte eine dichte Vernetzung von Versetzungen.

Bicknell[14], Bicknell und Allan[15], Chadderton und Eisen[16] und Davidson[17] haben die Natur der Versetzungen tiefer erforscht, die sich während Temperns von Si ergaben, das mit B, Al, N, P. Sb, Ne und Si-Ionen implantiert wurde. Sie fanden eine allgemeine Ähnlichkeit des Verhaltens mit den Daten, die Mazey u.a.[13] erhalten hatten. Sie stellten auch fest, daß der Charakter der Versetzungen mit der Gittergeometrie verbunden war und deutlich von der Ionenart, -energie, -dosis und Targettemperatur abhing.

Untersuchungen mit Transmissionselektronenmikroskopie von implantiertem GaAs haben ebenfalls auf die Neigung zu grober Fehlordnung während Raumtemperatur-Bestrahlung und Erzeugung dichter Fehlstellen bei höheren Temperaturen hingewiesen (obwohl Elektronenbeugungsuntersuchungen in Reflexion von GaP[19] vermuten lassen, daß der endgültige fehlgeordnete Zustand dieser Materialien nicht der amorphe, sondern der mikrokristalline ist). Untersuchungen mit II-Vi-Verbindungshalbleitern[20] zeigen jedoch, daß nicht grobe Fehlordnung auftritt, selbst bei Implantationen unterhalb von Raumtemperatur, sondern daß der Kristall mit Versetzungen bis zu einer Tiefe der Größenordnung der Ioneneindringtiefe gefüllt wird. Ein klarer Schluß aus diesen Untersuchungen ist der, daß der amorphe Zustand bei den Halbleitern der Gruppe IV stabil ist, während bei den III-V- und II-VI-Verbindungshalbleitern der amorphe Zustand eine weniger begünstigte Konfiguration ist als der poly- oder einkristalline mit ausgedehntem Versetzungswachstum. Bezeichenderweise nimmt die Amorphisierung ab, wenn die Natur der Atombindung von der kovalenten zur mehr ionischen übergeht.

Änderungen im optischen Reflexionsvermögen sind von Nelson und seinen Mitarbeitern[21] zur Beobachtung des Wachstums der Fehlordnung in Si verwandt worden, und diese Autoren fanden, daß die Ionendosis, die für die Veränderung in ein milchiges Aussehen der Oberfläche erforderlich ist, gut mit jener ($\approx 10^{18}$ Ionen/m^2 von 60 keV Ne) übereinstimmt, bei der völlige Fehlordnung erreicht wird, beobachtet mit Transmissions-Elektronenmikroskopie. Zusätzlich wurde beobachtet, daß die für die Erreichung von Fehlordnung benötigte Ionendosis stark temperaturabhängig war, wobei sie schnell anstieg, wenn die Temperatur von Raumtemperatur bis auf 720 K erhöht wurde. Wenn die Implantation in Richtungen offener Kanäle erfolgte, war eine Erhöhung der Dosis auf das achtfache zum Erreichen des gleichen Grades an optischer Veränderung notwendig, wie wenn die Implantation in Zufallsrichtung erfolgte.

Absorptionsuntersuchungen von Infrarotstrahlung[22] haben ebenfalls die Erzeugung fehlgeordneter Bereiche in Sb-implantiertem Si aufgezeigt, und Elektronen-Spinresonanz-Verfahren haben dieses Verhalten in Si, das mit 50 keV-P-Ionen[23] und 80 keV-Sb-Ionen implantiert wurde, bestätigt. Zusätzlich wurde mit beiden Verfahren direkt die Erzeugung von Doppelleerstellen in Si, in das Sb[22] und B implantiert wurde, nachgewiesen, und zwar bei Ionendosen, die geringer als für das Erreichen vollständiger Fehlordnung notwendig waren.

Ein allgemeines Merkmal solcher Untersuchungen ist, daß bei Implantation schwerer Ionen (z.B. Sb), sowohl Doppelleerstellen und fehlgeordnete Zonen bei geringen Ionenflüssen ($<10^{18}$ Ionen m^{-2}) erzeugt werden, jedoch bei hohen Ionenflüssen die Kristalle total fehlgeordnet werden. Wenn andererseits leichte Ionen (z.B. B) in Si implantiert werden, besteht der Großteil der erzeugten Defekte aus Doppelleerstellen und größeren Leerstellenclustern, sogar bei Ionendosen viel höher als 10^{19} Ionen m^{-2} (außer bei Tieftemperatur-Implantation [$\approx$120 K], wo die völlige Fehlordnung im Bereich von 10^{19} Ionen m^{-2} auftritt). Fehlgeordnete Bereiche treten bei Sauerstoffimplantation in Si[25] bei Raumtemperatur auf, jedoch nur oberhalb einer Dosis von 5×10^{18} Ionen m^{-2} und Sättigung bei 5×10^{19} Ionen m^{-2}, während für schwere Ionen (z.B. P, Si und Ar) fehlgeordnete Zonen bei etwas geringeren Ionendosen erzeugt werden und ihre Sättigungsdichte haben.

Aus solchen Untersuchungen kann man allgemein schließen, daß schwere Ionen in Halbleitern der Gruppe IV einzelne fehlgeordnete Bereiche erzeugen, die von der Stabilisierung dichter Stoßkaskaden herrühren, welche die Bahn jedes Ions umgeben, und daß sich diese fehlgeordneten Bereiche in guter Kristallsubstanz befinden, in denen jedoch auch einfache Defekte (Doppelleerstellen) enthalten sind. Bei zunehmender Ionendosis wächst die Zonendichte, bis Überlappung auftritt und der ganze implantierte Bereich amorph wird. Ist während der Implantation die Temperatur höher als Raumtemperatur, so bilden sich die fehlgeordneten Bereiche offenbar wieder zurück, um eine dichte Anordnung von Versetzungen zu bilden, wogegen bei Implantationen unterhalb der Raumtemperatur die Defekte in den fehlgeordneten Volumen und in dem Umgebungskristall sich nicht bewegen können und die Zonen groß bleiben. Andererseits erzeugen leichte Ionen wohlgetrennte einfachere Defekte (Leerstellen und Zwischengitteratome), die sich durch Diffusion während der Bestrahlung zusammenballen, um Doppelleerstellen und größere Cluster zu bilden. Wenn die Ionenmasse zunimmt, ist es möglich, daß die Dichte dieser Zusammenballungen zunimmt. Daraus resultiert eine hochgradig fehlgeordnete, jedoch nicht wirklich amorphe Zonenstruktur. Wenn aber die Ionendosis und die sich ergebende Fehlordnungsdichte anwächst, wird eine kritische Defektdichte erreicht, wo die Zonen stabilisiert sind, sich überlappen und sich völlig fehlgeordnete Bereiche ergeben. Selbst wenn gänzlich fehlgeordnete Zonen während der Lebensdauern von Stoßkaskaden erzeugt werden, ist es im Fall der III-V-Verbindungshalbleiter möglich und für II-VI-Halbleiter sicher, daß die Defektbeweglichkeit und die Verspannung im Gitter hoch genug ist, um den Kristall zum Teil entweder zum mikrokristallinen Zustand oder zu einem Einkristall neu zu ordnen, der eine dichte Vernetzung von Versetzungen aufweist.

6.4.3 Die Dichte der Fehlordnung

Untersuchungen mit dem Transmissions-Elektronenmikroskop der Fehlordnung in Ge, die durch O-Implantation hervorgerufen wurde, wurden von Parsons[12] durchgeführt. Sie wiesen darauf hin, daß nur ungefähr eines von fünf implantierten Ionen zur Bildung von amorphen Zonen führte, obwohl es gut möglich ist, daß viele Zonen zu schmal waren, um im Mikroskop aufgelöst zu werden. Auf der anderen Seite weist Infrarot-Absorption von Si, das mit niederen ($\approx 10^{16}$ Ionen/m^2) Dosen von Sb bei 400 keV implantiert wurde, eine Erzeugungsrate von ungefähr 100 Doppelleerstellen pro implantiertem Ion nach[22], bevor amorphes Wachstum beobachtet wird. Es gilt jedoch eine viel geringere Doppelleerstellenerzeugung für 400 keV B-Ionen[22], während Elektronenspinresonanz-Messungen[25] von Si, in das mit 160 keV O-Ionen implantiert wurden, eine Erzeugungsrate von Doppelleerstellen und größere Anhäufungen von Leerstellen in der Größe aufweisen, daß die Gesamtleerstellenerzeugung etwa 500 pro Ion ist.

Ein 400 keV-Sb-Ion gibt nur ungefähr 220 keV dieser Energie in elastischen Stößen ab, der Rest geht in Anregungseffekten verloren. So ergibt eine Abschätzung der Gesamtzahl an Defekten, die durch die Sb-Ionen erzeugt werden, unter Berücksichtigung der Sigmund-Gleichung $\left[\gamma(E) = \dfrac{0.42E}{E_d}\right]$ mit $E_d \approx 14$ eV den Wert von ungefähr 6600. Da die beobachtete Zahl von Doppelleerstellen viel geringer als dieser Wert ist, muß man schließen, daß viele von den einfachen Defekten, die während Implantation erzeugt werden, sich gegenseitig auslöschen oder in komplexere stabile Strukturen ansammeln. Im Fall von B-Implantation geht viel mehr Energie in inelastischen Vorgängen verloren und somit ist auch, wie beobachtet, die Zahl der erzeugten Defekte geringer.

Viel an Information über die Fehlordnungsdichte wurde von Rutherford-Rückstreumethoden mit Kanalführung abgeleitet, die früher erörtert wurden; Abb. 6.3 zeigt frühe Ergebnisse von Davies u.a.[26] und Mayer u.a.[27], die verschiedene Implantationsionensorten in Si und Ge benützten. Die charakteristischen Züge dieser Daten sind die anfänglich lineare Abhängigkeit der Fehlstellendichte von der Ionendosis und eine Sättigungsfehlordnung, die für Dosen (die noch von dem einfallenden Ion und dem Substrat abhängen) über ungefähr 10^{17} Ionen/m^2 erzeugt wird. Im Hinblick auf die Untersuchungen mit dem Transmissionselektronenmikroskop und auf die Tatsache, daß die ausgerichteten Spektren in den Rückstreu-Untersuchungen die Werte des Zufallsspektrum erreichen, ist es üblich, die Sättigungswerte von Abb. 6.3 als repräsentativ für die gesamte Fehlordnung oder die Amorphisierung der beschossenen Zone des Kristalls zu betrachten.

Bei Gebrauch von Gleichung 6.4 kann die Zahl versetzter Atome, die pro einfallendem Ion erzeugt wird, aus dem linearen Gebiet der Abb. 6.3 für 40 keV Sb-, In-, P- und B-Ionen in Si zu je $\approx$3000, 3000, 1200 bzw. 10 abgeschätzt werden. Die Abnahme der Dichte der versetzten Atome bei abnehmender Ionenmasse spiegelt klar den zunehmenden Anteil der Energie wider, die in inelastischen Vorgängen verloren geht. Jedoch ist im Fall von Schwerionenimplantation (Sb und In) die gemessene Dichte versetzter Atome mindestens um einen Faktor zwei größer als jede Abschätzung, die nach Theorien der Defekterzeugung der Kinchin-Pease/Sigmund-Art – in Kapitel 5 erörtert – sich ergeben kann. Da korrelierte Stoßeffekte und Temperprozesse dazu neigen, die gemessene Defektdichte unter die theoretische Abschätzung *abzusenken,* könnten wir daraus schließen, daß die channelling-Methode dazu neigt, die Defektdichte zu *überschätzen.* Dies ist gut möglich, da ja diese Methode auf Atome empfindlich ist, die mehr als 2×10^{-11} m aus ihren normalen Gitterpositionen versetzt sind, wie früher gezeigt. Falls ein Atom gänzlich aus seinem Platz versetzt ist, werden zweifellos seine Nachbarn sich neu einstellen, vielleicht um mehr als 2×10^{-11} m, wodurch sich eine höhere quasi-versetzte Atomdichte erklärt. Diese Überschätzung wird jedoch nicht immer beobachtet, da im Fall von 40 keV Te, das in GaP implantiert wurde, beobachtet wurde[28], daß die Zahl von versetzten Atomen beträchtlich geringer als die Sigmund-Abschätzung war.

Trotz der Tatsache, daß wir im vorangehenden Kapitel und in der obigen Erörterung in Einzelheiten das Kinchin-Pease-Modell (und seine Weiterentwicklung durch Sigmund) skizziert und dieses Modell zur Vorhersage der Zahl der Defekte benützt haben, die durch ein energiereiches Ion gebildet werden, sollten wir nun eine warnende Bemerkung hinzufügen. In diesen Modellen wird angenommen, daß ein einzelnes Atom versetzt wird, falls es mehr als eine vorgegebene Energie (die Versetzungsenergie) erhält, unabhängig vom Verhalten der Nachbarn. Im Fall einer Schwerionenbestrahlung wird ein großer Teil an Energie ziemlich schnell in einem kleinen Volumen des Festkörpers abgegeben. In einem Halbleiter kann das möglicherweise zum Bruch von vielen atomaren Bindungen führen. Selbst wenn nur ein einziges Atom genügend Energie erhält, um über eine lange Strecke versetzt zu werden, können deshalb genügend Bindungen mit Nachbaratomen aufgebrochen werden, so daß die benachbarten Atome nicht länger Gleichgewichtskräften unterliegen und ebenfalls aus ihren Gitterplätzen versetzt werden können. Diese örtliche große Energieabgabe und Aufbrechen von Bindungen ereignen sich sowohl infolge von Ion-Atom- als auch Atom-Atom-(Kaskaden-) stößen, jedoch können auch Elektronen erzeugt werden, die kurze Strecken laufen können und möglicherweise die Bindungsauflösung beeinflus-

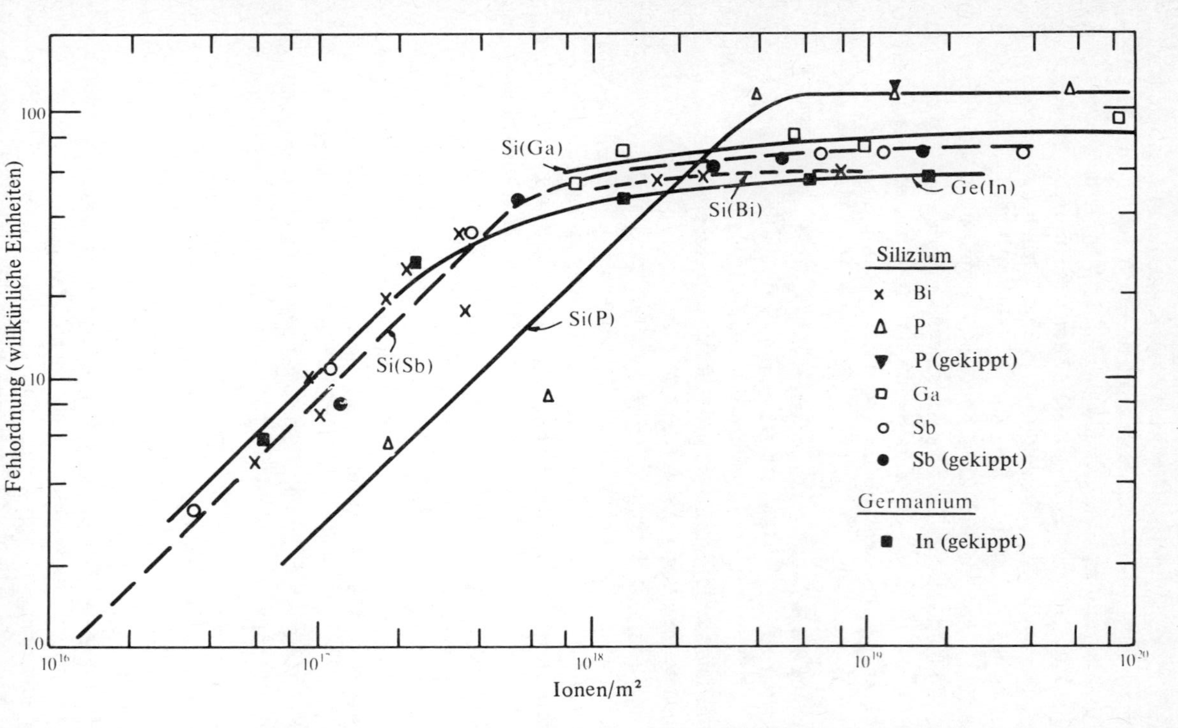

Abb. 6.3 Channelling-Effekt-Messungen des Fehlordnungsgrades, wie er bei Raumtemperatur-Implantationen von 40 keV in Silizium und Germanium erzeugt wird. Die Implantationen in Silizium erfolgten bei Normalen-Einfallsrichtung (d.h. innerhalb 0,5° zur ⟨111⟩-Richtung) mit wenigen Ausnahmen, in denen die Kristalle etwa 8° zur ⟨111⟩-Richtung gekippt wurden. Die Implantationen in Germanium lagen etwa 3° neben der ⟨111⟩-Richtung.

sen. Die Annahme eines einzigen Wertes für E_d ($\approx$ 15 eV für Si) mag daher ein vereinfachtes Konzept sein und im Fall von dichten Kaskaden mag ein viel niedrigerer Wert nötig sein. Deshalb sollten einige der offensichtlichen *Überschätzungen* der durch Kanalführungs-Methoden gemessenen Fehlordnungsdichten in diesem Stadium nicht zurückgewiesen werden wegen der schlechten Übereinstimmung mit der einfachen Theorie, die gegenwärtig nur existiert. Sehr viel sorgfältigere Untersuchungen der Fehlordnungsdichte mit direkten Methoden so wie Transmissionselektronen-Mikroskopie sind nötig, bevor endgültige Vergleiche angestellt werden können.

Die Gestalt der Abb. 6.3 erschien eine Zeit lang typisch für Schwerionen-implantiertes Si und Ge, während Experimente mit den leichten Ionen (B- und C-Implantate[29,30]) in Si bei Raumtemperatur enthüllten, daß eine Nicht-Linearität in der Fehlordnungs/Dosis- Abhängigkeit vor der Sättigung besteht und auch, daß die Fehlordnung eine empfindliche Funktion der Ionendosisrate ist. Abb. 6.4 zeigt dieses zweite Verhalten für C, bei dem mehr Fehlordnung bei konstanter Gesamtionendosis für höhere Dosisrate gebildet wird. Die übliche Interpretation für dieses Verhalten ist die, daß in Si die einfachsten Defekte beweglich sind bei Raumtemperatur, daß es so beträchtliche spontane und thermisch induzierte Defekttemperung und -wanderung gibt, stabilere Defektanhäufungen gebildet werden und daß diese Prozesse mit der Defekterzeugung konkurrieren. Versuche bei erniedrigten Temperaturen, wo die Defekte als unbeweglich angesehen werden könnnen, bestätigen dieses Modell, indem sie eine weit geringere Abhängigkeit der Fallordnung vom Fluß aufweisen. Untersuchungen über die Temperung der Fehlordnung, die in Si bei niedriger Temperatur erzeugt wurde,[31] haben ebenfalls eine Temperung dieser Fehlordnung zwischen -196°C und Raumtemperatur gezeigt, was wiederum darauf hinweist, daß einige Defekte äußerst beweglich bei Raumtemperatur während der Implantation sind und

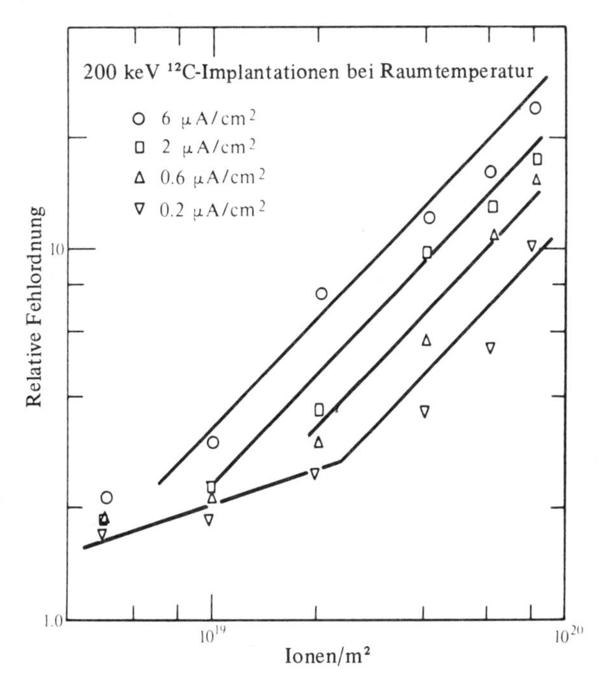

Abb. 6.4 Relative Fehlordnung als Funktion des ^{12}C-Flusses für die angegebenen Werte der ^{12}C-Flußdichte. Die geraden Linien in dieser Abbildung haben Steigungen von 0,5 bzw. 1,0. Damit werden die Bereiche einer Wurzel- bzw. linearen Abhängigkeit vom Fluß angegeben.

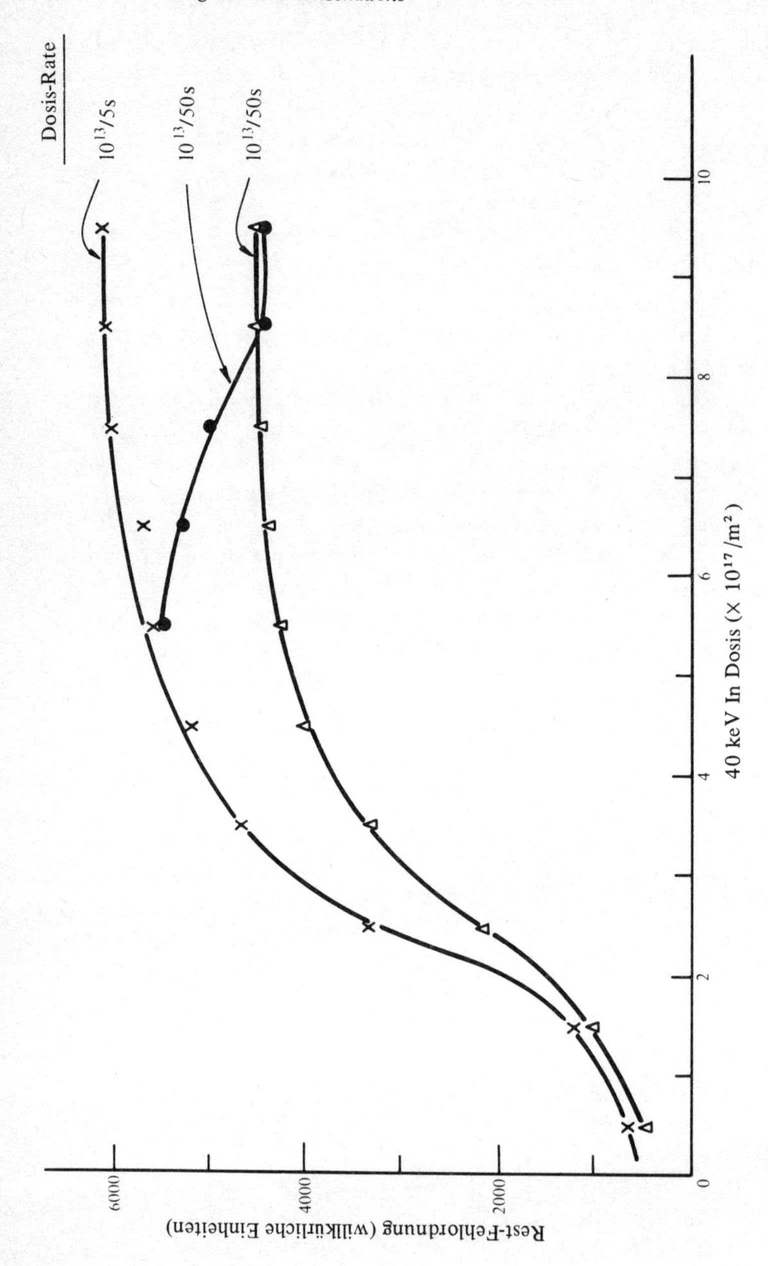

Abb. 6.5 Rest-Fehlordnung als Funktion der In^+-Dosis in GaAs.

somit zum beobachteten Dosisrateneffekt beitragen. Neuere Messungen von Bøgh (private Mitteilung) haben ebenfalls eine Abhängigkeit der gemessenen Fehlordnung von der Ionendosisrate gezeigt, sogar für Si, das mit schweren Sb^+-Ionen beschossen wurde. Zusätzlich fand man, daß die Gestalt der Fehlordnungs/Dosis-Kurve S-förmig ist. Ähnlich S-förmig aussehende Fehlordnungs/Dosis-Abhängigkeit und Dosisrateneinflüsse sind bei GaAs, in das bei Raumtemperatur schwere Ionen (In) implantiert wurden, beobachtet worden[32], wie in Abb. 6.5 gezeigt wird. Diese nichtlinearen Kurven der Fehlordnung und die Dosisraten-Abhängigkeit der Fehlordnung lassen stark darauf schließen, daß die während der Bestrahlung erzeugten einfacheren Defekte einen Einfluß auf die Stabilisierung der Fehlordnungszone haben.

Ein anderes, in Abb. 6.5 dargestelltes informatives Ergebnis ist, daß die bei gegebener Dosis und gegebener Beschußrate erzeugte Fehlordnung sich in jenem Punkt nur im dynamischen Gleichgewicht befindet. Bei Änderung der Beschlußrate wird nämlich ein neuer Fehlordnungsgrad erreicht. Dieses beweist das gleichzeitige Wirken von strahlungsinduzierter Fehlordnung und einem Ausheilvorgang.

Zum Schluß sei darauf hingewiesen, daß bei Implantation gleicher Ionenmassen die Menge der bei gegebener Ionendosis erzeugten Fehlordnung vor der Sättigung dazu neigt, geringer in GaAs und GaP als in Si oder Ge zu sein, während in CdS die Fehlordnung pro Einfallsion sogar noch mehr verringert ist. Dieses Ergebnis kann mit der relativen Stabilität eines jeden Materials gegen grobe Fehlordnung in Zusammenhang gebracht werden, da, wie in Reflexions-Elektronenbeugung und Transmissions-Elektronen-Mikroskopie gezeigt wird, die elementaren Halbleiter sich offenbar in Richtung des amorphen Zustandes stabilisieren, während die Verbindungshalbleiter (besonders II-VI-Verbindungen) in einen mehr geordneten Zustand zurückfallen. Dieses ist wahrscheinlich eine Funktion von sowohl davon, wie leicht Defekte wandern, wie auch von den Spannungen in der Gitterstruktur, die einmal die Rekristallisierung begünstigen und zum anderen Mal verhindern.

Die Abhängigkeit der Fehlordnung von der Energie des Einfallions ist in Abb. 6.6 für ein Si-Target gezeigt, hergeleitet[33,34] aus Rückstreuspektren derart wie in Abb. 6.2, und zwar für Ionendosen vor dem Sättigungsbereich der Abb. 6.3. Mehrere Besonderheiten fallen auf. Erstens ist bei schweren Ionen der Fehlordnungsanteil eine lineare Funktion der Ionenenergie, wie in den in Kapitel 5 geäußerten theoretischen Überlegungen vorausgesagt wurde, obwohl die Größe dieser Fehlordnung bedeutend höher als vorhergesagt ist. Wenn zweitens die Ionenmasse wesentlich verkleinert wird (bis z.B. P), so wird auch bei einer vorgegebenen Energie das Ausmaß der Fehlordnung verringert. Dieses deutet darauf hin, daß ein wachsender Anteil der Ionenenergie in unelastischen Stößen, die keine Fehlordnung verursachen, gestreut wird. Wenn nicht als Funktion der Ionenenergie, sondern als Funktion in der Tat die Fehlordnung der „in elastischen Stößen abgegebenen Energie" aufgezeichnet wird, die man aus theoretischen Überlegungen von Winterbon et al.[35] oder Brice[36] nach den Angaben des Kapitels 5 ableiten kann, so findet man, daß die Fehlordnung eine lineare Funktion dieser Parameter und fast unabhängig von der Ionenart ist, sowohl für geringe wie auch für große Ionenmassen. Dieses Ergebnis stellt offensichtlich die Abhängigkeit der Fehlstellenerzeugung von elastischen Energieverlust der Einfallsionen dar.
Wenn die zur Erzeugung vollständiger Amorphisierung benötigte Ionendosis pro Einheitsfläche ausgewertet (aus dem Knickpunkt der Abb. 6.3) und mit dem spezifischen Energieverlust (siehe Kapitel 2) multipliziert wird, so stellt dieses ein Maß der Energieabgabe

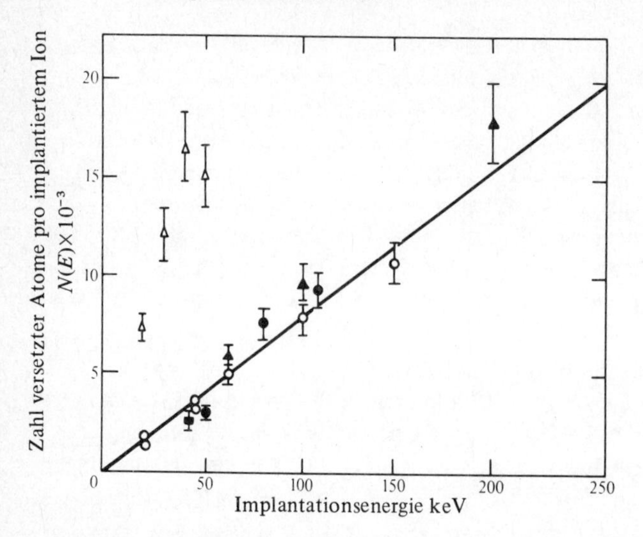

Abb. 6.6 Gitterfehlordnung $N(E)$, die bei Raumtemperatur-Implantation in Silizium erzeugt wird, als Funktion der Implantationsenergie.
• Xenon-Implantationen ○ Jod-Implantationen
▲Antimon-Implantationen ■ Quecksilber-Implantationen
– Abhängigkeit von Wismuth-Implantationen
△ Phosphor-Implantationen (Fehlordnungsmaßstab $\times 10^{-2}$, nicht $\times 10^{-3}$ wie für die anderen Implantationen)

pro Einheitsvolumen dar, mit der vollständige Amorphisierung erzeugt wird. Bei B-, P- und Sb-Ionen in Si ist (bei geringen Temperaturen, bei denen die Defektausheilung verlangsamt ist) die Energieabgabe in der Größenordnung von 10^{27} keV m^{-3} und ändert sich von leichten zu schweren Ionen nur um ± 20%. Wenn alle Atome in einem Einheitsvolumen von Si eine Versetzungsenergie von 15 eV erforderten, dann würde dieses ebenfalls im Einheitsvolumen eine Energieabgabe von der Größe 10^{27} keV/m^{-3} erfordern.

Die Ähnlichkeit zwischen diesem Wert und dem experimentellen Wert, bei dem eine amorphe Schicht erzeugt wird, weist darauf hin, das sich ein amorpher Zustand ergibt, wenn eine relativ große Defektdichte über große Energieabgabe erzeugt wird. In der Tat haben Swanson u.a.[37] vorgeschlagen, daß die Zunahme an Energie $(N/2) \times 0{,}23$ eV pro Einheitsvolumen für einen völlig amorphisierten Kristall von N Atomen pro Einheitsvolumen ist, wenn man annimmt, daß der amorphe Zustand immer noch tetraedische Bindung umfaßt[38], wo aber eine von vier Bindungen um $2{,}7 \times 10^{-11}$ m gestreckt ist und eine dadurch erhöhte Energie von 0,23 eV aufweist. Falls jedoch ungefähr 3 eV erforderlich sind, um ein Frenkel-Paar thermodynamisch zu erzeugen, erhöht eine Dichte von n Defekten/Einheitsvolumen die Kristallenergie um 3n eV/Einheitsvolumen. Falls deshalb $3n > (N/2) \times 0{,}23$ ist, relaxiert der defekte Kristallzustand spontan in den amorphen Zustand, d.h. falls die Defektkonzentration größer als ungefähr 4 Atomprozent ist. Diese Ableitung nimmt thermodynamisches Gleichgewicht über den ganzen Kristall hindurch an; in isolierten Zonen mag es aber nötig sein, die Defektdichte um eine Größenordnung zu erhöhen, um den Übergang zur Amorphisierung sicher zu machen. Dies führt zu einer örtlichen Defektkonzentration von der Größenordnung von 40%, vergleichbar mit der erforderlichen gesamten Defekterzeugung die früher vorgeschlagen worden war.

Dieses qualitative Modell der Amorphisierung hat wahrscheinlich weite Gültigkeit, aber es macht nur Aussagen, ob eine Zone spontane Amorphisierung erleidet und nicht, ob eine solche einmal gebildete Zone stabil bleibt. Diese zweite Möglichkeit, die davon abhängen muß, ob anschließend Defekte in oder aus der amorphisierten Zone treten können und ob die Verspannungen in dieser Zone diese zu einem Kristallzustand neuordnen können oder nicht, wird später erörtert.

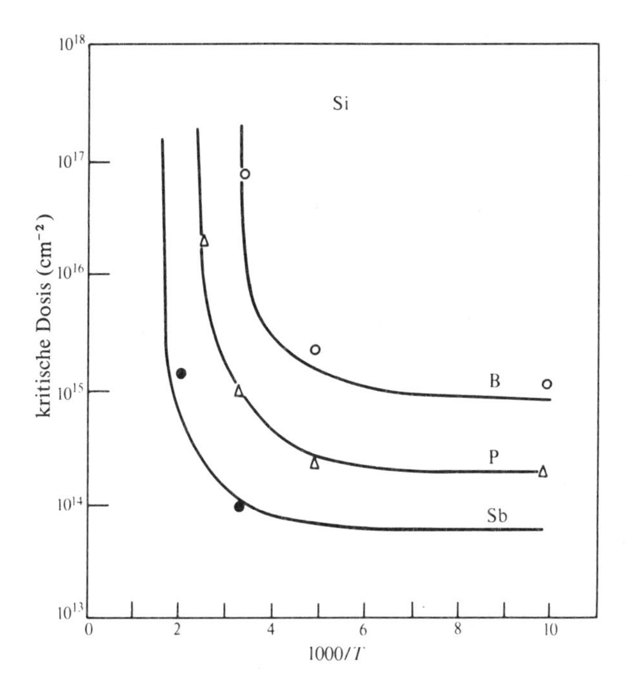

Abb. 6.7 Amorphisierungsdosis als Funktion von T (Targettemperatur) aus der Theorie von Morehead und Crowder. Experimentelle Werte aus ESR-Daten.

Die Einflüsse der Targettemperatur während der Implantation sind, wie früher bemerkt wurde, wichtig für die Bestimmung der Fehlstellennatur und geben kritische Hinweise für die Bestimmung der totalen Fehlordnungsdichte. Sowohl Elektronenspinresonanz wie auch Rückstreuversuche an Si mit implantierten Ionen zeigen, daß oberhalb der Raumtemperatur die gemessene Fehlordnung bei gegebener Ionendosis rapide mit zunehmender Temperatur abnimmt, jedoch daß unterhalb der Raumtemperatur eine wesentlich schwächere Temperaturabhängigkeit auftritt. Dieses ist in Abb. 6.7 dargestellt, wo die für Amorphisierung erforderliche Dosis als Funktion der Temperatur dargestellt ist. Werte der erzeugten Fehlordnung bei erhöhten Temperaturen in GaAs, GaP und CdS, ausgedrückt in Prozenten der bei Raumtemperatur erzeugten Fehlordnung bei konstanter Dosis, sind in Abb. 6.8 dargestellt. Sowohl die Abbildungen 6.7 wie 6.8 zeigen, daß Temperaturerhöhung eine Verringerung der Fehlordnung bewirkt. Das ist ein klarer Beweis für die bei Temperaturanstieg zunehmende Defektbeweglichkeit und Ausheilung. Aus solchen Daten schließen wir, daß die Defektbeweglichkeit, die für die Reorientierung

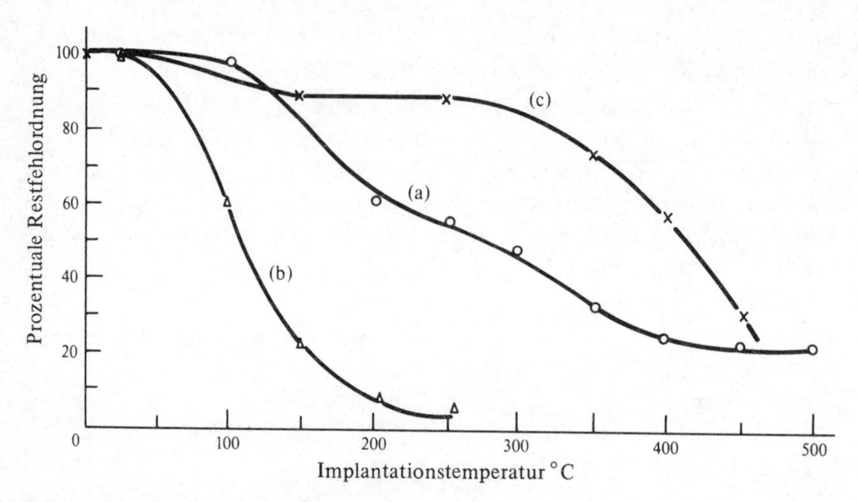

Abb. 6.8 Prozentuale Restfehlordnung als Funktion der Implantationstemperatur für
(a) 5×10^{19} m^{-2} 4,0 keV Te-Ionen in GaP.
(b) 5×10^{19} m^{-2} 40 keV Te-Ionen in GaAs.
(c) 7×10^{19} m^{-2} 40 keV Bi-Ionen in CdS.

oberhalb der Raumtemperatur verantwortlich ist, in der Reihenfolge Si $<$ Ge $<$ GaP $<$ GaAs zunimmt, jedoch muß daran erinnert werden, daß unterhalb der Raumtemperatur auch beträchtliche Defektbeweglichkeit in Si, Ge und GaAs beobachtet wurde.

Abb. 6.3 liefert auf den ersten Blick ein ungewöhnliches Ergebnis insofern, als die gemessene Fehlordnung offenbar nicht von der zum Ionenstrahl relativen Kristallorientierung abhängt, d.h., daß der Channelling-Vorgang offensichtlich nicht die Fehlordnung reduziert, wie in Kapitel 5 gefordert. Untersuchungen von Profilen der Ionenreichweite in GaAs[39] zeigen jedoch, daß der Channelling-Effekt bei Schwerionen (Kr) von so geringen Dosen wie 10^{17} Ionen/m^2 durch Defektbildung erheblich unterdrückt wird. Die in der Erstellung der Abb. 6.3 verwendeten Dosen liegen im allgemeinen über diesem Niveau, so daß es nicht überrascht, daß der gerichtete Einfall offenbar keine Verringerung der Fehlordnung mit sich bringt, da der Kristall während der Bestrahlung im allgemeinen beträchtliche Einbußen in seiner Vollkommenheit erleidet und der Channelling-Effekt verkleinert wird. Der von Nelson el al.[21] beobachtete Übergang zur milchigen Trübung, für die im Vergleich zum Einfall in Zufallsrichtung eine achtfache Erhöhung der Ionendosis notwendig ist, wenn bei Ausrichtung in eine Kanalrichtung Amorphisierung erreicht werden soll, stimmt mehr mit den in Kapitel 5 entwickelten Vorstellungen überein, daß der Channelling-Effekt die Fehlordnung unterdrücken sollte. Eine ziemlich wichtige Messung von Bøgh[40] zur Fehlordnung, die durch 150 keV Sb-Ionen in Si unter Eintritt in Kanal- und Zufallsrichtungen bei Raumtemperaturen und ≈ -196°C hervorgerufen wird, ist jedoch wert, in diesem Zusammenhang kommentiert zu werden. Bøgh beobachtete, daß für Raumtemperaturimplantation die gesamte Fehlordnung für eine Implantation in Kanalrichtung beträchtlich geringer war als für Zufallsrichtung, daß aber wenig Unterschied zwischen den Werten für die verschiedenen Einfallsbedingungen bei -196°C bestand. Dies weist darauf hin, daß der elastische Energieverlust und die Energieabgabe nicht zu unähnlich sind sowohl für Zufalls- als auch ausgerichtete Implantation (wenigstens für dieses Ion und diese Energie), aber die ausgerichtete Implantation verbreitet den Energieverlust über einen größeren Bereich, und viele der erzeugten Defekte sind einfacher, tempern bei Raumtemperaturen aus, bleiben aber bei $-196°C$ eingefroren. Dies steht in Einklang mit dem niedrigeren Energieübertrag auf Atome in den Kanalreihen, der erwartet wird, wenn Kanalführung vorhanden ist.

6.4.4 *Die räumliche Ausdehnung der Fehlordnung*

Von sehr wenigen Messungen über die räumliche Ausdehnung der Fehlordnung wurde bisher berichtet. Die, die erhältlich sind und eine vernünftige Tiefenauflösung aufweisen, sind auf relativ höherenergetische Implantationen beschränkt. Dies gilt, weil die meisten Untersuchungsmethoden, die gegenwärtig erhältlich sind, eine ziemlich schlechte Tiefenauflösung haben. So muß die Fehlordnungstiefe groß sein, damit man Verteilungen mit vernünftiger Genauigkeit messen kann; von daher also die höher energetischen Implantationen.

Davidson und Booker[41] haben die Änderungen in den charakteristischen Coates-Kikuchi-Mustern (die in Elektronenbeugungsmustern in Reflexion erzeugt werden, wenn Elektronen über eine Kristallfläche im Rasterelektronenmikroskop gewedelt werden) als ein Ergebnis von 80 keV Ne-Implantation in Si untersucht. Dieses charakteristische Muster entsteht durch Elektronenstreuvorgänge in den ersten zehn Nanometern aus einer Kristalloberfläche. Wenn ein Kristall langsam geätzt wird, zeigt das sich ergebende Muster die Fehlordnung über nacheinanderfolgende Tiefen einiger zehn Nanometer in den Kristall hinein. Auf diese Weise fanden Davidson und Booker, daß die implantierte Kristalloberfläche gutes Kristallverhalten nach Implantation von relativ geringen Dosen (3×10^{18} Ionen/m^2, beibehielt, daß aber von ungefähr 5×10^{-8} m bis 15×10^{-8} m unter der Oberfläche gänzlich Fehlordnung herrschte, und daß ein guter Kristall wieder jenseits von etwa 18×10^{-8} m existierte. Wenn die Ionendosis zunahm, nahm die Dicke der fehlgeordneten Schicht sowohl zur Oberfläche, als auch in den Kristall hinein zu. Die Tiefe und Breite dieser ursprünglich vergrabenen fehlgeordneten Schicht stimmte ziemlich gut mit den Abschätzungen des Fehlordnungsprofils aus den Brice'schen Berechnungen der elastischen Energieabgabe als Funktion der Tiefe überein.

Ähnliche Daten wurden durch Bøgh u.a.[42] berichtet, die die Rückstreumethode benützten, um die Tiefenverteilung des Strahlenschadens in mit 100 keV Sb-Implantiertem Si zu charakterisieren. Abb. 6.9 zeigt die Ergebnisse solcher Messungen. Es wird klar, daß für niedrige Ionendosen die Fehlordnung nahe der Oberfläche geringer ist, zu einem Maximum bei $3{,}5 \times 10^{-8}$ m ansteigt und dann abfällt. Wenn die Ionendosis erhöht wird, nimmt die Größe der Fehlordnung zu bei allen Tiefen, aber sättigt zuerst nahe bei $3{,}5 \times 10^{-8}$ m, wo die maximale Fehlordnung für niedrige Dosen auftritt, und im folgenden bei flacheren und tieferen Positionen. Die klaren Folgerungen aus diesen Ergebnissen sind:

1. Die Form der Tiefenverteilung für niedrige Ionendosen ist den theoretischen Vorhersagen ähnlich. In der Tat gibt der Vergleich mit dem Winterbon-, Sigmund- und Sanders-[35] Modell der Tiefenverteilung der elastischen Energieabgabe gute Übereinstimmung für die Tiefe der Maximumsfehlordnung, die Breite des Fehlordnungsprofils und der genauen Gestalt des Profils. Ähnlich gute Übereinstimmung zwischen experimentellen Beobachtungen von Fehlordnungsprofilen, die durch Implantation von 200 keV-Ar^+-Ionen in mehreren ele-

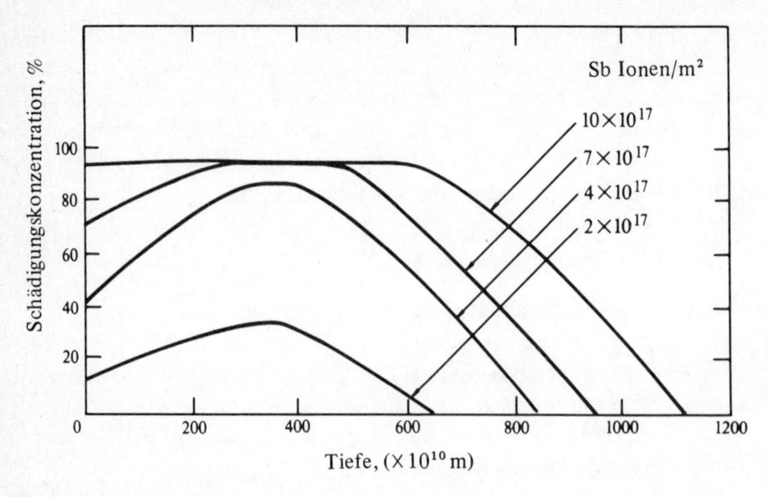

Abb. 6.9 Messungen der Schädigungsverteilung für Sb, das mit 100 keV in Zufallsrichtung in Si implantiert wurde.

mentaren und binären Halbleitern hervorgerufen wurden, und der theoretischen Behandlung durch Winterbon et al. wurden von Bøttiger und Davies[43] festgestellt.

2. Fehlordnung wird am schnellsten dort erzeugt, wo die elastische Energieabgabe am höchsten ist. Bei Erhöhung der Ionendosis tritt die Sättigung der Fehlordnung zuerst dort auf, wo sich die Fehlordnung am schnellsten entwickelt, und anschließend in den anderen Kristalltiefen, d.h. näher an der Oberfläche und tiefer im Kristall.

Wegen dieser kontinuierlichen Änderung des Tiefenprofils der Fehlordnung kann man abschätzen, daß die gesamte integrierte Fehlordnung, wie sie im vorhergehenden Abschnitt erörtert wurde, in Sättigungsnähe eine nichtlineare Funktion der Ionendosis ist, da ein zunehmender Tiefenanteil der Fehlordnung schon vollständig fehlgeordnet ist und durch weitere Bestrahlung nicht weiter beeinflußt wird. Daher ist Annäherung an den Sättigungszustand (Die Kurven des Fehlordnungsaufbaus sind in Abb. 6.3 gezeigt) eine komplexe Funktion der Dosis.

Die Messung des Tiefenprofils der Fehlordnung ist wichtig, da die Wechselwirkung der für die Dotierung des Kristalls injizierten Ionen mit der benachbarten Fehlordnung auf die Festlegung ihrer Gitterplatzposition und den Zustand der elektrischen Aktivität Einfluß hat. Auf diesem Gebiet ist noch mehr Forschung nötig.

6.4.5 Thermische (und andere) Ausheilung von Fehlordnung

Es ist bereits gezeigt worden, daß die Implantation in Substrate mit erhöhter Temperatur eine Fehlordnungsverringerung auf Grund eines Ausheilprozesses ergibt. Nach dem Beschuß sollten wir ähnliche Ausheilung implantierter Proben durch Ausheizen erwarten, und dieses wurde in der Tat beobachtet. Abb. 6.10 zeigt den Anteil verbleibender Fehlordnung (gemessen mit Rückstreu-Channelling-Verfahren) nachdem Si und Ge, in das bei Raumtemperatur verschiedene Ionen und verschiedene Dosen implantiert wurden, anschließend bei unterschiedlichen Temperaturen ausgeheizt wurden[26,27]. Abb. 6.11 zeigt ähnliche Tempercharakteristiken für Schwerionen-implantiertes GaAs, GaP und CdS.

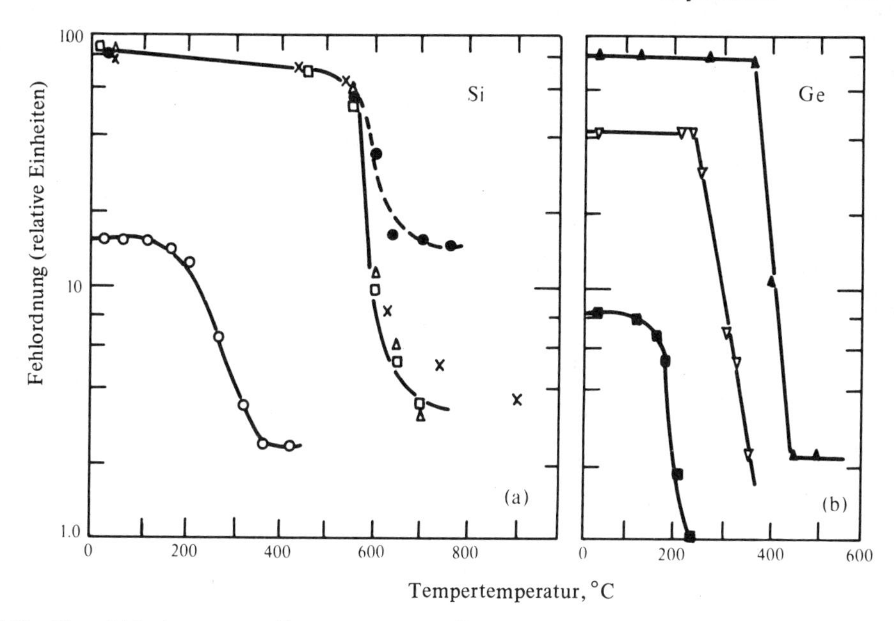

Abb. 6.10 Gitterfehlordnung gegen Tempertemperatur für
(a) Antimon-, Arsen- und Galliumimplantationen in Silizium bei Raumtemperatur. Die Daten sind aus Channelling-Messungen bestimmt. Die Dosen sind wie folgt: ○ $1{,}1 \times 10^{17}$ Sb-Ionen/m², x $3 \cdot 10^{19}$ Sb-Ionen/m², ● $2{,}6 \times 10^{19}$ Sb-Ionen/m², □ 4×10^{18} Ga-Ionen/m², △ $2{,}5 \times 10^{19}$ As-Ionen/m². (Identisches Temperverhalten ergab sich auch für eine 40 keV-Phosphorimplantation von $2{,}0 \times 10^{17}$ Ionen/m².)
(b) Indiumimplantationen in Germanium bei Raumtemperatur:
■ $6{,}3 \times 10^{16}$ Ionen/m², △ $2{,}3 \times 10^{17}$ Ionen/m², ▲ $6{,}2 \times 10^{18}$ Ionen/m².

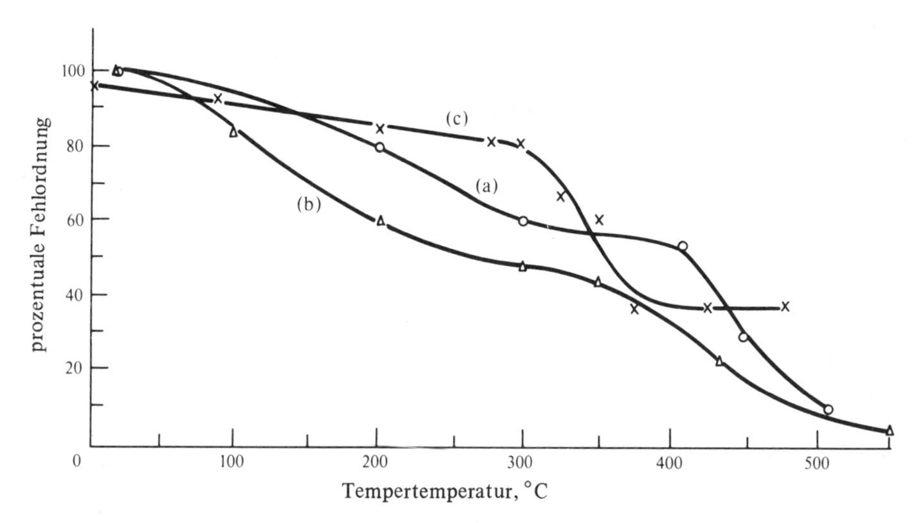

Abb. 6.11 Temperverhalten der Gitterfehlordnung nach Ionenbeschuß von GaP, GaAs und CdS.
(a) 1×10^{19} m^{-2}, 20 keV Te-Ionen in GaP.
(b) 1×10^{19} m^{-2}, 40 keV Te-Ionen in GaAs.
(c) 3×10^{19} m^{-2}, 40 keV Bi-Ionen in CdS.

Es sind Merkmale dieser Kurven, daß die Temperung oft über einen breiten Temperaturbereich erfolgt und daß dieser Bereich mit der Ionendosis zunimmt. Das weist darauf hin, daß wahrscheinlich mehrere bewegliche Ionenarten für die Temperung verantwortlich sind und daß die Komplexität der Fehlordnung zunimmt wie auch die Schwierigkeit einer Neuordnung. Nelson hat vermutet, daß die Temperrate amorpher Zonen durch die Flucht von Defekten in umliegende gute Kristallgebiete abnehmen sollte, wenn die Zone größer wird, falls Rekristallisation zwischen dem fehlgeordneten und guten Kristall die Neuordnungsrate begrenzt. Dies stimmt qualitativ mit den oben gezeigten Ergebnissen überein. Wenn die Form der Fehlordnung einfacher ist (d.h. Doppelleerstellen und Leerstellenanhäufungen), sollte Tempern leichter vonstatten gehen und verringerte Temperaturen erforderlich sein, wieder wie oben vermutet. In der Tat deckt Tempern nach Tiefentemperatur-Implantation mit niederer Dosis/leichten Ionen in Si und GaAs ziemlich gut definierte Tempertemperaturen und somit Defektwanderungsenergien auf. Es wurde vorgeschlagen, daß dies ein klarer Hinweis für Wanderungsprozesse einfacher Defekte ist (z.B. eine Leerstelle in Si mit einer Aktivierungsenergie für Wanderung von $\approx$0,3 eV).

Deshalb wird als allgemeines Muster des Temperverhaltens nach Bestrahlung angenommen, daß mit zunehmender Temperatur Wanderung und Vernichtung von einfacheren Defekten und Anhäufungen beginnt, dann werden einzelne amorphe oder fehlgeordnete Zonen neugeordnet und schließlich werden große und überlappende Zonen entfernt. Während dieses Stadiums der Zonenrückbildung werden jedoch Punktdefekte zum Wandern und Zusammenballen freigesetzt; daraus ergeben sich Versetzungen mit ihren Verzweigungen, welche nur durch Ausheilen bei sehr hohen Temperaturen entfernt werden können. In Si und Ge läßt sich gewöhnlich gute Rekristallisation erreichen, jedoch treten in Verbindungshalbleitern oft eher Sublimationsverluste bei einem der Komponenten auf, bevor die ganze Fehlordnung beseitigt ist. Es sei jedoch daran erinnert, daß besonders bei den II-VI-Verbindungen der Anteil der Fehlordnung bei gegebener Ionendosis gewöhnlich geringer ist als bei den elementaren Halbleitern.

Natürlich ist die thermische Aktivierung nur eines der Verfahren zur Steigerung der spezifischen Defektwanderung. Dieser Effekt kann auch durch andere energetische Verfahren erreicht werden. Zum Beispiel ergibt der Vergleich der Abbildungen 6.8 und 6.11, daß der Fehlordnungsgrad geringer ist, wenn die Implantation bei erhöhter Temperatur T_2 ausgeführt wird, als wenn die Implantation bei einer geringeren (Raum-) Temperatur T_1 erfolgte und anschließend, nach der Bestrahlung, bei T_2 ausgeheilt wurde. Natürlich fördert die Anwesenheit des aufprallenden Strahles die Ausheilung, und dieses kann der Erhöhung der Dichten einfacher Defekte während der Bestrahlung zugeschrieben werden, die der Ausheilung komplexerer Fehlordnung dienlich ist. Ein ähnlicher Effekt kann nach dem Beschluß unter Bedingungen verwendet werden, wo zum Beispiel[44] ein ziemlich energiereicher Protonen- oder Heliumionenstrahl (1 MeV) benutzt werden kann. Dadurch erreicht man *bei der gleichen Temperatur* in Si Ausheilung von komplexerer Fehlordnung, die vorher durch eine Schwerionenimplantation verursacht wurde. In solch einem Fall werden in wachsender Zahl einfache Punktdefekte erzeugt. Zusätzlich können unelastische Energieübertragungen bereits bestehende Defekte elektrisch aufladen, wodurch deren Beweglichkeit erhöht wird. Diese erhöhte Defektbeweglichkeit kann auch eine wertvolle Anwendung für die Veränderung von Dotierungsprofilen implantierter Atome finden, und zwar dadurch, daß durch sie ein erhöhtes Diffusionsvermögen im Substratgitter erzeugt wird. Dieses praktische Verfahren wird in Kapitel 7 beschrieben.

Obwohl die Anwesenheit von Defekten in einem großen Ausmaß und von amorphen Gebieten im allgemeinen gänzlich eine unerwünschte Begleiterscheinung der Ionenimplantation ist, da unerwünschte elektronische Effekte gewöhnlich im Gefolge dazu auftreten und somit versucht wird, Fehlordnung durch geeignete Tempermaßnahmen auf ein Minimum zu beschränken, so gibt es auch gewisse Beispiele, wo eine beträchtliche Defekterzeugung vorteilhaft ist. Eines ist gerade erwähnt worden, bei dem eine erhöhte Defekterzeugung zur wünschenswerten Diffusion des Dotierungsmittels führen kann. Ein zweites tritt auf, wo Dotierungsatome in einem fehlgeordneten Gitter eingeordnet sind und in geeignete Gitterplätze eingebaut werden müssen, um ihren gewünschten elektronischen Einfluß auszuüben. Es wurde zum Beispiel für B in Si gefunden[45], daß während des Temperns die B-Atome erfolgreich mit Si-Atomen in den Wettstreit um die Besetzung von Zwischengitterplätzen treten, wenn das Gitter durch schwerere, nichtdotierende Ionen vor der B-Implantation amorphisiert wird. In einem anfänglich besser geordneten Gitter (B allein implantiert) ist es schwierig, B auf Zwischengitterplätze zu bringen. Das gilt nicht für alle Implantat/Substrat-Kombinationen, aber zeigt an, daß die Löslichkeitsmechanismen ziemlich stark von der Defektstruktur des Substrats abhängig sein können.

Eine weitere bedeutende Beobachtung wurde von Parsons angestellt[46]. Er fand, daß Beschuß durch 100 keV O-Ionen von Ge zur Bildung von kleinen rekristallisierten Zonen innerhalb der amorphen Matrix führte. Das zeigt klar, daß Strahlung nicht nur einen Kristall fehlordnen kann, sondern auch eine gewisse Neuordnung bewirkt, so daß es in einer Bestrahlung ein ständiges dynamisches Gleichgewicht zwischen Fehlordnung und Neuordnung geben muß, selbst wenn der Fall einer sogenannten „amorphen" Zone gegeben ist.

6.5 Die Beständigkeit der Fehlordnung

In der vorangehenden Erörterung haben wir skizziert, wie experimentelle Beobachtungen mit beträchtlicher Genauigkeit die theoretischen Voraussagen im Hinblick auf die Verteilung und den Gesamtwert der Fehlordnung bestätigen. Es wurde auch gezeigt, daß leichte Ionen, die in schwerere Substrate implantiert werden, dazu neigen, wenigstens am Anfang ziemlich einfache Fehlordnungskomplexe zu erzeugen. Bei Anstieg der Ionenmasse jedoch steigt die örtliche Defektdichte in einem solchen Ausmaß, daß eine katastrophale Fehlordnung auftritt; bei Si und Ge ergibt sich Amorphisierung als Folge. Diese Beobachtungen bestätigen wiederum die theoretischen Vorstellungen, die in Kapitel 5 entwickelt wurden. Es ist auch gezeigt worden, daß sogar für leichte Ionen der Amorphisierungsprozeß wahrscheinlich wird, wenn die Dichte der abgegebenen Energie, die zur anschließenden örtlichen Defektdichte führt, über 10^{27} keV m^{-3} liegt. Man muß sich jedoch daran erinnern, daß dies ein empirisches Kriterium ist, das nur bestimmt, ob eine amorphe Zone sich spontan und katastrophenartig während der Erzeugung der Stoßkaskade bilden kann oder nicht; es bestimmt nicht, ob eine solche fehlgeordnete Zone überlebt oder sich neu ordnet.

Wie in Kapitel 5 angemerkt wurde, sind verschiedene (aber keineswegs unverträgliche) Modelle dieses Überleben-Prozesses entwickelt worden. Im ersten, von Morehead und Crowder[47] vorgeschlagenen, wird postuliert, daß ein Schwerion spontan ein amorphes Gebiet erzeugen kann, aber daß während und im Anschluß an die atomare Versetzungskaskade Defekte (wahrscheinlich Leerstellen) aus der Zone ausdiffundieren können in den umgebenden guten Kristall und der Zone die Rekristallisation erlauben, falls die Defektdichte unter einen festen Wert fällt. Dieser Diffusionsvorgang tritt bei einer Zone auf, die praktisch durch die intensive örtliche Energieabgabe in einem thermodynamisch aufgeheizten Zustand ist. Wenn die Leerstellen ausfließen, zieht sich die Grenze zwischen amorphem und kristallinem Zustand durch das Kristallwachstum an der Grenzfläche zusammen und die Zone schrumpft ein. Gleichzeitig kühlt sich die Zone durch thermische Ableitung ins Umgebungsmaterial ab, bis es eventuell zu kühl für den Fortlauf der Defektdiffusion ist und die nicht ausgeheilte innere Zone fehlgeordnet bleibt. Das Anwachsen der Substrattemperatur während der Bestrahlung bewirkt eine weitere Erhöhung des spezifischen Defektflusses aus der Zone und deswegen eine Erhöhung der spezifischen Zonen-Neuordnung, so daß nur kleinere Zonen bei höherer Temperatur existieren und eine höhere Ionendosis zum Erreichen vollständiger Amorphisierung des bestrahlten Volumens nötig ist. Durch geeignete Wahl von Zonentemperaturen, spezifischer Diffusion und anfänglichen Zonenvolumen konnten Crowder und Morehead ihr Modell an experimentelle Daten für die kritische Dosis zur Amorphisierung als Funktion der Targettemperatur anpassen, und zwar für B-, P- und Sb-Ionenimplantation in Si. Die Übereinstimmung für B mag überraschend erscheinen, da es unwahrscheinlich ist, daß jedes Ion tatsächlich genug Energie abgibt, um örtlich eine Zonenbildung einzuleiten. Es muß eher angenommen werden, daß viele getrennte einfachere Defekte erzeugt werden. Jedoch kann, wenn die Ionendosis erhöht wird, sich ein Zustand ergeben, wo ein kleiner Zuwachs an örtlicher Defektdichte zu der bereits erzeugten ausreichend für die Erzeugung von Bedingungen für katastrophale Kollapse sein kann. Andererseits kann es sein, daß sogar dann, wenn die durch fortgesetzten Beschuß erzeugte örtliche Defektdichte nicht groß genug für eine durch ein einzelnes weiteres Ion induzierte Kaskade gemacht werden kann, daß sich dann zwei oder mehrere benachbarte Kaskaden überlappen können und daß im Überlappungsbereich die Bedingung zur Amorphisierung ausreicht. Solch eine Erweiterung des grundlegenden Modells von Morehead und Crowder ist von Gibbons[11] entwickelt worden, der annimmt, daß dieser Vorgang gut der überlinearen Abhängigkeit der vom C-Ion induzierten Fehlordnung in Si zugerechnet werden kann, wie sie von Hirvonen et.al.[30], für Infrarotabsorption[22] und Elektronenspinresonanz-Untersuchungen[25] für B- und O-Implantation in Si beobachtet wurden. Eine Folgerung aus dem grundlegenden Modell und seiner Weiterentwicklung ist die, daß die gemessene Fehlordnung mit zunehmender Dosisrate anwächst, wenn die Substrattemperaturen groß genug sind, um schnelle Defektwanderung zuzulassen, da das Auswandern von Defekten aus einer Zone und ihre Auslöschung von der Nähe der benachbarten Zonen und der Rate, mit der diese sich aufbauen, abhängen. Dieses stimmt wiederum mit Messungen der Abhängigkeit der Dosisrate von B und C, das in Si und von In, das in GaAs implantiert wurde, überein.

Die Neuordnung der amorphen Zone wurde ein wenig unterschiedlich von Kelly und Naguib[48] untersucht, die von einer im wesentlichen ähnlichen aufgeheizten Anfangszone ausgingen, die sich tatsächlich oberhalb der Schmelztemperatur T_m des Kristalls befindet. Alle Punkte innerhalb der Zone werden dann durch thermische Leitung gekühlt, und die Rekristallisation ist an der Zonengrenze des umgebenden guten Kristalls so lange möglich, wie die Grenze oberhalb der Kristallisationstemperatur T_c bleibt. Es gibt einige Gründe zur Unterstützung dieses Modells, da aus Transmissionsuntersuchungen mit dem Elektronenmikroskop bekannt ist, daß amorphe Materie an der Grenze zum guten Kristall rekristallisiert, und daß kleinere Zonen bei niedrigeren Temperaturen rekristallisieren. Das wesentliche Resultat dieses Modells ist, daß eine amorphe Zone vollständig rekristallisiert unter der Voraussetzung, daß die Beziehung $\frac{T_c}{T_m} < 0{,}23 \pm 0{,}7$ für diese Materie besteht, und daß teilweise oder totale Rekristallisation eines beschossenen amorphen Festkörpers auch möglich ist. Dieses Modell – angewandt auf einen weiten Bereich metallischer Oxide und einiger Halbleiter – scheint eine befriedigende Vorhersage der beobachteten Stabilität gegenüber Strahlungsfehlordnung zu ermöglichen. Speziell liegen die berechneten $\frac{T_c}{T_m}$ Werte für GaAs, Ge und Si alle in der Gegend von 0,4 bis 0,6, wobei sich ihr Hang zur Amorphisierung zeigt, wie beobachtet.

Diese Berechnungen beruhen auf Rekristallisationstemperaturen von voll amorphisierten Stoffen, während Ergebnisse von Transmissionselektronenmikroskopie darauf hinweisen, daß Rekristallisation für diskrete amorphe Zonen bei niedrigeren Temperaturen erfolgt. Die daraus sich ergebende Wirkung ist ein Anstieg des $\frac{T_c}{T_m}$ – Wertes, für den Rekristallisation möglich ist, so daß auch Rekristallisation in Stoffen wie Ge möglich sein mag, wie es Parsons mit anfänglich amorphen Ge beobachtete.

Es gibt einen wesentlichen Unterschied zwischen dem Morehead/Crowder und dem Kelly/Naguib-Modell. Die ersteren nahmen an, daß der Verlust von Überschuß-Leerstellen durch Diffusion aus einem dynamisch fehlgeordneten Volumen zu einer automatischen Neuordnung führen sollte, vorausgesetzt, daß die Überschußdichte an Leerstellen genügend abgenommen hat. Die zweiten nahmen an, daß eine etwas unspezifizierte Art von Diffusion bei der Bewegung der Zonengrenze wirksam ist, daß aber der Gesamtprozeß in makroskopischen Begriffen des effektiven Temperaturverhaltens und der integrierten Wahrscheinlichkeit der Rekristallisation während dieses Temperaturdurchlaufes der Grenzfläche betrachtet werden kann.

Diese zwei Modelle schließen sich keinesfalls gegenseitig aus. Eingebaut in das Konzept oder in die Messung einer Rekristallisationstemperatur kann die Forderung einer geringeren als die der maximalen Defektdichte sein, bevor Rekristallisation möglich ist. So erkennt man das Morehead-Crowder-Modell als eine mikroskopische und das Kelly-Naguib-Modell als eine makroskopische Erklärung desselben Vorganges. Jedoch gibt es eine Schwierigkeit mit dem ersteren Modell, wenn das verschiedene Verhalten von Halbleiterstoffen der Gruppen IV, III-V und II-VI beschrieben wird; zum Beispiel wäre erforderlich, daß Leerstellen in II-VI-Halbleitern viel beweglicher als in den elementaren Halbleitern wären, um den Widerstand der ersteren gegen Amorphisierung zu erklären. Das erscheint unwahrscheinlich. Wir werden zum Schluß geführt, daß die Atomstruktur ebenfalls bei der Bestimmung des Rekristallisationsvorgangs beitragen muß, was ein weiteres implizites Merkmal der Rekristallisation sein mag, obwohl dies nicht explizit im Kelly-Naguib-Modell festgestellt wird. Deshalb kann man annehmen, daß eine fehlgeordnete Zone in Si – selbst wenn sie auf einen geeignet niedrigen Defektwert durch Verlust an Leerstellen zurückgeführt wird – nur zur Kristallphase zurückkehrt, wenn Rekristallisation möglich ist.

Das kann erfordern, daß eine hinreichende atomare Beweglichkeit zur Verfügung stehen muß, um Neuordnung und Wiedereinstellung der korrekten Bandstruktur zu erlauben. Gewiß ist in weniger kovalent gebundenen Halbleitern (II-VI-Verbindungen) die Erfordernis für Bindungsneuordnung geringer als in elementaren, kovalent gebundenen Halbleitern. Somit könnte sich eine neugeordnete Kristallphase mit eingeschlossenen Defekten (d.h. Kristallversetzungen) schneller bilden, wenn nur derselbe Grad an atomarer Beweglichkeit gegeben ist.

Ein umfassendes Modell der Neuordnung soll deshalb mindestens drei Vorgänge erfordern, die die Raten bestimmen:

1. Die Fähigkeit von Überschußdefekten, aus der fehlgeordneten Zone zu entkommen.
2. Hinreichende Atombeweglichkeit in der sich neu ordnenden Zone, damit atomare Neuordnung erlaubt wird.
3. Geeignete Neueinstellung der Bindungen.

Die erste dieser Forderungen ist in der Morehead-Crowder-Behandlung implizit enthalten, die zweite und dritte im Kelly-Naguib-Rekristallisations-Modell.

Schließlich sollten wir eine Bemerkung über das Modell machen, in dem die Zonenstabilisierung durch Erwerb von einfachen Defekten aus dem strahlungsinduzierten Untergrund favorisiert wird. Dieses ist im wesentlichen den vorgebenden Modellen ähnlich, legt aber die Vermutung nahe, daß die durch Bestrahlung außerhalb der Zonen erzeugten Defekte genügend beweglich sind, um bei der Stabilisierung mitzuwirken, während die anderen Modelle die thermisch aktivierte Wanderung von Defekten heranziehen, die von der Wärmewelle erzeugt werden, welche sich von der Zone oder Spitze ausbreitet. Dieses Modell gestattet sowohl über die Dosisrate wie auch über das nichtlineare-Fehlordnung/Ionendosis-Verhalten, welches sicher beobachtet wurde, eine Aussage, jedoch kann man noch keinen mikroskopischen Nachweis über das Verhalten individueller und verschiedenartiger Defektstrukturen bekommen, um andere Voraussagen des Modells (Anwachsen der stabilen Zonengröße mit wachsender Ionendosis) zu erhärten. Es wäre nicht überraschend, wenn Teile aller Modelle in eine vollständige Beschreibung des Fehlordnungsmodelles einbezogen werden müßten. Gegenwärtig gibt es keine ausschlaggebenden experimentellen Beweispunkte zugunsten des einen oder anderen oder sogar eines zusammengesetzten Modells. Man muß feststellen, daß unser Kenntnisstand über die Stabilitätskriterien der Kristallisation amorpher Zonen sehr unvollkommen ist.

Literaturhinweise zu Kapitel 6

1. Bøgh, E., *Can. J. Phys.*, 46 (1968), 653.
2. Feldman, L. C. und Rogers J. W., *J. Appl. Phys.*, **41** (1970), 3776.
3. Westmoreland, J. E., Mayer, J. W., Eisen, F. H. und Welch, B., *Rad. Effects*, 6 (1970), 161.
4. Andersen, J. U., Andreasen, J., Davies, J. A. und Uggerhoj, E., *Rad. Effects*, 7 (1971), 25.
5. Maugis, D., *Comptes Rendus Acadm. Sci.*, **272** (1971), 971.
6. Meek, R. L., Gibson, W. M. und Sellschop, J. P. P., *Proceedings II International Conference on Ion Implantation* (Hrg. Ruge & Graul), (Springer Verlag, 1971), 297.
7. Eernisse, E. P., *Proceedings II International Conference on Ion Implantation* (Hrg. Ruge & Graul), (Springer Verlag, 1971), 17.

8. Beezhold, W., *Proceedings II International Conference on Ion Implantation* (Hrg. Ruge & Graul), (Springer Verlag, 1971), 267.
9. Mayer, J. W., Eriksson, L. und Davies J. A., *Ion Implantation in Semiconductors: Silicon and Germanium* (Academic Press, 1970).
10. Nelson, R. S., Dearnaley, G., Freeman, J. H. und Stevens, J. L., *Ion Implantation in Semi conductors* (North-Holland, 1973).
11. Gibbons, J. F., *Proceedings IEEE,* **60** (1972), 1062.
12. Parsons, J. R., *Phil. Mag.,* **12** (1965), 1159.
13. Mazey, D. J., Nelson, R. S. und Barnes, R. S., *Phil. Mag.,* **17** (1968), 1145.
14. Bicknell, R. W., *Proc. R. Soc.,* **A311** (1969), 75.
15. Bicknell, R. W. und Allen, R. M., *Proceedings 1st International Conference on Ion Implantation* (Hrg. Chadderton und Eisen), (Grodon und Breach, 1971).
16. Chadderton, L. T. und Eisen, F. H., *Proceedings 1st International Conference on Ion Implantation* (Gordon und Breach, 1971), 445.
17. Davidson, S. M., *Proceedings of the European Conference on Ion Implantation* (Peter Peregrinus, 1970), 238.
18. Mazey, D. J. und Nelson, R. S., *Rad. Effects,* **1** (1969), 299.
19. Naguib, H. M., Grant, W. A. und Carter, G., *Rad. Effects,* **18** (1973), 279.
20. Olley, J. A., Williams, P. M. und Yoffe, A. D., *Proceedings of the European Conference on Ion Implantation* (Peter Peregrinus, 1970), 148.
21. Nelson, R. S. und Mazey, D. J., *Can. J. Phys.,* **46** (1968), 689.
22. Stein, H. J., Vook, F. L., Brice, D. K., Borders, J. A. und Picraux, S. T., *Proceedings 1st International Conference on Ion Implantation* (Hrg. Chadderton und Eisen), (Gordon und Breach, 1971), 17.
23. de Wit, J. G. und Ammerlau, C. A. J., *Proceedings II International Conference on Ion Implantation* (Hrg. Ruge und Graul), (Springer Verlag, 1971), 39.
24. Masuda, K., Namba, S., Gamo, K. und Murakami, K., *Proceedings of the US-Japan Seminar on Ion Implantation in Semiconductors, Kyoto, 1971* (Hrg. Namba), (Japanese Society for the Promotion of Science, 1971), 19.
25. Brower, K. L. und Beezhold, W., *Proceedings II International Conference on Ion Implantation* (Hrg. Ruge und Graul), (Springer Verlag, 1971), 7.
26. Davies, J. A., Denhartog, J., Eriksson, L. und Mayer, J. W., *Can. J. Phys.,* **45** (1967), 4053.
27. Mayer, J. W., Eriksson, L., Picraux, S. T. und Davies, J. A., *Can. J. Phys.,* **46** (1968), 663.
28. Carter, G., Grant, W. A., Haskell, J. D. und Stephens, G. A., *Rad. Effects,* **6** (1970), 277.
29. Eisen, F. H. und Welch, B., *Proceedings of the European Conference on Ion Implantation* (Peter Peregrinus, 1970), 227.
30. Hirvonen, J. K., Brown, W. L. und Glotin, P. M., *Proceedings II International Conference on Ion Implantation* (Hrg. Ruge und Graul), (Springer Verlag, 1971), 8.
31. Vook, F. L. und Stein, H. J., *Rad. Effects,* **6** (1970), 11.
32. Tinsley, A. W., Stephens, G. A., Nobes, M. und Grant, W. A., *Rad. Effects,* **23** (1974), 165.
33. Marsden, D. A., Bellavance, G. R., Davies, J. A., Martini, M. und Sigmund, P., *Phys. Stat. Sol.,* **35** (1969), 269.
34. Marsden, D. A. und Whitton, J. L., *Rad. Effects,* **6** (1970), 181.
35. Winterbon, K. B., Sigmund, P. und Sanders, J. B., *Matt Fys Medd Kgl Danske Videnskab Selskab,* **37** (1970), 14.
36. Brice, D. K., *Rad. Effects,* **6** (1970), 77.
37. Swanson, M. L., Parsons, J. R. und Hoelke, C. W., *Radiation Effects in Semiconductors* (Hrg. Corbett und Watkins), (Gordon und Breach, 1971), 359.
38. Richter, H. und Breitling, G., *Z. Naturf.,* **A13** (1958), 988.
39. Whitton, J. L., Carter, G., Freeman, J. H. und Gard, G. A., *J. Mat. Sci,* **4** (1969), 208.
40. Bøgh, E., *Rad. Effects,* **12** (1972), 13.
41. Davidson, S. M. und Booker, G. R., *Proceedings 1st International Conference on Ion Implantation* (Hrg. Chadderton und Eisen), (Gordon und Breach, 1971), 51.
42. Bøgh, E., Høgeld, P. und Stensgaard, I., *Proceedings 1st International Conference on Ion Implantation* (Hrg. Chadderton und Eisen), (Gordon und Breach, 1971), 431.

43. Bøttiger, J., Davies, J. A., Morgan, D. V., Whitton, J. L. und Winterbon, K. B., *Proceedings III International Conference on Ion Implantation,* in *Ion Implantation in Semiconductors and Other Materials* (Hrg. Crowder), (Plenum Press, 1972), 599.
44. Picraux, S. T. und Vook, F. L., *Rad. Effects,* **11** (1971), 179.
45. Blamires, N. G., Matthews, M. D. und Nelson, R. S., *Phys. Lett.,* **28A** (1968), 178.
46. Parsons, J. R. und Balluffi, R. W., *J. Phys. Chem. Sol.,* **25** (1964), 263.
47. Morehead jr., F. F. und Crowder, B. L., *Proceedings 1st International Conference on Ion Implantation* (Hrg. Chadderton und Eisen), (Gordon und Breach, 1971), 25.
48. Kelly, R. und Naguib, H. M., *Atomic Collision Phenomena in Solids* (Hrg. Palmer, Thompson und Townsend), (North-Holland, 1970), 172.

7 Anwendungen auf Bauelemente

7.1 Einführung

Die Ionenimplantation ist eine Methode, um Halbleiter mit Akzeptor- oder Donatorzentren zu dotieren, damit p–n Übergänge gebildet werden. Ein ionisierter Strahl von (sagen wir) Bor wird auf ein Halbleitertarget gerichtet und dabei die Ionenenergie und Gesamtdosis so gewählt, daß ein p–n Übergang in der erforderlichen Tiefe gebildet wird. Die Verteilung der implantierten Verunreinigungen kann gemäß den Richtlinien von Kapitel 3 berechnet werden, wenn man annimmt, daß Kanalführung vermieden wurde. Der Strahlenschaden, der die Implantation begleitet (und im Kapitel 5 erörtert wurde) hat ebenfalls eine Wirkung auf die elektrischen Eigenschaften der implantierten Schicht. Obwohl wir eine Gaußverteilung der Verunreinigung vorhersagen können, ist diese nicht notwendig identisch mit der Verteilung der aktiven Zentren. In der Tat können die elektrischen Eigenschaften durch Nebeneffekte von Zwischengitterverunreinigungen, Präzipitation und Strahlenschaden überdeckt werden.

Wegen dieser Effekte ist es notwendig, das elektrische Verhalten von implantierten Schichten zu messen und die Tiefenverteilung der aktiven Zentren zu bestimmen. In diesem Kapitel erörtern wir einige der benützten Methoden und den allgemeinen Trend der Ergebnisse. Die meisten elektrischen Parameter für implantierte Schichten werden als eine Funktion der Tempertemperatur nach der Ionenimplantation untersucht. Dies erfolgt deswegen, weil die Temperung der wichtigste Nach-Implantations-Schritt ist, der bei der Anwendung der Methode auf die Herstellung von elektronischen Bauelementen ausgeführt wird. Der Schaden, der durch die Implantation erzeugt wird, ändert sich drastisch durch Tempern, wobei sich entsprechend die elektrischen Eigenschaften ändern. Die Targettemperatur während der Bestrahlung ist eine gleich wichtige Prozeßvariable.

Genauso wie die Eigenschaften der implantierten Schicht muß auch die Kennlinie des p–n-Übergangs untersucht werden; diese wird in Abschnitt 7.4 erörtert. Zuvor wird eine allgemeine Einführung in die Planar-Diffusionstechnologie in Abschnitt 7.3 gegeben, weil die Implantation häufig als eine der vielen Prozeßschritte benützt wird, die dort skizziert werden, und weil sie mit Diffusionstechnologie kompatibel sein muß. Der letzte Abschnitt befaßt sich mit einigen spezifischen Bauelementen, die unter Gebrauch von Ionenimplantation hergestellt werden. Diese sind so ausgewählt, daß einige der wichtigen Vorteile und damit erhältliche Eigenarten demonstriert werden.

7.2 Elektrische Eigenschaften von implantierten Schichten

Die elektrische Leitfähigkeit von dünnen Schichten kann mit Hilfe einer Vierspitzen-Methode[1] gemessen werden. Vier Metallsonden werden auf die Halbleiteroberfläche gedrückt, wobei die Sonden auf einer Geraden oder an den Ecken eines Quadrates angeordnet sind. Strom wird aus einer Konstantstromquelle durch die Oberflächenschicht über zwei der Sonden geleitet und der Spannungsabfall über die zwei anderen gemessen (unter Benützung eines hochohmigen Voltmeters). Wenn der Abstand zwischen den Proben gleich und durch s gegeben ist, der spezifische Widerstand der Schicht ρ (in Ohm m) und die Schichtdicke Δx ist, dann ist der Widerstand entlang entgegengesetzter Seiten eines Quadrates der Länge s:

$$\rho_s = \rho \frac{\text{Länge}}{\text{Querschnitt}} = \rho \frac{s}{s\Delta x}$$

d.h. der Schicht – oder Flächenwiderstand

$$\rho_s = \frac{\rho}{\Delta x} \qquad 7.1$$

Dieser Flächenwiderstand kann mit Hilfe des Vierpunktsonden-Verfahrens gemessen werden. Bei Sonden, die in gerader Linie angeordnet sind, wird der Strom I durch das äußere Paar eingeprägt und die Spannung V zwischen dem inneren Paar gemessen. Der Flächenwiderstand einer unendlich dünnen Lage ist durch

$$\rho_s = \frac{\pi}{\log_e 2} \frac{V}{I} \qquad 7.2$$

gegeben[2]. Wenn N_s (Ionen/m^2) die Zahl der an der Oberfläche gemessenen Ladungsträger/m^2 ist und wir von ihnen eine gleichmäßige Verteilung über Δx annehmen, dann ist die Ladungsträgerkonzentration N (Ladungsträger/m^3) durch $N_s/\Delta x$ gegeben. Daher folgt für die Leitfähigkeit σ

$$\sigma = \frac{1}{\rho} = e\mu N = \frac{e\mu N_s}{\Delta x}$$

wobei μ die (auch als konstant angenommene) effektive Beweglichkeit ist. Dann folgt, daß

$$\rho_s = \frac{1}{e\mu N_s} \qquad 7.3$$

ist, wobei e die Elementarladung ist. Wenn wir annehmen, daß die Gesamtzahl elektrisch aktiver Zentren N allein durch die Zahl implantierter Ionen vorgegeben ist, würde uns Gleichung 7.3 erlauben, ihre Beweglichkeit zu messen. In der Praxis ändert sich die Konzentration aktiver Plätze $N(x)$ mit der Tiefe x, und die Beweglichkeit ist eine Funktion dieser Konzentration. Zusätzlich tragen Schadenszentren ebenfalls zur gemessenen Belegung aktiver Plätze bei, so daß Viersondenmessungen nur die gemittelten Werte angeben.

Halleffekt-Messungen[1] können jedoch zur Bestimmung von Ladungsträgerkonzentrationen und Beweglichkeiten in implantierten Schichten verwandt werden. Die einfache tafelartige Geometrie wird in Abb. 7.1 gezeigt, wo ein konstanter Strom in Längsrichtung einer Halbleiterprobe der Breite b eingeprägt ist und eine Spannung V_R zwischen Sonden mit dem Abstand l sich aufbaut. Der Widerstand ρ ist durch

Magnetfeld

B

V_R wird zwischen 1 und 2 (oder 3 und 4) gemessen, V_H zwischen 1 und 4 (oder 2 und 3).

(a)

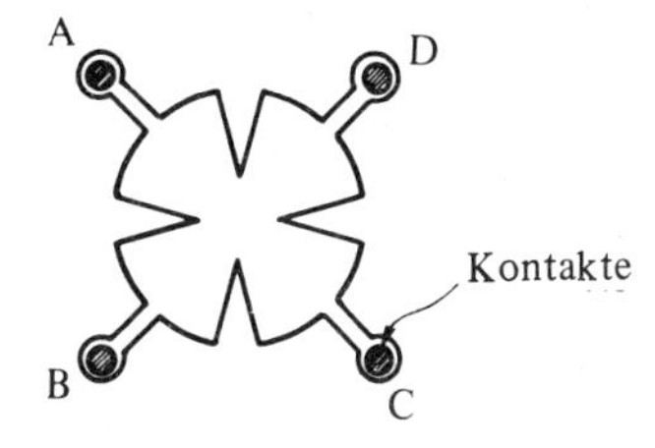

Die für Halleffektmessungen benutzte Kleeblattgeometrie

(b)

Abb. 7.1 Halleffektmessung

$$\rho = \frac{V_R}{I}\frac{b\Delta x}{l}$$

gegeben, und der Flächenwiderstand ρ_s durch

$$\rho_s = \frac{\rho}{\Delta x} = \frac{V_R}{I}\frac{b}{l} \qquad 7.4$$

Ein magnetisches Feld B wird in gezeigter Richtung ebenfalls angelegt und die quer zur Probe auftretende Spannung V_H gemessen. Die Ladungen, die sich im Halbleiter bewegen, erfahren eine Kraft Bev, wobei e ihre Ladung und v ihre mittlere Geschwindigkeit in Stromrichtung bedeuten. Diese Kraft ist im rechten Winkel zur Bewegung gerichtet und ruft ein elektrisches Feld $E_H = V_H/b$ hervor, das unter Gleichgewichtsbedingungen eine entgegengesetzt gleichgroße Kraft $E_H e$ bewirkt.

Deshalb ist $E_H e = Bev$, und da die Stromdichte J durch $J = Nev$ gegeben ist, gilt:

$$E_H = \frac{BJ}{Ne} \qquad 7.5$$

Der Hall-Koeffizient R_H ist definiert als

$$R_H = \frac{E_H}{BJ} = \frac{1}{Ne} \qquad 7.6a$$

Der Hall-Flächenkoeffizient R_{HS} ist über

$$R_{HS} = \frac{R_H}{\Delta x} = \frac{V_H}{IB} = \frac{1}{N_s e} \qquad 7.6b$$

gegeben. Wir können deshalb die Oberflächenkonzentration N_s und die effektive Beweglichkeit μ in Ausdrücken von ρ_s und R_{HS} darstellen:

$$N_s = \frac{1}{\rho_s e \mu} = \frac{1}{R_{HS} e} \qquad 7.7$$

und

$$\mu = \frac{R_{HS}}{\rho_s} \qquad 7.8$$

Die Kombination der Gleichungen 7.4 und 7.8 ergibt

$$N_s = \frac{I}{V_R} \frac{l}{b} \frac{1}{e\mu} \qquad 7.9$$

$$= \frac{IB}{V_H} \frac{1}{e} \qquad 7.10$$

und

$$\mu = \frac{V_H}{V_R} \frac{l}{b} \frac{1}{B} \qquad 7.11$$

Die Kombination von Viersonden- und Halleffektmessungen ermöglicht uns, die Ladungsträgerkonzentration und Beweglichkeit in der implantierten Schicht zu berechnen. Jedoch ist die Ladungsträgerverteilung in der Tiefe nicht einheitlich, und da μ von der Gesamtkonzentration der Verunreinigung abhängt, ändert es sich außerdem innerhalb der Schicht. Um die Änderung von N und μ als Funktion der Tiefe zu finden, muß man sukzessive Lagen von der Probe entfernen und N_s und μ in jedem Stadium messen[3]. Mehrere Abtragungsmethoden stehen zur Verfügung und sind in Kapitel 3 erörtert, wo sie zum Auffinden der Tiefenverteilung implantierter Ionen verwendet wurden. Hier benutzt man sie, um die Verteilung elektrisch aktiver Zentren herauszufinden. In obiger Untersuchung gingen wir davon aus, daß die bei Halleffekt-Experimenten gemessene Beweglichkeit μ_H identisch mit der Leitfähigkeits- (oder Drift-)beweglichkeit μ_D ist. In vielen Fällen ist dieses nicht richtig, und man muß Korrekturen anbringen[4].

Die bei Halleffekt-Messungen benutzte Geometrie muß nicht unbedingt das einfache tafelförmige Aussehen der Abb. 7.1 haben. Vorausgesetzt, daß die Schicht und das Substrat voneinander isoliert sind und die Schicht homogen ist, kann sie ein beliebiges Aussehen haben mit der Einschränkung, daß die seitlichen Abmessungen groß im Vergleich zur Sondenfläche sind. Eine typische, oft benutzte Kleeblattgeometrie wird in Abb. 7.1(b) gezeigt. Die Spannung V_R wird zwischen A und D gemessen, während der Strom von B nach C fließt; V_H wird zwischen A und C gemessen, wobei der Strom von B nach D fließt. Van der Pauw[1] hat gezeigt, daß ρ_s und R_{HS} bei symmetrischer Geometrie durch die Gleichungen 7.2 bzw. 7.6 gegeben sind. Viele andere Geometrien sind verwendet worden[4].

Ein p–n-Übergang in einem Halbleiter und die Metall-Halbleiter-Schottky-Barriere haben beide eine Kapazität. Ein Planarübergang kann als Parallelplattenkondensator angesehen werden, dessen Plattenabstand von der angelegten Spannung abhängt. Beim Vergrößern der in Sperrichtung angelegten Spannung wächst die Tiefe der Verarmungsschicht, wobei mehr unbewegliche Ladungszentren entstehen. Die Ränder der Raumladungszone (den Kondensatorplatten entsprechend) rücken voneinander weg, und die Kapazität nimmt ab. Durch Messen der Übergangskapazität läßt sich deshalb die Verteilung der Ladungszentren im Halbleiter messen. Bei der gewöhnlichen Methode verwendet man eine gewöhnliche Hochfrequenzbrücke, die es gestattet, sowohl eine Gleichstrom-Vorspannung wie auch ein Wechselspannungssignal an den Übergang anzulegen. Die Gleichstrom-Vorspannung legt die Tiefe der Verarmungszone fest, und mit der hochfrequenten Spannung untersucht man einen schmalen Bereich in dieser Tiefe. Man findet eine kleine Kapazitätsänderung dC bezüglich der Gesamtkapazität C. Es werden dann Messungen über einen Bereich von Vorspannungen gemacht, und die Verunreinigungskonzentration $N(x)$ wird aus

$$N(x) = \frac{1}{e\epsilon\epsilon_0 A^2} \frac{C^3}{\mathrm{d}c/\mathrm{d}V} \qquad 7.12$$

und

$$x = \frac{A\epsilon\epsilon_0}{C} \qquad 7.13$$

berechnet, wobei C die Übergangskapazität, A deren Fläche, dC die Kapazitätsänderung bei der Spannungsänderung dV, ϵ_0 die Dieelektrizitätskonstante des leeren Raumes, ϵ die Dielektrizitätskonstante für Silizium und e die Elementarladung bedeuten. Für eine Schottky-Barriere wird x von der Metall-Halbleitergrenzfläche aus gemessen. Die Methode der differentiellen Kapazität kann unter günstigen Bedingungen die Dotierungsdichte über vier oder fünf Dekaden ausmessen und wird durch den Lawinendurchbruch des Übergangs begrenzt.

Die obige Methode ist zerstörungsfrei im Gegensatz zur Anschliff- und Anfärbemethode[6], die als nächstes erörtert wird. Der p—n-Übergang in einem Halbleiter kann durch Vorzugs-„färben" des p-Siliziums gegenüber dem n-Silizium hervorgehoben werden, wenn er durch gewisse chemische Lösungen geätzt wird. Die implantierte (oder diffundierte) Probe wird in einem sehr kleinen Winkel bezüglich der Silizium-Oberfläche sektioniert und nach „Anfärben" der Abstand des Übergangs entlang des Schliffes gemessen (vgl. Abb. 7.8 zur Verdeutlichung dieser Methode). Kennt man den Anschleifwinkel (gewöhnlich $\approx 1°$), kann die Übergangstiefe senkrecht zur Oberfläche berechnet werden. Der p—n-Übergang in einer implantierten Schicht bildet sich, wo die Verunreinigungskonzentration auf den Wert der Untergrundsdotierung abfällt. Wenn folglich ein Satz von Proben mit verschiedenen, genau festgelegten Untergrundskonzentrationen implantiert wird, bildet sich der Übergang bei verschiedenen Tiefen, und wir können das Verteilungsprofil der Verunreinigung messen. Jede Probe liefert einen Punkt für das Profil der Verunreinigungsverteilung. Da man die Höhe der Hintergrunddotierung in weitem Bereiche variieren kann, kann das Profil über fünf oder sechs Dekaden verfolgt werden.

Die elektrischen Eigenschaften des p—n-Überganges, der durch Ionenimplantation gebildet wurde, können durch Aufnahme der Strom/Spannungs-Charakteristiken des Übergangs unter den Bedingungen von Vorwärts- und Rückwärtsspannungen untersucht werden. Zum Beispiel kann man Auskunft über die Verteilung von Zentren für die Erzeugung von Re-

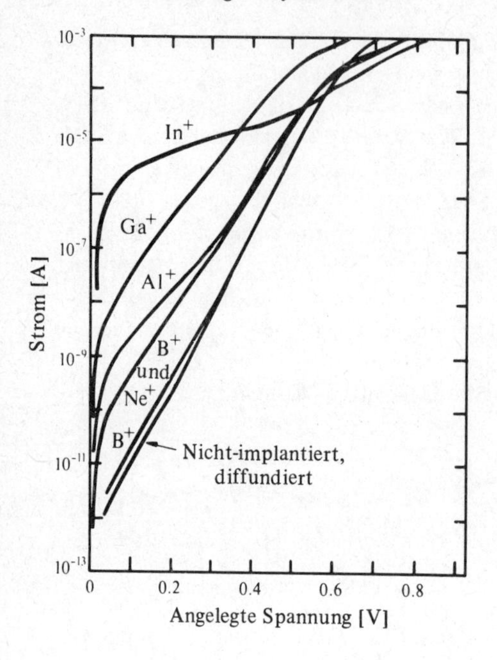

Abb. 7.2 Vorwärts-Strom-Spannungskennlinien von Dioden, die durch Implantation von Dotiermitteln aus der 3. Gruppe in Silizium bei Raumtemperatur und durch 500° C- bis 550° C-Temperung hergestellt wurden.

kombination in der Raumladungszone erhalten, sowie über effektive Lebensdauer von Ladungsträgern. Abb. 7.2 veranschaulicht die Strom/Spannungs-Charakteristiken für eine Reihe Dioden, die unter Verwendung von Dotierstoffen der Gruppe III bei Raumtemperatur implantiert und bei Temperaturen zwischen 500 und 550°C ausgeheilt wurden. Bei geringen Spannungen ist der Vorwärtsstrom größer als bei einer bordiffundierten Diode derselben Fläche, und er nimmt mit der Ordnungszahl des implantierten Ions zu. In diesem Bereich der Strom/Spannungs-Charakteristik ist der Strom durch die Rekombination von Ladungsträgern an Zentren oder Fallen im Raumladungsgebiet bestimmt. In Abb. 7.2 wird gezeigt, daß die Anzahl dieser Zentren direkt mit den unterschiedlichen Schadenshöhen zusammenhängt, die von der jeweiligen Schwerionensorte erzeugt wird.

Bor und Phosphor sind in Silizium stark löslich und deshalb als Dotiermaterial zur Herstellung von p- bzw. n-Silizium äußerst nützlich. Ionenimplantierte Bor- und Phosphorschichten in Silizium sind ausführlich unter verschiedenen Bedingungen bezüglich Ionendosis, Ionenenergie, Targettemperatur (sowohl während wie auch nach der Implantation), Targetorientierung usw. untersucht worden. Wir wollen ein paar experimentelle Ergebnisse untersuchen, um allgemeine Trends ionenimplantierter Schichten zu sehen.

Abb. 7.3 zeigt das Temperverhalten von Silizium, das mit verschiedenen Phosphordosen[8,9] bei 100 keV implantiert wurde. Unmittelbar nach Implantation bei Raumtemperatur ist der Flächenwiderstand in der Größenordnung von 10 kΩ/Fläche für eine Dosis von 6 x 10^{19} Ionen/m^2. Wenn die Probe bei schrittweise höheren Temperaturen getempert wird, heilt der durch Implantation hervorgerufene Schaden aus und der Flächenwiderstand fällt zwischen 300° und 600°C rasch ab. In diesem Temperaturbereich ordnet sich die Probe

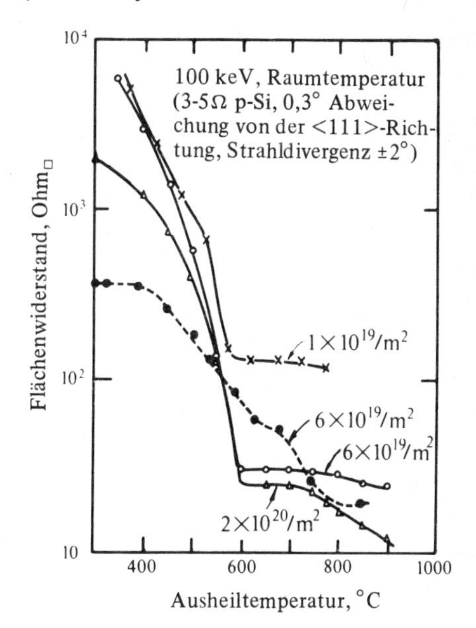

Abb. 7.3 Flächenwiderstand von Phosphorschichten, implantiert bei Raumtemperatur (durchgezogene Linien) und ausgeheizt zwischen 300 und 900°C. Die unterbrochene Kurve gilt für Implantation bei 450°C. Die Messungen erfolgten alle im Anschluß an eine 30minütige isochrone Ausheizung.

rasch aus ihrem durch Beschuß hervorgerufenen amorphen Zustand um zu ihrer kristallinen Form. Aussagen über diese Neuordnung des Kristalls wie auch über die Bewegung des Dotiermittels auf Gitterplätzen hin können oft aus Rutherford-Rückstreuung gewonnen werden. Über 600°C gibt es wenig Änderung im Widerstand, der jetzt ≈25Ω/Fläche ist. Die Kurve der kleinsten Dosis (1 x 10^{19} Ionen/m^2) zeigt dasselbe Temperverhalten mit einem scharfen Abfall bis zu 600°C, aber mit dem Erreichen eines höheren Sättigungswerts von ≈100Ω/ Fläche. Die Probe mit der extrem hohen Dosis von 2 x 10^{20} Ionen/m^2 zeigt ein ähnliches Verhalten, jedoch fällt der Flächenwiderstand für Temperaturen über 700°C noch ab.

Falls das Target während der Implantation aufgeheizt wird, heilt der Schaden kontinuierlich aus und erreicht nicht denselben Wert, der sich aus einer Raumtemperatur-Implantation ergibt. Eine Probe, in die 6 x 10^{19} Ionen/m^2 bei 450°C implantiert sind, zeigt schon einen Schichtwiderstand von 400Ω/Fläche nach 300°C-Temperung; dieser fällt bis 900° kontinuierlich ab. Die Kurve zeigt keine scharfe Temperkante bei 600°C, da die Probe während der „heißen" Implantation nicht amorphisiert wurde. Jedoch ist der Schaden schwerer zu entfernen, so daß bei 600°C der Flächenwiderstand sogar größer ist als bei einer Probe, in die dieselbe Dosis bei Raumtemperatur implantiert und die bis zum gleichen Punkt getempert wurde.

Durch Sektionieren der Probe können Profile der elektrisch aktiven Zentren gewonnen werden. Abb. 7.4 zeigt Ergebnisse für 100 keV-Phosphorimplantationen. Nach Implantieren von 2 x 10^{20} Ionen/m^2 bei Raumtemperatur und Tempern bei 650°C ist das Profil oben abgeflacht und fällt nicht mit der theoretischen Verteilung für implantierte Ionen zusammen, wie sie aus der LSS-Theorie berechnet wird. Weiteres Ausheilen bis zu 850°C bringt jedoch diesen flachen Teil zum Verschwinden, und die beiden Profile fallen eng zusammen, da der Phosphor auf aktive Plätze gebracht wurde.

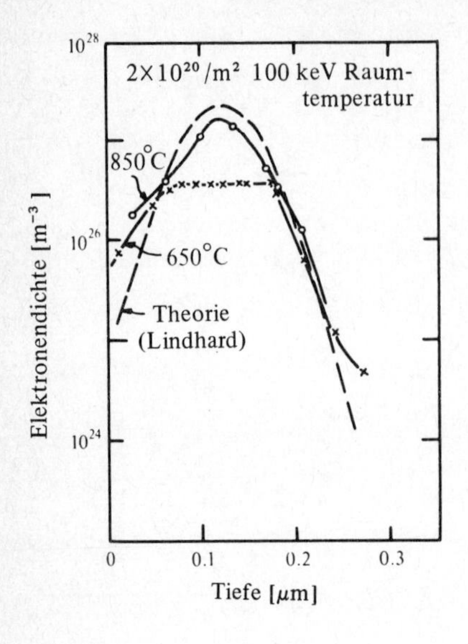

Abb. 7.4 Elektrisch aktives Profil von zwei 100 keV Phosphorimplantationen nach Temperung bei 650 und 850° C. Die theoretische Verteilung auf der Grundlage von Lindhard u.a. (1963) ist zum Vergleich beigefügt.

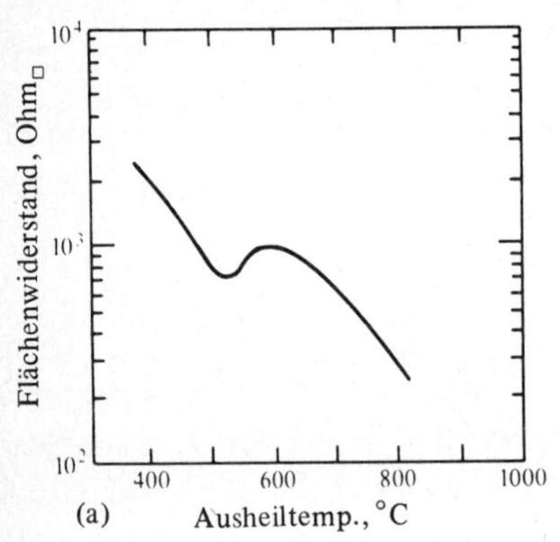

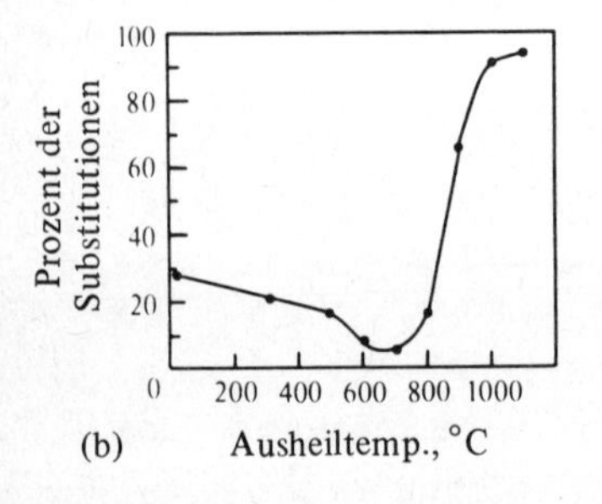

Abb. 7.5 (a) Änderung des Flächenwiderstandes mit der Ausheiltemperatur nach einer 60 keV-Bor-Implantation von 1×10^{19} Ionen/m².
(b) Ausheilverfahren von Siliziumproben, denen bei Raumtemperatur 150 keV Borionen implantiert wurden.

Das Ausheilverhalten von Bor, implantiert in Silizium[8], wird in Abb. 7.5(a) gezeigt. Im Anschluß an eine Bor-Dotierung von 1×10^{19} Ionen/m² bei 60 keV ist der Flächenwiderstand ≈ 2kΩ/Fläche und sinkt bis ≈ 500°C Ausheiltemperatur, zeigt ein Anwachsen bis zu 600°C und fällt schließlich bis hin zu 900°C kontinuierlich. Dieses umgekehrte Ausheilverhalten ist für Bor, das in Silizium implantiert wurde, charakteristisch und tritt in einen weiten Bereich der Ionenenergien, -dosen, usw. auf. Im gleichen Maße wie die Ausheilung von Strahlenschäden, die sich in der Erniedrigung des Flächenwiderstandes äußert, muß es eine gleichzeitige Reaktion geben, die den Widerstand ρ_S erhöht. Dieser zweite Mechanismus muß im mittleren Temperaturbereich vorherrschen. Eine Erklärung für dieses umgekehrte Ausheilverhalten kann man in Abb. 7.5(b) finden, wo die prozentuale Änderung der Boratome, die Gitterpositionen innerhalb des Siliziumgitters besetzen, in Abhängigkeit von der Temperatur gezeigt wird[10]. Eine Dosis von 4×10^{19} Borionen/m^2 wurde mit 150 keV bei Raumtemperatur in Silizium implantiert. Unter Ausnutzung der (p, α) – Kernreaktion wurde zusammen mit dem Channelling-Effekt (siehe Kapitel 4) der Gitterort des Bors während der Ausheilung verfolgt. Der Prozentsatz substitutioneller Plätze fällt auf ein Minimum bei $\approx 700°$C bevor er wieder schnell ansteigt. Diese Bewegung des Bors und die daraus folgende Wirkung auf die Trägerbeweglichkeit kann für das umgekehrte Temperverhalten verantwortlich gemacht werden.

7.3 Planare Diffusionstechnologie

Die Ionenimplantation wird gewöhnlich als einer von den vielen Prozeßschritten angewandt, die bei der Herstellung von Festkörperbauelementen durch den konventionellen Diffusionsprozeß auftreten. In diesem Abschnitt untersuchen wir kurz die planare Diffusionstechnologie.

Die Herstellung des Bauelementes beginnt mit der Zucht von reinem, einkristallinen Siliziummaterial. Dieses Material wird dann in dünne „Plättchen" oder Scheiben geschnitten, die typisch 0,025 bis 0,1 m Durchmesser haben und $2{,}5 \times 10^{-4}$ m dick sind. Die Scheiben werden mechanisch poliert und in Säure geätzt, damit man flache, glatte Substrate erhält, in die die zahlreichen p–n-Übergänge eindiffundiert werden. Wenn z.B. eine n-Typ-Scheibe in einen Ofen gestellt wird und auf 1000–1200°C in einer gasförmigen Atomsphäre aufgeheizt wird, die ein Akzeptorelement wie z.B. Bor enthält, dann diffundiert diese Verunreinigung in das Silizium und wandelt die Oberflächenschichten zu p-Typ um. Es ergibt sich ein p–n-Übergang kurz unter der Scheibenoberfläche. In der Praxis besteht der Diffusionsvorgang aus zwei Schritten, nämlich *Deposition,* auf die *Diffusion* oder *Eintreiben (drive in)* folgt. Während des ersten Schrittes wird das Dotiermittel auf die Probenoberfläche aufgebracht, damit sich eine hohe Oberflächenkonzentration bildet. Die Scheiben werden als nächstes in einer Sauerstoff- oder Stickstoffatmosphäre aufgeheizt und das Dotiermittel diffundiert ins Silizium (oder wird hineingetrieben). Es ist natürlich möglich, eine doppelt-diffundierte Struktur durch Diffusion eines Akzeptors (sagen wir Bor) ins n-Typ-Silizium und anschließende Diffusion eines Donators (sagen wir Phosphor) zu erhalten, damit die Oberfläche zurück zu n-Typ umgewandelt wird. Daraus ergibt sich eine n–p–n Struktur.

Der planare Diffusionsprozeß wird in Einzelheiten in Abb. 7.6 dargestellt. Er beruht auf der Tatsache, daß eine Siliziumdioxid-Schicht auf der Oberfläche des Silizium-Substrates die Diffusion von bestimmten Dotiermitteln in den Halbleiter unterdrückt. Oxidmuster auf der Oberfläche einer Scheibe bestimmen daher die Flächen, in denen Diffusion stattfinden kann. Die Oxidschicht (Abb. 7.6(b)) wird durch Aufheizen des Siliziums an einem

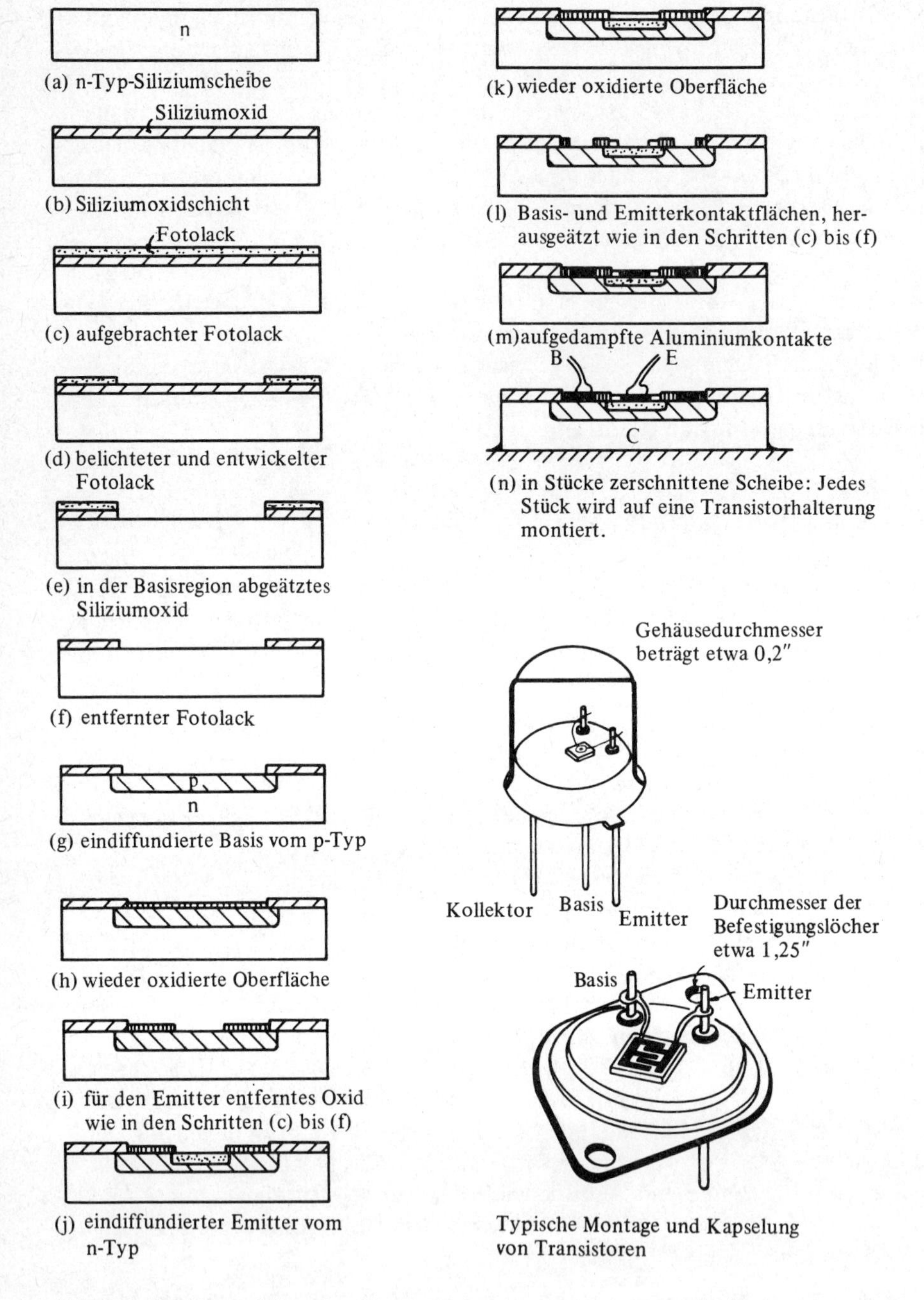

Abb. 7.6 Fertigungsschritte eines Planartransistors.

Sauerstoffstrom oder Dampf bei ≈1000°C gebildet. Das Oxid wird dann mit einer lichtempfindlichen Emulsion (Abb. 7.6(c)) bestrichen, die bei Bestrahlung durch ultraviolettes Licht für Säure unlöslich wird. Wenn folglich die Probe durch eine Maske belichtet wird, bleiben die Flächen, die gegen das U.V. abgeschattet sind, löslich. Wenn die Emulsion entwickelt wird, können diese nichtbestrahlten Flächen durch ein Lösungsmittel entfernt werden (Abb. 7.6(d)). Das Oxid unter den belichteten Flächen wird jetzt durch Benützung einer geeigneten Säure entfernt, wobei der Photoresist-Lack den Rest der Probe schützt (Abb. 7.6(e)). Als nächstes wird der Lack entfernt; es bleibt eine Öffnung oder Fenster (Abb. 7.6(f)), durch das Bor diffundiert werden kann, so daß sich ein p–n-Übergang bildet (Abb. 7.6(g)). Bortribromid-Dampf gemischt mit Stickstoff wird über die Scheibe getrieben, die auf 850°C während des Depositionsschrittes gehalten wird; die Scheibe wird in einen zweiten Ofen bei ≈1100°C eine Stunde lang hineingestellt, damit der Diffusions- oder drive-in-Schritt erfolgt. Am Ende dieses zweiten Schritts bildet sich wiederum ein Oxid über das Fenster, da ein Dampfstrom eingelassen wird (Abb. 7.6(h)).

Die Photoresist-Methode kann jetzt noch einmal benützt werden, damit ein Fenster sich bildet, durch das ein Donator (sagen wir Phosphor) diffundiert werden kann, damit der Emitter des Bauelements gebildet wird (Abb. 7.6(j)). Eine neue Oxidation am Ende des Emitter-drive-in-Schrittes bedeckt die Oberfläche wieder mit Oxid (Abb. 7.6(k)), während ein weiterer Photoresist-Schritt benützt werden kann, damit geeignete Flächen für notwendige Kontakte an den Emitter und die Basis (Abb. 7.6(l)) freigesetzt werden. Metallkontakte – etwa Aluminium – werden aufgedampft (Abb. 7.6(m)) und schließlich die Anschlüsse zu Basis und Emitter verdrahtet (Abb. 7.6(n)). Die Scheibe wird als nächstes durchgeschnitten, damit die einzelnen Bauelemente, die alle gleichzeitig hergestellt wurden, getrennt werden. Jedes einzelne Bauelement wird dann in einem geeigneten Gehäuse montiert und gekapselt (Abb. 7.6(o)), mit Anschlüssen für Emitter, Basis und Kollektor. Zwei abschließende Punkte sind notierenswert. Als erstes rührt der Ausdruck „planar" von der Tatsache her, daß alle drei Gebiete, nämlich Emitter, Basis und Kollektor, auf derselben Oberfläche des Bauelementes liegen. Zweitens diffundiert während eines Diffusionsschrittes das Dotiermittel nicht nur senkrecht ins Silizium hinunter, sondern auch seitwärts unter die Kanten der Oxidmaske, die das Fenster bildet (vgl. Abb. 7.6(g)). Das heißt, daß der p–n Übergang unter einer Oxidschicht gebildet wird, die ihn gegen Verunreinigung schützt.

Wir haben jetzt gesehen, wie der Transistor mit Hilfe der planaren Diffusionsmethode hergestellt wird. Natürlich können viele andere Halbleiterbauelemente auf demselben Weg hergestellt werden, so wie der Feldeffekttransistor (FET), der Metall-Oxid-Halbleiter-Transistor (MOST), auch Widerstände und Kapazitäten. Wichtiger ist jedoch die Herstellung des monolithischen integrierten Schaltkreises. Anstatt daß man einzelne Bauelemente herstellt (wie Transistoren, FETs, Widerstände), wird eine größere Zahl von Bauelementen gleichzeitig auf einer einzigen Scheibe mit den nötigen Verbindungen hergestellt. Die Kombination von Bauelementen bildet einen integrierten Schaltkreis, der über das ganze Siliziumsubstrat hinweg vielmals wiederholt wird.

Die Ionenimplantation bietet eine Alternative zur Diffusionsmethode für die Dotierung des Siliziumsubstrats an, damit man einen p–n-Übergang erhält. Positive Ionen des Dotiermittels (sagen wir B^+) werden in einer geeigneten Ionenquelle erzeugt, aus der sie als Ionenstrahl herausgezogen, beschleunigt und nach Massen analysiert werden. Der energiereiche Ionenstrahl wird über die Oberfläche der Siliziumscheibe gewedelt und die Dotierionen dringen ins Silizium ein, um die gewünschten p–n-Übergänge zu bilden. Die Tiefe und Konzentration des Dotiermittels wird durch die Ionenenergie und die Gesamtdosis der implantierten Ionen bestimmt. Dieselbe Maskierungsprozedur wie für den Diffusionsprozeß kann benützt werden, um die Flächen festzulegen, unter denen die p–n-Übergänge gebildet werden sollen. Implantierte Ionen dringen ins Silizium ein, das ihnen durch Fenster zugänglich ist; aber dickes Oxid verhindert, daß Ionen das übrige Substrat erreichen.

7.4 Eigenschaften von implantierten p–n-Übergängen

Falls Ionenimplantation benutzt werden soll, damit elektronische Bauelemente hergestellt werden können, muß sie entweder die einzige Möglichkeit sein oder wünschenswerte Vorteile gegenüber den konventionellen Diffusionsmethoden haben, die schon äußerst befriedigend sind. Wir wollen jetzt kurz einige der möglichen Vorteile von Ionenimplantation betrachten.

Während des Diffusionsvorgangs wird die Tiefe, bei der sich der p–n-Übergang ausbildet, durch die Menge an Dotiermittel bestimmt, die auf die Oberfläche aufgebracht wird, durch die Temperatur und die Zeit, wie lange die Diffusion abläuft. Obwohl diese Variablen ziemlich genau bestimmt werden können, bietet die Ionenimplantation eine einfache genauere Kontrolle der Übergangstiefe. Die Tiefe, in die Ionen in ein Substrat eindringen, ist hauptsächlich von ihrer Energie bestimmt, bei nur geringer Streuung der Ruhelagen. Das heißt, daß Übergangstiefen genau festgelegt und reproduziert werden können, indem man nur eine einzige Variable, die Ionenenergie, einhält. Die Bremsverteilung des Reichweitenprofils ist natürlich (wie in Kapitel 3 gezeigt) nahezu gaußförmig mit einer Maximalkonzentration in einer Tiefe R_p. Ein diffundiertes Profil hat immer eine Konzentration, die langsam in Richtung des Punktes abfällt, wo der p–n-Übergang gebildet wird, während die implantierte Verteilung steil an jeder Seite von R_p abfällt. Dieses bedeutet, daß ionenimplantierte Übergänge sehr abrupt gemacht werden können, eine Eigenschaft, die – wie später veranschaulicht – zum Beispiel bei der Varaktordiode von Nutzen ist.

Da die Ionentiefe durch die Implantationsenergie bestimmt wird, kann man Ionenprofile erzeugen, wie sie bei der Diffusion schwierig oder unmöglich zu erzeugen sind. Abb. 7.7 zeigt ein paar solche Dotierungsprofile. Bei Wahl einer genügend hohen Implantationsenergie, kann man alle Dotierstoffe im Inneren des Siliziumsubstrats zur Ruhe kommen lassen, wobei eine vergrabene Schicht entsteht. Mit sukzessiven Implantationen mit verschiedenen Energien (z.B. 100 keV, 80 keV, 40 keV usw.) und mit unterschiedlichen Gesamt-Ionendosen kann ein einheitliches oder lineares Dotierprofil usw. aufgebaut werden. Schließlich können auch sehr flache Übergänge mit scharfen Abfall gefertigt werden.

Die Genauigkeit, mit der die Dotierungskonzentration gesteuert werden kann, ist ein anderer Vorteil des Ionenimplantationsverfahrens. Beim Diffusionsprozeß ist die Höhe der Dotierung durch die Materialmenge vorgegeben, die während des Vorbelegungsstadiums aufgebracht wird. Obwohl dieses ziemlich genau gesteuert werden kann, läßt sich die Genauigkeit nicht mit der bei der Ionenimplantation erreichten vergleichen. Die Ionendosis läßt sich leicht und genau mit dem Ionenstrom, der die Oberfläche des Siliziums trifft, messen. Der Ionenstrahlstrom kann einfach von hohen zu niedrigen Werten verändert werden und

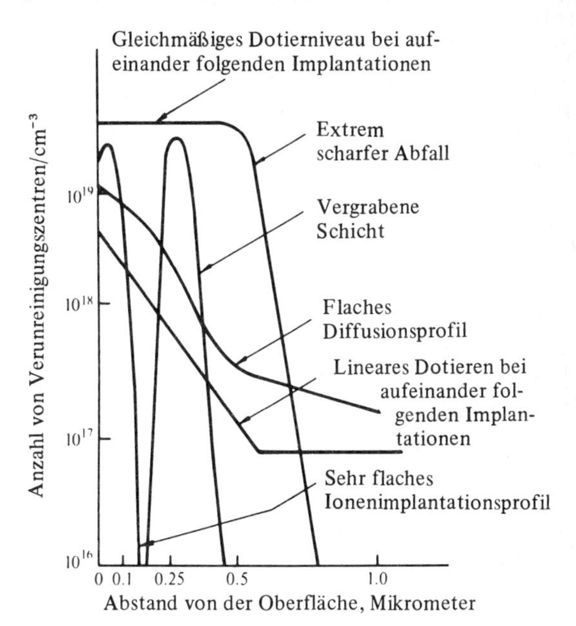

Abb. 7.7 Durch Ionenimplantation erreichbare Profile.

gegenüber der Probe ein- und ausgeschaltet werden, so daß genaue Dotierungskonzentrationen leicht angegeben werden können. Diese Beherrschung der Dotierungs-Implantation hat tatsächlich dazu geführt, daß die Ionenimplantation für die Vorbelegung beim Standard-Diffusionsprozeß verwendet wird. Anstatt daß das Bor in einem Ofen aus der Dampfphase abgeschieden wird, gebraucht man einen Ionenstrahl niedriger Energie, damit das Dotiermittel in die Oberflächenschichten des Siliziums eingebracht wird. Der zweite (Eintreibungs-)Schritt geht dann wie üblich vonstatten. Die Genauigkeit und Reproduzierbarkeit sowie auch die Homogenität über die gesamte Siliziumscheibe, mit denen das Bor aus dem Ionenstrahl eingebracht werden kann, machen diese Methode der konventionellen Dampfphasen-Vorbelegungsmethode gegenüber überlegen.

Die Eigenschaften der einzelnen p–n-Übergänge in einem komplexeren Bauelement sind wesentlich, wenn das Gesamtverhalten seiner elektrischen Eigenschaften bestimmt werden soll. Wenn Ionenimplantation zur Herstellung elektronischer Bauelemente eingesetzt werden soll, ist offensichtlich die umfassende Kenntnis nötig, wie ein implantierter p–n-Übergang sich verhält. Abb. 7.8 ist eine Photographie sowohl eines implantierten als auch eines diffundierten Überganges in Silizium. Die Übergänge wurden sichtbar gemacht, indem man durch das dotierte Substrat sektionierte und sie dann anfärbte, damit durch den Kontrast der Übergang von p- zu n-Typ-Material sichtbar wurde. Man sieht leicht, daß der ionenimplantierte Übergang auf Grund der wohldefinierten Ionenreichweite sehr viel einheitlicher ist. Die Diffusion erzeugt natürlich einen Übergang bei einer wohldefinierten Tiefe; aber da Fehlstellen oder Unregelmäßigkeiten im Substrat oft schnellere Diffusionskanäle für das Dotiermittel schaffen, ist der am Schluß entstandene p–n-Übergang oft irregulär. Das hier gezeigte Siliziumsubstrat wurde epitaktisch auf Saphir gezogen. Dieser Materialtyp ist für seine zahlreichen Fehlstellen bekannt. Die Tiefe, in die ein Ion in ein

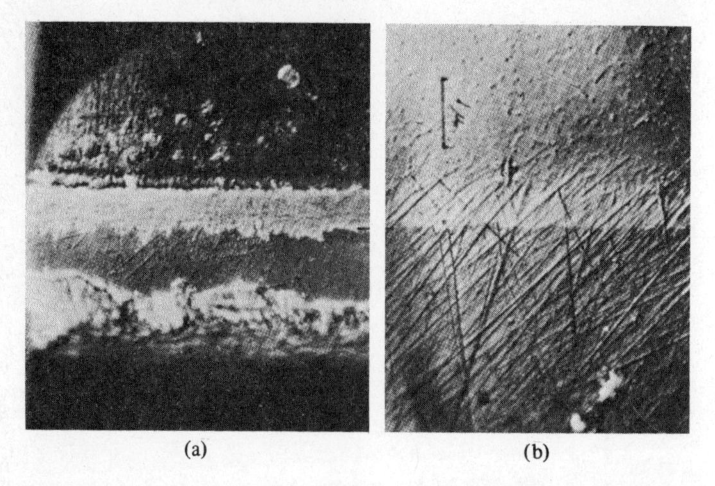

Abb. 7.8 Photographien von sektionierten und angefärbten p-n-Übergängen in Silizium:
(a) Phosphor-diffundierter Übergang
(b) Phosphor-implantierter Übergang.
Sie zeigen, daß die Implantation eine homogenere Eindringtiefe hervorruft. Die waagrechte Marke zeigt die Linie des Übergangs in beiden Fällen an. Das Wirtssilizium wurde epitaktisch auf Saphir gezogen. Mit freundlicher Genehmigung von R. W. Lawson, Post Office Research Dept, Martlesham, Suffolk.

Substrat eindringt, wird kaum durch Fehlstellen im Substrat beeinflußt. Die Übergangstiefe des ionenimplantierten Bauelementes ist äußerst gleichmäßig. Das ist ein großer Vorteil, besonders wenn man großflächige flache Übergänge macht, wie man sie für Nukleardetektoren braucht. Ionenströme können leicht über große Flächen gewedelt werden und dort extrem gleichmäßig dotieren. Nützt man diesen Vorteil – in Verbindung mit einem Strahl niedriger Energie, um flache Übergangstiefen zu erzeugen, – so ist die Implantationsmethode ideal für diese Art Bauelemente.

Der übliche diffundierte Übergang wird durch Eindiffundieren der Verunreinigung in das Substrat durch Fensteröffnungen im Oxid gefertigt. Ionenimplantierte Bauelemente werden dadurch dotiert, daß man die Verunreinigung beschleunigt als Ionenstrahl in das Substrat bringt, wobei ähnliche Fenster zur Festlegung der erforderlichen Übergangsbereiche verwendet werden, wie in Abb. 7.9 dargestellt. Die Diffusion geht in 3 Richtungen vor sich, und deshalb sind die Ausläufer des Diffusionsprofils (d.h. an der Stelle, wo der p–n-Übergang gebildet wird) sanft und abgerundet. Die dreidimensionale Fortpflanzung bringt das Dotiermaterial seitlich unter das Oxid, so daß der p–n-Übergang an der Substratoberfläche durch das Oxid verdeckt ist. Bei einem typischen Diffusionsschritt wird in einem Ofen 20 Minuten lang bei 1000°C Bor in das Substrat eindiffundiert. Wenn die Übergangstiefe X_j 800 nm ist, dann wird die laterale Ausbreitung unter dem Oxid angenähert die gleiche sei. Bei einer implantierten Verbindung ist eine Energie von etwa 100 keV $^{11}B^+$-Ionen erforderlich, damit ein Übergang in derselben Tiefe erzeugt wird, jedoch ist in diesem Fall die laterale Ausbreitung so gering (sagen wir $\leqslant$100 nm), daß es eine sehr scharfe Ecke des p–n-Überganges unter den Kanten gibt, die durch die Begrenzung der

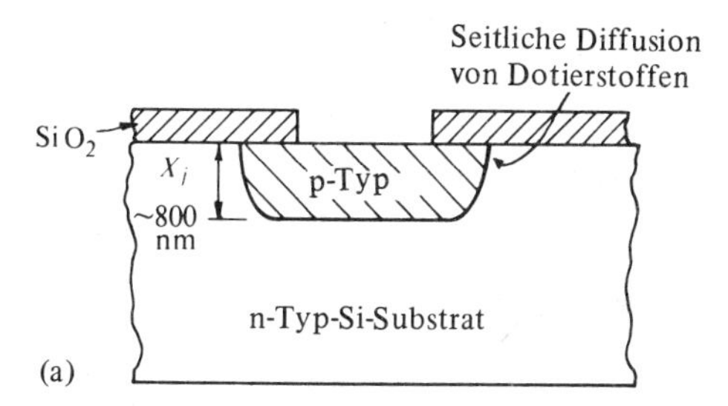

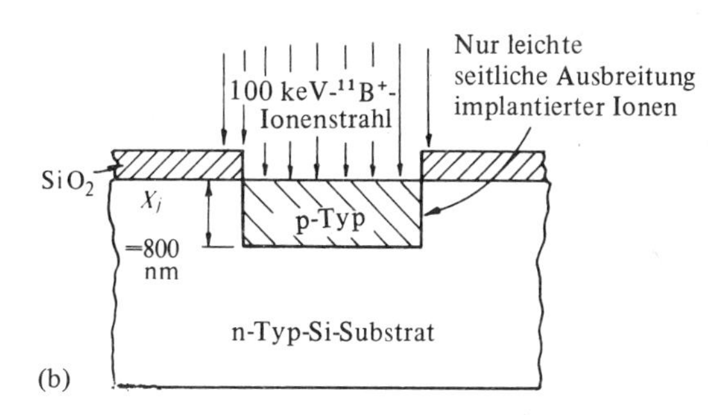

Abb. 7.9 Vergleich von implantierten p-n-Übergängen mit diffundierten.
(a) Diffusion. Die p-Schicht ist typisch für eine Bordiffusion, wie sie bei einer Vorbelegung mit B_2O_3 in 30 min bei 1000°C erzeugt wird.
(b) Implantation. Die p-Schicht ist typisch für eine Implantation von $^{11}B^+$-Ionen bei 100 keV.

Oxidfenster gebildet werden. Es sollte angemerkt werden, daß dieser abrupte p—n-Übergang, der durch den Abschattungseffekt der Maske gebildet wird, auf einer anderen Vorstellung basiert als der abrupte Übergang, der durch die Gestalt der durch Abbremsung verteilten Ionen gebildet wird. Der letztere Effekt hat seine Ursache im Gaußverteilungsprofil, das aus der Implantation in amorphen Material resultiert. Der Übergang wird gewöhnlich am scharf geformten Rand der Gaußverteilung gebildet, wo die Dichte des implantierten Dotierstoffes auf die des Eigenleitungs-Niveaus des Substrates abfällt. Die erstgenannte Wirkung beruht gänzlich auf dem Abschattungseffekt der Maske, die durch das Oxid oder ein anderes Material gebildet wird, am Ort der Oberfläche, und auf der geringen seitlichen Streuung eines Ionenstrahls. Die Verteilung der implantierten Ionen in einer seitlichen Richtung unterhalb der Maskenbegrenzung ist daher gegenüber derjenigen verschieden, die man an dem der Oberfläche abgewandten Ende des implantierten Profils in Richtung des implantierenden Strahls erhält.

Der Kurvenradius der Übergangs-Begrenzung ist ein wichtiger Parameter bei der Bestimmung der Durchbruchsspannung des p—n-Übergangs. Das heißt, daß die scharfen Kanten, die in einem implantierten Bauelement durch die Maske hervorgerufen werden, zu hohen elektrischen Feldern führen und zu verminderten Durchbruchsspannungen, verglichen mit den diffundierten Übergängen mit ihren gering gekrümmten Begrenzungen. Die Maskenbegrenzungen in Abb. 7.9 sind vertikal und idealisiert dargestellt, in Wirklichkeit jedoch weisen die Fensterkanten ziemlich verschiedene Formen auf. In vielen Fällen ist z.B. die Maske, die die implantierte Fläche bestimmt, aus Metall, wie in Abb. 7.10 gezeigt. Dieses Metall, z.B. Al, wird für die Kontakte zu den Elektroden gebraucht. Es wird auf eine dünne Oxidschicht aufgebracht, durch die die implantierten Ionen eingeschossen werden.

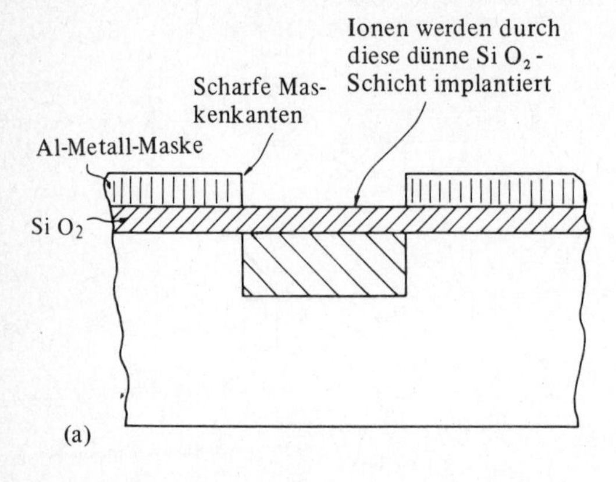

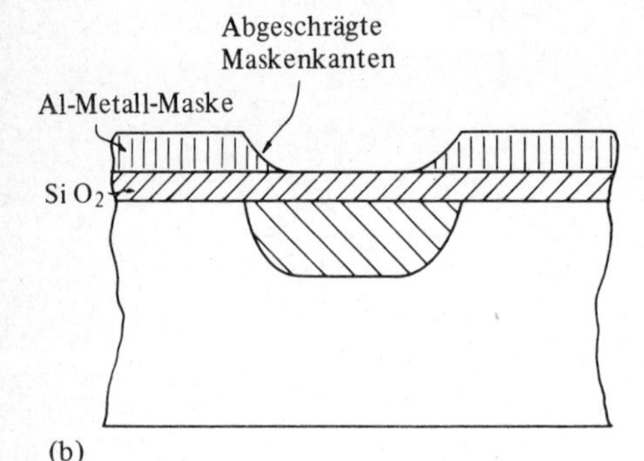

Abb. 7.10 Ideale und wirkliche Maskenkanten, die bei Ionenimplantation benützt werden.
(a) Eine „ideale" Maske mit senkrechten Kanten erzeugt scharfe Übergangskanten
(b) Die abgeschrägten Kanten auf der Aluminium-Maske verringern die punktuellen hohen elektrischen Felder im implantierten Übergang, die zu Durchbruch führen.

Auf diese Weise kann die gesamte Oberfläche des Substrates und des Übergangs geschützt oder passiviert werden. Damit wird eine Schwierigkeit überwunden, die schon vorher bei implantierten Bauelementen offensichtlich war, in denen der Übergang unter der Fensterkante nicht durch die seitliche Ausbreitung des Implantates wie im Diffusionsfall geschützt ist. Diese passivierende Schicht kann vor der Implantation abgeschieden werden, und die Ionen können völlig durch sie hindurch in das Substrat geschossen werden. Dadurch überwindet man jegliche Probleme, die von der Diffusion der p–n-Übergangskante während eines späteren Hochtemperatur-Oxidationsstadiums herrühren könnten.

Die Kante der Aluminiummaske ist mit einer Schräge gezeigt, die typisch für geätztes Aluminium ist. Dieses bedeutet, daß die implantierten Ionen verschiedene Aluminiumdicken durchdringen, so daß die Übergangskanten darunter ebenfalls, wie gezeigt, verrundet sind. Der Krümmungsradius wird vergrößert und damit das elektrische Feld am Übergang verkleinert, was einen Anstieg der Durchbruchspannung zur Folge hat.

7.5 Anwendung auf spezielle Anordnungen

7.5.1 Der Metall-Oxid-Halbleiter-Transistor

Der Metall-Oxid-Halbleiter-Transistor besteht aus einer Anordnung, die starke Verwendung in großintegrierten Schaltkreisen gefunden hat, wo sein geringer Energieverbrauch

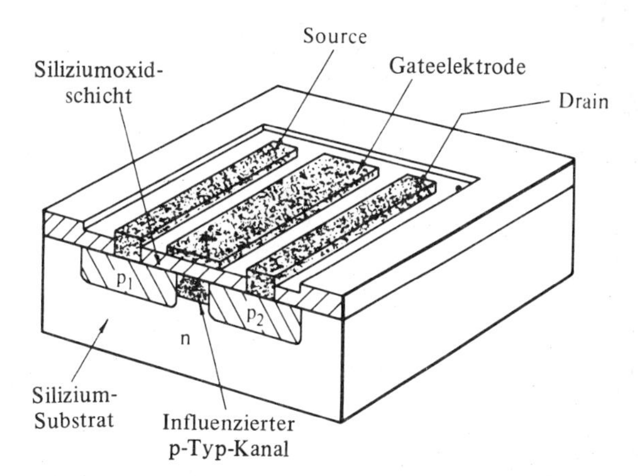

Abb. 7.11 Grundsätzlicher Aufbau eines MOST.

ein bestechender Vorteil ist. Wir wollen uns jetzt anschauen, wie diese Anordnung gebaut ist, wie sie arbeitet und wie die Ionenimplantation zum Vorteil seiner Fertigung eingesetzt werden kann. Der grundlegende Aufbau ist in Abb. 7.11 gezeigt.

Zwei Elektrodenbereiche, Drain (= Senke) und Source (= Quelle) sind hochkonzentrierte p-Bereiche in einem n-Substrat und sind voneinander durch einen sehr engen Kanal getrennt. Eine dünne Schicht ($\approx$150 nm) Siliziumoxid wird über diesen Kanal gebildet, und zwar zwischen den Source- und Drainelektroden. Eine dritte Elektrode (das Gate = Tor) wird dann auf dieses Oxid aufgebracht. Zwischen Source und Drain gibt es zwei gegensinnige p—n-Übergänge, d.h. p_1-n und n-p_2. Wenn eine Spannung V_{DS} zwischen Drain (negativ) und Quelle (positiv) angelegt wird, dann ist der Übergang p_1-n in Durchlaßrichtung gepolt, während der Übergang n-p_2 in Sperrichtung gepolt ist, so daß nur ein geringer Strom von Source nach Drain fließen kann.

Betrachten wir nun, was geschieht, wenn eine negative Spannung an das Gate gelegt wird. Löcher werden aus dem Gebiet unter dieser Elektrode angezogen und bewirken, daß die Oberflächenlagen einen p-leitenden Kanal bilden. Dort ist dann eine p-Typ-Zone, die die Gebiete P_1 und P_2 miteinander verbindet, so daß auf Grund der Spannung V_{DS} ein Strom von Source nach Drain fließt. Die Größe des Stroms hängt natürlich von der Gatespannung ab. Der Wert der Gatespannung, bei der eine Leitfähigkeit von Source nach Drain beginnt, wird Schwellspannung benannt und ist von der Größenordnung von wenigen Volt.

Betrachten wir als nächstes die Anwendung der Ionenimplantation bei der Herstellung von MOST-Bauelementen. Abb. 7.12 zeigt einen Querschnitt durch zwei MOSTs, die grundsätzlich identisch sind, mit der Ausnahme, daß ein Implantationsschritt bei der Herstellung des zweiten Bauelementes gebraucht wurde. Im konventionell diffundierten Bauelement führt die laterale (seitwärts gerichtete) Diffusion des Implantats unter den Oxidschichten zu einer gewissen Unsicherheit über die genaue Lage der p—n-Übergänge von Source und Drain. Folglich gibt es, wenn die Aluminium-Gateelektrode aufgebracht worden ist, einen unsicheren Überlappungsbetrag zwischen Gate und den Source- und Drainbereichen. Das Aluminiumgate muß über dem ganzen Kanalbereich liegen, damit das Bauelement zur Zufriedenheit arbeitet. Damit dieser erreicht wird, ist ein gewisser Überlap-

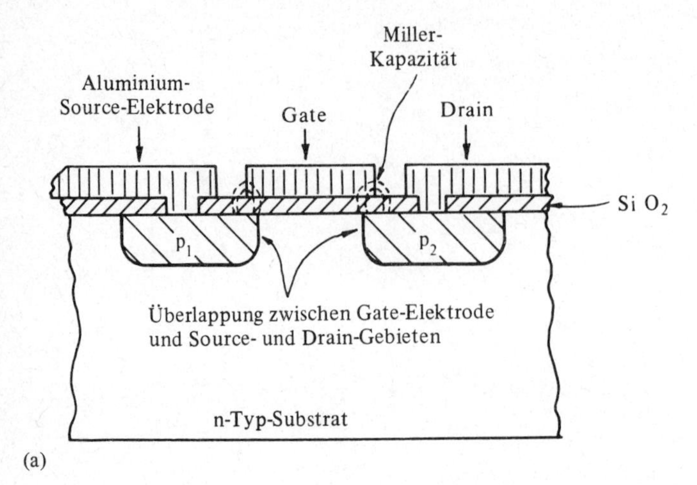

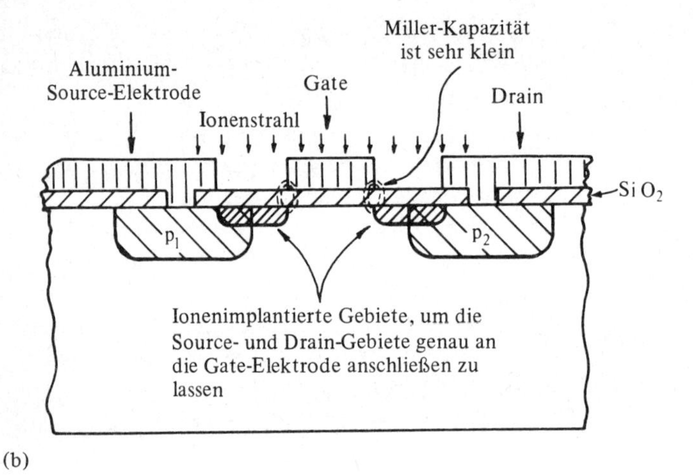

Abb. 7.12 Konventioneller und ionenimplantierter MOST.
(a) Konventionelles MOST-Bauelement, das durch Diffusion hergestellt wurde.
(b) MOST-Bauelement, das mit einem Ionenimplantationsschritt hergestellt wurde. Die Miller-Kapazität ist wesentlich verringert.

pungsbereich wegen der Unsicherheit bei den Ausläufern der Source- und Drainbereiche unvermeidlich. Unglücklicherweise ergeben sich hieraus parasitäre kapazitive Effekte (oder Miller-Effekte), die die Leistungsvermögen des Bauelements herabsetzen.

Abb. 7.12(b) stellt dar, wie diese Überlappung und die aus ihr folgende parasitäre Kapazität durch Anwendung eines Ionenimplantationsschrittes bei der Herstellung des MOST beseitigt werden kann. Die Source- und Drainbereiche werden durch konventionelle Diffusion gebildet, und dann werden die Elektrodenkontakte für Source, Drain und Gate aufgebracht. Die Gateelektrode wird jedoch absichtlich schmal gemacht, so daß sie nicht den ganzen Kanal überdeckt und sicher nicht Source und Drain überlappt. Als nächstes wird ein Implantationsschritt ausgeführt, der das Gatemetall als Maske benutzt. Ionen durchdringen das Oxid oberhalb des Kanals und schließen die Source- und Drainbereiche exakt an den Kanten der Gateelektrode an. Die Stärke des Metalls schützt den verbleibenden Teil des Kanals davor, während dieses Implantationsschrittes dotiert zu werden. Folglich wird ein Bauelement mit sehr geringer parasitärer Kapazität hergestellt, das mit viel schnelleren Geschwindigkeiten schalten und bis zu höheren Frequenzen arbeiten kann.

7.5.2 Varaktordioden

Ein anderes Anwendungsbeispiel für die Ionenimplantation bei der Bauelementherstellung findet sich in der Fertigung von Varaktordioden. Diese Dioden besitzen eine sehr kleine Übergangsfläche und sind dafür gedacht, die grundlegende Eigenschaft auszunutzen, daß die Übergangskapazität von der Rückwärts-Vorspannung abhängt. Die Ausdehnung der Raumladungszone am Übergang ändert sich mit der angelegten Vorspannung, und bei gleichförmiger Ladungsträgerkonzentration ändert sich die Kapazität mit dem Kehrwert der Quadratwurzel der ausgelegten Spannung, d.h. mit $V^{-1/2}$. Ein Beispiel dieses Übergangstyps ist die Schottky-Barriere zwischen einem Metall und Halbleiter. Die Hauptanwendung von Varaktordioden liegt bei parametrischen Verstärkern und bei der Erzeugung harmonischer Schwingungen im Mikrowellenbereich. Außerdem werden sie zum Abstimmen und Schalten im VHF- und Mikrowellengebiet benutzt.

Wenn die Ladungsträgerkonzentration mit zunehmender Tiefe anwächst, ändert sich die Kapazität des Übergangs schneller als mit $V^{-1/2}$. Solche Dioden sind als hyperabrupt bekannt. Das Hauptziel beim Entwurf von Varaktordioden besteht in der Herstellung eines Übergangs, der bei Rückwärts-Vorspannung rein kapazitiv ist und somit einen möglichst geringen inneren Widerstand besitzt. Die Ionenimplantation ist gut geeignet, ein Dotierprofil herzustellen, das mit zunehmender Entfernung im Halbleiter stark abfällt, während gleichzeitig die Oberflächenkonzentration auf einem Niveau gehalten wird (durch Variation der Implantationsenergie), bei der gute Schottky-Barrieren zustandekommen. Durch Formänderung des Implantationsprofils lassen sich im weiten Bereich Kapazitäts-Spannungs-Charakteristiken herstellen, wobei die Genauigkeit und Gleichmäßigkeit des Implantationsverfahrens ebenfalls wichtig ist, damit man gleichartige oder identische Varaktoren für die verschiedenen Anwendungen von Bauelementen erhält.

Abb. 7.13 zeigt ein implantiertes Dotierprofil, das durch Variation der Implantationsenergie hergestellt wurde. Es ergibt sich eine einheitliche Phosphorkonzentration von $3 \times 10^{21}/m^3$ bis zu einer Tiefe von 100 nm mit einem steilen Abfall zur Substratdotierung von $10^{20}/m^3$. Die benutzten Implantationsenergien[12] betrugen 20, 30, 60, 70 und 80 keV, wobei bei jeder Energie eine andere Dosis genommen wurde. Die Ionen mit der niedersten Energie wurden zuerst implantiert, so daß die später kommenden Ionen eine geschädigte Zone passierten, die dazu beitrug, Kanalführung auf ein Minimum zu bringen. Diese hätte sonst die Schärfe des Übergangs verringert. Auch wurde das Substrat gekippt, so daß das einlaufende Ion 8° von der Normalen zur (111)-Ebene versetzt war.

Die Übergangskapazität der vollständigen Schottky-Dioden wurden über einen größeren Spannungsbereich gemessen; die Ergebnisse sind in Abb. 7.13 dargestellt. Das flache Dotierungsprofil wurde mit Absicht so gewählt, daß bei Null Volt Vorspannung das Ende der Verarmungszone sich innerhalb dieses hochdotierten Materials befand, während bei einer angelegten Vorspannung von mehreren Volt dieses Ende sich ins Volumen des n-Typ-Siliziumsubstrates erstreckte. Behält man im Auge, daß beide Skalen in Abb. 7.13 logarithmisch sind, so sieht man leicht, daß ein geringer Zuwachs in der Vorspannung (sagen wir von 0 bis –1 V) eine beträchtliche Änderung der Übergangskapazität verursacht. Die

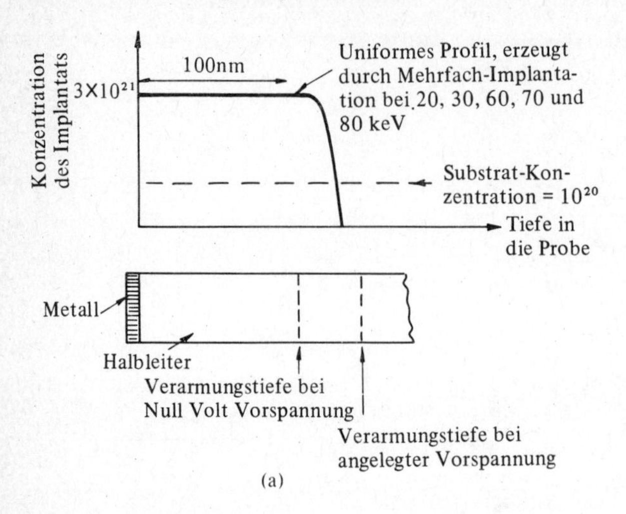

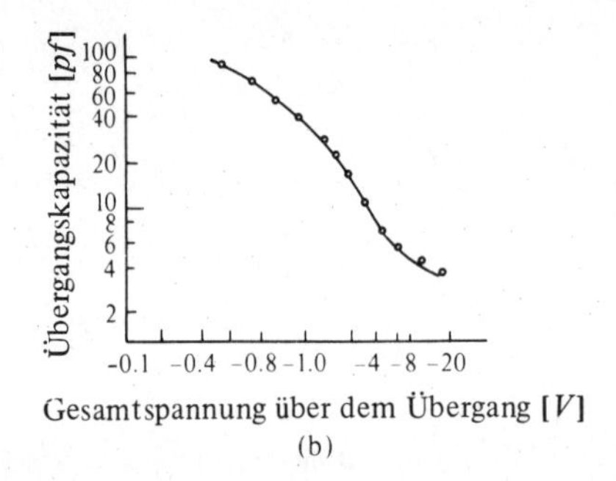

Abb. 7.13 (a) Eine Schottky-Diode mit einem speziellen Dotierungsprofil, womit Kapazitätsänderungen erzeugt werden, die hochgradig empfindlich auf die angelegte Spannung reagieren (b) Kapazitäts/Spannungskennlinien von ionenimplantierten Au/Si-Dioden.

Ionenimplantation sollte deshalb eine verläßliche Methode zur Herstellung hyperabrupter Übergänge sein. Da viele Verunreinigungsprofile durch geeignete Superposition von Einzelprofilen ermöglicht werden können, ist ein ganzer Bereich von Kapazitäts-Spannungs-Beziehungen möglich.

7.5.3 Diodenanordnung für Bildtelephon

Eine äußerst interessante Anwendung der Ionenimplantation wurde auf einer Konferenz erörtert[13]. Diese befaßt sich mit der Herstellung von Diodenanordnungen für die Bildtelefon-Kameraröhren. Das optische Bild wird auf eine Seite einer einzigen Siliziumscheibe geworfen, wo es Elektronen-Loch-Paare erzeugt. Diese Ladungsträger bewegen sich durch die Scheibe und verursachen in den nahegelegenen Dioden auf der Seite gegenüber Entladungen. Gleichzeitig rastert ein Elektronenstrahl die Dioden ab und bringt diese wieder zum Aufladen. Die Ladungsmenge, die der rasternde Elektronenstrahl zur Wiederaufladung jeder Diode liefert, ist proportional zur Intensität des Lichtes, das in der Nähe auf die gegenüberliegende Seite der Siliziumscheibe fällt.

Damit dieses Verfahren funktioniert, müssen die Dioden extrem strengen elektrischen Anforderungen genügen. Der Sperrstrom pro Diode muß in der Größenordnung von 10^{-14} A liegen, und es muß über der ganzen Scheibe strikte Gleichförmigkeit sein, ohne daß eine vereinzelte Diode einen herausragenden Leckstrom hat. In einer typischen Anordnung hat jede Diode etwa 7 μm Durchmesser, und der Abstand zwischen den Mittelpunkten beträgt etwa 15 μm. Man erreicht eine Summe von annähernd einer Million Dioden in einem vollständigen Lichtsensorelement. Zur Erfüllung dieser Forderungen bedarf es strenger Kontrolle über das Silizium-Scheibenmaterial und über jeden Verfahrensschritt.

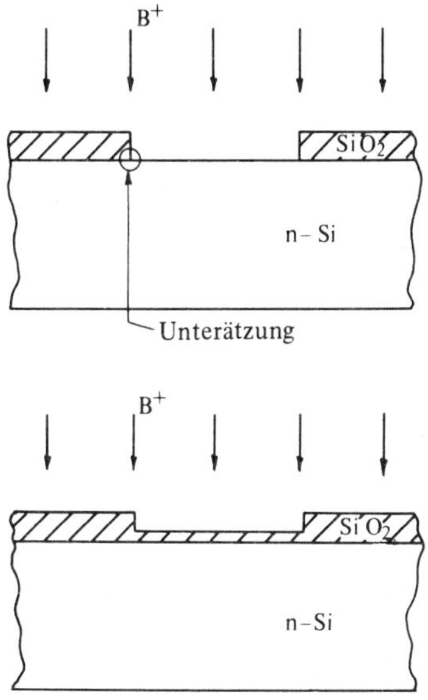

Abb. 7.14 (a) Fertigung von Dioden durch direkte Implantation in Silizium, wobei definierte Öffnungen in SiO_2 benutzt werden. Ungleichmäßiges Ätzen des SiO_2 ergibt Bereiche offenliegenden n-Siliziums, das für Oberflächeneffekte empfindlich ist.
(b) Der dünne SiO_2 Bereich verhindert wie ein Deckel den Verlust implantierten Bors während der Wärmebehandlung und der daraufhin folgenden Bildung des p^+-n-Überganges unter dem dikken Oxid.

Die äußerst gute Steuerung der Menge implantierter Verunreinigung (gemessen über den Implantations-Ionenstrom), die bei der Dotierung mit Ionenimplantation möglich ist, macht, zusammen mit der hochgradigen Gleichförmigkeit über eine ganze Scheibe, das Verfahren ideal für die Verwendung bei diesem speziellen Problem. Jedoch waren anfängliche Versuche zur Herstellung dieser Bildtelefon-Diodenanordnungen mit einigen Schwierigkeiten begleitet, wie in Abb. 7.14 dargestellt ist. Borionen, die durch das Fenster im SiO_2 implantiert werden, erzeugen die erforderlichen Dioden mit einem scharfen Übergang, der durch die Kante des maskierenden SiO_2 definiert wird. Wenn jedoch das SiO_2 abgeätzt wird, werden diese Kanten leicht unterätzt (siehe Einschub), so daß ein Teil des Diodenübergangs der Oberfläche ausgesetzt ist. Das führt zu übermäßigen Leckströmen auf Grund von Oberflächenverunreinigung. Sie können für die hier erörterten Anwendungen nicht zugelassen werden. Da das Profil Gaußform hat, ist zudem das Maximum der implantierten Dotierung unterhalb der Oberfläche, die Oberflächenkonzentration ist gering. Das läßt die Oberflächenzone leicht zur Inversion umkippen, obwohl diese Schwierigkeit vielleicht überwunden werden könnte, indem man die Energie schrittweise erhöht, damit das Dotierungsprofil festgelegt und die Oberflächenkonzentration erhöht wird.

Die obengenannten Schwierigkeiten sind auf folgendem Weg, der in Abb. 7.14(b) dargestellt wird, überwunden worden. Ein Muster wird im SiO_2 so definiert, daß es eine dünne Schicht über dem Gebiet gibt, in dem die Diode erforderlich ist, und daß überall sonst die Schicht dick ist. Borionen werden nun in die Scheibe implantiert und die Implantationsenergie sorgfältig so gewählt, daß das Maximum der Dotierungskonzentration mit der SiO_2-Si-Grenzfläche über den Diodengebieten zusammenfällt. Die sonst dickere Schicht des SiO_2 hindert das Bor daran, in die Scheibe einzudringen. Die auf diese Implantation folgende Wärmebehandlung entfernt alle Strahlenschäden im Siliziumdioxid und bewirkt eine leichte Diffusion des Bors seitlich unter die dickere SiO_2-Schicht. Wenn nun das Oxid über den Fenstern entfernt wird, läßt es Dioden zurück, die ihre Übergänge voll geschützt sehen und die eine hohe Oberflächenkonzentration aufweisen.

Lichtempfindliche Diodenfelder wurden auf diese Art erfolgreich hergestellt. Die Methode zeigt einige der Vorteile der Ionenimplantation. Im besonderen erhellt sie den hohen Grad an Homogenität des Implantats entlang einer Scheibe. Dies ist lebenswichtig für die Herstellung einer Anordnung von 10^6 identischen Dioden. Ebenfalls wird die genaue Einstellbarkeit der Übergangstiefen und der Implantatskonzentration gezeigt, die durch sorgfältige Wahl der Implantationsenergie erreicht werden können.

7.5.4 Widerstände

Die Ionenimplantation kann auch erfolgreich angewandt werden, um Widerstände herzustellen, die natürlich ein notwendiger Bestandteil beim Entwurf elektronischer Schaltkreise sind. Der Widerstand des meistgebrauchten Substratmaterials, Silizium, kann leicht durch Zugabe von Verunreinigungen eingestellt werden, die die Zahl von Ladungsträgern ändern. Diese Verunreinigungen können dieselben sein wie die, die man nimmt, um das Silizium zu dotieren, damit p–n-Übergänge entstehen. Widerstände werden häufig während desselben Diffusionsschrittes gemacht, der einen Teil (sagen wir die Basis) des Transistors eines integrierten Schaltkreises erzeugt. Der endgültige Wert eines Widerstandes hängt von den Ausmaßen der diffundierten Zone wie auch von der Konzentration des Dotiermittels ab.

Wenn hohe Widerstandswerte erforderlich sind, dann sind die konventionellen Diffusionsmethoden ziemlich verschwenderisch mit dem Siliziumsubstrat. Um einen Widerstand von – sagen wir – 20 KΩ herzustellen, muß man zwei lange Kanäle aus diffundiertem Substrat aneinanderketten. Dies verringert die Fläche, die für die anderen, vielleicht lebenswichtigeren, aktiven Bauelemente übrig bleibt. Dieses Problem kann oft gelöst werden, indem man die aktiven Bauelemente (z.B. MOST) selber als Widerstände nimmt, da sie ja einen „Widerstand" aufweisen, wie ihre $V–I$ Kennlinie zeigt. Jedoch ist diese Methode nicht ganz zufriedenstellend, sie kann zu Widerständen mit nicht-linearen Kennlinien führen. Zusätzlich ist es schwierig, durch Diffusion Widerstände besser als ± 10% des gewünschten Wertes herzustellen.

Ionenimplantationsverfahren bieten eine sehr attraktive Alternative zur Herstellung von Hochohmwiderständen, die oft bei integrierten Schaltkreisen verlangt werden. Sehr flache

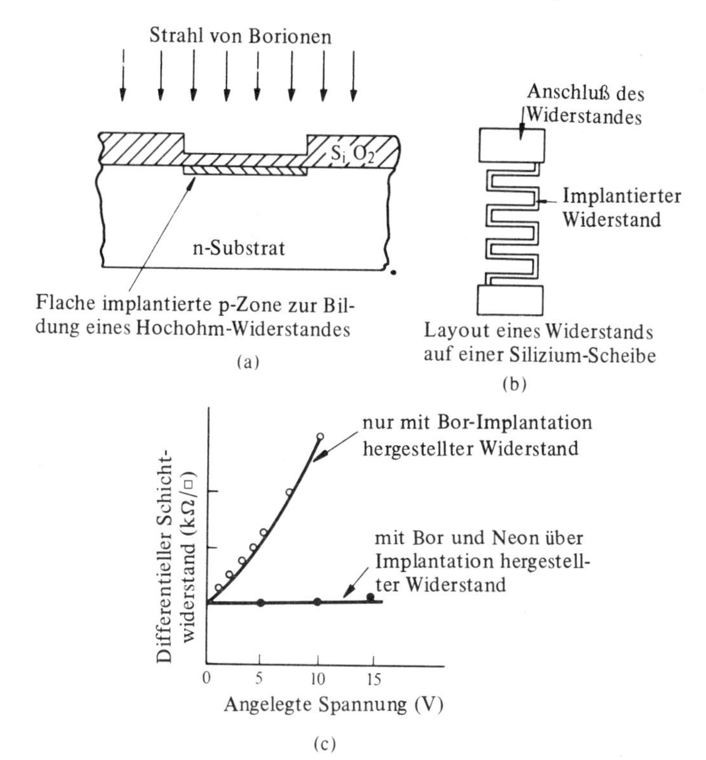

Abb. 7.15 Gebrauch der Ionenimplantation zur Herstellung von flachen Hochohmwiderständen. Die Linearitätsverbesserung durch Neonimplantation in Bor-implantierten Widerständen wird in (c) gezeigt.

Schichten und damit hohe Widerstandswerte können leicht durch Verwendung niedriger Implantationsenergien hergestellt werden. Da die Implantationsdosis genau und reproduzierbar festgelegt werden kann, sollte es auch möglich sein, jeden geforderten Widerstandswert genau zu fertigen. Abb. 7.15 stellt dar, auf welche Weise ein implantierter Widerstand während der Fertigung eines integrierten Schaltkreises gebildet werden wird. Das dicke Oxid wird über der zu dotierenden Fläche entfernt und eine dünne Oxidschicht in einem späteren Stadium wieder aufgebracht. Die Implantation von, sagen wir, Borionen durch diese dünne Oxidlage in das Substrat bildet den geforderten Widerstand und das dicke Oxid deckt den Rest des Substrats ab. Es kann notwendig sein, daß das Substrat während späterer Fertigungsstadien verschiedene Temperaturen durchläuft. Der endgültige Widerstandswert wird natürlich durch jede Ausheilung beeinflußt. Eine wichtige Widerstandseigenschaft ist sein Temperaturkoeffizient (TK), der ein Maß für die Änderung des Widerstandes mit der Temperatur darstellt. Mit der Ionenimplantation lassen sich Widerstände mit sehr niedrigem TK herstellen.

Die Ionenimplantation bietet auch die Möglichkeit, die Widerstandswerte durch Änderung der Beweglichkeit des Substratmaterials auf Grund von Strahlenschäden zu steuern. Dieses Verfahren wurde auf einer Konferenz erörtert[13]. Neon-Ionen wurden durch ein dünnes Oxid in Widerstände implantiert, die schon durch Bordotierung vorgefertigt waren oder alternativ in das Widerstandsgebiet, bevor der Widerstand gefertigt worden war. Neon dotiert das Silizium nicht, im Gegensatz zu Bor, sondern verursacht Schädigung, wie im Kapitel 5 erörtert. Dies verändert die Beweglichkeit innerhalb des implantierten Gebietes. Tempern nimmt zweifellos einen wesentlichen Anteil dieses Schadens zurück, läßt aber auch genügend zurück, um die Trägerbeweglichkeit zu verringern; dies ist in Abb. 7.15 gezeigt. Die obere Kurve gilt für einen Bor-implantierten Widerstand und die untere für einen Bor-Widerstand, dem anschließend Neon implantiert wurde; beide Widerstände wurden bei 500°C 30 min. lang getempert. Der differentielle Schichtwiderstand ist als Funktion der an den Widerstand angelegten Spannung gezeigt. Man sieht, daß der Neon-implantierte Widerstand eine weit verbesserte Linearität aufweist. Das zeigt, daß die Beweglichkeit in der Gegend des Übergangs verringert wurde; es wurden in der Tat Verringerungen um einen Faktor 5 gemessen.

7.5.5 Schottky-Dioden

Die Strom-Spannungs-Kennlinien einer Metall-Halbleiter-Schottkydiode hängen zu einem großen Teil von der Barrierenhöhe ab, die die Ladungsträger auf dem Weg zwischen den beiden Stoffen zu überwinden haben. Diese Barrierenhöhe hängt (neben anderen Faktoren) von der Austrittsarbeitsdifferenz zwischen Metall und Halbleiteroberfläche ab. Für eine bestimmte Metall/Halbleiterkombination kann die Barrierenhöhe durch Einstellung des elektrischen Oberflächenfeldes geändert werden[14]. Eine ionenimplantierte Schottkydiodenstruktur wird in Abb. 7.16 gezeigt. Schwach dotierte n-Schichten, die epitaktisch auf n^+-Silizium gezogen worden waren, wurden weiter dotiert, indem Antimon bei Energien zwischen 5 und 15 keV implantiert wurde. Diese niederenergetischen Ionen haben eine kurze Reichweite, $R_p < 150$ Å, so daß die Implantationsmethode ideal geeignet ist, sehr flache, homogene Schichten zu erzeugen. Nickel-Kontakte vollenden die Diodenstruktur.

Die Dicke und die Dotierungsdichte der implantierten Schicht wurden so gewählt, daß selbst, wenn Null Volt Vorspannung an den Übergang angelegt werden, die Schicht wegen der eingebauten Potentialdifferenz zwischen Metall und Halbleiter völlig verarmt ist. Unter diesen Umständen ist das Oberflächenfeld von der Zahl der implantierten Verunreinigungen bestimmt; es verringert die tatsächliche Barrierenhöhe am Übergang. Ferner bleibt das Oberflächenfeld unempfindlich auf die Vorspannung, solange die Schicht völlig verarmt bleibt. Die Strom-Spannungskennlinien für die implantierten Dioden sind in Abb. 7.16 gezeigt. Der Rückwärts-Sättigungsstrom steigt deutlich mit der Konzentration von Sb-Ionen innerhalb der schmalen verarmten Zone an und spiegelt die Verringerung wider, die für die Barrierenhöhe aufgrund des Oberflächenfeldes erreicht worden ist. Unter Vorwärtsspannung erhöht sich der Strom für gleiche Vorspannung ebenfalls. Dieselbe Barrierenhöhe wurde sowohl für die Vorwärts- als auch die Rückwärtskennlinie errechnet, was darauf hinweist, daß alle implantierten Verunreinigungen bei Null Volt Vorspannung verarmt waren. Die effektive Änderung in der Barrierenhöhe, die durch zahlreiche Dosen von Sb bei Energien zwischen 5 und 15 keV eingebracht wurde, ist in Abb. 7.16 aufgetragen. Für eine vorgegebene Sb-Dosis verringert eine Verminderung der Implantationsenergie die Dicke der implantierten Schicht, erhöht das Oberflächenfeld und verringert die Barrierenhöhe. Man kann zeigen, daß eine Verminderung um $\approx 0{,}2$ eV leicht durch 10^{16} Sb-Ionen/m^2 von 5 keV erhalten werden kann (eine nicht-implantierte Diode hat eine Barrierenhöhe von 0,59 eV). Es kann gezeigt werden, daß die Anwesenheit einer flachen n-Typ-Oberflächenschicht auf einem p-Typ-Substrat die tatsächliche Barrierenhöhe für

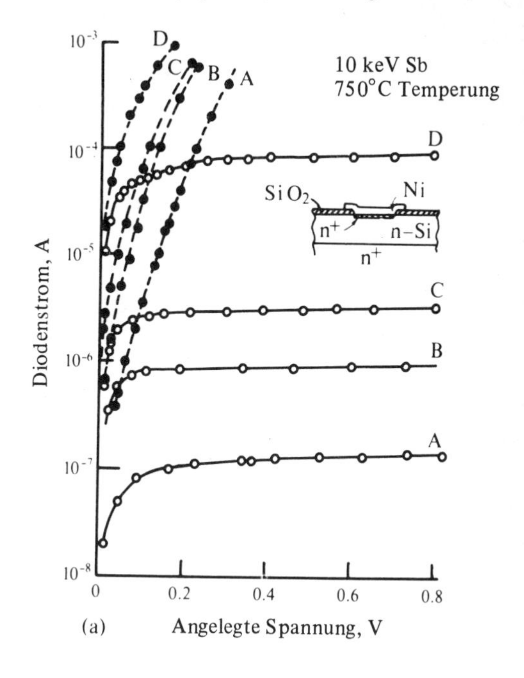

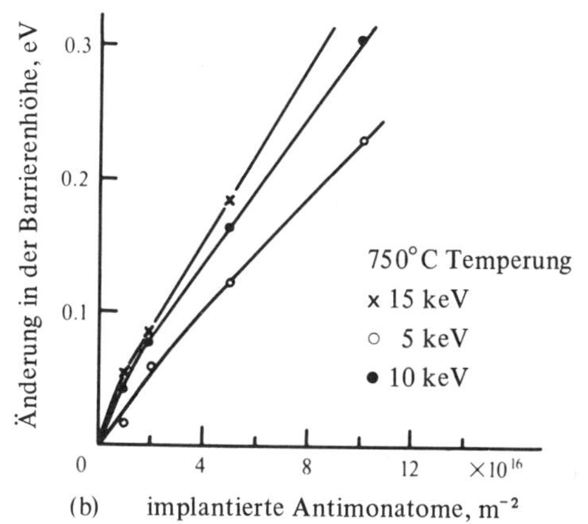

Abb. 7.16 (a) Kennlinie von Ni-Si-Barrieren. Die durchgezogene Kurve ist die Rückwärtskennlinie, die gestrichelte die Vorwärtskennlinie.
A: Kontrolle; B: 1×10^{16} Sb/m^2; C: 2×10^{16} Sb/m^2; D: 5×10^{16} Sb/m^2.
(b) Änderung der effektiven Barrierenhöhe der Ni-Si-Barriere, berechnet nach der Rückwärtskennlinie.

Schottky-Dioden erhöht. Folglich ermöglichen flache implantierte Schichten die Einstellung von Barrierenhöhen über einen weiten Bereich und führen einen hohen Grad an Flexibilität im Entwurf von Schottky-Dioden ein.

7.5.6 Durch Strahlung erhöhte Diffusion

Als letztes Beispiel für die Anwendung der Ionenimplantation bei der Fertigung elektronischer Bauelemente wollen wir einen Blick auf ein Verfahren werfen, das als „durch Strahlung erhöhte Diffusion" bezeichnet wird. Es ist wohlbekannt, daß die Diffusion einer Verunreinigung in einem Substrat wie Silizium in Bereichen höherer Fehlordnung anwächst. Wie wir vorher sahen, z.B. in Abb. 7.8, kann dieses verursachen, daß p–n-Übergänge nicht gleichmäßig sind. Der Vorgang der Ionenimplantation selbst erzeugt beträchtlichen Schaden, wie in Kapitel 5 erörtert, so daß während der Bestrahlung auch eine beträchtliche Erhöhung der Verunreinigungsdiffusion auftreten kann. Das Schädigungsprofil, das von der Ionenimplantation herrührt, ist fast identisch mit dem Tiefenprofil der Ionen, und zwar sowohl in Reichweite als auch in der Verteilung. Man kann sich vorstellen, daß innerhalb des Gauß'schen Schädigungsprofils die Atomversetzungen die Temperatur des Gitters wirksam steigen lassen; deshalb wird Vorzugs-Diffusion auftreten. Vorausgesetzt, daß die Wanderung der Defekte aus ihrem Erzeugungspunkt weg gering ist, wird die beschleunigte Diffusion im wesentlichen auf das schmale Gaußprofil der implantierten Ionen beschränkt bleiben. Deshalb kann genau auf demselben Weg, wie spezifische Dotierprofile durch Anpassung von Ionenenergie, -dosis usw. gemacht werden können, das Dotierprofil von Verunreinigungen innerhalb eines Substrates lokal angepaßt werden, indem man strahlungsbeschleunigte Diffusion benützt.

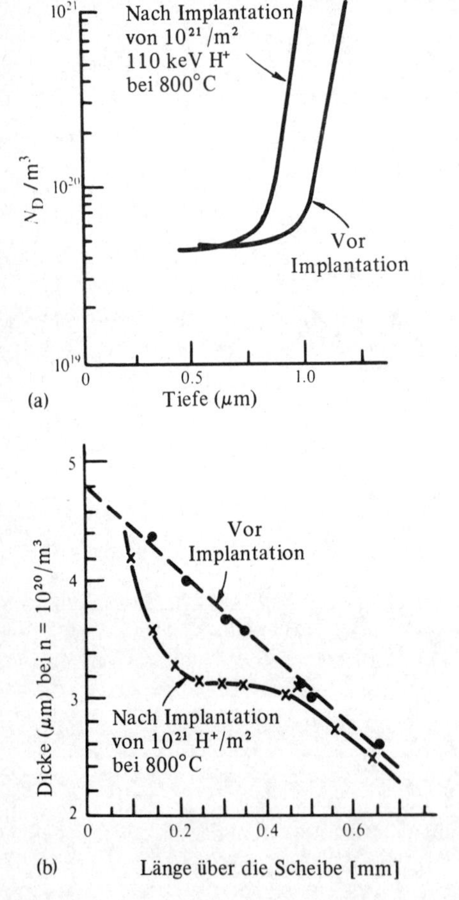

Abb. 7.17 (a) Profile einer n/n⁺ Grenzfläche vor und nach Proton-Beschuß bei 800°C.
(b) Tiefe der n/n⁺ Grenzfläche vor und nach Beschuß einer Epitaxie-Schicht mit großem Dicke-Gradienten.

Zwei Beispiele dieser Methode sind in Abb. 7.17 erörtert; in beiden Fällen ist die Tiefe, bei der eine n/n^+-Grenze innerhalb des Substrats auftritt, durch eine Bestrahlung mit Protonen[15] eingestellt worden. Dieses Teilchen wird oft bei Versuchen mit strahlungserhöhter Diffusion benutzt, da ihm seine geringe Masse bei gegebener Implantationsenergie eine beträchtliche Tiefe verleiht und da es nicht irgendwelche Dotiereffekte liefert. Außerdem verlieren hochenergetische Protonen einen beträchtlichen Anteil ihrer Energie durch elektronische Vorgänge (siehe Kapitel 3). Nur gegen Ende ihrer Eindringtiefe sind sie genügend abgebremst, um elastisch mit dem Gitter zu reagieren und atomare Versetzungen zu erzeugen, die für die Förderung strahlungsgesteigerter Diffusion notwendig sind.

Abb. 7.17(a) zeigt die gesteigerte Diffusion von Antimon in eine schwach dotierte Schicht, die Arsen enthält. Die Probe wurde bei 800°C gehalten und mit 110 keV H^+ bis zu einer Gesamtdosis von 10^{21} Ionen/m^2 beschossen. Die Lage der n/n^+-Grenze wird vor und nach Bestrahlung gezeigt, und man kann sehen, daß diese Grenze um etwa 0,25μm in Richtung Oberfläche verschoben ist. Die Protonenenergie war so gewählt worden, daß die strahlungserzeugte Schadensverteilung eng am n/n^+-Übergang liegt. Die strahlungsgesteigerte Diffusion trat innerhalb dieser wohldefinierten Schädigungsschicht auf und ergab eine neue n/n^+-Übergangstiefe, die durch die Reichweite der Protonen bestimmt ist.

Diese Verschiebung einer Übergangstiefe kann zum Glätten von Dickenvariationen in epitaktischen Lagen benutzt werden. Viele Bauelemente werden jetzt in epitaktisch aufgewachsenen Substraten hergestellt, und alle Dickenänderungen dieser Schichten wirken sich nachteilig auf die Elemente, die in ihnen erzeugt werden, aus. Abb. 7.17(b) zeigt, wie die Dicke einer speziellen Epitaxieschicht sich über der Scheibe vor und nach Protonenbestrahlung ändert. Die n/n^+-Grenze der Epitaxieschicht weist eine große Dickenänderung über der Scheibe vor der Bestrahlung auf. Eine n/n^+-Grenzschicht, die ursprünglich eine Tiefe zwischen etwa 3,1 und 3,9 μm unter der Oberfläche hatte, hat nach dem Beschuß allgemein eine Entfernung von 3,1 μm eingenommen. Das ist deshalb der Fall, weil der Beschuß mit 350 keV H^+ ein Schädigungsprofil in einer Tiefe erzeugt hat, die ausreichend nahe an dem in den Tiefen 3,1 bis 3,9 μm befindlichen Übergang liegt. Dadurch ergibt sich strahlungsgesteigerte Diffusion und eine Verschiebung des Übergangs auf die einheitliche Tiefe von 3,1 μm. Bei ursprünglichen n/n^+-Übergangstiefen, die außerhalb dieser Grenzen liegen, fällt das Schädigungsprofil nicht mit der Grenzschicht zusammen, und es gibt keine gesteigerte Diffusion. Mit diesem Verfahren sollte es möglich sein, jede Dickenvariation epitaktisch aufgewachsener Schichten auszugleichen, und, da das für die Diffusion verantwortliche Schadensprofil sehr steil ist, sind die Schwankungen der Übergangstiefe auch extrem gering.

Literaturhinweise zu Kapitel 7

1. Van der Pauw, L. J., *Philips Res. Rep.*, **13** (1958), 1.
2. Smits, F. M., *Bell Syst. tech. J.*, **37** (1958), 711.
3. Mayer, J. W., Eriksson, L. und Davies, J. A., *Ion Implantation in Semiconductors* (Academic Press, 1970), Kapitel 5.

4. Dearnaley, G., Freeman, J. H., Nelson, R. S. und Stephen, J., *Ion Implantation* (North-Holland, 1973), Kapitel 5.
5. Thomas, C. O., Kaling, D. und Manz, R. C., *J electrochem. soc.,* **109** (1962), 1055.
6. Gibbons, J. F., *Proceedings IEEE,* **56** (1968), 295.
7. Stephen, J. und Grimshaw, G. A., *Rad. Effects,* **7** (1971), 73.
8. Shannon, J. M. R., Tree, R. und Garde, G. A., *Can. J. Phys.,* **48** (1970), 229.
9. Shannon, J. M. R., Ford, R. A. und Garde, G. A., *Rad. Effects,* **6** (1970), 217.
10. North, J. C. und Gibson, W. M., *Appl. Phys. Lett.,* **16** (1970), 126.
11. Shannon, J. M., Stephen, J. und Freeman, J. H., *Electronics,* **42** (1969), 96.
12. Brook, P. und Whitehead, C. S., *Electronics Lett.,* **4** (1968), 295.
13. *Proceedings II International Conference on Ion Implantation in Semiconductors* (Springer Verlag, 1971).
14. Shannon, J. M. R., *Appl. Phys. Lett.,* **24** (1974), 369.
15. Shannon, J. M. R., *Mullard Research Labs. Annual Review,* 1972.

8 Weitere Anwendungsaspekte

8.1 Beschreibung eines Ionenimplanters

8.1.1 Grundsätzlicher Aufbau

Beschleuniger zur Implantation von Ionen in Festkörper – kurz „Ionenimplanter" – sind Geräte, die einem Vorratsbehälter eine geringe Menge Atome entziehen, diese ionisieren, in einem elektrischen Hochspannungsgleichfeld auf hohe Energie beschleunigen und schließlich in Form eines Strahles auf einen Festkörper auftreffen und flächenhaft abrastern lassen. Da für die Erzeugung eines solchen Strahles gutes Hochvakuum Voraussetzung ist, ist apparativ das Zubehör wie Vorpumpen, Hochvakuumpumpen, Kühlfallen und das Meß- und Überwachungssystem der neben dem Strahlführungssystem wichtigste und äußerlich am stärksten in Erscheinung tretende Teil.

In einzelne Bauteile aufgegliedert besteht eine Ionenimplantationsanlage aus einem Hochspannungsgerät, einer Ionenquelle mit Gasversorgung, einem Extraktions- und Fokussierteil, einem Beschleunigungsteil, einem Trennmagneten, einem Driftteil mit Blenden, Strahlablenkungssystem, Deflektor und Suppressor und einer Beschickungskammer für die zu beschießenden Proben. Für die Steuerung und Regelung des Strahles, die Messung der Ionendosis und die Versorgung der einzelnen Bauteile bildet zusätzlich die Elektronik einen umfangreichen Bestandteil der Anlage. Ferner sind Schutzvorrichtungen gegenüber Hochspannung und Röntgenstrahlung unerläßliches Zubehör.

Die technisch praktizierte Lösung der einzelnen Teile sei im folgenden aufgeführt.

8.1.2 Hochspannungserzeugung

Für die Ionenimplantation sind Hochspannungen variabel zwischen ca. 30 und 300 keV erforderlich. Ihre Erzeugung erfolgt allgemein in Hochspannungskaskaden. Diese bestehen aus einer Hochfrequenzeinspeisung und einer Anordnung von Gleichrichtern, Widerständen und Kondensatoren, die nach der Greinacher- (Cockroft-Walton-) Schaltung aus der Speisewechselspannung in etwa 10 Stufen eine Gleich-Hochspannung erzeugen. Die Bauelemente-Anordnung befindet sich zur Erhöhung der Durchschlagsfestigkeit in einem Öltank. Der Hochfrequenz-„Sender" arbeitet im MHz-Bereich und ist deshalb in der Bundesrepublik Deutschland postgenehmigungspflichtig. Die Hochspannungseinheit hat keine beweglichen Teile und ist wartungsfrei.

8.1.3 Ionenquellen

Eine Ionenquelle besteht aus einem kleinen zylindrischen Gefäß, das an das Vakuumsystem angeschlossen ist. Es hat einen Gaseinlaß mit einem Dosierventil und eine Austrittsbohrung für die entstandenen Ionen. Die Gasversorgung erfolgt über Miniatur-Druckflaschen (englisch: „Lecture bottles"), die mit Gas oder unter ihrem eigenen Dampfdruck stehenden Flüssigkeiten gefüllt sind. Eine andere Möglichkeit besteht darin, einen Festkörper durch Erhitzen zu verdampfen und den Dampf in die Ionenquelle zu leiten.

Der einfachste Typ einer Ionenquelle ist die *Kaltkathoden*-Ionenquelle. In ihr wird eine elektrische Entladung in einem Feld zwischen einer Kathode und Anode aufrecht erhalten. Für sie benötigt man nur eine zusätzliche Hochspannungszuführung von einigen Kilovolt für die Anode. Eine Entladung mit ausreichender Ionenmenge erhält man allerdings nur bei wenigen Gasen. Praktische Verwendung für die Siliziumdotierung finden die hochgiftigen und korrosiven Fluoride BF_3, PF_5 und AsF_3, die entsprechende Schutzmaßnahmen und Materialauswahl erfordern.

Die Entladung in der Quelle läßt sich nur in einem engen Unterdruckbereich aufrecht erhalten und hängt von der Quellegeometrie, der Anodenspannung, dem eventuellen zusätzlichen Magnetfeld (Penning-Prinzip) und vor allen Dingen vom Verschmutzungsgrad ab. Außerdem zerstäubt, besonders im Bereich des Ionenaustrittskanals, das Kathodenmaterial. Dieses wird deshalb aus speziellem Material, z.B. Beryllium, als auswechselbarer Steckeinsatz geformt.

Durch die Bohrung des Kathodeneinsatzes wird ein Teil der Ionen im Feld einer elektronischen „Extraktionslinse" (engl.: „lens") abgesaugt. Mit guten Quellen erhält man einen für die Dotierung nutzbaren Ionenstrom, z.B. Bor^+, von 50 μA am Target. Der gesamte Ionenstrom, der aus einem Gemisch verschiedener Gasradikale und Zerstäubungsionen besteht, ist am Quellenausgang mit ca. 1 mA natürlich wesentlich größer.

Der Vorteil der Kaltkathodenquelle liegt in der Betriebssicherheit ihres nur aus wenigen kleinen Teilen bestehenden robusten Aufbaus. Ihre Ionenströme reichen für niedrige Dotierungen (bis 10^{14} cm^{-2}) der Silizium-Standardtechnologie aus.

Bei der *Heißkathoden-* (oder *Glühkathoden-*) Ionenquelle ist die Kathode als Glühdraht ausgebildet, der zusätzlich Elektronen emittiert. Dadurch läßt sich eine Entladung bei viel höheren Drucken aufrecht erhalten. Außerdem lassen sich mehr Gase, auch Edelgase, ionisieren. Mit einem angeschlossenen Verdampferofen gibt es die Möglichkeit, auch Festkörper in Ionenform zu überführen, z.B.[1]. Man erreicht Ionenströme von ca. 1 mA am Target. Die Heißkathodenquelle wird bei Implantationen hoher Dosen (über 10^{14} cm^{-2}) eingesetzt. Sie ist komplizierter im Aufbau, verlangt mehr Wartung und ist deshalb wesentlich teurer. Wegen wachsenden Bedarfs an Hochstromimplantern wird sie jedoch in zunehmendem Maße verwendet.

Eine dritte gebräuchliche Quelle, allerdings mehr auf dem Forschungs- als auf dem Fertigungsgebiet, ist die von den Protonenbeschleunigern her bekannte *Hochfrequenz*-Ionenquelle. Bei ihr wird die notwendige Entladung in einem Glaszylinder durch Ankopplung einer hochfrequenten Wechselspannung erzeugt. Die Hochfrequenz liegt im 100 MHz-Bereich und wird in einem zugehörigen kleinen Sender erzeugt. Die Quelle hat einen besonders hohen Wirkungsgrad für Wasserstoff, Stickstoff und Edelgase, so daß hier Strahlströme von mehreren Milliampere am Target erzeugt werden. Für Bor und Phosphor ist sie wenig geeignet. Nichtflüchtige Bestandteile schlagen sich schnell an den Glaswänden und der Extraktionssonde nieder und bilden Kurzschlußbrücken.

Andere außer den drei genannten Ionenquellentypen sind bei Implantern ohne Bedeutung. Allerdings gibt es sie in den unterschiedlichsten Bauformen, und sie sind ständigen Veränderungen seitens der Hersteller unterworfen. Bedienungsfreundlichkeit und Betriebssicherheit in Hinsicht auf langzeitige stabile Brenndauer sind mindestens so wichtig wie hohe Strahlströme.

8.1.4 Extraktions- und Fokussiersystem, Beschleunigungsteil

Unmittelbar hinter dem Austrittskanal der Ionenquelle werden die Ionen vom Feld einer negativ vorgespannten Ringelektrode erfaßt und „abgesaugt". Die Gestalt auch dieser Elektrode muß genau auf den Extraktionskanal abgestimmt sein, und die an sie angelegte Spannung muß optimiert werden, damit ein genügender Strahlstrom entsteht. Es ist üblich, diese Elektrode als Kryopumpe auszubilden, die während des Betriebs mit flüssigem Stickstoff gefüllt ist, damit sich vagabundierende Neutralteilchen niederschlagen.

Hinter der Extraktionselektrode befindet sich noch eine ebenfalls spannungsvariable „Fokussierelektrode". Diese bildet zusammen mit der Extraktionselektrode und der nächsten Ringelelektrode ein ionenoptisches Fokussiersystem für den Strahl. Die Ionen haben an dieser Stelle eine Energie von 10 bis 20 keV und bestehen aus einem Gemisch entsprechend der Gaszusammensetzung in der Quelle. In der Strahlweiterführung gibt es nun mehrere Möglichkeiten: Entweder wird der niederenergetische Strahl im Magnetfeld eines Massenseparators erst getrennt und dann auf hohe Energie beschleunigt oder umgekehrt. Auch die Anordnung „Vorbeschleunigungsstrecke – Massentrennung – Nachbeschleunigungsstrecke" ist möglich. Trennt man die Massen vor der Beschleunigung, so kommt man mit kleineren Magneten aus und hat außerdem den Vorteil, bei Änderung der Implantationsenergie den Magnetstrom nicht anpassen zu müssen. Von Nachteil sind die schlechtere Auflösung und die Handhabung eines auf Hochspannung liegenden Elektromagneten.

Die Beschleunigungsstrecke besteht in einer Anordnung gestapelter Ringelelektroden mit Glasringen als isolierenden Abstandshaltern. Das Problem, eine solch komplizierte Vielfalt von Ringelelektroden zentriert und hochvakuumdicht zusammenzufügen, wird technisch zum Beispiel dadurch gelöst, daß man die Einzelelemente zunächst auf einen Dorn auffädelt, sie mit 4 kräftigen, isolierenden Stäben und zwei Endplatten miteinander zusammenpreßt und dann den Dorn wieder entfernt. Die erste Elektrode erhält Kathodenpotential, alle nachfolgenden sind mit ihr durch eine Widerstandskette verbunden. Auf diese Weise entsteht auf einer Strecke von etwa 1 m im Inneren der Ringelelektrodenanordnung ein homogenes elektrisches Hochspannungsfeld, nach dessen Durchlaufen die Ionen die gewünschte Endenergie angenommen haben. Die erreichte Energie hängt allein von der Spannungsdifferenz zwischen dem Entstehungsort der Ionen, also der Ionenquelle, und der letzten Elektrode ab. Von da ab dringen die Ionen mit unveränderter Energie weiter bis zum Aufprall auf das Target, sofern kein elektrisches Feld mehr auftritt.

Für die Endenergie ist es auch unerheblich, ob an die Ionenquelle Massepotential und an die letzte Elektrode negative Hochspannung gelegt wird oder an die Ionenquelle positive Hochspannung und an die letzte Elektrode Massepotential.

Praktisch wird der zweite Weg gewählt, da dann der ganze Driftteil und die Targetkammer Massepotential haben und dieses der Teil der Anlage ist, an dem der Operateur während der Implantation hantiert. Die Ionenquelle allerdings mitsamt Zubehör wie Gasflaschen, Ventilen, Netzversorgungsgeräten, liegt dann auf Hochspannung und kann nur über Stellstäbe fernbedient werden.

8.1.5 Separiermagnet

Der Ionenstrahl besteht aus einem Gemisch von Ionen, aus denen die gewünschte Sorte herausgefiltert werden muß. Auf rein elektrostatischem Wege ist dieses nicht möglich, jedoch mit einem homogenen Magnetfeld senkrecht zum Strahl. (Es bestehen noch andere Möglichkeiten, wie das hier nicht erläuterte „Wien-Filter" und Hochfrequenz-Quadrupole). In einem Magnetfeld wird ein Ion kreisförmig abgelenkt. Zwischen der Eintritts- und der Austrittsrichtung aus dem Feld gibt es eine Bahnänderung um einen Winkel α, der proportional zur Stärke B des Magnetfeldes und umgekehrt proportional zum Impuls p des Ions ist:

$$\alpha \approx \frac{B}{p} \cdot n^{\frac{1}{2}}$$

(Der Ionisierungsgrad n des Ions ist normalerweise gleich eines und sei im folgenden weggelassen.) Der Impuls p läßt sich auch durch die Energie und Masse M des Ions ausdrücken:

$$p = \sqrt{2ME}$$

Damit erhält man für die erforderliche Magnetfeldstärke B, um den Strahl um einen bestimmten Winkel α, in dem sich z.B. das Strahlrohr fortsetzt, abzulenken:

$$B \approx \alpha \cdot \sqrt{2ME} \qquad 8.1$$

Das von einem Elektromagneten erzeugte Feld kann nicht beliebig stark gemacht werden. Hier gibt es vor allem kostenmäßige Grenzen. Nützlich ist die Hersteller-Angabe für die Magnetfeldstärke in der Form des Masse x Energie – Produktes: z.B. besagt die Angabe $M \times E$ = maximal 15 MeV bei 30°, daß ein Ion der Atommasse M multipliziert mit seiner Energie E in MeV den Wert 15 nicht überschreiten darf, da es dann nicht mehr volle 15° abgelenkt werden kann, daß z.B. bei 0,2 MeV höchstens mit Masse 75 gearbeitet werden kann.

Wird ein großer Winkel α angestrebt, z.B. 90° für kompakte Bauart, dann müssen die Ionen nach der Gleichung 8.1 ein kleines $M \cdot E$ haben. Man läßt dann, wenn man sich nicht auf kleine Massen beschränken will, die Ionen mit kleiner Energie das Magnetfeld durchlaufen und beschleunigt sie zum Erreichen der Endenergie nach.

An den Separiermagneten muß ferner die Forderung nach guten Auflösungsvermögen gestellt werden, d.h.: zwei nebeneinander liegende Massen müssen deutlich voneinander getrennt werden, z.B. Bor-11 von Kohlenstoff-12. Da ein Magnet nicht nur ablenkt, sondern auch noch fokussierende Eigenschaften hat, läßt sich im Verein mit elektrostatischen Quadrupolen vor und hinter dem Magnet ein ausreichend gebündelter Strahlstrom mit genügender Trennschärfe erzielen.

Die Magnetfeldstärke wird über den Feldspulenstrom so eingestellt, daß die gewünschte Ionensorte, z.B. Bor-11, gerade in einen bestimmten Winkel, z.B. 30°, in dem sich das Strahlrohr fortsetzt, abgelenkt wird.

8.1.6 Blenden, Quadrupole, Suppressoren

Durch Einschieben von Blenden kann der nunmehr reine Ionenstrahl in seinem Durchmesser variiert werden. Auf diese Weise kann die Intensität des Strahles gedrosselt werden. Mit Anordnungen von vier elektrostatischen Elementen, auch Quadrupole genannt, wird der Strahl weiterhin komprimiert.

Von Wichtigkeit sind auch sogenannte Suppressoren: Große Lochblenden unter Hochspannung, die zwar den hochenergetischen Ionenstrahl durchlassen, jedoch Sekundärelektronen, die durch den Strahl freigesetzt werden und in entgegengesetzte Richtung laufen, zurückhalten. Sekundärelektronen verfälschen einerseits die Strommessung am Target und lösen andererseits nach Durchlaufen der Beschleunigungsstrecke in der Gegend der Ionenquelle durch Aufprall eine starke Röntgenstrahlung aus.

8.1.7 Scanner und Deflektor

Der Ionenstrahl hat am Ende seiner Bahn einen Durchmesser von 0,1 bis 1 cm. Er muß jedoch eine Fläche bis zu 10 cm Durchmesser gleichmäßig dotieren können. Eine ionenoptische Aufweitung des Strahles läßt sich nicht mit der geforderten Gleichmäßigkeit erreichen. Man benutzt deshalb einen Scanner: Die Anordnung besteht aus zwei waagerechten und zwei senkrechten Feldplatten. An diese werden zwei Wechselspannungen in Dreiecksform angelegt. Diese sollen zur Vermeidung von Lissajous-Figuren inkommensurable Frequenzwerte haben. Dadurch schwingt der Strahl (ähnlich wie beim Fernsehschirm) über einer größeren Fläche.

Eine andere Möglichkeit besteht in der mechanischen Bewegung des Targets gegenüber dem Strahl, die bei hohen Strahlströmen angewendet werden muß. Auch Hybridformen aus beiden Möglichkeiten sind gebräuchlich, z.B. Bewegung der Platten auf einem Karussell bei nur senkrechter Strahlschwingung.

Da die Ionen einen langen Weg bis zum Auftreffen auf das Target zurücklegen, sammeln sie unvermeidlich Elektronen im Restgas auf. Die dadurch entstehenden neutralen Atome fliegen mit hoher Energie unbeeinflußt durch elektrische Felder geradeaus weiter und können auf der Mitte des Targets eine zusätzliche Dotierung erzeugen. Durch erneutes Abknicken (etwa 7°) des Rohres läßt man diese Atome kurz vor dem Target auf die Rohrwandung prallen, lenkt jedoch durch zwei Platten mit einer Gleichspannung die Ionen entsprechend ab (Deflektor). Die Deflektorspannung kann gleichzeitig zum kurzzeitigen Abschalten des Strahles (Targetwechsel) benutzt werden.

8.1.8 Targetkammer

Die unterschiedlichsten Systeme zur Halterung der aus Siliziumscheiben bestehenden Targets werden benutzt. Für einen möglichst großen Durchsatz werden ständig neue Systeme entwickelt. Entweder wird eine große Kammer gebaut, die etwa 40 Scheiben gleichzeitig faßt und mit einem Drehantrieb die Scheiben wechselt, oder es wird ein System, meistens als Kassettensystem, verwendet, das automatisch Scheiben in die Targetkammer, die selbst unter Hochvakuum bleibt, schleust und wieder auswirft. Zur Vermeidung des Channelling-Effektes sind die Halterungen um ca. 7° gegenüber der Strahlsenkrechten geneigt.

Die Messung des Strahlstromes, über den die letzten Endes wichtigste Größe, nämlich die

Dotierung, eingestellt wird, ergibt sich aus der Abgabe der Ionenladung an das Target. Setzt man voraus, daß jedes Einschußion genau eine Elementarladung an das Target abgibt, dann läßt sich aus der Summe der abgegebenen Ladungen die Einschußdosis ermitteln. Die Dosis D, d.h. die Anzahl der Einschußionen pro Fläche ergibt sich aus der Beziehung

$$D = \frac{i \cdot t}{e \cdot q \cdot A}$$

i = Strom in A
t = Zeit in sec
e = Elementarladung $1{,}6 \cdot 10^{-19}$ As
A = bestrahlte Fläche
q = Ladung pro Ion (= 1 für B^+)

Die im Nenner stehenden Größen sind Konstanten, die nur einmal ermittelt zu werden brauchen. Die Ermittlung der Dosis läuft damit auf die Messung des $i \cdot t$-Produktes hinaus, was in einem sogenannten Stromintegrator erfolgt, einem Gerät, das elektronisch den Strom mit der Zeit multipliziert und beim Erreichen des Sollwertes den Strahlstrom unterbricht. Es ist deshalb nicht notwendig, den Strom sehr konstant zu halten. Dieses ist vorteilhaft, da die Ionenströme der Quellen meistens etwas unstabil sind.

Wichtig ist dagegen, daß keine Stromverfälschungen auftreten. Es muß dafür gesorgt werden, daß keine Aufladungen isolierender Schichten am Ort des Targets auftreten und keine Sekundärelektronen mitgemessen werden. Man erreicht dieses durch Sauberkeit, Materialauswahl und elektrische Gegenfelder am Target.

8.1.9 Steuerung

Neben dem Strahlsystem und dem Vakuumpumpensystem ist die Steuerelektronik der dritte wichtige Bestandteil einer Implantationsanlage. Mit ihr ist es möglich, nach Beschickung der Anlage mit Siliziumscheiben und Einstellung des gewünschten Strahlstromes vollautomatisch die Implantation bei einer Serie von Scheiben ablaufen zu lassen. Da ein Teil der Anlage unter Hochspannung steht, müssen die dort befindlichen Netzteile und Gasventile fernbedient werden. Dieses geschieht über lange Stellstäbe, die motorisch angetrieben Transformatoren- und Gasventilstellungen verändern, bis optimale Strahlströme erreicht werden.

8.1.10 Spezielle Bauformen von Implantern

Neben der Unterscheidung zwischen Forschungs- und Fertigungsimplantern, die sich durch Vielseitigkeit einerseits und Bedienungsfreundlichkeit und hohen Scheibendurchsatz andererseits auszeichnen, erfolgt die – auch preismäßige – Einteilung in Niedrigstrom-, Mittelstrom- und Hochstromimplanter. Niedrigstromimplanter erreichen eine Strahlstromstärke von etwa 30 μA auf dem Target, womit sich eine Dosis von 10^{14} cm^{-2} auf einer Scheibe von 3"Durchmesser in etwa 1 min erzielen läßt. Für standardmäßige Implantationen beim C-MOS-Prozeß, wie p-well und Kanalimplantation, ist diese Stromstärke ausreichend. Hochstromimplanter erreichen einen Strahlstrom von 1 bis 2 mA. Mit ihnen lassen sich alle gewünschte Dosiswerte in kurzer Zeit erreichen, d.h. Werte bis zur Amorphisierung des Targets.

Abgesehen von den obigen Einteilungen gibt es noch preisgünstige Spezialimplanter für nur einen Zweck, z.B. für ausschließlich Bor-Implantation bei mittlerer Energie.

In Europa werden Implantationsanlagen z.Zt. angeboten von den Firmen Accelerators/ Linlott, Balzers, Danfysik/High Voltage, Varian/Extrion. Die Experimentieranlage der Fa. Danfysik an der F. U. Berlin ist in Abb. 8.1 und eine zugehörige Prinzipskizze in Abb. 8.2 dargestellt. Implantationsanlagen für industrielle Fertigung haben eine gedrungenere Bauform, meist in Gestalt eines Schrankes mit Bedienungspult und Beschickungskammer.

Abb. 8.1 Experimentier-Implantationsanlage der Fa. Bauphysik im phys. Institut der FU Berlin. Links im Bild der Hochspannungsteil mit Separiermagnet und die Beschleunigungsstrecke. In der Mitte ein Switch-Magnet zur wahlweisen Ablenkung in die fünf angeschlossenen Strahlrohre. Auf der rechten Seite verschiedenartige Targetkammern, die mittlere umgeben von einer Flowbox.

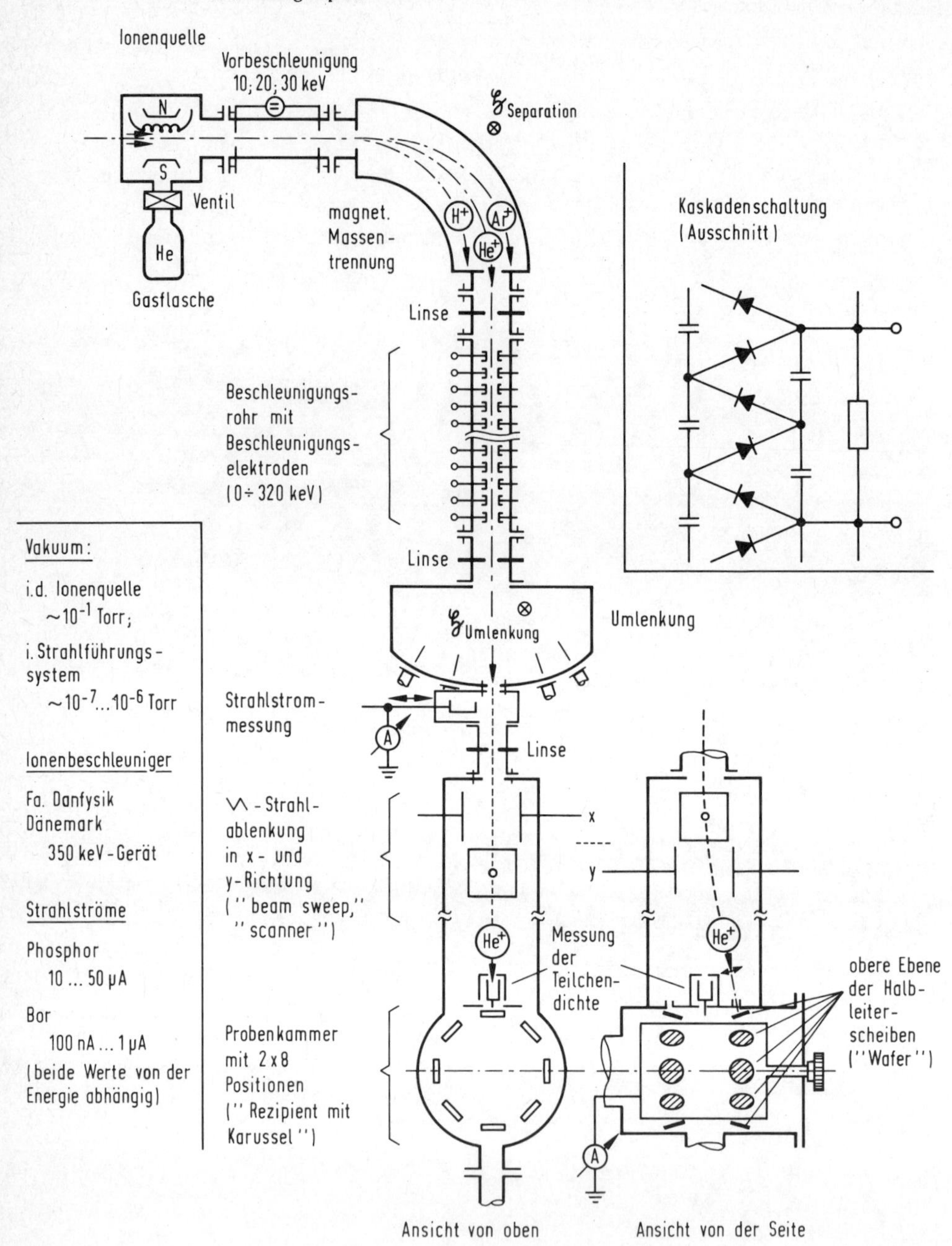

Abb. 8.2 Einrichtung zur Ionenimplantation in Halbleiterscheiben (schemat.) im Physikal. Institut der FU Berlin.

8.2 Praktische Ausführung einer Implantation

8.2.1 Vorbereitung der Proben

Die zu dotierenden Proben liegen meistens in der Form von 200 bis 500 mμ dicker Scheiben mit einem Durchmesser von 2" oder 3" vor. Entsprechend sind die Implanter mit Halterungen ausgerüstet.

Da der Ionenstrahl die ganze Scheibe gleichmäßig überstreicht, müssen die nicht zu dotierenden Bereiche abgedeckt werden. Dieses geschieht mit Masken, die auf dem üblichen Wege der Halbleiterlithographie aufgebracht werden. Interessanterweise können bei der Implantation, einem „Kaltprozeß", Lackmasken verwendet werden, wenn die Einschußenergie nicht zu hoch ist. Dadurch können vorherige Verfahrenschritte eingespart werden. Üblicherweise werden jedoch Siliziumoxidmasken aufgebracht.

Die „Fenster" in den Masken, d.h. die freiliegenden Siliziumflächen müssen vor der Implantation entweder gereinigt werden, z.B. durch ein kurzes Überätzen mit Flußsäure, oder sie müssen ein dünnes Oxid wohldefinierter Dicke erhalten, z.B. beim MOS-Prozeß das Gateoxid von ca. 0,1 μm Dicke, welches vom Ionenstrahl gerade eben noch durchdrungen wird. Dadurch erreicht man flache Implantationen, d.h. Dotierungen von nur oberflächennahen Schichten.

Beim Einsetzen der Scheiben muß außerdem auf die übliche Staubfreiheit geachtet werden, die z.B. in sogenannten Flowboxen (Arbeitskammern, die von staubfreier Luft durchspült werden) erreicht wird.

8.2.2 Vorbereitung des Implanters

Erste Voraussetzung für eine gute Implantation ist ein gutes Hochvakuum im gesamten System. Es muß ein Druck von etwa 10^{-7} mbar erreicht werden. Nach Erfüllung dieser Forderung muß die Ionenquelle „gezündet" werden. Hierfür sind bisweilen einige Erfahrungen und Fingerspitzengefühl notwendig, da die Gaszufuhr mit einem feinen Dosierventil eingeregelt werden muß und das Einsetzen der Entladung nur in einem engen Hochspannungsbereich erfolgt. Als nächstes muß die Beschleunigungs-Hochspannung langsam auf den vorgeschriebenen Wert hochgefahren werden (ca. 100 kV).

Wenn der Wert des richtigen Magnetstromes für das Herausfiltern der gewünschten Ionensorte nicht bekannt ist, kann auf folgende Weise verfahren werden: Der Strom wird langsam bis zum Maximalwert durchfahren und auf einem angeschlossenen X-Y-Schreiber das Spektrum „Targetstrom in Abhängigkeit vom Magnetstrom" geschrieben. Man erhält dann mehrere Peaks, die z.B. von $^{10}B^+$, $^{11}B^+$, $^{10}BF_1^+$, $^{11}BF_3^+$ und F^+ herrühren (Abb. 8.3). Durch Überlegungen über die Massenabhängigkeit der Ablenkung läßt sich dann ermitteln, daß in obigem Beispiel der Magnetstrom für den zweiten Peak, nämlich für das häufigere Isotop ^{11}Bor, für die Implantation eingestellt werden muß.

Die Einstellung des Stromes erfolgt natürlich nicht auf einer Siliziumscheibe, sondern auf einer leeren Position der isoliert aufgehängten Targethalterung.

Hiernach muß man versuchen, den Ionenstrahl zu optimieren, und zwar hinsichtlich engen Strahlquerschnitts und hoher Strahlstromstärke. Dieses kann bei Kenntnis der ionenoptischen Zusammenhänge durch Veränderung der Spannungen von Fokuselektrode, Saug-

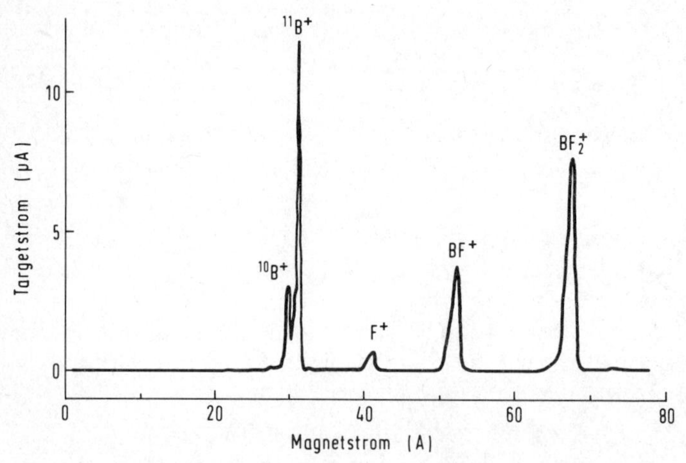

Abb. 8.3 Targetstrom in Abhängigkeit von der Stärke des Separiermagnetfeldes. Zu sehen ist ein typisches Ionenspektrum, das man beim Betreiben einer Kaltkathodenquelle mit Bortrifluorid erhält. Die Trennung des Isotops ^{10}Bor von ^{11}Bor ist deutlich zu erkennen. Zur p-Dotierung des Silizium wählt man den Magnetstrom des ^{11}B – Maximalwertes aus. Die Aufnahme des Spektrums erfolgte bei 140 keV Ionenenergie.

elektrode, Quadrupolen und der gleichzeitigen Beobachtung des Targetstromes erreicht werden. Eine andere Möglichkeit besteht in der Benutzung eines „beam viewers", einer Quarzscheibe, die in den Strahlengang eingeschwenkt wird und über einen Spiegel und ein Strahlrohrfenster ein schwaches blaues Leuchten nach außen hin sichtbar werden läßt.

Weitere grundsätzliche Überprüfungen s. Pkt. 8.2.4.

8.2.3 Dosis und Einschußenergie

Die Dotierungsergebnisse hängen von der Einschußdosis und Einschußenergie ab. Für die Festlegung dieser Parameter müssen vorher folgende Fragen geklärt werden: In welcher Tiefe möchte ich welche Konzentration an Fremdatomen haben? Welche Zerstörung des Gitters sind zulässig und wie lassen sie sich ausheilen? Tritt eine Erwärmung der Probe beim Beschuß auf? Wieviel Dotierstoff geht bei nachfolgenden Prozeßschritten (z.B. Ausdiffusion in Oxide) wieder verloren?

Diese theoretischen Fragen können endgültig nur durch Probeimplantationen in Testplatten beantwortet werden. Sie lauten dann: Wie hoch ist die Leitfähigkeit? Wo liegt der p–n-Übergang? Welche Transistor-Schwellspannungen werden erreicht?

Größenordnungsmäßig liegen z.B. beim C-MOS-Prozeß die Daten für die p-well-Implantation, d.h. die Schaffung p-leitender Bereiche im n-leitenden Substrat, bei 100 keV und 10^{13} cm^{-2}.

Die Einstellung der Dosisvorwahl am Stromintegrator erfolgt nach der Beziehung in 1.8.

8.2.4 Homogenität

Der „Scanner" ist ein wichtiges Gerät, dessen einwandfreie Funktion ständig überwacht werden muß. Er muß in der Amplitude so eingestellt werden, daß der Umkehrpunkt des

Strahles außerhalb der Probe liegt und die Frequenzen der beiden Wechselspannungen nicht im ganzzahligen Verhältnissen zueinander stehen. Andernfalls würden Inhomogenitäten über der Scheibenfläche auftreten. Die Homogenität läßt sich durch anschließendes Ausmessen des Flächenwiderstandes nach der 4-Spitzenmethode überprüfen, ferner direkt durch Einschuß in Papier, auf dem eine Braunfärbung hervorgerufen wird, genauer durch Einschuß auf durchsichtige Folie mit anschließender photometrischer Auswertung.

8.2.5 *Nachbehandlung*

Auf jede Implantation folgt zwangsläufig ein Temperschritt, da Gitterschäden ausgeheilt und die Dotierionen elektrisch aktiviert werden müssen. Das Ausheilverhalten ist Gegenstand zahlreicher Untersuchungen, und es läßt sich grundsätzlich angeben, daß bei den meisten Ionen in Silizium mit einer 30-minütigen Temperung bei 900°C eine vollkommene elektrische Aktivierung erreicht wird.

Die Scheiben werden hierfür in spezielle Temperöfen gebracht. Dabei wächst im allgemeinen eine neue Oxidschicht auf, die z.B. vor der Messung des Flächenwiderstandes erst abgeätzt werden muß.

8.2.6 *Wichtige Energie-Reichweite-Beziehungen für Si und SiO_2*

Eindringtiefen (nach F. Gibbons, W. S. Johnson, S. M. Mylroie „Projected Range Statistics" Halsted Press 1975)
(R_p = mittlere projizierte Reichweite
ΔR_p = Standardabweichung)

Implantation von	R_p (mμ)	ΔR_p (mμ)
50 keV B → Si, SiO_2	0,16	0,05
100 keV B → Si, SiO_2	0,30	0,07
200 keV B → Si	0,52	0,19
50 keV P → Si[x)]	0,06	0,03
100 keV P → Si[x)]	0,12	0,05
200 keV P → Si[x)]	0,25	0,08
50 keV As → Si[x)]	0,04	0,01
100 keV As → Si[x)]	0,06	0,02
200 keV As → Si[x)]	0,11	0,04
50 keV H → Si[x)]	0,59	0,10
100 keV H → Si[x)]	1,00	0,12
200 keV H → Si[x)]	1,79	0,14

[x)] Bei SiO_2 liegen die Reichweiten um 20% niedriger

8.3 Allgemeines zum Betrieb einer Ionenimplantationsanlage

8.3.1 Vorkenntnisse

Für die Verantwortung bei der Planung und dem Betrieb eines Implanters sind Vorkenntnisse über Hochvakuumtechnik, Ionenoptik (Elektronenoptik), Umgang mit Hochspannung, elektronische Steuerungstechnik, Strahlenschutz und Umgang mit aggressiven Gasen wünschenswert. Der Aufbau einer Anlage und die Bereitstellung einer Betriebsanleitung gehören zwar gewöhnlich zum Lieferumfang der Herstellerfirma, jedoch entstehen bei Betrieb und Wartung häufig Fragen auf diesen Gebieten.

8.3.2 Genehmigungen und Verordnungen

Da in einer Ionenimplantationsanlage durch Aufprall beschleunigter Elektronen eine Röntgenstrahlung entstehen kann, fällt ein solches Gerät in der Bundesrepublik Deutschland in den Geltungsbereich der Strahlenschutzverordnung vom 13.10.76. Danach besteht Anzeigepflicht, oder es muß sogar eine Genehmigung bei der für den Arbeitsschutz zuständigen Behörde beantragt werden. Diese wird nach Begutachtung der Strahlenschutzvorrichtung durch eine unabhängige Prüfstelle erteilt.

Da ferner bei Hochspannungserzeugung und beim Betreiben einer Hochfrequenz-Ionenquelle sich Wellen im Bereich von Senderfrequenzen ausbreiten können, ist eventuell eine Prüfung und Genehmigung durch die zuständige Postverwaltung erforderlich.

8.3.3 Sicherheitsfragen

Die oben erwähnte Röntgenstrahlung entsteht dadurch, daß beim Aufprall von Ionen auf Wandungen Sekundärelektronen ausgelöst werden, die ihrerseits wegen ihrer entgegengesetzten Ladung in Gegenrichtung beschleunigt werden, auf die Ionenquelle und die Elektroden in ihrer Umgebung aufprallen und eine hochenergetische Röntgenstrahlung erzeugen. Zum Personenschutz muß deshalb die in der Strahlenschutztechnik übliche Abschirmung durch Bleiwände verwendet werden, so daß die Strahlenbelastung den Wert von 1 mrem/h in 0,1 m Abstand von der Abschirmung nicht überschreitet.

Ferner muß beim Umgang mit Hochspannung von mehreren 100 keV auf Berührungssicherheit, Durchschlagsfestigkeit, Kriechströme und Coronaentladungen geachtet werden.

Die üblicherweise verwendeten Fluoride für das Beschicken der Ionenquelle sind äußerst giftig und wirken korrosiv. Beim Zusammentreffen mit Raumluft bilden sie sofort Zersetzungsprodukte, die in Form von Ablagerungen Ventile und Rohrleitungen verstopfen können. Das Spülen und Belüften der Leitungen erfolgt deshalb am besten mit trockenem Stickstoff. Im übrigen ist für eine gute Raumdurchlüftung zu sorgen.

8.3.4 Wartung

Am stärksten beansprucht wird die Ionenquelle. Eine gute Kaltkathodenquelle läßt eine Betriebszeit von ca. 100 Stunden zu, bis sie gereinigt werden muß und Verschleißteile, wie z.B. der Ionenaustrittskanal, ersetzt werden müssen. Ferner müssen gelegentlich Dosierventile für den Gaseinlaß zerlegt und gereinigt werden, da Ablagerungen den Durchfluß behindern. Das Öl der Vorpumpen wird durch die abgesaugten Gase verunreinigt und muß in regelmäßigen Abständen erneuert werden. Außerdem müssen die Hochvakuummeßröhren in gewissen Abständen gereinigt werden.

Zur Verhinderung von Falschmessungen der Targetströme sind der Targetraum und die Halterungen von Ablagerungen zu befreien, so daß keine elektrostatischen Aufladungen isolierender Schichten auftreten.

8.3.5 Versorgung, Zusatzgeräte

Außer der selbstverständlichen Stromversorgung benötigt ein Implanter Wasserkühlung für Diffussionspumpen und Magnet, ferner Druckluftanschluß für Vakuumventile, Stickstoffanschluß für Belüftungen und eine Flüssig-Stickstoff-Versorgung für die Kühlung von Kühlfallen. Wünschenswert ist eine Flowbox für staubfreie Beschickung der Targetkammer.

8.3.6 Kosten

Die Anschaffungskosten eines Ionenimplanters liegen bei etwa DM 500.000,–. (1979) Aus den Anschaffungs-, Abschreibungs- und Betriebskosten ergibt sich in grober Näherung ein Preis von 10 bis 50 DM pro Siliziumscheibe.

8.4 Anwendungen der Ionenimplantation

In den früheren Ausführungen war zu sehen, daß Ionenimplantation hauptsächlich zwei Wirkungen hervorruft: Sie wirkt als Dotierung, und sie ruft Strahlenschäden hervor. Danach gliedern sich im wesentlichen die Anwendungsbereiche. Auch ein dritter Gesichtspunkt ist hier nicht zu unterschätzen, nämlich Ionenimplantation als Werkzeug, um Grundlagenuntersuchungen durchzuführen. Hieran sind vor allem die Festkörperchemie und -physik interessiert.

8.4.1 Dotierungsanwendungen

Beginnen wir mit dem ersten Bereich, der dotierenden Wirkung von Ionen. Wenn sich eine relativ junge Technologie, wie es die Ionenimplantation nun einmal ist, gegen wohletablierte Verfahren wie die Diffusion oder die Epitaxie durchsetzen soll, so muß es handfeste Gründe geben, die für die neue Methode sprechen. Diese Gründe müssen so überzeugend sein, daß z.B. der Preisvorteil von DM 0,2 – 1, für die Diffusion zu DM 10, – 50, für Implantation pro Scheibe aufgewogen wird. Es wird sich im Verlauf der Diskussion zeigen, daß die Implantation offenbar zwei Vorteile bietet: Einmal gelingt es mit ihrer Hilfe, lokal enger begrenzte Strukturen herzustellen als bei der Diffusion oder bei der Epitaxie. Zum zweiten ist die Sicherheit, den gewünschten Stoff – und zwar *nur* den gewünschten Stoff – in den Halbleiter zu inkorporieren – viel größer als bei den anderen Verfahren. Beispiele für den ersten Fall sind die Reduzierung der Miller-Kapazität des MOST, für den zweiten Fall die integrierte Herstellung eines CMOS-Transistors über Ionenimplantation unter Vermeidung tiefer Störstellen.

Wir wollen im folgenden einige Anwendungsbeispiele diskutieren und die Vorteile der Ionenimplantation herausheben.

8.4.1.1 MOS-Technologie

Der erste Komplex umfaßt die MOS-Technologie. Es war schon in Kapitel 7 beschrieben worden, welche Vorteile die Selbstjustierung des Ionenstrahls durch das MOS-Gate mit sich bringt. Damit sind jedoch die Möglichkeiten der Ionenimplantation auf diesem Gebiet noch lange nicht ausgeschöpft. So gelingt es zum Beispiel seit dem Jahr 1969, die Schwellspannung des MOS-Transistors definiert einzustellen[2]. Das hier angesprochene Problem und seine Lösung sind in Abb. 8.4 skizziert. Hier interessiert uns vorerst nur die linke

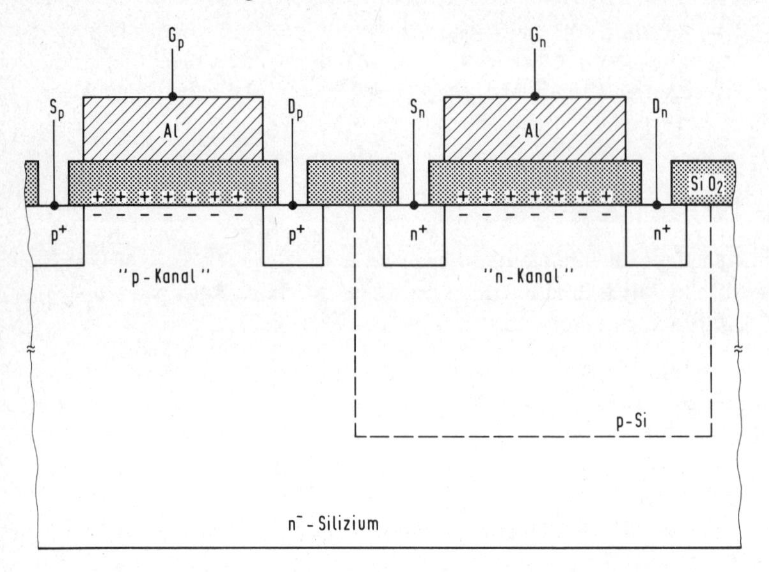

Abb. 8.4 Vereinfachter Ausschnitt aus einer C-MOS-Schaltung.

Hälfte des Bildes, nämlich der sogenannte „p-Kanal"-MOS-Transistor (Schematisch dargestellt). Zwischen den Anschlüssen S_p und D_p (Source und Drain) wird eine Spannung angelegt. Strom kann dann nur fließen, wenn das n^--Silizium unter dem Gate positive bewegliche Ladungsträger („Löcher") aufweist. Im anderen Fall ist einer der beiden Übergänge von n^- auf p^+ sperrend. Nun hat aber n-Typ-Silizium Elektronen als bewegliche Ladungsträger. Unterstützt wird dieses für den Stromfluß „schädliche" Verhalten noch durch einen technologischen Umstand: Im Siliziumdioxid, in der Nähe des erwünschten Strompfades im Silizium, sind von Natur aus immer positive, unbewegliche Ladungen eingebaut, die sogenannten Oxidladungen. Diese Ladungen ziehen zusätzliche Elektronen an und verstärken die Sperreigenschaft. Möchte man den Transistor leitend machen, so muß man so viel negative Ladungen auf dem Aluminium („Gate") aufbringen, daß einmal der Einfluß der Oxidladungen aufgehoben wird, zum andern statt der Elektronen des n-Siliziums Löcher an die Phasengrenze Si-SiO_2 herangeführt werden. Man muß also mit einem recht hohen Spannungspegel G_p arbeiten. Das führt zu Leistungsverlusten. Es ist daher wünschenswert, den Einfluß der positiven Spannung von vornherein zu eliminieren oder sogar noch überzukompensieren. Es besteht noch ein zweiter Zwang, diese sogenannte „Schwellspannung" (Übergang zum leitenden Verhalten) des Transistors gezielt einzustellen: Im rechten Teil des Bildes ist die komplementäre Struktur („n-Kanal") eingezeichnet.

Leitfähigkeitstypen von „Substrat“ (der großen p-Wanne), Source und Drain des Transistors sind gegenüber dem p-Kanal-Transistor gerade vertauscht. Auf diese Weise erhält man einen CMOS-Schaltkreis. Verbindet man die beiden Transistoren, so entsteht ein Inverter, die einfachste Logikschaltung, auf der sämtliche höherwertigen logischen Entscheidungen beruhen. Für den Leistungsverbrauch der Schaltung ist es wünschenswert, die beiden Schwellspannungswerte möglichst nahe aneinander anzupassen.

Das Problem wird gelöst, indem man Dotieratome ins Silizium einbringt, (im o.g. Beispiel Bor ins n-Silizium) und zwar so, daß sie „dicht“ an der Phasengrenze SiO_2-Si gelagert sind. Mit „dicht“ ist eine typische Weite von <1000 A° gemeint. Wenn wir z.B. Bor implantieren, so wird dieses in den negativ geladenen Zustand übergehen und zur Kompensation von Oxidladungen beitragen. Wegen der geringen Tiefenausdehnung wird das Bor keine nennenswerte p-Si-Zone ausbilden. Es wird sich auch nicht infolge der angelegten Gatespannung in den neutralen Zustand umladen, es sei denn bei extrem hohen negativen Spannungen, die für den MOS-Betrieb nicht mehr interessant sind. Damit wirkt das Bor offenbar wie eine engbegrenzte, ortsfeste und nicht umladbare Raumladung, genauso wie die Oxidladungen, aber mit entgegengesetztem Vorzeichen. Über die Dosis des eingebrachten Bors läßt sich somit die Schwellspannung einstellen. Die Forderung einer Tiefe von $\leqslant 1000$ A° läßt sich nur über die Ionenimplantation erfüllen. Man implantiert z.B. so, daß $\overline{R}_p = d_{ox} \approx 1000$ A° gilt, also das Maximum des Profils genau an der Phasengrenze Si-SiO_2 sitzt. Nach den üblichen Daumenregeln gilt als Maß für den Abfall der Verteilung $\Delta\overline{R}_p \approx 0{,}3 \cdot \overline{R}_p$ ist. Damit ist also das Borprofil typisch innerhalb von wenigen 100 A° auf den Substratwert abgeklungen. Die nötigen Bordosen lassen sich leicht abschätzen, wenn man bedenkt, daß pro Volt Schwellspannungsänderung eine Ladung $Q = 1$ Volt $\cdot$ C_{ox} aufgebracht werden muß (C_{ox} = Oxidkapazität). Diese Ladung entspricht den erforderlichen Boratomen, $Q = q\, N_{Bor}$. Bei 1000 A° Oxiddicke ist $C_{ox} = 34$ nF/cm^2 und pro Volt müssen also rund $2 \cdot 10^{10}$ Borionen/cm^2 implantiert werden.

Als nächstes ist die Herstellung der p-Wanne zu diskutieren. Diese Wanne wird gewöhnlich vor allen anderen Prozeßschritten fertiggestellt. Der bisherige Weg war dabei der, zuerst mittels einer hochdotierenden Diffusion das grenzflächennahe Silizium mit Bor vorzubelegen („Prädeposition“) und anschließend diese Belegung einzutreiben („drive in“), bis die p–n-Grenze den endgültigen Wert von etwa 10 μm erreicht hat. Vernünftige Ausgangswerte sind: Eine Diffusionskonstante von $3 \cdot 10^{-12}$ cm^2/s (T = 1200°C), eine Substratdotierung von $6 \cdot 10^{14}$/cm^3 und eine Diffusionszeit innerhalb eines Arbeitstags ($t \approx 5 \cdot 10^4$ sec.). Aus der Lösung der Diffusionsgleichung ergibt sich, daß 2×10^{12} Boratome/cm^2 zur Vorbelegung benötigt werden*). Es ist nun sehr schwierig, eine Prädeposition mittels Diffusion so auszuführen, daß das Integral über dieses erste Diffusionsprofil gerade $2 \cdot 10^{12}$/cm^2 ergibt. Für die Implantation dagegen ist die exakte Einstellung eines solchen Wertes kein Problem, da hier die Borteilchen „einzeln“ über eine Strommessung nachgewiesen werden.

Bei der Herstellung des oben skizzierten CMOS-Schaltkreises ergibt sich ein Problem, das mit Autodoping beschrieben wird: Nach der Diffusion der p^+- oder n^+- Source- und Drain-

*) (Die wahre Dosis muß höher sein (ca. 10^{13}/cm^2), da noch eine Abwanderung ins entstehende Oxid zu berücksichtigen ist).

anschlüsse (Kap. 7) wird das maskierende Feldoxid wieder entfernt und dafür durch thermische Oxidation ein neues Gate- oder Feldoxid aufgebracht. Gleichzeitig mit der Oxidation „verdampft" Dotiermaterial aus den Drain- und Sourceinseln und diffundiert wieder in das Gebiet ein, das später als Kanalzone ausgebildet werden soll („p- oder n-skin"). Deshalb sind einige Firmen dazu übergegangen, auch die Source- und Draingebiete vollständig zu implantieren. Zwar liegt auch hier eine blanke Si-Scheibe mit p^+- oder n^+-Inseln vor, die oxidiert werden müssen. Jedoch ist in diesem Fall die Oberflächenkonzentration der Inseln gering, wenn nur tief genug implantiert wird – im Gegensatz zur Diffusion, wo die höchste Konzentration immer an der Oberfläche liegt. Die Ionenimplantation löst das Problem des Autodopings aber nur, wenn Beschleuniger mit hohen Flüssen zur Verfügung stehen, da die Source- und Drainanschlüsse hochdotiert sein müssen.

8.4.1.2 CCD-Schaltkreise

Eine logische Fortsetzung findet die MOS-Kapazitätsdiode im sogenannten CCD (*c*harge *c*oupled *d*evice)[3]. Dieses Bauelement basiert auf zwei Prinzipien: (a) eine MOS-Kapazität wird in Verarmung gepulst, es sind zunächst keine (beweglichen) Minoritätsträger vorhanden. Falls während des Betriebszustandes dennoch Minoritätsträger unter dem Gate auftreten, so handelt es sich um Ladungen, die von einem äußeren Signal (z.B. Licht, Radarimpulsen usw.) erzeugt wurden. (b) diese Signal-proportionale Ladung wird von einem MOS-Kondensator zum nächsten weitertransportiert. (Abb. 3a). Im bisherigen Konzept sind mindestens drei (sich periodisch ändernde) Taktspannungen V_1, V_2, V_3 erforderlich, um eine einheitliche Laufrichtung der Ladung zu erzeugen. Da die Minoritätsträger im Normalfall immer bemüht sind, sich der entgegengesetzten Ladung des Gates zu nähern, erfolgt der Ladungstransport an der Grenzfläche SiO_2–Si, ähnlich wie beim MOS-Feldeffekttransistor. (Abb. 8.5b) Diese örtliche Fixierung des Strompfades führt aber zu zwei Nachteilen. Die Beweglichkeit an der Oberfläche SiO_2-Si ist dreimal schlechter als im Innern des Siliziums. Zum anderen fangen „Traps" (sogenannte Oberflächenzustände) Signalladungen ein und geben sie erst verzögert wieder frei. Deshalb bemüht man sich, den Ladungstransport von der SiO_2-Si-Phasengrenze wegzuverlegen ins Volumen des Siliziums. Als Mittel dafür bietet sich eine schmale Oberflächenschicht an, deren Dotierung dem Substratmaterial gerade entgegengesetzt ist[4]. Unter der Annahme, daß das Bauelement in der Verarmungsnäherung betrachtet werden kann, ergibt sich eine Abhängigkeit der Spannung von der Tiefe nach Abb. 8.5c. Man sieht, daß das Potential im Inneren des Si, nahe an der p–n Phasengrenze, ein Minimum aufweist. Demzufolge wird sich die Signalladung an diesem Ort aufhalten und auch in dieser Tiefe weitertransportiert werden. Dieser Ort darf nun umgekehrt auch nicht zu tief ins Siliziuminnere verlagert werden. Sonst wird die Trennung zwischen Gate- und Signalladung groß, die Kapazität damit klein, der Dynamikbereich des Bauelementes sinkt. Für eine optimale Einstellung des sogenannten „buried layer", wie die umdotierte Si-Schicht an der Oberfläche genannt wird, bietet sich wieder die Ionenimplantation an. Mit ihr wird das Minimum des Potentials weit genug ins Si-Innere verlegt, ohne daß die „charge handling capability" (Aussteuerfähigkeit) des CCD's wesentlich Schaden erleidet.

Auch für andere Anforderungen des CCD hat sich die Ionenimplantation als hilfreich erwiesen. Das Bauelement verlangt drei MOS-Kondensatoren pro bit zur Vorgabe einer Transportrichtung. Neben dem hohen Platzbedarf ist damit ein zweites Problem verbun-

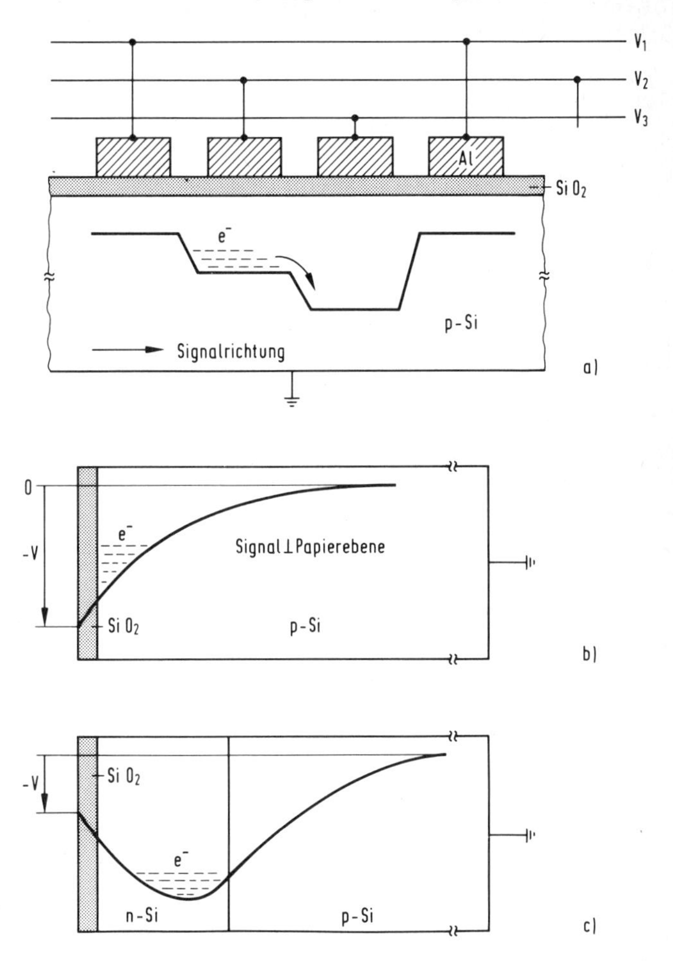

Abb. 8.5 a) Grundprinzip des Ladungstransfers im CCD, b) „Oberflächen"-CCD, c) „Volumen"-CCD

den, nämlich die Notwendigkeit, drei Leitungen periodisch an die Gates heranführen zu müssen. Das geht nur, wenn man die drei Leitungen überkreuzt, was technologisch sehr aufwendig ist.

Man hat daher nach Wegen gesucht, die Zahl der Gates pro bit zu verringern. Bei der Konstruktion eines CCD's, das nur mit zwei Phasen (Spannungen) betrieben wird, geht man von folgender Überlegung aus: Die dritte Spannung wird nur dazu benützt, das Ladungspaket am „Zurückfließen" in die falsche Richtung zu hindern. Wenn es gelingt, diese Sperre intern einzubauen, kann man auf die dritte Phase verzichten; man kann dann auch kreuzungsfrei die Spannungen nach dem Muster zweier ineinandergeschobener Kämme zuführen. Man implantiert deswegen unter allen Gates einen schmalen Teilbereich, der mit dem linken Ende der Metallisierung abschließt (Abb. 8.6a). Betrachten wir wieder als Beispiel das „Oberflächen"-CCD, so wird dieses Gebiet im selben Sinn wie das Ausgangsmaterial dotiert (z.B. p^+- in p-Si). Im hochdotierten Gebiet fällt weniger Spannung von der angelegten Taktspannung ab als im restlichen Gatebereich. Die Signalladungen werden

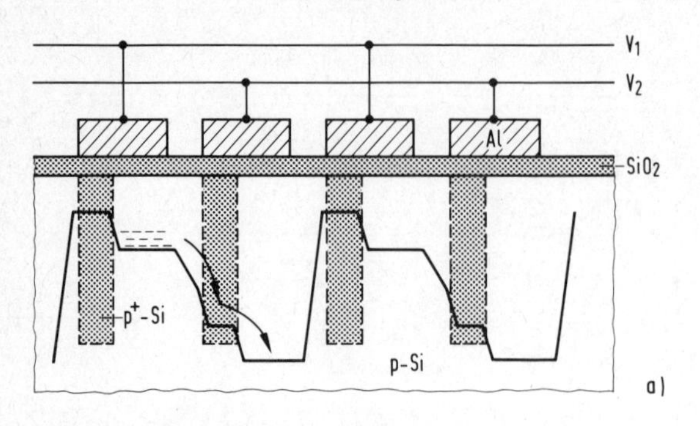

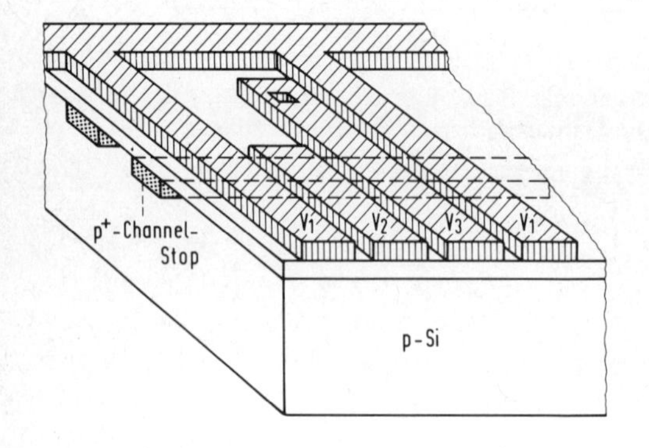

Abb. 8.6 a) 2-Phasen CCD mittels Ionenimplantation realisiert, b) Channelstop im 3-Phasen-CCD

sich demzufolge immer auf der rechten Seite des Gates aufhalten. Liegt jetzt rechts und links vom betrachteten Gate an seinen Nachbarn eine höhere Spannung, so werden die Signalladungen nur ins rechte Gate abfließen, die implantierte Schicht stellt eine eingebaute Barriere dar.

Die Tatsache, daß im höher dotierten Silizium weniger von der Gesamtspannung über dem Silizium abfällt als im niederdotierten Bereich, macht man sich auch in der Anwendung als channel-stop zunutze (Abb. 8.6b). Dabei umgibt man den aktiven Bereich des CCD's mit einem „Zaun", nämlich einem implantierten Streifen, der im rechten Winkel zu den Gates verläuft. Die Signalladung kann diese Barriere nicht durchfließen, insbesondere fließt sie nicht in die Anschlußleitungen der Taktspannungen ab, wenn diese im Silizium herangeführt werden. Channel-Stopper werden auch benützt, damit man bei Bildwandler-CCD's die vertikale Trennung der Bildelemente erhält; d.h. ein langer Gatestreifen wird in Bildpunkte aufgeteilt. Innerhalb dieses Channel-Stops wird nun bei Bedarf ein zweiter Streifen entgegengesetzter Leitfähigkeit implantiert und so mit Spannung belegt, daß zusammen mit dem Channel-Stop bzw. dem Substrat eine gesperrte p–n-Diode entsteht. Dieser Streifen dient als Abfluß für lokal „zuviel" erzeugte Ladung, z.B. bei Überstrahlung[5]. Bezüglich von Einzelheiten soll hier auf die Literatur verwiesen werden[6].

8.4.2 Grundlagenuntersuchungen

Die Gebiete, die die Ionenimplantation der physikalischen Grundlagenforschung eröffnet hat, sind immens. Einige Beispiele sind hier die ESR (Elektronenspinresonanz), Lumineszenz, die elektronische Spektroskopie, die Supraleitfähigkeit und die Korrosion. Wir wollen davon zwei typische Fälle herausgreifen, nämlich zuerst die Bestimmung von tiefen Energieniveaus im verbotenen Band des Siliziums sowie als zweites die Ermittlung von Strahlenschädenprofilen.

Der Grund für diese Auswahl besteht darin, daß beide Fälle anhand der schon vertrauten MOS-Kapazitätsmessung erörtert werden können.

8.4.2.1 Tiefe Energieniveaus

Es ist von diffundierten Störstellen in Si her bekannt, daß diese sich energetisch im verbotenen Band des Si aufhalten. Anschaulich läßt sich dieser Zustand besonders geeignet im Fall des Phosphors als Verunreinigung darstellen: Die Verunreinigung bemüht sich, den umgebenden Bindungszustand des Gitters aufrechtzuerhalten. Da die Bindung durch Elektronen vorgegeben wird, sättigen die vier Si-Nachbarn je eines der fünf M-Elektronen eines Phosphor-Atoms auf Si-Gitterplatz ab. Das fünfte Elektron bleibt unabgesättigt und bleibt nur durch die Kernladung am Phosphorkern gebunden. Uns interessiert im folgenden die Größe dieser Bindungsenergie. Für den Fall des Phosphors ist dieser Wert gering ($\approx$ 0,044 eV), er liegt in der Größenordnung der thermischen Energie. Hat sich das Elektron gelöst, so ist es im Kristall frei beweglich, es befindet sich im Leitband. Ist es dagegen am Phosphor-Rumpf gebunden, so liegt es um die Bindungsenergie tiefer als das Leitband. Für viele Elemente ist, die Bindungsenergie erheblich größer als die thermische Energie. Mit diesen Elementen befassen wir uns. Die „klassische" Messung der Bindungs- oder Ablöseenergie besteht darin, die Verunreinigung in das Si einzudiffundieren und dann die Leitfähigkeit σ als Funktion der Temperatur T zu bestimmen: $\sigma = q\,\mu \cdot n(T)$. q ist die Elementarladung, $n(T)$ die Zahl (abgelöster) freier Elektronen, μ ihre Beweglichkeit, deren Temperaturabhängigkeit als bekannt vorausgesetzt werden soll. Die Zahl der abgelösten Elektronen wird durch das Gleichgewicht zweier konkurrierender Prozesse vorgegeben: Einfang von Elektronen durch die elektrostatische Anziehung der positiven Verunreinigungsrümpfe (z.B. der Phosphorkerne), Ablösung von Elektronen durch die Temperatur. Man kann zeigen, daß solche durch die Temperatur kontrollierten Prozesse durch den Boltzmann-Faktor $\exp\{-E_a/kT\}$ geregelt werden, in diesem Fall also $n(T) \propto \exp(-E_a/kT)$; wobei die im Boltzmann-Faktor stehende „Aktivierungsenergie" E_a gerade die Bindungsenergie ist. k ist die Boltzmannkonstante.

Die Schwierigkeiten dieses Verfahrens setzen schon beim Einbringen der Verunreinigung ein. Viele Dotierstoffe können nicht elementar diffundiert werden. Oft ist auch die Verunreinigungsgrenze des Dotiermaterials zu hoch. Zum zweiten ist das Meßverfahren sehr aufwendig, da der Einfluß der Beweglichkeit immer berücksichtigt werden muß; diese wird getrennt über den Halleffekt bestimmt.

Die Ionenimplantation in Verbindung mit der MOS-Kapazität bietet eine elegante Lösung, all diese Schwierigkeiten zu umgehen[7]. Das Einbringen der Dotierung ohne weitere, unerwünschte Verunreinigungen ist ja gerade eine Stärke der Ionenimplantation. Man schießt die gewünschte Ionensorte, z.B. Sn, in eine MOS-Struktur, deren Gate noch nicht aufgebracht wurde. Die Energie wird dabei so gewählt, daß das Maximum der Ionenverteilung mit der SiO_2-Si-Grenzfläche zusammenfällt. Vergleicht man in Abb. 8.7 die

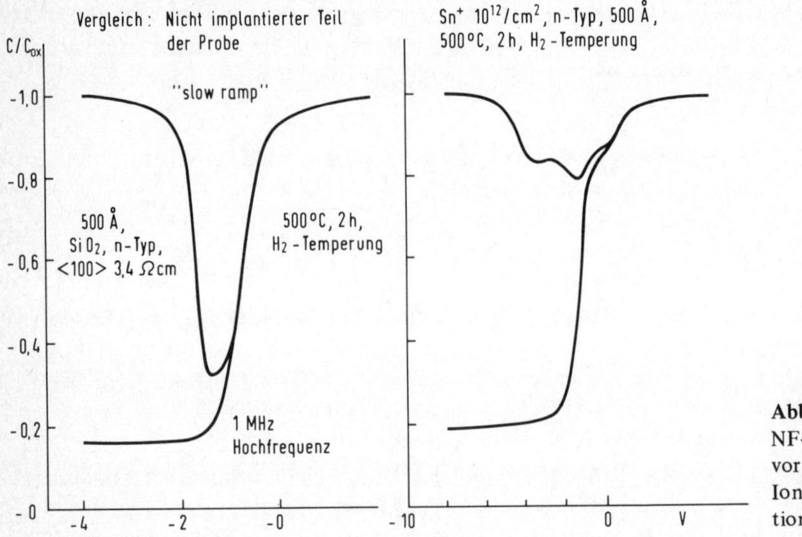

Abb. 8.7 HF- und NF-C(V)-Kurven vor und nach Ionenimplantation.

quasistatischen (≈ Niederfrequenz-) C(V)-Kurven, so erkennt man deutlich das Auftreten von zwei Zwischenmaxima nach Ionenimplantation. Diese Zusatzkapazitäten ergeben sich, wenn ein tiefes Sn-Niveau das Ferminiveau durchläuft und umgeladen wird. Das Durchlaufen wird von der äußeren Spannung her erzwungen. Die Zuordnung von angelegter Spannung zur energetischen Lage des Ferminiveaus an der SiO_2-Si-Grenze kann z.B. über die Hochfrequenz-C(V)-Kurve erfolgen. Auf diese Weise erhielt man eine Reihe von Daten für tiefe Energieniveaus, die anders nur sehr schwer zu beschaffen gewesen wären.

8.4.2.2 Ionen- und Schädigungsprofile

Soweit die Ionenimplantation als Dotiertechnologie eingesetzt wird, ist der begleitende Strahlenschaden eine lästige Nebenerscheinung. Es ist deshalb z.B. für den Hersteller eines Bauelementes von Interesse, wie sich ein solcher Strahlenschaden in der Tiefe des Si verteilt und wie er auf verschiedene Prozeß-Schritte und Temperaturen reagiert. Erst dann läßt sich nämlich abschätzen, wie ein bestimmtes Bauelement sich z.B. bezüglich Leck- oder Dunkelströmen, Rauschen, Alterung usw. verhält. Auch hier ist die Kombination Ionenimplantation – MOS-Kapazität ein fast ideal zu nennender Weg [8]. Man geht dabei von der Überlegung aus, daß nach der Shockley-Hall-Read-Theorie die Generationsrate g proportional zu Zahl der Störstellen N_T im Silizium ist. Dabei wird vorausgesetzt, daß das Silizium durch einen Spannungspuls von beweglichen Ladungsträgern entblößt wurde und nun Rückkehr zum Gleichgewicht mittels Störstellen – unterstützter Generation auftritt. Experimentell realisiert wird dieser Fall, indem eine MOS-Kapazität in die „Verarmung" gepulst wird. Es wird eine bestimmte Tiefe des Siliziums, die von der Spannung vorgegeben wird, von beweglichen Ladungen entblößt. Obwohl die Spannung festgehalten wird, läuft diese Zone zum Gleichgewicht zurück, da Ladungsträger im ganzen ausgeräumten Gebiet generiert werden, diese Zone wirkt als Stromquelle. Durch Differenzieren erhält man den Anteil der Generation an jeder Stelle x, also $g(x)$, das man jetzt wiederum als Abbild des

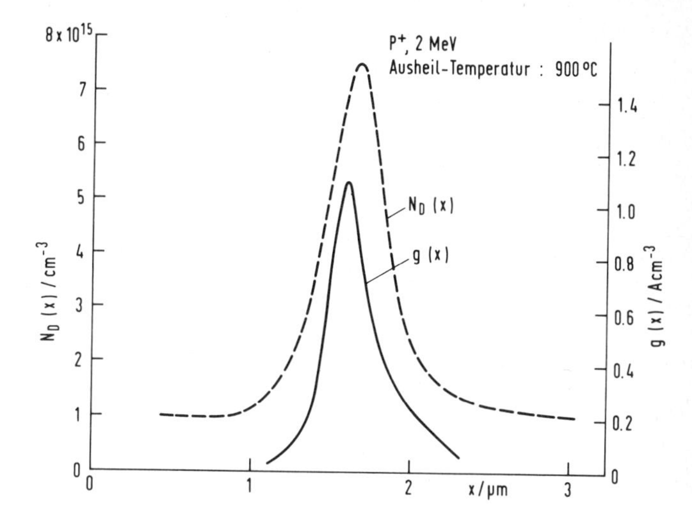

Abb. 8.8 Schädigungs- (g (x)) und Ionenprofil (N_D (x)) nach Phosphorimplantation (10^{11} P/cm^2, 900°C' Temperung).

Strahlenschadenprofils $N_T(x)$ betrachten darf (Abb. 8.8). Dieser Weg hat gegenüber den bisher bekannten wesentliche Vorteile: Er ist gleichzeitig nicht-zerstörend, einfach zu realisieren, für Prozeßkontrolle geeignet und höher empfindlich als jede andere Methode.

Im Rückblick läßt sich sagen, daß viele Bauelemente der Silizium-Technologie nur noch sehr schwer oder gar nicht mehr ohne Ionenimplantation herstellbar wären. Daß hier praktisch nur Beispiele auf Silizium-Basis vorgeführt wurden, liegt sicher einmal an den Interessengebieten der Übersetzer, zum anderen aber auch an der überragenden Rolle, daß das Silizium gegenüber allen anderen Stoffen in der Elektronik einnimmt. Trotzdem sollen doch noch einige Sparten aufgezählt werden, in denen Ionenimplantation noch angewandt wird:

- Optoelektronik: Lichtleiter auf GaAs-, $LiNbO_3$- und SiO_2-Basis; Laser, Infrarotdetektoren auf PbSnTe-Basis.
- Maskenherstellung mittels H^+-Channeling
- Korrosionsuntersuchungen
- Leitfähigkeit von Kunststoffen
- Temperung in Schichtfolgen, die für Diffusion undurchlässig sind
- Supraleiter
- Magnetische Blasen
- Abrieberniedrigung

8.5 Anwendung der Ionenimplantation bei ultraschnellen VLSI-Schaltkreisen mit n-GaAs-MESFET-Bauelementen

Die wichtigsten Anforderungen an eine Schaltkreis-Technologie, die für sehr schnelle digitale Signale (Gate-Verzögerungszeiten ≈ 100 ps) und höchste Integrationsdichten (VLSI △ *V*ery *L*arge *S*cale *I*ntegration, entspricht mehr als 10^5 aktiven Elementen pro

Schaltkreis mit der Fläche $\lesssim 1\ cm^2$) geeignet sein soll, sind 1. sehr hohe Dichte der aktiven Einzelelemente, also geringer Flächenbedarf des Einzel-Gates, 2. geringe statische Verlustleistung, entsprechend geringem Ruhestrom in beiden logischen Endlagen aller logischen Gates, 3. geringstmögliche dynamische Verlustleistung, entsprechend einem kleinstmöglichen Produkt aus Leistung P und Schaltzeit τ; 4. hohe Ausbeute bei der technologischen Realisierung derartig komplexer Sichtbreite [9].

Die Mehrzahl der Anforderungen leuchtet unmittelbar ein. Man kann nur dann hohe Zahlen von Gates auf einer kleinen Fläche aufbauen, wenn das kleine Einzelgate ($< 1000\ \mu m^2$/Gate) nur geringe Verlustleistung ($\ll 1$ mW) entwickelt, die ja abgeführt werden muß und nicht zur übermäßigen Erwärmung des Schaltkreises führen darf.

Bis in die Mitte der siebziger Jahre war wegen der gut-beherrschten Silizium-Planar-Technologie die Entwicklung von integrierten digitalen Schaltkreisen synonym mit der Entwicklung von Silizium-Schaltkreisen. Dabei hatten neben den technologischen Fortschritten vor allem die große Zahl von unterschiedlichen Bauelementen und schaltungstechnischen Ansätzen (in Form von bipolaren Schaltkreisen wie TTL, ECL, I^2L u.a. von Feldeffekt-Schaltkreisen wie PMOS, NMOS, CMOS u.a.) die Weiterentwicklung bestimmt. Bereits bei Integrierten Schaltkreisen aus Silizium hatte auch die Ionenimplantation von Bor-Ionen insbesonders bei der Realisierung von p-Kanal-Verarmungs-MOS-Bauelementen sowie bei der Erhöhung der Ausbeute durch definierte Einstellung der Schwellspannung für sämtliche MOS-Typen eine Rolle gespielt. Für die Entwicklung von ultra-schnellen VLSI-MESFET's auf GaAs-Basis wurde die Ionenimplantation, wie im folgenden beschrieben wird, besonders interessant.

Ein MESFET-Bauelement ist ein Sperrschicht-Feldeffekttransistor mit metallischem Gate-Kontakt. (MESFET $\triangleq$ *m*etal *s*emiconductor *f*ield *e*ffect *t*ransistor) [10]. Im Unterschied zu dem gesperrten pn-Übergang, der sich mit seiner Raumladungsschicht in das geringdotierte Kanalgebiet erstreckt, ist hier ein sogenannter Schottky-Kontakt aus Metall auf dem Halbleiter angebracht (Abb. 8.9). In der GaAs-Technologie wählt man stets n-GaAs-Kanäle wegen der hohen Beweglichkeit des Elektronen im GaAs.

$$(\mu_n\ (\text{GaAs}) = 8600\ \frac{cm^2}{V \cdot s} \cdot \text{ gegenüber } \mu_n\ (\text{Si}) = 1350\ \frac{cm^2}{V \cdot s})$$

$$(\mu_p\ (\text{GaAs}) = 250\ \frac{cm^2}{V \cdot s} \cdot \text{ gegenüber } \mu_p\ (\text{Si}) = 480\ \frac{cm^2}{V \cdot s})$$

Der sperrende Schottky-Kontakt besteht aus einer Cr-Pt-Au-Legierung, die ohmschen Source- und Drain-Kontakte bestehen aus einer Au-Ge-Legierung. Diese wie auch die folgenden technologischen Angaben sind der Arbeit von Van Tuyl et al. [11] entnommen.

Um nun eine möglichst hohe Grenzfrequenz f_m zu gewinnen, muß der Aufbau entsprechend der Beziehung optimiert werden,

$$f_m = \frac{1}{2\pi} \frac{g_m}{C_{GS}}$$

wobei g_m, die Steilheit im Sättigungsbereich, und C_{GS}, die Eingangskapazität zwischen Gate und Source darstellen. Entsprechend soll g_m einen möglichst großen, C_{GS} einen

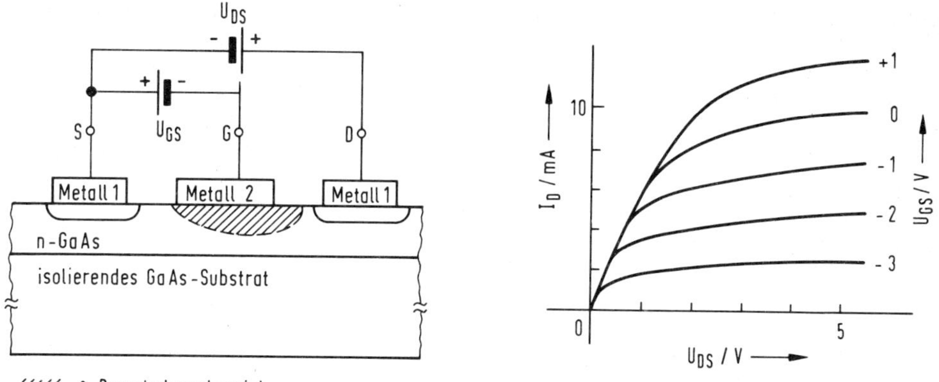

Abb. 8.9 MESFET-Bauelement [*me*tal-*s*emiconductor-*f*ield-*e*ffect-*t*ransistor] links: prinzipieller Aufbau, rechts: Ausgangskennlinien I_D (U_{DS}) mit U_{GS} = Parameter bei GaAs-Technologie.

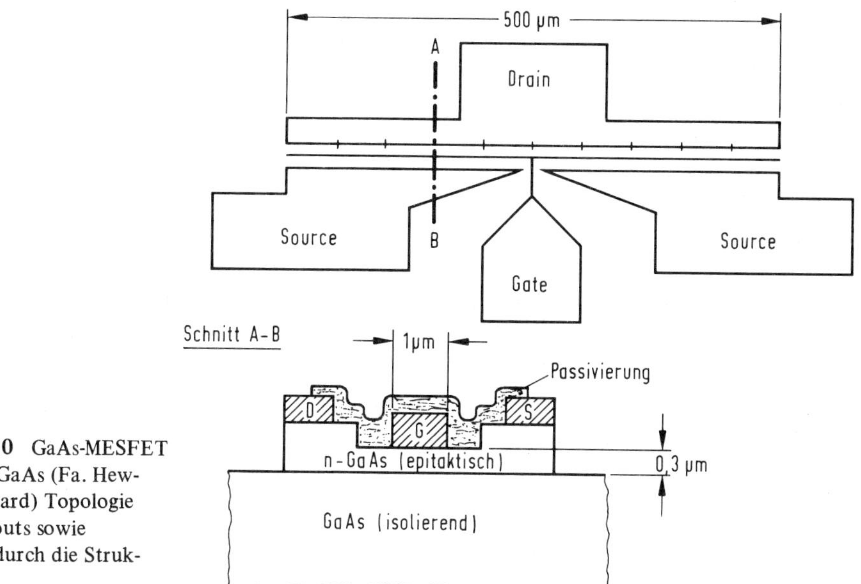

Abb. 8.10 GaAs-MESFET TC 300 GaAs (Fa. Hewlett-Packard) Topologie des Layouts sowie Schnitt durch die Struktur.

möglichst kleinen Wert annehmen. Diese Forderungen betreffen vor allem die Geometrie des GaAs-Aufbaus, entsprechend einen kurzen und breiten sowie möglichst tiefen Kanal, wie es z.B. Abb. 8.10 für das Layout eines Einzel-Transistors beschreibt. Die Tiefe des Kanales, zusammen mit der wirksamen Dotierung bestimmt aber auch die anderen MESFET-Parameter: die Abschnürspannung U_P, den Sättigungs-Drainstrom $I_{DSS} = I_D(U_{DS}; U_{GS} = 0)$ und den Widerstand des ungesperrten Source-Drain-Kanals R_D. Die geläufigen Technologien, wie z.B. Diffusion und Epitaxie [12], reichen beim diskreten Bauelement aus, um, gegebenenfalls nach Sortierung in Klassen, zu einer befriedigenden Ausbeute an MESFET's zu kommen, nicht aber beim integrierten Schaltkreis, bei dem die Uniformität aller Dotierungs- und Geometrie-Parameter über makroskopische Entfernungen gewahrt werden muß. Die Abb. 8.10 zeigt den GaAs-MESFET TC 300 GaAs der Firma Hewlett-Packard für konventionelle Epitaxie-Technologie des Kanal-Bereiches, um die Forderungen von kurzen, aber breiten und tiefen Kanälen zu veranschaulichen.

Für integrierte Schaltungen muß man der Dotierungsuniformität über makroskopische Entfernungen wegen die epitaxierte n-GaAs-Schicht durch eine implantierte Schicht ersetzen. Die Ionenimplantation erbringt hier als einzige Technologie nennenswerte Ausbeute. Man geht dabei von hochreinem und deshalb isolierendem GaAs-Material aus, das mittels Flüssig-Phasen-Epitaxie auf Cr-dotierte GaAs-Substrate aufgebracht wurde. In die isolierende Schicht implantiert man dann Se-Ionen der Energie 500 keV bei erhöhter Temperatur bis zur Gesamtdosis von einigen 10^{12} cm^{-2}, dabei dringen die Ionen mit ihrer mittleren Reichweite bis zu einer Tiefe von etwa 0,3 μm in das Material ein. Es schließt sich eine Temperaturbehandlung bei 850°C unter einer zuvor abgeschiedenen Si_3N_4-Schicht an. Dabei erzielt man eine Aktivierung von 70% der implantierten Donator-Atome, mit einer Beweglichkeit $\mu_n = 4500 \frac{cm^2}{Vs}$ und ± 3% Schwankungen in der spezifischen Leitfähigkeit der Schicht über eine Scheibe mit der Fläche von einem Quadratzoll ($\triangleq$ einer runden Scheibe mit einem Durchmesser von 28.7 mm). Auf diese Weise entsteht der leitende Kanalbereich, oberhalb einer isolierenden Schicht auf dem GaAs-Substrat (Abb. 8.11).

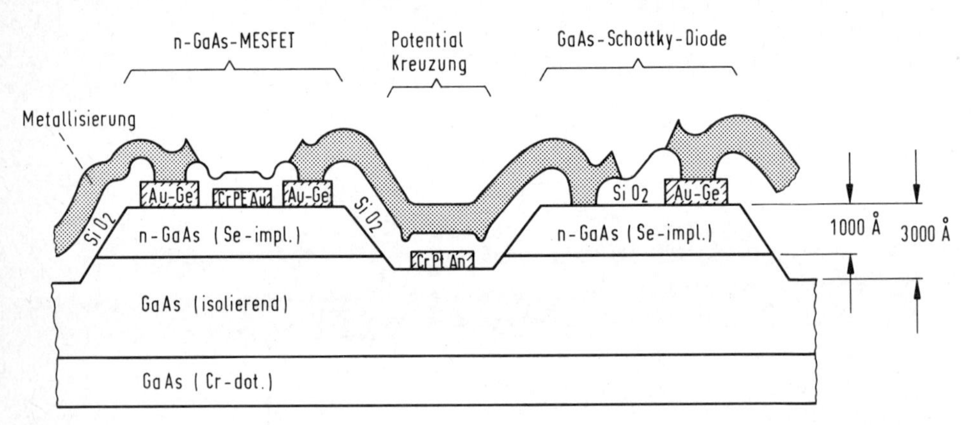

Abb. 8.11 Aufbau der mit Se-Ionen implantierten GaAs-MESFET-Schaltkreise, links der MESFET, rechts die Schottky-Diode, in der Mitte eine Potential-Kreuzung. Nach dem Aufbringen der ohmschen Au-Ge-Kontakte wird durch eine Mesa-Ätzung (an den Schrägen erkennbar) die Isolation der einzelnen Elemente erreicht.

Die ohmschen Kontakte aus Gold und Germanium werden bei 460°C einlegiert, das Gate als Schottky-Kontakt ist ein Chrom-Platin-Gold-Streifen, der hochrein mit Elektronenstrahl-Verdampfung aufgebracht wird. Insgesamt erkennt man die Schichtfolge in der Abb. 8.11, die jedoch die im folgenden noch zu beschreibenden weiteren Schaltkreiselemente enthält.

Der MESFET ist ein Verarmungs-FET-Bauelement (s. Abb. 8.9) und damit ohne Gate-Vorspannung leitend („normally-on"). Logische Schaltkreise baut man nun üblicherweise aus Anreicherungs-FET-Bauelementen oder zumindest ihrer Kombination mit Versorgungs-

FET-Bauelementen [13]. Dadurch erreicht man geringe statische Verlustleistungen, weil ohne Signal am Eingang stets der sperrende Zustand herrscht. Bei CMOS-Schaltungen gilt sogar, daß in beiden logischen Endlagen am Eingang das Einzelgatter vernachlässigbare Verlustleitung verursacht. Ein Verarmungs-FET-Bauelement ist in dieser Hinsicht ungünstiger, nur die Erwartung höherer Geschwindigkeit führt zur Verwendung derartiger Einzelelemente für den Aufbau integrierter Schaltungen. Allerdings ist dabei Vorsorge zu treffen, daß trotz des im allgemeinen leitenden Zustandes des Einzeltransistors am Ausgang des Gatters wieder mit der Eingangsspannung vergleichbare Potentialdifferenzen entstehen.

Beim einfachsten logischen Element, bestehend aus zwei gleichartigen Verarmungs-FET's, muß die Ausgangsspannung U_{AUS} erst wieder in einer Ausgangsstufe mit Hilfe von mehreren Schottky-Dioden zwischen einem Source-Folger und einer Strom-Quelle auf der Eingangsspannung U_{GIN} vergleichbare Potentialwerte gebracht werden. Die Abb. 8.12 zeigt den Grundaufbau des Inverters, bestehend aus n-GaAs-MESFET's und GaAs-Schottky-Dioden, deren Aufbau bereits in Abb. 8.11 skizziert ist. Für den Betrieb werden zwei Spannungsquellen benötigt.

Mit derartigen Bauelementen wurden monolitische digitale GaAs-MESFET-Schaltkreise aufgebaut und bei Taktfrequenzen bis 4,5 GHz betrieben. Die Verlustleistung eines NOR-Gatters betrug dabei 40 mW [11].

Auch bei dieser Anwendung dient die Ionenimplantation zur Erzielung sehr gleichmäßig dotierter dünner Schichten für hohe Produktionsausbeuten.

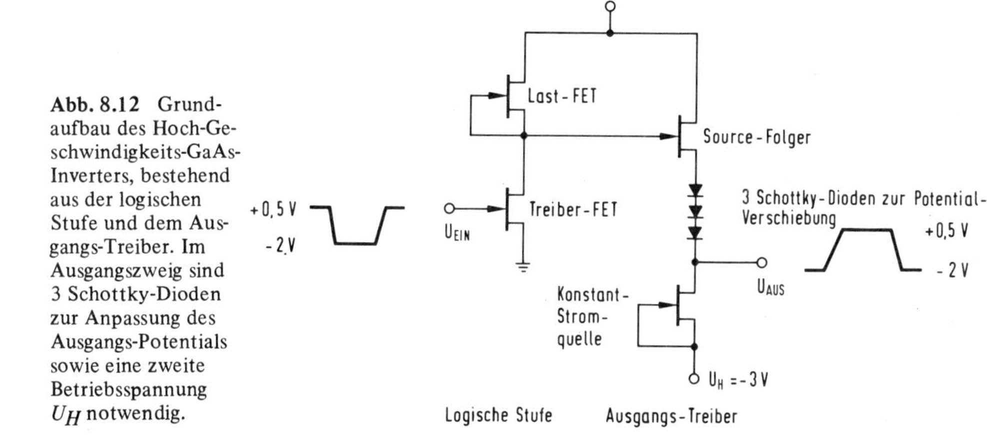

Abb. 8.12 Grundaufbau des Hoch-Geschwindigkeits-GaAs-Inverters, bestehend aus der logischen Stufe und dem Ausgangs-Treiber. Im Ausgangszweig sind 3 Schottky-Dioden zur Anpassung des Ausgangs-Potentials sowie eine zweite Betriebsspannung U_H notwendig.

8.6 Anwendung der Ionenimplantation bei der Herstellung von preiswerten Silizium-Solarzellen hoher Leistung.

Ionenimplantation mit geeigneter nachfolgender Ausheilung des Kristallgitters und Aktivierung der implantierten Störatome zur Erzeugung flacher pn-Übergänge erscheint gerade unter dem Aspekt terrestrischer Anwendung von Silizium-Solarzellen besonders interessant, weil sie sich im großen Maßstab preiswert und wirkungsvoll durchführen läßt. Dabei wird vor allem die Anpassung der elektrisch-optischen Parameter der Solarzelle an das Sonnenlicht beachtet.

Im folgenden sollen diese, augenblicklich noch im Bereich technischer Utopie liegenden Gesichtspunkte zur Herstellung von Solarzellen eines Umfangs von ca. 100 MW/Jahr erörtert werden. Dafür ist es notwendig, zunächst die Anpassung einer konventionellen Silizium-Solarzelle an das Sonnenlicht zu beschreiben.

Eine Solarzelle ist ein Halbleiter-pn-Übergang, der aus einem meist dünnen, dem Licht ausgesetzten Bereich, dem Emitter, und einem angrenzenden tiefen Bereich entgegengesetzten elektrischen Leitungstyps, der Basis, besteht (Abb. 8.13a). Bei Beleuchtung entstehen Überschußladungsträger an den Stellen im Halbleitermaterial, wo Licht, d.h. Photonen, absorbiert werden. Photonen werden entsprechend dem Absorptionskoeffizienten $\alpha(\lambda)$ des Halbleitermaterials absorbiert: bei Silizium im roten Bereich des Spektrums tief im Inneren der Halbleiter, im blauen Bereich nahe der Oberfläche (Abb. 8.13b). Die erzeugten Elektron-Loch-Paare werden nach Maßgabe der Diffusionslängen L_n und L_p (in der Abb. 8.13c: $L_n > L_p$) unter der Wirkung des Konzentrationsgefälles zum Feldgebiet hin diffundieren und dort, bevor sie rekombinieren, vom Feld E getrennt. Die Konzentrationen der Minoritätsträger übersteigen am Rande des Feldgebietes um den Boltzmann-Faktor $\exp\left(\frac{U}{U_T}\right)$ die Gleichgewichtskonzentration p_{no} und n_{po}, dabei entspricht die Spannung U dem durch den Lastwiderstand R_L eingestellten Arbeitspunkt im aktiven Quadranten ($U_T = \frac{kT}{q}$ = Temperaturspannung). Der Gradient der Überschußladungsträgerkonzentrationen am Feldgebiet bestimmt die Fotoströme. Sie werden maximal für $U = O$, weil damit die Gleichgewichtskonzentrationen am Rande des Feldgebietes herrschen (entspricht dem Kurzschlußstrom $I_k = I\,(U = O)$). Der entgegengesetzte Fall entspricht verschwindenden Überschußträger-Gradienten, hier stellt sich die Leerlaufspannung U_L ein ($U_L = U\,(I = O)$).

Neben den Gradienten der Überschußladungsträger zum Feldgebiet hin gibt es noch die beiden Gradienten in Richtung der Zellenaußenseiten. Bei $X = D$ liegt die rückwärtige, unbeleuchtete Begrenzung der Zelle. Durch sorgfältig an den Absorptionskoeffizienten α des Materials und an das Sonnenspektrum angepaßte Zellentiefe D kann die Mehrheit erzeugter Überschlußladungsträger erfaßt werden. Schwieriger ist dies an der beleuchteten Vorderseite der Probe, zu der hin auch ein Konzentrationsgefälle vorhanden ist, um dort die unvermeidliche Oberflächenrekombination zu unterhalten. Die Oberflächenrekombinationsverluste müssen unter Kontrolle gehalten werden, weil sie sowohl auf Kurzschlußstrom I_k als auch über den Sättigungssperrstrom I_o auf die Leerlaufspannung U_L Einfluß haben. Andererseits erfordert eine optimal angepaßte Oberfläche (geringe Reflexionsverluste) eine Bearbeitung, die zu einer erheblichen Oberflächenrekombinationsgeschwindigkeit führt. So bleibt als einziger Parameter zur Kontrolle der Oberflächenrekombination die Diffusionslänge L_p (s. Abb. 8.13c) im Oberflächenbereich für die *Andiffusion* der Minoritätsträger. Ziel einer technologischen Verbesserung muß es dabei sein, L_p im Oberflächenbereich des Emitters möglichst groß zu machen.

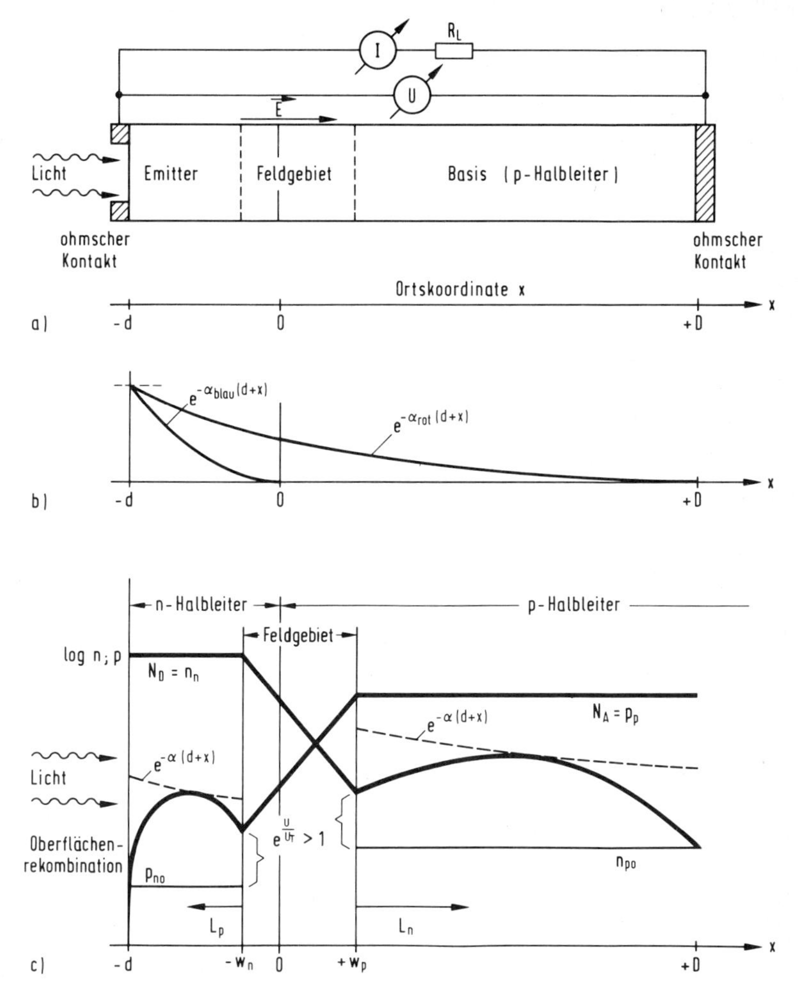

Abb. 8.13 a) Aufbau einer np-Solarzelle, b) Profil der in die Zellentiefe hinein abklingenden Lichtinsität $I\ (x) \sim e^{-\alpha(d+x)}$ entsprechend dem Absorptionskoeffizienten α (es gilt $\alpha_{blau} > \alpha_{rot}$), c) Ladungsträgerkonzentrationen über der Ortskoordinate für Solarzellenbetrieb (Klemmenspannung $U > o$) mit Oberflächenrekombination.

Da nun alle konventionellen Solarzellen durch Festkörperdiffusion von Störstellen in das Halbleitermaterial hergestellt werden, entstehen z.B. bei der Diffusion von Phosphor-Atomen in p-Silizium flache np-Übergänge mit hoher Störstellenkonzentration im Bereich der künftigen Emitteroberfläche. Üblicherweise ist dort die hohe Phosphorkonzentration über eine bestimmte Tiefe (z.B. 0,1 . . . 0,2 μm) konstant, weil hier die Löslichkeitsgrenze von ca. 10^{20} Phosphoratomen/cm^3 erreicht wird. Erst anschließend klingt die Donator-Konzentration bis zum np-Übergang steil ab [s. Abb. 8.14], um dort in die Akzeptor-Konzentration von ca. 1,8 x 10^{16} cm^{-3} überzugehen, die einem spezifischen Widerstand von 1 Ωcm entspricht. In der Oberfläche des Emitters ist der Halbleiter bis über die Entartung

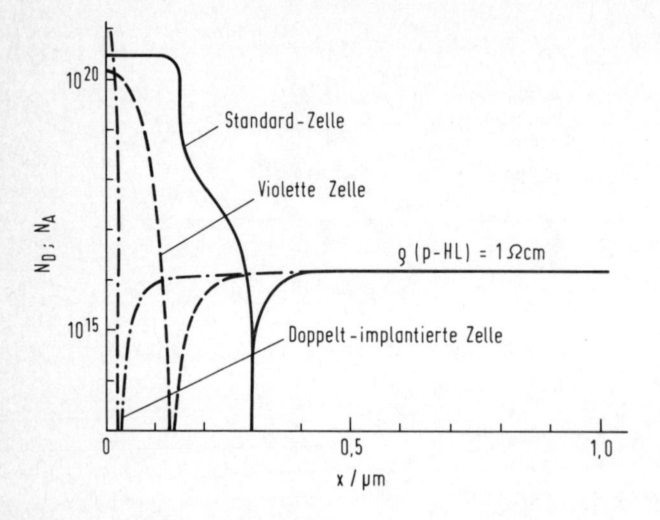

Abb. 8.14 Störstellenprofile von np-Silizium-Solarzellen (mit Basismaterial des spezif. Widerstandes 1 Ωcm
Standard-Zelle
Violette-Zelle
Doppelt-implantierte Zelle

($N_D > 10^{18}$ cm^{-3}) hinaus dotiert, mithin metallähnlich. Die Diffusionslänge der Minoritätsladungsträger ist entsprechend niedrig. Erst unterhalb einer bestimmten Donator-Konzentration ($N_D \lesssim 10^{17}$ cm^{-3}) erhält man wieder ausreichend hohe Werte der Diffusionslänge L_p für den Transport der Ladungsträger zum np-Kontakt. Deshalb entsteht eine „blinde" Schicht von ca. 0,25 μm an der Emitter-Oberfläche, aus der keine Überschußladungsträger den np-Übergang erreichen. In dieser obersten Zellenschicht werden die Photonen aus dem blauen Bereich des Sonnenspektrums absorbiert.

Erste Gegenmaßnahme gegen die „blinde" Schicht ist die Diffusion einer möglichst dünnen Emitterschicht, entsprechend einem steilen pn-Übergang. Bei konventioneller Technik entsteht dabei eine minimale „blinde" Schicht von 0,25 μm Tiefe, wie in Abb. 8.14 dargestellt. Genaue Untersuchungen [14] haben darauf zu einer veränderten Diffusionstechnik geführt, die in nur 0,13 μm den pn-Übergang entstehen läßt. Dabei bleibt die Flächendichte der Phosphor-Atome im Silizium unter dem kritischen Wert von ca. 10^{15} cm^{-2}, bei dem durch Erzeugung von Versetzungen aufgrund mechanischer Spannungen im Gitter die ursprüngliche Diffusionslänge verringert wird. Der Wirkungsgrad dieser „violetten" Zellen (wegen ihrer erhöhten Blau-Empfindlichkeit) wächst um ca. 30% vom Wert $\eta = 14\%$ für Standard-Zellen bei AM1-Beleuchtung*) auf $\eta = 18\%$ für Violett-Zellen.

Diese beschriebenen Technologien erzeugen zwar Hochleistungs-Solarzellen für Weltraum-Anwendungen [15], sind aber kostspielig und für den Einsatz im großen Maßstab zur Erzeugung von MW-Solarzellen-Kapazitäten nicht geeignet. Deshalb richtet sich das Hauptinteresse bei der preiswerten Erzeugung von Solarzellen für terrestrische Anwendungen auf andere Halbleitermaterialien und -Technologien [16]. Ein Vorschlag zur Erzeugung preiswerter Silizium-Solarzellen im großen Maßstab, wird im folgenden geschildert.

*) AM1 = air mass one, entspricht Beleuchtung auf Meereshöhe bei senkrechtem Sonnenstand

Es werden die Technologie-Schritte auf zwei Ionen-Implantationen mit nachfolgender Elektronenstrahl-Puls-Ausheilung PEBA*) beschränkt [17]. Bei der PEBA-Technologie [Abb. 8.15] werden kurz andauernde Elektronenpulse hoher Energie (z.B. 12 kV mit 100 J/Puls bei einer Pulsbreite von 100 ns) mit geringer Wiederholungsfrequenz (1 bis 10 Pulse pro Sekunde) nach der Implantation auf die Probenoberfläche gegeben. Dabei entsteht ein auf die Oberflächenregion beschränkter (1 μm tief) steiler Temperaturgradient, bei dem an der Oberfläche der Schmelzpunkt des Materials erreicht wird. Wegen der geringen Puls-Wiederholungsfrequenz erhitzt sich das gesamte Probenvolumen dabei nur um wenige Grad. Damit vermeidet man plastische Verformung mit mechanischen Spannungen im Volumen der Zelle, eine Maßnahme, die die lange Minoritätenlebensdauer in der Basis erhält. Im Bereich der Oberfläche jedoch findet nach dem Aufschmelzen Rekristallisierung der durch die Ionenimplantation geschädigten Gitterbereiche statt, ohne daß in der kurzen Zeit merkliche Fremdstoff-Diffusion einsetzen könnte. So erhält man im Störstellengehalt wohldefinierte einkristalline Oberflächenschichten epitaktischer Qualität mit wiederhergestellter hoher Minoritätenlebensdauer.

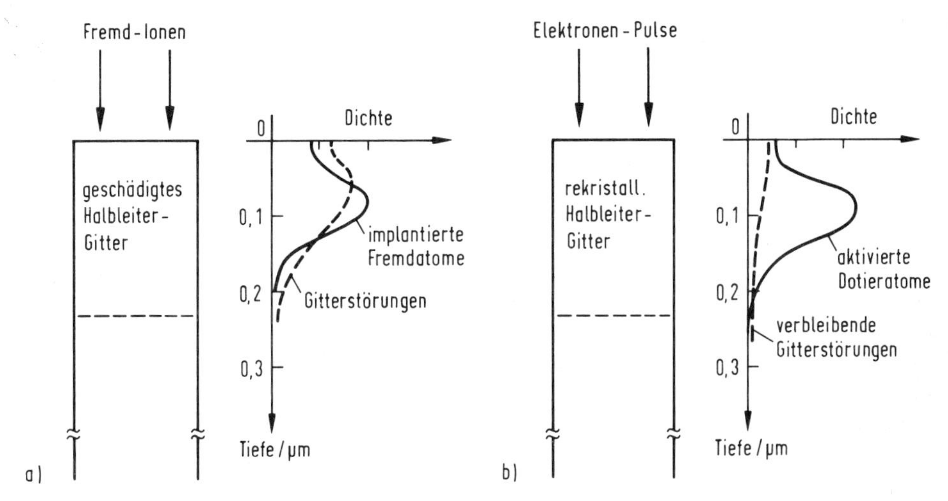

Abb. 8.15 PEBA-Technologie (PEBA ≙ pulsed electron beam annealing) Profile a) der implantierten Fremdatome und Gitterstörungen vor PEBA-Behandlung, b) der aktivierten Dotieratome und der verbleibenden Gitterstörungen nach PEBA-Behandlung.

Bei dem „Low Cost Solar Array"-Project des NASA-JET-Propulsion Lab ist nun beabsichtigt, eine Produktionsanlage für doppelt-implantierte Silizium-Solarzellen entsprechend Abb. 8.16 zu errichten. Nach der Vorbereitung ① der 3-Zoll-Silizium-Scheiben (mechanische und chemische Prozeßschritte) wird die p^+-Rückseitendotierung zur Herstellung der ohmschen Kontakte durch die Implantation von Bor-Ionen vorgenommen ②. Die nachfolgende PEBA-Behandlung ③ der Rückseite aktiviert die Donator-Atome und erhöht die Basis-Lebensdauer der Minoritätsladungsträger im Kontaktbereich. Anschließend folgt eine

*) PEBA = pulsed electron beam annealing

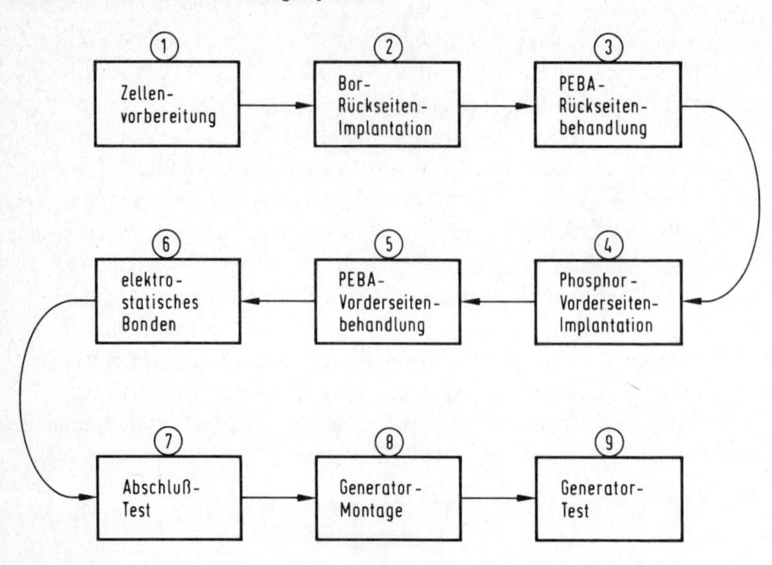

Abb. 8.16 Konzept einer vollautomatisierten Herstellung von Doppelt-Implantierten Silizium-Solarzellen für eine Jahresleistung von 100 MW.

Phosphor-Implantation (4) der Vorderseite zur Erzeugung des Störstellenverlaufes für den np-Übergang. Darauf folgt die Vorderseiten PEBA-Behandlung (5). Dabei werden die bei 5 KeV implantierten Phosphor-Atome (Flächendichte 10^{15} Ionen pro cm^2) durch 12kV-Elektronen mit einer Pulsenergie von 100 J bei 100 ns Pulsbreite aktiviert und das geschädigte Kristallgitter ausgeheilt. Die Eindringtiefe der Ionen bleibt dabei unter einem Wert von 250 Å und, es stellt sich bei der genannten Flächendichte der implantierten Fremdatome an der Halbleiteroberfläche die Entartungskonzentration von Ladungsträgern nach Aktivierung der Störstellen durch die nachfolgende PEBA-Behandlung ein. Entsprechend den vorherigen Überlegungen und Abb. 8.15 besitzt eine derartige Hochleistungszelle hervorragende Blau-Empfindlichkeiten wegen der hohen Diffusionslänge. Auf die Dotierungen folgen die Prozeßschritte für Vorder- und Rückseiten-Metallisierungen, die Herstellung der Anschlüsse durch elektrostatische Sonden (6) und schließlich der Zellen-Test (7) vor Generator-Montage (8) und Generator-Test (9). Man erwartet, mit einer derartigen Technologie eines Tages eine jährliche Solarzellenleistung von 100 MW herstellen zu können. Bei einem Wirkungsgrad von ca. 10% und einer AM1-Sonnenleistung von 100 mW/cm^2 be benötigt die Leistung von 100 MW eine aktive Solarzellen-Fläche von ca. 1 Quadratkilometer.

Im Vergleich dazu entspricht im Jahr 1979 die Gesamtleistung der auf der Welt erzeugten Solarzellen einigen 100 kW, also einigen Promille des oben genannten Wertes. Die z.Zt. realisierten größten Einzel-Projekte für terrestrische Energieerzeugung mit Polysilizium-Solarzellen betreffen Leistungen unterhalb 100 kW [16].

Literaturhinweise zu Kapitel 8

1. A. Axmann: *Solid State Technology* **17, 11**, S. 36 (1974)
2. K. G. Aubuchon: *Int. Conf. Properties and Use of MIS Structures,* **575**, (17-20). Juni 1969), Grenoble.
3. W. S. Boyle, G. E. Smith: BSTJ, **49** p. 587 (1970).
4. R. H. Walden e. a.: BSTJ, **51**, p 1635 (1972).
5. C. H. Sequin: BSTJ, **51**, p 1923 (1972).
6. Eine gute Übersicht über technologische Probleme, die in Zusammenhang mit CCDS auftreten, finden sich in:
   M. J. Howes, D. V. Morgan (Hrg.) „*Charge coupled Devices and System*", Wiley, New York (1979)
7. W. Fahrner, A. Goetzberger: *Appl. Phys. Lett.* **21**, p. 329 (1972).
8. R. Ferretti, W. R. Fahrner, D. Bräunig: *IEEE Conf. Nuclear and Space Radiation Effects,* Santa Cruz, Ca, 17-20 Juli, (1979).
9. R. C. Eden et al: „*Prospects for Ultrahigh-Speed VLSI GaAs Digital Logic*", IEEE J. Sol. St. Circ. Vol. SC-12 (1977) p. 485 v.f.
10. S. M. Sze: „*Physics of Semiconductor Devices*", Wiley-Intersience (1969) p. 340 u. f.
11. R. L. Van Tuyl et al: „*GaAs Mesfet Logic with 4-GHZ Clock-Rate*", IEEE Journ. Sol. State Circ. Vol. SC-12 (1977) p. 485 u. f.
12. R. Paul: „*Feldeffekt-Transistoren*", Kohlhammer-Verlag, Stuttgart (1972).
13. W. N. Carr, J. P. Mize: „*MOS/LSI Design and Application*", Mc Graw Hill, New York (1972).
14. J. Lindmaier, J. F. Allison: „*The Violet Cell: An Improved Silicon Solar Cell*".
15. Proc. 9th IEEE Photovolt. Spec. Conf. Silver Springs (1979).
16. z. B. Proc. 2 European Photovoltaic Solar Energy Conference Berlin (1979).
17. A. C. Greenwold, R. G. Little: „*Pulsed Electron-Beam Processing of Semiconductor Devices*", Solid State Technology Apr. 1979 p. 143 u. f.

Stichwortverzeichnis

Abschirmradius, 90, 113
Abstand, engster, 25, 41-44
Alkalihalogenid, 33, 34
Aluminium (Al), 20, 68, 69, 72-77, 244
amorph, 13, 46, 64, 75, 81, 131, 166, 179-199
– e Schicht, 132, 166, 182, 190
– e Zonen, 132, 133, 145, 154, 166, 168, 171, 179, 180, 182, 184, 196
anodisches Abstreifen, 72
Austrittsarbeit, 226
Antimon (Sb), 106-109, 133-144, 150-161, 169, 182-198
Argon (Ar), 72, 183, 193
Arsen (As), 63, 196, 241
atomare Relaxation, 139
Atombindung, 133, 183, 190
Aufbruch der –, 165, 168, 185
covalente –, 132
Energie der –, 144
ionische –, 132
Länge der –, 132, 166, 190
Neuorientierung der –, 133, 166, 167, 200
Richtung der –, 132, 166, 167
Atomradius, 51, 160
Atomvolumen, 132, 153
„Ausleger"-Verbiegung, 181

Beschleunigungsstrecke, 233
Beugung, 48
Beugung bei niedriger Energie, 173, 174
Beweglichkeit, 206, 225
binäre Stöße, 12, 71
Bindungsenergie, 124, 127, 144, 153
Blockieren, 86, 157, 177
Bor (B), 19, 58, 63, 72, 77, 106, 136, 150, 180, 182, 190, 197, 203, 208
Bohr'scher Radius, 33, 48
Bremsquerschnitt, 46
Bremsvermögen
allgemeines –, 45, 47
elastisches, 54-59, 63-71
unelastisches, 50, 51-71, 80, 98
Brechungsindex, 15, 179
Bruch, 11

Cadmiumsulfid (CdS), 189, 191, 194
Caesium (Cs), 74
CCD-Schaltkreis, 246-248
Chrom (Cr), 14
Coates-Kikuchi-Muster, 193

Diffusion, 13, 20, 126, 196, 203
– s-technologie, 211-214, 245
differentieller Wirkungsquerschnitt, 26-31, 39-62, 133, 144, 146, 148
Diode, 11, 198, 208, 226
doppelte Ausrichtung, 177
Dosis (siehe Fluß)
Dosisrate (siehe Fluß)
Dotierung, 236, 243, 249
Druck, 180
Durchbruchsspannung, 217, 218

Einfachstreuung, 106
Eisen (Fe), 14, 68, 140, 157, 163
elastische Stöße, 12, 23, 50, 54, 64, 97
Elektrolumineszenz, 180
Elektronenemission, 23
Elektronenspinresonanz, 127, 139, 171, 180, 184, 191, 198
elektronische Anregung, 23, 48, 52, 124, 136-141, 149, 154, 184
Elementhalbleiter, 126, 132, 185, 194, 196, 199
Energieabgabe, 133, 141-147, 156, 166, 185, 189, 193, 197
Dichte, 151, 189
Momente, 147-150
räumliche Verteilung, 146-154
Energieauflösung, 178
Energieniveau, 249-250
Energieübertragung
maximale, 29, 43, 49, 63, 142
minimale, 30, 134
mittlere, 42, 134, 136
Energieverlust, 46, 155, 189
mittlerer, 45, 52
mittlerer spezifischer, 46, 55, 137, 145, 189, 193
spezifischer Standard, 47, 51
Epitaxie, 167, 182, 229
Ersetzung, 158, 163
Extraktionskanal, 233
Fehlordnung, 250, 251
allgemeine, 11, 13, 45, 78, 124, 136-204
Dichte, 181, 184, 185, 191, 197
mittlere Tiefe, 146-152, 194
seitliche Ausbreitung, 146-150
Standardabweichung, 146-150, 194
Verteilung, 177, 181, 193, 194, 197
Fehlordnungsvolumen, 137, 171, 198

Fehlordnungszone, 166-169, 183, 200
Rück-Ordnung, 166, 197, 199
Stabilisierung, 166-168, 183, 189, 200
Fehlstellen, 124, 136-156, 165-200
ausgedehnte –, 129, 131, 171
– dichte, 126, 151, 164, 185, 190, 197
Frenkeldefekte, 128, 139, 142, 144, 158, 160, 190
Punktdefekte, 125, 131, 171, 196
– vernichtung, 129, 154, 164, 184, 196
Feldeffekttransistor (FET), 213
Feldionenmikroskop (FIM), 171
Fermienergie, 150, 137
Fluß (Dosis), 78
Fluß (spezifische Dosis), 78, 112, 114, 181-189, 200, 214
maximaler, 119-122
Schwingung, 122
Spitzenwert, 111-122, 178
transversaler, 120
Fokussiersystem, 233
Fokussierung
einfache, 155, 158, 159, 163
Energie, 160
Energiepaket, 159
Ersetzungsfolge, 158, 163
kritischer Winkel, 160
Parameter, 159
Stoßfolge, 158
unterstützte, 162

Gallium (Ga), 9, 186, 195
– arsenid (GaAs), 73, 80, 144, 161, 182, 189, 191, 194, 198, 251-255
– phosphid (GaP), 183, 185, 191, 194
Gaußverteilung, 57, 64, 68, 72, 74, 151, 203, 214, 217, 223
Germanium (Ge), 18, 19, 126, 132-135, 140, 153, 161, 179-189, 192-197
Gitterdehnung, 126, 180
Gitterkonstante, 171
Gold (An), 72, 77, 110, 126, 163
Grübchenbildung, 180

Impulsnäherung, 39-44, 52, 91, 134-136
Indium (In), 20, 161, 185, 189, 195, 198
– antimonid (InSb), 144
– arsenid (InAs), 161
inelastisch
– e Streuung, 25, 49, 54, 96, 146, 189
– er Energieverlust, 12, 49-52, 137-151
– er spezifischer Energieverlust, 49-52, 137-145, 178
– es inertes Gas, 35, 129, 155
Infrarot-Absorption, 139
integrierter Schaltkreis, 15
interstitiell (Zwischengitter), 108, 115, 121, 124, 127, 135, 142, 158, 178, 184, 203
– e Anhäufung, 128
– e Anlagerung, 128, 184
– e Bildungsenergie, 127
– e Dichte, 165
– e Rekombination, 128, 165
– e Vernichtung, 128
– e Versetzung, 129
Implantation, 239-241, 243
Ionenimplanter, 231-238, 242, 243
Ionenquellen, 231-233
Ionenspektrum, 240
Ionisation, 22, 49, 124, 137
Isolator, 137
Isotopentrennung, 11

Härte, 171, 180
Halleffekt, 204-206
Harte Kugel
Näherung, 38-46, 143-161
Radius, 25, 32, 46, 159
Stoß, 23, 25, 31, 42, 134, 141, 161
Helium, 96, 106, 172, 175, 196

Kalium (K), 76
Kanalführung (allgemein), 12, 59, 70, 71, 81
Abnahme der –, 59, 71, 100, 102, 103, 177-181
Achse der –, 84, 88, 111, 114, 138
ausgerichteter Strahl, 85, 99, 100, 111, 175-178
axiale –, 81,91
– Bahnen, 81, 86, 89, 91, 138, 154-158, 192
kritischer Stoßparameter, 84, 92, 95, 155
planare –, 82, 91
Quasi –, 93
Winkel der –, 77, 84, 92, 95, 104, 117, 155, 176
„Zufalls"-Strahl, 85, 100
Kaskade, 124, 133-169, 184, 185, 198
Ausdehnung der –, 145, 150-153, 161-166
Hochspannungs-, 236
Katalyse, 16
Kernreaktion, 74, 85, 93, 211
Kernreaktor, 11, 15
Kohlenstoff, 18, 68, 187, 198
Korngrenzen, 131
Korrosion, 14
Kosten, 243
Kristallaufbau, 16, 58, 64, 76, 78, 81
hexagonaldicht gepackt, 17
kubisch flächenzentriert, 17, 81
kubisch raumzentriert, 17
Kupfer (Cu), 20, 71, 73, 77, 90, 110, 119, 126, 128, 140, 160, 163

Laborsystem, 27, 30, 32, 35, 41
laterale Ausdehnung, 217
laterale Diffusion, 216, 219
Leerstelle, 125-142, 158, 165, 184, 198, 199
– Bildungsenergie, 125, 126
Cluster, 127, 184, 196
– Doppelleerstellen, 127, 139, 165, 179, 183, 196
Konzentration, 125-128, 165, 199
– Rekombination, 128
– Vernichtung, 126
– Versetzung, 129
– Wanderungsenergie, 126-128, 166, 196
– Zusammenballung, 127, 129
Leitfähigkeit, 204, 206

Magnetische Blase, 15, 251
Maske, 217
Massenschwerpunkt, 28-31, 35-42
Massenverhältnis, 30, 66, 148, 151
Mehrfachstreuung, 106
Masse x Energieprodukt, 234
MESFET, 251-255
Metall, 126, 131, 135, 137, 172, 224
Metalloxid, 73, 167, 199
Metall-Oxid-Halbleiter-Transistor (MOST), 213, 218-221, 224, 244-246, 249-250
Milchige Trübung, 179, 183, 192
Miller-Kapazität, 220
Miller'scher Index, 17
Minimums-Abstand, 37, 40
mittlere freie Weglänge, 134-138, 150
Molybdän (Mo), 72, 73
Monokristallinität, 131, 183, 184
Mosaik-Streuung, 131

Neon (Ne), 71, 225
Neutron, 11
Niob (Nb), 73

optische Absorption, 171, 179, 181, 183, 198
optische Eigenschaften, 15
optische Reflexion, 156, 171, 181, 183

PEBA-Technologie, 259, 260
Phosphor (P), 77, 185, 186, 189, 195, 209, 249, 260
Photoemission, 23
Photolumíniszenz, 180
Photoresist-Lack, 213
Plasmaresonanz, 50
Polykristallinität, 131, 132, 183
Potential (s. a. zwischenatomares Potential)
abgeschirmtes Coulomb –, 34, 90
Anpassung von – en, 43, 44
Born-Mayer –, 33, 34, 38, 134, 139, 160
Coulomb –, 24, 32, 33, 38, 41, 47, 143, 148, 150, 153
Kanal –, 81, 86, 90, 92, 112, 113, 118
Kontinuums –, 87, 91
Thomas-Fermi –, 33, 55, 65, 137, 149
umgekehrt quadratisches –, 46, 61, 63-67, 138-139
umgekehrtes Potenz –, 34, 38, 44, 47, 143, 148, 150, 153
Präzipitate, 129, 203
primäres Rückstoßatom, 134, 142, 150, 159

Quadrupol, 235
Quecksilber (Hg), 190

Rasterelektronenmikroskop, 193
Rechner, 12, 55, 70, 119
Reflexionselektronenbeugung, 132, 171-174, 183, 189, 193
Reichweite
allgemein, 12, 44, 54, 141-145, 149-151, 182
differentielle –, 60, 74
– im Kanal, 75, 77, 78
integrale –, 60, 74
laterale –, 57
maximale –, 59, 64, 71, 74, 149
mittlere –, 148-155, 171, 241
projizierte –, 56-59, 62-68, 71, 74, 214
Standardabweichung, 57, 71, 74, 149, 241
Streuung, 68, 69, 74, 122
Reibung, 16
Rekristallisation, 133, 167-169, 196-200
Relativenergie, 35
Röntgenstrahlenbeugung, 132
Rückstoß
Atomdichte, 135
Channelling, 155
Energie, 150, 158
Rückstreuung, 30, 31, 52
Rutherfordstreuung
Atomortung, 95, 106
Ausbeute bei Ausrichtung, 95, 99, 102
Minimalausbeute, 94, 102, 104, 109
Spektrum, 98-100
Strahlenschaden, 95, 100-102, 175-181
Zufallsausbeute, 94, 99, 102, 103, 110-112

Scanner, 235
Schmelztemperatur, 167, 198
Schottky-Diode, 206, 221, 222, 226
Separiermagnet, 234
Sicherheit, 242
Silber (Ag), 126
Silizium (Si), 18, 19, 58, 63, 71, 77, 81, 106, 126, 128, 132-144, 150-169, 181-205
Siliziumdioxid (SiO_2), 72, 211, 216-219, 224

Solarwind, 16
Solarzelle, 255-260
Spannung, 127-135, 154, 164-166, 180, 184, 189
Spitzen
– Temperatur, 166, 167
– thermische, 154, 166, 200
– Versetzung, 153, 200
Stickstoff, 116, 182
Stoßparameter, 26, 31, 38-44, 50, 52, 60, 133
Strahlenschaden (siehe Fehlordnung)
Streuung, 23, 27, 41, 42, 60, 136
Streuwinkel, 27, 32, 37, 39, 48, 60, 61
  Labor –, 29-32, 38, 96
  Schwerpunkt –, 28-32, 38-41
Sublimationsenergie, 139
Substrat
  Orientierung, 181, 191
  Temperatur, 181, 191, 194, 198
Substitution, 107-111, 117, 124, 128, 197, 211
Supraleitfähigkeit, 16

Tantal (Ta), 14, 77
Targetkammer, 235
Teilchendetektor, 216
Tellur (Te), 185, 191, 196
Temperaturkoeffizient des Widerstandes, 225
Tempern, 13, 20, 131, 154, 164, 197, 241
– athermisches, 128, 135, 154, 164, 187
– thermisches, 164-169, 181-197, 208
Tempertemperatur, 196, 203, 208
Tetraedrische Gestalt, 107, 121
thermisch angeregte Stromanalyse, 180
Thermische Leitung, 146, 166-171, 198
thermische Schwingungen, 78, 116, 119, 125, 146, 155-161, 177
Tiefenauflösung, 72, 98, 101, 178, 193
totaler Stoßquerschnitt, 26, 27, 39-45, 134
Transmissionselektronenbeugung, 175
Transmissionselektronenmikroskopie, 132, 145, 171, 175, 182-189, 199
transversale Energie, 113-118

Übergangskapazität, 207
Übergangstiefe, 203, 214, 215, 216, 229
Unterteilung, 180
Uran (U), 68

Varaktordiode, 214, 221
Verarmungszone, 135
Verbindungshalbleiter, 132, 140, 167, 179-184, 189, 194, 196, 200
Verunreinigung, 124, 128, 175
Versetzte Atome
  Anzahl, 101-106, 139-152
  Konzentration, 139-157, 163, 180-185
Versetzung 35, 43, 124, 134-185
  Ausheilung, 131
  Gleitung, 130
  Pinning, 131
  Schleifen, 129, 169, 182
  Schrauben, 130
  Schwellenenergie, 140-154
  Slip, 130
  Stufe, 130
  Wahrscheinlichkeit, 134, 140
  Wirkungsquerschnitt, 135
Vibrationsschleifer, 72
Vielfach-Streuung, 100, 106, 115, 119
Vierspitzensonde, 204, 206
Vorwärtsstreuung, 30, 31

Wasserstoff, 90, 229
Wellenlänge, 48, 118, 120, 172
Wellenleiter, 15
Wellenmechanik, 23, 47
Widerstand, 204, 211
  spezifischer –, 224, 225
Winkelrasterung, 93, 110, 117, 120
Wismuth (Bi), 110, 111, 184, 190
Wolfram (W), 72, 74, 77

Xenon (Xe), 190

Ytterbium (Yb), 120, 121

zentraler Stoß, 25, 31, 38, 42-44, 133, 136, 161
Zerstäubung, 14, 163
Zink (Zn), 20
Zirkonium (Zr), 73
zwischenatomar
– e Kraft, 22, 32-34, 87, 124, 134
– er Abstand, 23, 32-35, 44, 134, 154, 161, 164, 172-174
– es Potential, 12, 22-25, 32-44, 48, 134, 139, 143, 150, 154, 160